彩图1　莱星（Leccino）

彩图2　佛奥（Frantoio）

彩图3　科拉蒂（Coratina）

彩图4　鄂植8号（Ezhi 8）

彩图5　皮削利（Picholine）

彩图6　皮瓜尔（Picual）

彩图7　城固32号（Chenggu 32）

彩图8　阿斯（Ascolano Tenera）

彩图9　奇迹（Koroneiki）

彩图10　豆果（Arbequina）

彩图11　贝拉（Berat）

彩图12　配多灵（Pendolino）

彩图13　科新·佛奥（Frantoio Corsini）

彩图14　小苹果（Manzanilla）

彩图15　白橄榄（Ulliri Bardhe）

彩图16　油橄榄果

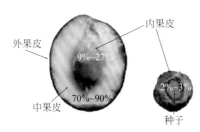

彩图17　橄榄果的剖面结构图

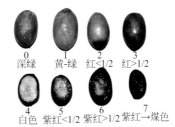

彩图18　橄榄果成熟度与色泽和多酚含量变化

彩图19　不同成熟阶段的油橄榄果

彩图20　原产地名称保护PDO标签（黄底红字）

彩图21　产品地理标志PGI标签（黄底蓝字）

彩图22　传统特产保证TSG标签（黄底蓝字）

彩图23　特级初榨橄榄油与芝麻油混合后的凉拌菜

彩图24　火腿萝卜丝酥

彩图25　淮扬五香熏鱼

彩图26
南瓜鱼蓉蛋

彩图27　橄榄油金瓜丝

彩图28
橄榄油红茶鸭

彩图29　橄榄油清蒸鲈鱼

彩图30
橄榄油八宝饭

油橄榄
加工与应用

周瑞宝　主编

姜元荣　　周　兵　　邓　煜　副主编

YOUGANLAN
JIAGONG
YU
YINGYONG

化学工业出版社

·北京·

本书简单介绍了橄榄油的贸易、中国消费和生产状况，重点阐述了油橄榄品质育种、橄榄油的营养与健康、橄榄油和油橄榄果渣油相关法规标准、油橄榄加工技术、橄榄油应用、橄榄油分析、橄榄油感官评价、橄榄油实验室认证等内容。

本书可供油橄榄繁育、橄榄油营养与加工、农林作物品质育种、食品加工、橄榄油研究和贸易工作者使用，也可供对橄榄油感兴趣的消费者参考。

图书在版编目（CIP）数据

油橄榄加工与应用/周瑞宝主编. —北京：化学
工业出版社，2018.1
ISBN 978-7-122-31341-6

Ⅰ．①油⋯　Ⅱ．①周⋯　Ⅲ．①油橄榄-研究
Ⅳ．①S565.7

中国版本图书馆 CIP 数据核字（2018）第 009137 号

责任编辑：张　艳　刘　军　　　　　　文字编辑：陈　雨
责任校对：吴　静　　　　　　　　　　装帧设计：王晓宇

出版发行：化学工业出版社（北京市东城区青年湖南街 13 号　邮政编码 100011）
印　　刷：三河市航远印刷有限公司
装　　订：三河市瞰发装订厂
710mm×1000mm　1/16　印张 21　彩插 2　字数 360 千字　2018 年 5 月北京第 1 版第 1 次印刷

购书咨询：010-64518888（传真：010-64519686）　　售后服务：010-64518899
网　　址：http://www.cip.com.cn
凡购买本书，如有缺损质量问题，本社销售中心负责调换。

定　　价：98.00 元

本书编写人员名单

丰益（上海）生物技术研发中心
顾　敏　姜元荣　刘　流　李新新　乔晚芳　童佩瑾　王　婧
王　蕾　王　勇　许继春　许　旸　张明明　张余权　周盛敏

甘肃省陇南市经济林研究院油橄榄研究所
邓　煜

西班牙巴塞罗那 del Mar 医院医学研究所
［Hospital del Mar Medical Research Institute (IMIM)，Barcelona，Spain］
Castaner O，Zomeno M D，Hernáez A，Fitó M

浙江经贸职业技术学院
周　兵

中国疾病预防控制中心
张　坚

河南工业大学
周瑞宝

序
PREFACE

橄榄油一直被认为与降低总发病率和长寿的地中海饮食模式紧密相关。大规模流行病学研究发现，意大利、西班牙和希腊人群的心血管疾病的发病率，都要低于其他的欧洲、美洲和亚洲人群。食用橄榄油对降低心脑血管疾病、Ⅱ型糖尿病、代谢综合征、某些癌症以及神经退行性疾病的发病风险起到有益作用。食用橄榄油成为一种日益引起人们重视的健康油脂模式。

随着人们对橄榄油营养价值认识的提高，世界对橄榄油的需求不断增加，特别是近年来油橄榄种植面积不断扩大，世界年总产橄榄油量达 300 万吨。中国是世界植物油消费大国，但年产橄榄油约 6000t，无法满足经济发展和生活水平提高的需要，目前年进口约 4.5 万吨橄榄油以满足市场需求。随着经济发展和人们对橄榄油认识的提高，国产和进口橄榄油的数量还会不断增加。

特级初榨橄榄油的市场销售价格，远高于市场上的其他植物油，不法商贩有可能以次充好牟利；消费者误用此油煎炸食物无端破坏了油中的营养；不科学的油橄榄生产加工者，误判鲜果最佳成熟期、盲目采摘损伤橄榄果；鲜果运输、储存、清洗除杂、破碎、果浆融合以及橄榄油分离、净化、灌装等加工工艺不当，都会影响橄榄油的品质。广大橄榄油生产加工、贸易流通和品质监管部门质量管理人员以及橄榄油消费者也渴望油橄榄和橄榄油的科学基础知识。

针对广大读者的需求，我们组织国内外的相关学者，就橄榄油的贸易中国消费和生产状况、油橄榄品质育种、橄榄油的营养与健康、橄榄油和油橄榄果渣油相关法规标准、油橄榄加工技术、橄榄油的应用、橄榄油分析、橄榄油感官评价、橄榄油实验室认证等内容，编写了这本书，为我国从事油橄榄种植、橄榄油营养、油橄榄果加工和橄榄油流通贸易以及关心油橄榄产业发展的人士，提供了翔实的油橄榄文献资料和数据。很希望这样的努力能有效推动中国学术科研界、工业加工和食品应用界以及政府和行业学会的管理层面对橄榄油的理解、研究和管理，以期为中国消费者带来更好的产品和良性消费文化。

编书过程中还邀请了国际人士，特别是地中海区域相关橄榄油知名学者参与了本书的编写，并首次以中文发表，工作量是巨大的。谨代表油脂行业各专业人员和读者对本书的出版表示衷心的感谢。再次希望本书对中国橄榄油的科学研究及行业良性发展有积极的推动作用。

徐学兵
2017 年 6 月

前言
FOREWORD

  油橄榄拉丁学名 Olea europaea L.，英文名 olive，是木犀科木犀榄属常绿乔木，也是世界"高产、优质、高效益"的名贵优质木本油料树种。油橄榄树新鲜果实中含有 10%～30% 的橄榄油，含油量低于 13% 的油橄榄果主要用作盐渍"蜜饯"作餐桌小食品，而含油量大于 14% 的油橄榄鲜果，用于加工生产橄榄油。

  橄榄油与其他植物油不同，初榨橄榄油的原料为天然的油橄榄鲜果，无论是传统压榨法，还是现代的离心分离法的制油加工工艺，最高温度都不超过 30℃。这种工艺完好地保存了独特的油橄榄天然风味和其他特征成分。餐用橄榄俗称"table olive"的盐渍油橄榄，不属于橄榄油加工范畴，在本书中有涉及。

  全书共分 9 章，分别介绍了橄榄油的贸易、中国消费和生产状况；油橄榄品质育种；橄榄油的营养与健康；橄榄油和油橄榄果渣油相关法规标准；油橄榄加工技术；橄榄油的应用、橄榄油分析、橄榄油感官评价、橄榄油实验室认证等众多新颖和广泛的橄榄油知识内容。希望此书的出版，能为推动中国油橄榄产业发展，促进橄榄油加工贸易，科学普及消费者健康食用橄榄油起到积极作用。

  本书是在丰益（上海）生物技术研发中心倡导和支持下完成的。编写过程中得到西班牙巴塞罗那 del Mar 医院医学研究所、中国疾病预防控制中心、甘肃省陇南市经济林研究院油橄榄研究所、四川华欧油橄榄开发（科技）有限公司、浙江经贸职业技术学院、扬州大学、河南工业大学、丰益（上海）生物技术研发中心等单位以及周展明教授、周晓燕教授、肖剑总经理、郑超先生、曹文明先生以及王磊女士的指导和帮助。在该书出版之际，谨向所有为本书提供过帮助的单位和个人表示感谢！

  本书在编写过程中，虽经反复推敲和校对，但仍难免有疏漏和不妥之处，敬请读者给予指正。

主编
2017 年 8 月

目 录
CONTENTS

3　橄榄油的营养与健康

Castañer O，Zomeño M D，Hernáez Á，Fitó M，李新新

4　橄榄油和油橄榄果渣油相关法规标准

乔晚芳

5　油橄榄加工技术

周瑞宝　姜元荣　周　兵

6 橄榄油的应用

张 坚 王 蕾 许 旸 许继春 周盛敏 张余权

7 橄榄油分析

刘　流　童佩瑾　王　婧　张明明　顾　敏

8　橄榄油感官评价

周　兵

9　橄榄油实验室认证

王　蕾　周盛敏　王　勇　张余权

附录

1 橄榄油的贸易、中国消费和生产状况

王蕾 许旸 周盛敏 张余权

油橄榄（*Olea europaea*）在植物分类学上属于木犀（Oleaceae）科，木犀榄（*Olea*）属；常绿，阔叶，乔木。分为野生橄榄和栽培橄榄两个亚种。公元前10000～公元前5000年，野生橄榄起源于小亚细亚，后由伊朗、叙利亚和巴勒斯坦传至地中海流域。公元前3000年左右，克里特岛开始进行人工橄榄栽培，随后传播到希腊大陆。橄榄种植在古希腊农业中占据重要的地位，是地中海农业体系中的基本组成部分。随后，西班牙移民将橄榄带到墨西哥、阿根廷和乌拉圭等拉丁美洲国家，意大利移民将橄榄传播到澳大利亚。橄榄树的意义与这些国家的种植息息相关。橄榄树的文化主要包括以下三个方面：景观、饮食（主要是指橄榄油的应用）和橄榄树、橄榄果的象征意义。在相当长的时间里，橄榄树的意义被无数学者讨论，橄榄文化在许多领域均被证实，比如艺术、宗教、医学、美容等。

1.1　橄榄油的国际贸易

全球油橄榄种植园的分布大多是在南纬和北纬30°～45°地带，其中90%以上的橄榄种植园是在地中海地区。在收获的橄榄果实里面，约90%的橄榄果用于制取橄榄油，10%用作食用橄榄。

1.1.1　橄榄油的生产

橄榄树生长需要气候温和的冬季和温暖干燥的夏季，同时，大多数的橄榄种植都是在年降雨量超过60cm的地区，如果土壤的储水能力特别优秀，在年降雨量40cm的地方也可以进行橄榄种植。尽管橄榄种植最好是在透光、深厚的土壤当中，但是，橄榄树在贫瘠、有石子、养分较少的土地上也能够成功种植。在这样的土地上种植橄榄树，是避免土地荒废的一种选择，可见，橄榄树的生殖适应能力比较强大。橄榄树是一种生长周期比较长的树种，因此种植状况常常会受到价格波动的影响。每个橄榄种植者的目的都是想要获得高产量、保持或者改进产品质量和最高的售卖价格。在长期的橄榄种植、生产中，有一些因素影响橄榄油的供给，如：

① 预测的未来价格；

② 欧盟法规（共同农业政策）和相关国家法规的框架（如农业津贴或者其他鼓励措施）；

③ 新种植的橄榄树数量；

④ 在农业种植改进方面的投资；

⑤ 可利用的劳动力和花费。

在所有的影响因素当中，最重要的是劳动力。根据不同的橄榄产量，其中收获时期的花费基本上占到了三分之一到一半的橄榄种植过程总花费。尽管橄榄的采摘是在农业劳作较清闲的冬季，收获时期的劳动力花费仍然非常大。

在过去的几十年里，橄榄油在全球范围内快速增长，产量从 150 万吨增长到 300 万吨（图 1-1），且欧盟的产量占据了全世界产量的绝大部分。从另外一个方面来讲，欧盟四个主要橄榄油生产国——西班牙、意大利、希腊和葡萄牙的橄榄油生产量对全世界的产量有决定性的作用（见表 1-1 和图 1-2）。此外，土耳其、突尼斯、叙利亚和摩洛哥的橄榄油生产总量也占了全球产量的五分之一以上。

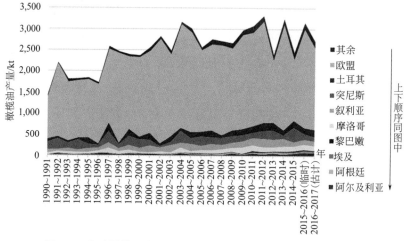

图 1-1　全球橄榄油产量数据（欧盟不含内部国家之间的交易）

（数据来源：国际橄榄理事会 IOC http：//www.internationaloliveoil.org/）

表 1-1　全球（主要橄榄油生产国）橄榄油产量一览

（数据来源：国际橄榄理事会 IOC http：//www.internationaloliveoil.org/）

单位：kt

国家	2011～2012 年	2012～2013 年	2013～2014 年	2014～2015 年	2015～2016 年（临时）
西班牙	1615.0	618.2	1781.5	842.2	1401.6
意大利	399.2	415.5	463.7	222.0	474.6
希腊	294.6	357.9	132.0	300.0	320.0

续表

国家	2011～2012 年	2012～2013 年	2013～2014 年	2014～2015 年	2015～2016 年(临时)
葡萄牙	76.2	59.2	91.6	61.0	109.1
欧盟其他国家	10.2	10.9	13.9	9.3	17.0
突尼斯	182.0	220.0	70.0	340.0	140.0
土耳其	191.0	195.0	135.0	170.0	143.0
叙利亚	198.0	175.0	180.0	105.0	110.0
摩洛哥	120.0	100.0	130.0	120.0	130.0
阿尔及利亚	39.5	66.0	44.0	69.5	83.5
其他国家	195.3	183.8	210.3	219.0	230.7
全球总计	3321.0	2401.5	3252.0	2458.0	3159.5

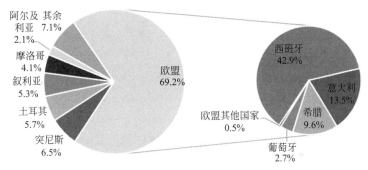

图 1-2　2011～2012 年-2015～2016 年全球橄榄油年均生产量比例
（数据来源：国际橄榄理事会 IOC http://www.internationaloliveoil.org/）

1.1.2　橄榄油消费

几个世纪以来，橄榄油的消费都局限在地中海地区。对于世界上其他地区的人们来说，他们并不熟悉橄榄油这一食用油脂，而且认为橄榄油的价格要远远高于其他植物油。此外，橄榄油具有的特殊风味，在没有食用历史的国家或者地区很难被接受（地中海地区的小朋友在很小的时候就被教育去喜爱橄榄油的风味）。因此，橄榄油的消费有如下的特点：第一，地中海地区之外的消费量有限；第二，在所有的橄榄油分类中，最有名的是"橄榄油"，而"特级初榨橄榄油"并不知名；第三，橄榄油生产商最关注的是橄榄油与其他植物油的价格比。在 20 世纪 80 年代初期，欧盟曾经出台强制措施，即所谓的"油脂税"，从而保证橄榄油与其他油脂的价格比小于 2∶1。

橄榄油的消费量在最近几十年里呈波动式上升，除了两次比较显著的消费量回落之外，基本上都在逐年增加。这两次回落包括：1994～1995 收获年和 2005～2006 收获年。如图 1-3 所示，欧盟是橄榄油的消费的第一大区域。此外，美国、土耳其、叙利亚和摩洛哥也有大量的橄榄油消费。

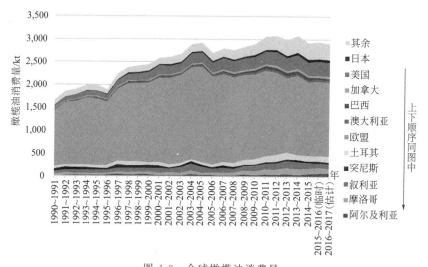

图 1-3 全球橄榄油消费量

（数据来源：国际橄榄理事会 IOC http：//www.internationaloliveoil.org/）

1.1.3 橄榄油进口

在橄榄油进口方面，美国是第一大橄榄油进口国，欧盟因不计算内部国家之间的交易而在数据上紧随其后。此外，日本、中国、加拿大和巴西等国家随着橄榄油需求的增长，同时自身又为非生产国，在进口量方面波动中有升，见图 1-4。

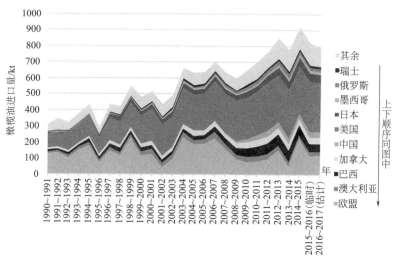

图 1-4 全球橄榄油进口量（欧盟不含内部国家之间的交易）

（数据来源：国际橄榄理事会 IOC http：//www.internationaloliveoil.org/）

1.1.4 橄榄油出口

橄榄油出口量的增加略慢，从 20 世纪 90 年代的 30 万吨增加到现在的约 80 万吨，在此期间，甚至有几年的出口数量严重下滑（见图 1-5）。在众多的橄榄油生产地区之中，欧盟仍然高居榜首（主要出口国为西班牙和意大利，见表 1-2），此外，突尼斯也有较大的出口量，这两个区域的橄榄油出口量占到了全球的 3/4 以上，见图 1-6。

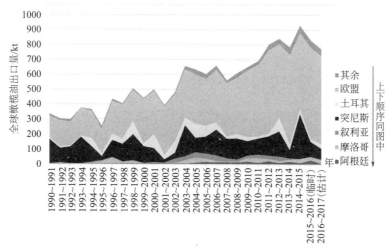

图 1-5　全球橄榄油出口量（欧盟不含内部国家之间的交易）
（数据来源：国际橄榄理事会 IOC http：//www. internationaloliveoil. org/）

表 1-2　全球（主要橄榄油生产国）橄榄油出口量一览
（数据来源：国际橄榄理事会 IOC http：//www. internationaloliveoil. org/）

单位：kt

国家	2011～2012 年	2012～2013 年	2013～2014 年	2014～2015 年	2015～2016 年（临时）
西班牙	248.0	197.6	289.7	236.8	326.1
意大利	233.2	217.6	233.3	199.6	219.5
葡萄牙	51.5	50.5	53.8	47.6	47.0
希腊	15.5	18.0	15.7	16.8	10.2
欧盟其他国家	7.3	7.7	8.2	7.3	7.3
突尼斯	129.5	170.0	58.0	304.0	100.0
土耳其	20.0	92.0	35.0	30.0	20.0
摩洛哥	11.0	10.0	9.5	25.0	16.5
叙利亚	25.0	30.0	10.0	0.0	5.0
其他国家	62.0	49.6	71.8	61.9	77.9
全球总计	803.0	843.0	785.0	929.0	829.5

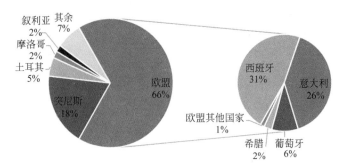

图 1-6 全球橄榄油年均出口量比例

（数据来源：国际橄榄理事会 IOC http：//www.internationaloliveoil.org/）

1.1.5 橄榄油和油橄榄果渣油的价格

从之前的数据可以看出，欧盟是最大的橄榄油生产商、消费区和贸易商。下面，以欧盟地区的主产国，即西班牙、意大利和希腊为代表，重点介绍橄榄油和油橄榄果渣油的生产价格（生产商价格）。首先是价格最高的特级初榨橄榄油（图 1-7），在这 3 个国家的代表性地区里面，意大利的生产价格一直是最高的（统计数据时间为 2009 年 10 月～2015 年 5 月），特别是在 2011 年和 2014 年后，意大利的特级初榨橄榄油生产价格远远高于西班牙和希腊；在 2015 年 5 月份的数据中，意大利的特级初榨橄榄油每吨比西班牙和希腊高出 3000 欧元，接近一倍。除个别年份有所差异之外，希腊的价格与西班牙的价格基本上区别不大。

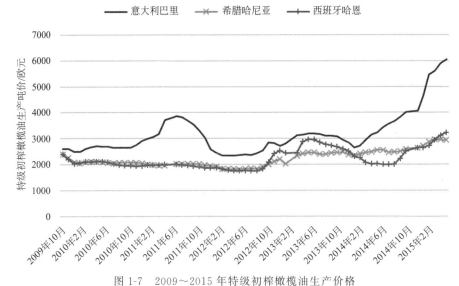

图 1-7 2009～2015 年特级初榨橄榄油生产价格

（数据来源：国际橄榄理事会 IOC http：//www.internationaloliveoil.org/）

近几十年，特级初榨橄榄油的价格呈现震荡上行的趋势，特别是在最近 3 年，特级初榨橄榄油的生产价格快速增长：2009 年，其价格在每吨 2000～3000 欧元，而 2015 年意大利产区的价格已高达每吨 6000 欧元。

精炼橄榄油的生产价格要低于特级初榨橄榄油的生产价格。意大利代表地区的价格与西班牙代表地区的价格差别并不明显，基本上保持一致，波动的趋势也非常相似，见图 1-8。

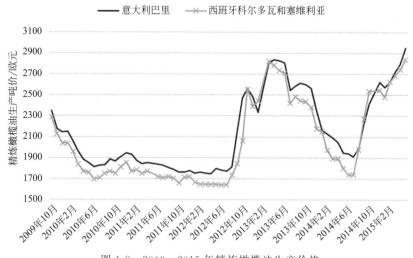

图 1-8　2009～2015 年精炼橄榄油生产价格
（数据来源：国际橄榄理事会 IOC http：//www.internationaloliveoil.org/）

以意大利巴里的橄榄油生产价格为例（图 1-9），特级初榨与精炼的价格差别最大的年份是 2011 年与 2015 年，这是由意大利特级初榨橄榄油价格的超高速上升而导致的。

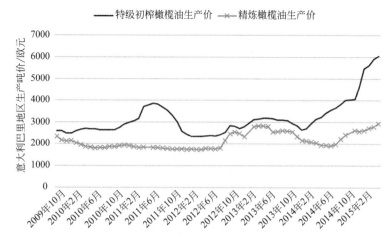

图 1-9　2009～2015 年意大利巴里地区特级初榨橄榄油和精炼橄榄油生产价格比较
（数据来源：国际橄榄理事会 IOC http：//www.internationaloliveoil.org/）

精炼橄榄果渣油的生产价格在 2012 年中旬之前一直非常稳定（约每吨 1300 欧元），没有明显的上升或者下落；在 2012 年 10 月～2014 年 1 月出现一次时间比较长的价格上涨（最高达每吨 2000 欧元），随后又回落到正常（约每吨 1300 欧元）；2014 年 4 月至今又开始了第二轮的上涨。与特级初榨橄榄油不同，西班牙和意大利的精炼橄榄果渣油的生产价格差别不大，见图 1-10。

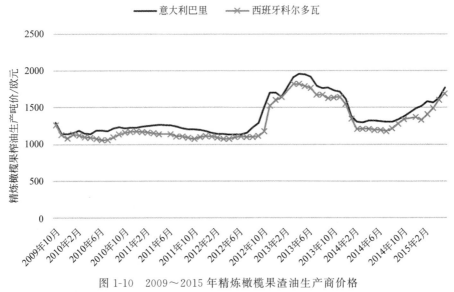

图 1-10　2009～2015 年精炼橄榄果渣油生产商价格
（数据来源：国际橄榄理事会 IOC http：//www. internationaloliveoil. org/）

将精炼橄榄果渣油的生产价与精炼橄榄油的生产价进行对比，可以发现，这两者的差价基本保持在每吨 1000 欧元，且它们的变化趋势基本类似，见图 1-11。

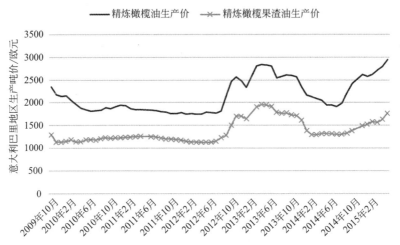

图 1-11　2009～2015 年意大利巴里地区精炼橄榄油和精炼橄榄果渣油生产价格比较
（数据来源：国际橄榄理事会 IOC http：//www. internationaloliveoil. org/）

1.2 中国橄榄油现状

1.2.1 中国橄榄油消费情况

随着人民生活水平的不断提高，我国对油料油脂的需求数量不断攀升。为满足市场的需求，近些年来，中国政府出台了一系列鼓励发展油料生产的政策措施，推动了我国油料生产的持续稳定发展。据统计，2014 年，我国油菜籽、大豆、花生、棉籽、葵花籽、芝麻、油茶籽、亚麻籽等八大油料的总产量为 6003 万吨，较 2000 年的 5291 万吨，增长了 13.5％（表 1-3）。

表 1-3　2000～2014 年中国油料产量　　　　　　　　　　单位：kt

年份	油料总产量	年份	油料总产量
2000	52910	2008	58559
2001	53638	2009	58003
2002	53788	2010	58114
2003	52251	2011	59413
2004	59445	2012	59723
2005	57407	2013	58459
2006	55044	2014	60029
2007	52135		

（引自国家粮油信息中心）

据统计，2015 年度，我国食用油的消费总量为 3294.6 万吨，较 2000 年的 1245.7 万吨，增长了 164％，15 年间，平均每年增长 11％；2015 年我国人均年食用油消费量达 24.1kg，较 2000 年的 9.6kg，增长了 151％，15 年间，人均每年增长 0.97kg（表 1-4）。

表 1-4　2000～2015 年中国人均食用油消费情况

年份	食用油消费量/10^4 t	人均年消费占有量/kg
2000	1245.7	9.6
2001	1330	10.2
2002	1410	10.8
2003	1500	11.5
2004	1750	13.5
2005	1850～1900	14.2～14.6
2006	2271.7	17.5

年份	食用油消费量/10^4 t	人均年消费占有量/kg
2007	2509.7	19.3
2008	2684.7	20.7
2011	2777.4	20.6
2012	2894.6	21.4
2013	3040.8	22.5
2014	3167.4	23.2
2015	3294.6	24.1

注:2000~2008 年我国人均年消费按 13 亿人口计算;2011~2013 年按 13.5 亿人口计算;2014 年按 13.6782 亿人口计算;2015 年按 13.68 亿人口计算。

进入 21 世纪后,随着我国改革开放的深入开展,广大人民生活水平不断提高,人们对食用油脂的质量、品种有了较高的要求。作为当今世界上唯一的鲜果冷榨木本油料油脂,橄榄油已经慢慢地开始进入到广大消费者的视线并获得消费者的青睐。根据美国农业部统计数据,中国橄榄油进口量基本上一直处在增长的状态(图 1-12)。

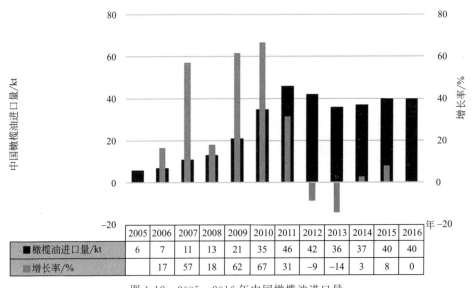

	2005	2006	2007	2008	2009	2010	2011	2012	2013	2014	2015	2016
■橄榄油进口量/kt	6	7	11	13	21	35	46	42	36	37	40	40
▒增长率/%		17	57	18	62	67	31	-9	-14	3	8	0

图 1-12　2005~2016 年中国橄榄油进口量

(数据来源:美国农业部 USDA https://apps.fas.usda.gov/psdonline _ legacy/psdQuery.aspx)

进口橄榄油主要分三大类:初榨橄榄油、精炼橄榄油和油橄榄果渣油(详细定义见第 4 章)。随着生活水平的日益提高,人们越来越倾向于食用或者使用营养物质含量较高的初榨橄榄油,因此,初榨橄榄油的进口量以及进口量的增长都高于精炼橄榄油和油橄榄果渣油,如图 1-13 所示。

随着社会经济的发展变化，初榨橄榄油已经取代精炼橄榄油，成为橄榄油进口当中最重要的部分，也是进口数量的大部分。

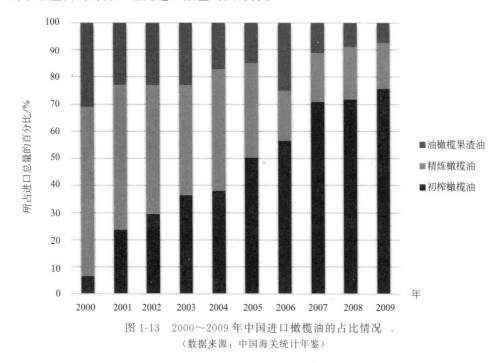

图 1-13　2000～2009 年中国进口橄榄油的占比情况

（数据来源：中国海关统计年鉴）

1.2.2　中国橄榄油市场情况

在琳琅满目的食用油脂市场中，橄榄油是当之无愧的高价油脂。我国市场上的橄榄油销售价格多在每升 60～180 元，是中端食用油价格的 5～10 倍，甚至更多。

编者曾经收集上海地区常见大型超市的特级初榨橄榄油样品，将其包装容量与售卖价格进行对比、换算，得到图 1-14。所示信息：经过简单换算后，大部分特级初榨橄榄油产品的价格在每升 80～150 元，个别产品的价格会低于每升 50 元或者高于每升 250 元。当然，编者因为时间及其他各种因素的限制，不能收集齐市面上的特级初榨橄榄油产品，也没有考虑产品临时性价格调整或者包装大小对价格的实际影响。

从中国消费者对某种品牌或橄榄油的反馈来看，大部分人对产品知识了解甚微。影响他们对产品认识的两个最大因素是价格和对该产品品牌的熟悉度（本书第 6 章将进一步讨论）。考虑到中国市场橄榄油的巨大购买力，世界各地的新品牌都在跃跃欲试，进入中国市场，占领市场份额。

中国橄榄油市场现状可以概括为以下几点：国产橄榄油无法满足需求，还需依靠进口；国内需求旺盛，进口量持续增长；橄榄油经营者越来越多，竞争激烈但无序；品牌日趋增多，但缺少强势品牌；营销策略日趋成熟，营销渠道多元但集中；

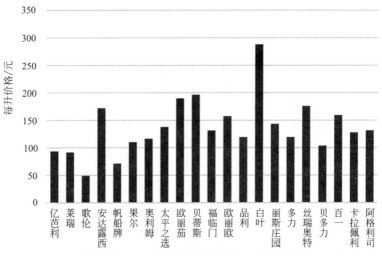

图 1-14 中国市场一些常见特级初榨橄榄油产品价格（2014 年）

消费认知日趋扩大；消费方式日趋多样化；商家与消费者日趋理智，推广费用越来越高；橄榄油等级界定及价格混乱；橄榄油市场处于快速成长期，潜力巨大。综上所述，中国橄榄油市场前景还是非常乐观的，同时橄榄油的延伸产品（如保健品、化妆品、食品、药品）目前在国内市场上基本空白，其需求也有较大的发展空间。

1.2.3 中国的油橄榄生产状况

自 1964 年周恩来总理由阿尔巴尼亚大规模引种 1 万株油橄榄树苗，并在云南昆明海口林场亲手种下一株中阿友谊树起，我国油橄榄种植历史经过了引种试验时期（1964～1973 年），推广发展时期（1974～1980 年），调整、巩固、提高时期（1981～1990 年），衰退低谷时期（1991～2000 年）和恢复发展时期（2001 年至今）这五个阶段。在这五十多年的发展历程中，油橄榄先后在我国长江以南的 13 个省市进行了推广，其中以甘肃省陇南市发展最为成功，率先实现了油橄榄的产业化。

在陇南市油橄榄产业的示范带领下，中国油橄榄产业再度蓬勃发展，尤其是四川和云南两省，也分别出台了相应的油橄榄产业发展总体规划，使得近年来中国油橄榄种植面积和橄榄油产量都有较快速的增长，但与西班牙、意大利等传统生产国相比，还有非常大的差距。

据统计，截至 2016 年，全国油橄榄种植面积为 7 万公顷，主要分布于甘肃省陇南，四川省广元、达州、绵阳、凉山州西昌市、成都市金堂县、仁寿县，重庆市奉节、万州、合川，云南省丽江市、迪庆藏族自治州、玉溪市、永仁县、永胜县、宾川县，湖北省十堰市郧县等地。其中，甘肃省陇南市种植面积为 3.5 万公顷，四川省为 2.4 万公顷。另外，云南省也有 0.53 万公顷的油橄榄果园，重庆市有 0.5

万公顷。根据有关省市、部门和企业的油橄榄发展规划目标，到 2020 年我国油橄榄总面积计划达到 10 万公顷以上，油橄榄产业总产值预计可超过 128 亿元。

中国油橄榄产业的迅速发展，能够极大缓解国内耕地资源的刚性短缺，并增加当地（主要为西部地区）农民的收入，为农村脱贫致富开拓了新的渠道及路径。同时，国产橄榄油的增长也能提高国内橄榄油的消费量，从而优化食用植物油消费结构，提高国民膳食健康水平。

参 考 文 献

［1］ 邓煜，刘婷，梁芳 . 中国油橄榄产业发展现状与对策［J］. 经济林研究，2015，33（2）：172-174.

［2］ 李聚桢 . 中国引种发展油橄榄回顾及展望［M］. 北京：中国林业出版社，2010.

［3］ Boskou D. Olive oil：Chemistry and technology / editor, Dimitrios Boskou［M］. 2nd ed. Champaign, IL：AOCS Press，2006.

［4］ International Olive Council. World Olive Oil Figures［OL］.［2017-02-22］. http：//www. internationaloliveoil. org/estaticos/view/131-world-olive-oil-figures.

［5］ United States Department of Agriculture. Custom Query ［OL］.［2017-02-22］. https：//apps. fas. usda. gov/psdonline _ legacy/psdQuery. aspx.

2 油橄榄品质育种

邓 煜

油橄榄是世界著名的木本油料树种，橄榄枝为地中海文明的和平象征。油橄榄在长期的生物进化、自然选择和人工培育作用下，极大地丰富了油橄榄的种质资源和遗传多样性，并形成了一系列能够满足人们生活需要的诸多优良品种。

品质育种是橄榄油主产国开展种质资源研究的重点，特别是西班牙、意大利、希腊等历史悠久的传统油橄榄生产国，在漫长的栽培过程中选育出许多有个性、有特点、抗性强、含油率高、品质好、功能多样的优良树种，被引种到世界各地广泛种植，为油橄榄产业发展和人类健康做出了贡献。中国在半个多世纪的油橄榄引进、培育发展过程中，也选育出诸多适生品种。我们把这些品种的生物学、生态学特性，以及对加工利用的价值进行简要介绍，目的是为油橄榄品质育种、橄榄油加工和未来开展的地理标志产品保护提供依据。

2.1 油橄榄的起源和传播

2.1.1 油橄榄的起源

油橄榄起源于叙利亚，随后在尼罗河和底格里斯河之间广大的肥沃地区进行人工栽培，从南高加索向伊朗高原发展，同时又由北向塞浦路斯岛扩展，并向安纳托利亚方向拓展。尔后，在利比亚的沙漠绿洲、克里特岛、基克拉迪群岛、斯波拉提群岛和埃及延伸。在公元前 16 世纪，腓尼基人开始把油橄榄向整个希腊诸岛传播，后来则于公元前 14～公元前 12 世纪将其引种到希腊大陆，从此，在希腊大陆的油橄榄种植日益增多，并在公元前 4 世纪具有重要地位。当时的棱伦曾发布命令规范油橄榄合理的种植方法，油橄榄开始进入了栽培作物时代。自公元前 6 世纪以来，油橄榄遍及了地中海沿岸国家，并抵达的黎波里、突尼斯和西西里岛。由希腊人引入葡萄牙，并带去了油橄榄的种植方法，它又从那里走进了意大利。公元前 1050 年，腓尼基人把油橄榄及种植技术引入西班牙，并向伊比利亚半岛的中部和地中海沿岸地区扩展。阿拉伯人也把他们的油橄榄品种随身带到了西班牙南部，并对那里的油橄榄种植业发展产生了影响。随着美洲大陆的发现（1492 年），油橄榄种植超出了地中海地区这一限制，西班牙和葡萄牙的军队开到海洋上寻找尚未发现的陆地，舰上带着生活所需的橄榄油，于新大陆（美洲大陆）肥沃的土地上建立了第一批油橄榄园的苗木，首批油橄榄从塞维利亚带到西印度群岛。1560年，油橄榄引入秘鲁、安的列斯群岛、智利、阿根廷、墨西哥。随后，西班牙圣芳济各教会的传教士，又从这些地区把油橄榄引入加利福尼亚，建起了油橄榄园。在近现代，油橄榄树继续向地中海以外的地区发展，即使在远离其故乡的地方都已有了种植，如南非、澳大利亚、中国和日本。正如法国小说家杜亚美所说："只要是在那些温暖、阳光充足的地方，油橄榄树都会生根、发芽、开花、结果和繁衍后代。"

2.1.2 油橄榄品质育种的发展

油橄榄作为世界上少有的长寿果树，能自然存活数百年，在地中海沿岸，树龄差距非常大的油橄榄园比比皆是，但多数只有一个主栽品种，这个品种通常是几百年前某个独具慧眼的不知名种植者在当地选育的。几百年来这种异质性没有引起任何严重栽培退化。有考古证据表明，油橄榄、葡萄、无花果和枣椰树是该地区人类最早栽培的果树。这四个树种都有一个共同的特点就是可利用种子、硬枝扦插或根萌条通过简单的方法进行繁育。在野生橄榄园或通过品种选择改良了的野生橄榄园中，出现了某些有真正价值的特性，最早的油橄榄种植者可能用可行的方法，选育出了表现突出的优树和更符合人们需求意愿的品种。可以肯定的是，人工栽培的品种不同于野生品种，它们的果实更大，含油率更高，无性繁育则使其获得的无性系保持了与母树完全相同的遗传基因。

油橄榄的种植随着文化的传播遍布地中海流域。当迁徙者带着最初的栽培品种的后代树苗到达新的油橄榄种植区，同样的品种选择和克隆工程也随之发生，那些能够与栽培品种交互授粉的野生油橄榄，在品种的多样化中扮演了关键角色，一些当地野生油橄榄种群在连续的品种选择中出现基因渐渗融合的可能性，最终形成了如今油橄榄的遗传变异性、生物多样性和对不同环境的适应性，使得地中海沿岸各个国家的栽培品种逐渐形成，而且油橄榄种质资源越来越丰富。

在传统油橄榄栽培国家，橄榄果原料交易的增长促进了新建橄榄园的增多，随之带来了苗圃行业的发展。例如，西班牙就经历了油橄榄果园的惊人增长，超过90%的果园仅仅种植皮瓜尔（picual）、阿贝奎纳（arbequina）和贺吉布兰克（Hojiblanca）三个品种，这三个品种正被不断引种推广到距离它们的传统种植区很远的地中海以外的地区，诸如美国、阿根廷、澳大利亚和中国。在意大利情况也很相似，油橄榄种植的传统品种在新建果园中正逐渐让位于具有更好的油用或餐用特性的新品种，苗圃行业开始向许多国家大量出口新品种苗木，诸如埃及、摩洛哥、阿根廷、智利、葡萄牙和澳大利亚等国，使这些国家的新兴油橄榄园也有了来自各种渠道的种植材料。

对于油橄榄来说，人类所选择出的遗传资源会消失的危险性要比别的物种小。

传统油橄榄园的优势和这一物种本身的长寿性保证了适度的遗传多样性。虽然传统种植国家收集了大量的种质资源,但首要问题就是正确辨认新增种质资源,在品种选择和传播过程中,人们采用了类属命名法则。这种惯用的命名法则一般根据品种的某些显著而突出的特征(如果实、树体、叶片等)或者用最终用途或根据它们的原产地命名,这样虽然直观但也会导致相同的名字用于不同的品种(同名异种),或者不同的名字用于同一品种(异名同种)。鉴此,由国际油橄榄理事会(IOC)实施、欧共体和商品共同基金协助完成的 RESGEN 项目(油橄榄种质资源保护、特征描述、收集和利用项目)旨在对地中海 16 个国家(阿尔及利亚、克罗地亚、塞浦路斯、埃及、法国、希腊、意大利、以色列、黎巴嫩、摩洛哥、葡萄牙、斯洛文尼亚、西班牙、叙利亚、突尼斯和南斯拉夫)收集的品种进行正确分类,并将这些国家调查到的任何尚未收集起来的品种包括其中。IOC 已在西班牙和摩洛哥建立了种质资源基因库,收集了 400 多个品种;现正在地中海东部选点,计划建第三个油橄榄种质资源基因库。此外,各油橄榄主产国,甚至某些非主产国(如美国、中国、日本等)也建立了自己的油橄榄种质资源基因库,开展育种研究。

中国有记载的油橄榄种质资源引种从 1956 年开始,先后在四川省达州市红花山林场、凉山州西昌市、湖北省九峰山林场等地建起了种质资源基因库。20 世纪70 年代,中国林业科学研究院、湖北省林业科学研究院、南京中山植物园、陕西省汉中市城固县油橄榄场等单位及徐纬英、邓明全、李聚桢、贺善安、施宗明、彭雪梅等油橄榄专家相继开展了油橄榄品种引、选、育工作,培育出了城固系列、鄂植系列、中山系列、九峰系列、云台系列、襄河系列、玉蝉系列七大系列 260 个变种,目前仅保留 9 个品种。50 多年来,中国虽然引进选育了一些品种,丰富了种质资源,但由于原引品种保存不当,混杂丢失,近年来各地各自为政,重复引种,各自命名造成品种更加混乱;目前这些品种在全国适生区大尺度的区域试验尚未系统进行,新品种选育工作严重滞后;现在生产中使用的主栽品种多代繁殖,老化退化严重,一些实生选育的品种定植后单株变异性大,分异性严重,造成同一品种的表现型不同,丰产性、稳产性差。良种选育成为油橄榄产业效益发挥的限制性因素。

2.1.3 油橄榄种质资源

油橄榄在地中海沿岸国家已有 6000 多年的栽培历史,在长期的生物进化、自然选择和人工选育作用下,极大地丰富了油橄榄的种质资源和遗传多样性,地中海沿岸分布着世界上 95% 的油橄榄种质资源。目前,世界上名称不同的油橄榄品种有2000 多个,从形态学、分子生物学、遗传学的角度进行分类,有 600 多种,其中栽培品种 320 种。国际油橄榄理事会(IOC)出版的《世界油橄榄品种图谱》(World Catalogue of Olive Varieties)中收录了 23 个油橄榄种植国的 140 个品种,大约占油橄榄主要栽培品种的 85%。

油橄榄在中国纯属引进树种，油橄榄品种从无到有，从1956年开始少量引种用于科学试验，1964年，国家总理周恩来访问阿尔巴尼亚时当地政府赠送米扎、佛奥、爱桑、卡林、贝拉5个品种10680株，在长江流域8个省区12个区域试验点试种。至今已引种过312批次，以种子、穗条和苗木为繁殖材料先后引入有登记的油橄榄品种156个。近年来甘肃、四川又进行了新品种引进，保存品种最多的有两处，一处是四川凉山州国家油橄榄种质资源异地保存库（保存186个），另一处是甘肃省陇南市经济林研究院油橄榄研究所种质资源基因库（保存121个），其他市县都建有小面积的品种园。50多年来，中国从引进的156个油橄榄品种中选育出了适应我国自然条件的莱星（Leccino）、佛奥（Frantoio）、科拉蒂（Coratina）、鄂植8号（Ezhi 8）、皮削利［Picholine Marocaine（Sigoise）］、皮瓜尔（Picual）、城固32号（Chenggu 32）、阿斯（Ascolano Tenera）、奇迹（Koroneiki）、豆果（Arbequina）、贝拉（Berat）11个国家及省级良种，在甘肃省、四川省、云南省、重庆市和其他省市种植。其中甘肃省有莱星（Leccino）、佛奥（Frantoio）、科拉蒂（Coratina）、鄂植8号（Ezhi 8）、皮削利［Picholine Marocaine（Sigoise）］、城固32号（Chenggu 32）、阿斯（Ascolano Tenera）、奇迹（Koroneiki）8个省级优良品种；四川省有佛奥（Frantoio）、贝拉（Berat）、配多灵（Pendolino）、奇迹（Koroneiki）、豆果（Arbequina）、科新·佛奥（Frantoio Corsini）、鄂植8号（Ezhi 8）、科拉蒂（Coratina）、皮瓜尔（Picual）、白橄榄（Ulliri Bardhe）、小苹果（Manzanilla）11个省级良种；云南省有佛奥（Frantoio）、鄂植8号（Ezhi 8）、莱星（Leccino）、皮瓜尔（Picual）、豆果（Arbequina）、奇迹（Koroneiki）、阿斯（Ascolano Tenera）、贝拉（Berat）8个省级良种。

2.2 橄榄油主产国品种介绍

世界上95%以上的油橄榄品种原生于地中海沿岸，西班牙、意大利和希腊三国是油橄榄原生品种最多的国家，在国际油橄榄理事会编写的《世界油橄榄品种图谱》中共收录油橄榄品种140个，这三国就占了55%，其中西班牙37个，占26%；意大利31个，占22%；希腊9个，占6%。现根据国际油橄榄理事会（IOC）出版的《世界油橄榄品种图谱》（World Catalogue of Olive Varieties）对这三国油橄榄品种分别描述如下：

2.2.1 西班牙品种

（1）阿法珐（Alfafara）   阿法珐为油用品种，树势中，树冠开张，冠层密；叶片长宽中等，叶形椭圆形，纵向平直；花絮长度中，花量少；单果重中等，果形卵圆形，不对称，横径中位，果顶圆，有乳凸，果基亦圆，果斑多而小；果核重，椭圆形，不太对称，横径中位，顶部尖，基部圆，核面多皱，核纹中，顶端有尖。

这个品种耐寒，不耐旱。扦插易生根，趋向于作其他品种的砧木。中实，产量高，有大小年，晚熟，采果力中，含油率不高（中低水平），出油率非常低。油质好，有时作青餐果。

该品种非常抗油橄榄瘤，会被油橄榄叶斑病侵染。

（2）阿罗拉（Aloreña）　阿罗拉为果用品种，树势弱，树冠开张，冠层密；叶片长宽中等，叶形椭圆披针形，纵向曲率偏下；花絮短，花量中；单果重，球形，不太对称，横径中位，果顶圆，无乳凸，果基平截，果斑少而小；果核重，卵圆形，不太对称；横径中位，顶部尖，基部圆尖，核面多皱，核纹中，顶端有尖。

这个品种生长势弱，特别怕干旱。早实，产量高而稳定，中熟。采果力低，有利于机械采收，在当地八月底采收，离核型，含油率中，油质差，主要作青餐果。虽然加工后保质期不长，但果肉以质优而评价高。

该品种会被油橄榄叶斑病侵染。

（3）阿贝奎纳（Arbequina）　阿贝奎纳俗名豆果，油用品种。豆果树势弱，树冠开张，冠层密度中；叶片短，宽度中等，叶形椭圆形；纵向曲率偏上；花絮长，花量中，单果重量轻，果实球形，不对称，横径下位，果顶圆，无乳凸，果基平截，果斑少而小；果核轻，卵圆形，不对称，横径中位，顶部圆，基部亦圆，核面多皱，核纹中，顶端无尖或有小尖。

这个品种具有较高的生根能力，早实，花期中，自交亲和。采果力中，其果实小影响机械采收，依靠树干振动。以高产稳产而著称，含油率高，油稳定性差，加工后保质期不长，但主要因为它有良好的感官性，油质极佳。生长势弱，可以建成集约栽培的橄榄园。产量高而稳定，中熟，在当地八月底成熟，适合机械采收，果肉率高，离核型，可作青餐果。

这是个抗性强的品种，耐寒，抗盐碱，但在钙质非常高的土壤条件下，易受石灰质土壤诱导出现黄化病感染。

该品种抗油橄榄叶斑病和油橄榄瘤，会被油橄榄果蝇和黄萎病侵染。

（4）碧卡（Bical）　碧卡俗名毕卡尔，油用品种。碧卡树势中，生长习性直立，树冠稀疏；叶片长宽中等，椭圆披针形，纵向曲率偏下；花絮中到长，花量少到中，单果重中等到重，果形细长，不太对称，横径上位，果顶圆，有乳凸，果基平截，果斑多而小，果核重，核形细长，不对称，横径上位，顶部尖，基部亦尖，核面多皱，核纹中，顶端有尖。

这个品种丰产，非常适应于它生长的区域，中晚实，适合机械采收。含油率中，油感官性好。果质也好，有时也作餐果。

（5）布兰卡（Blanqueta）　布兰卡为油用品种，树势弱，生长习性直立，树冠密度中等，叶片短，宽度中等，叶形椭圆形，纵向曲率偏上；花絮长度中等，花量中；单果重量轻，果实球形，对称，横径中位，果顶圆，无乳凸，果基平截，果斑多而小；果核轻，卵圆形，对称，横径上位，顶部圆，基部尖，核面光滑，核纹中，顶端有尖。

这个品种生长势弱，抗性强，耐寒，抗干旱，生根能力强，早实，花期晚，花粉萌发力低。产量高而稳定，中熟，采果力较强，影响机械采收。含油率高，油味甜有果味，油质评价高，但稳定性差。

该品种抗油橄榄叶斑病和油橄榄瘤。

（6）卡勒瑟拉（Callosina） 卡勒瑟拉俗名"柯尼卡布拉（Cornicabra）"，为油用品种。卡勒瑟拉树势中，树冠开张，冠层密度中等，叶片长而窄，叶形披针形，纵向平直；花絮短，花量少；单果重量中，果形细长，不对称，横径中位，果顶尖，有乳凸或退化，果基平截，果斑多而小；果核重量中，核形细长，不对称，横径中位，顶部尖，基部亦尖，核面光滑，核纹中，顶端有尖。

这个品种以耐干旱著称，易生根，自交亲和，中实。晚熟，采果力强，影响采收。以高产稳产、油质好和含油率高而被看重，肉核比中等，因其果肉质量好和加工后保质期长而具有腌制餐果的价值。

该品种抗油橄榄果蝇和油橄榄瘤，会被油橄榄叶斑病感染。

（7）卡拉斯克多·拉谢拉（Carrasqueño de la Sierra） 卡拉斯克多·拉谢拉简称卡拉斯，为油用型果树。卡拉斯树势中，树冠开张，冠层密；叶片长宽中等，叶形椭圆披针形，纵向平直；花絮长，花量中；果实重中等到重，果形卵圆形，不对称，横径中位，果顶圆，有乳凸或退化，果基平截，果斑多而小；果核重中等，核形椭圆形，不太对称，横径中位，顶部尖，基部亦尖，核面光滑，核纹中，顶端有尖。

这个品种抗性差，虽然耐钙质土壤，但易受到冬季寒冷和干旱的不利影响。嫩枝扦插易生根，中实。晚熟，花期偏晚，产量中而稳定。采果力强，影响机械采收。虽然主要目的是榨油，但含油率低，也是油果兼用品种。

该品种会被油橄榄叶斑病和油橄榄瘤感染。

（8）卡斯特利亚纳（Castellana） 卡斯特利亚纳简称卡斯特，油用型。卡斯特树势中等，树冠开张，冠层密；叶片长度中等，宽度窄，叶形椭圆披针形，纵向平直；花絮长度中，花量中；单果重量中，果实卵圆形，不太对称，横径中位，果顶圆，无乳凸，果基平截，果斑少而小；果核重量中，核形椭圆形，不太对称，横径中位，顶部尖，基部亦尖，核面多皱，核纹中，顶端有尖。

这个品种生长势偏弱，在土壤贫瘠和寒冷地区表现良好，扦插易生根，中熟，采果力强，产量高而稳定。仅作榨油，出油率和油质中等。

该品种会被油橄榄瘤感染。

（9）茜格洛特·雷亚尔（Changlot Real） 茜格洛特·雷亚尔简称茜格，俗名"茜格洛特（Changlot）"，油用品种。茜格树势中，树冠开张，冠层密；叶片长宽中等，椭圆披针形，纵向平直；花絮长度中，花量少；单果重中等，果形卵圆形，对称，横径上位，果顶圆，无乳凸，果基平截，果斑多而小；果核重量中，椭圆形，不太对称，横径上位，顶部圆，基部尖，核面多皱，核纹中，顶端有尖。

这个品种对贫瘠的土壤适应性好，但对寒冷和干旱敏感。早实，花期中，果实趋于穗状生长，产量高，有大小年。中熟，采果力强，影响机械采收，果实以含油率高而著称，油质好。

该品种抗油橄榄果蝇，会被油橄榄瘤感染。

（10）科尼卡（Cornicabra）　科尼卡是西班牙第二大品种，油用品种。科尼卡树势中，生长习性直立，树冠密；叶片长宽中等，叶形椭圆披针形，纵向平直；花絮长度中，花量少；单果重中等，果形细长，不对称，横径中位，果顶尖，无乳凸，果基平截，果斑多而小；果核重量中等，核形细长，不对称，横径中位，顶部尖，基部亦尖，核面多皱，核纹中，顶端无尖。

这个品种易生根，能很好地适应贫瘠土壤、寒冷和干旱地区。晚实，花期晚，有败育率高的趋向，坐果充足，自交亲和，花粉萌发力弱。产量高，有大小年，晚熟。采果力强，影响机械采收。果实以含油率高、油质好而著称，有很好的感官性和稳定性。因其果实肉质好，也腌制餐果。

该品种极易被油橄榄瘤、黄萎病和油橄榄叶斑病感染，也易被油橄榄果蝇危害。

（11）恩帕特雷（Empeltre）　恩帕特雷俗名"阿拉贡（Aragonesa）""共同（Común）"等。在阿拉贡（Aragon）和巴里亚利群岛（Balearie Island），它是优势品种。西班牙之外，扩种到阿根廷的门多萨省（Mendoza）和科尔多瓦省（Cordoba），为油用品种。

恩帕特雷树势中，生长习性直立，树冠密；叶片长宽中等，叶形椭圆披针形，纵向平直；花絮长，花量中；单果重量中，果形细长，不太对称，横径中位，果顶圆，无乳凸，果基平截，果斑多而小；果核重量中，核形细长，不对称，横径上位，顶部尖，基部亦尖，核面多皱，核纹多，顶端有尖。

这是个抗性强的品种，怕冬季霜冻。生根力差，所以用嫁接繁殖。晚实，花期早，部分自交亲和，花粉萌发力弱。产量高而稳定，早熟。采果力低，有利于机械采收。它以出油率高、油质上乘而出名，有时也腌制黑餐果。

该品种抗炭疽病和黄萎病，易被油橄榄叶斑病、油橄榄瘤和油橄榄果蝇侵染危害。

（12）法加（Farga）　法加俗名"法戈（Farg）"，为油用品种。法加树势强，树冠开张，冠层密；叶片短而宽，椭圆形，纵向平直，花絮长，花量少；单果重量中，果形细长，不太对称，横径上位，果顶圆，无乳凸，果基平截，果斑多而小；果核重量中，核形细长，不对称，横径上位，顶部尖，基部亦尖，核面光滑或多皱，核纹中，顶端有尖。

这是个生长势非常强的品种，重修剪后反映强，因其耐冬季寒冷被认为抗性非常强。生根力差，易作生长势弱的品种的砧木，表现良好。晚实，花期早，早熟，产量高，有大小年，采果力强，影响机械采收。含油率高，油质非常好，但榨取困难。

该品种抗油橄榄瘤，会被油橄榄叶斑病和黄萎病侵染。

（13）戈达尔·格拉纳达（Gordal de Granada）　戈达尔·格拉纳达被推广到整个格拉纳达省的南部、东部和北部地区，为果用品种。

该品种树势中，树冠开张，冠层密度中，叶长宽中等，椭圆披针形，纵向曲率偏上；花絮长，花量少；单果重，果实卵圆形，不太对称，横径上位或中位，果顶圆，无乳凸，果基平截，果斑多而小；果核重，椭圆形，不对称，横径中位，顶部尖，基部圆，表面多皱，核纹中，顶端有尖。

这是个生长势强的品种，扦插易生根。晚实，产量高，有大小年。含油率低，粘核型，因其果实的大小适宜，腌制的餐果评价高。

该品种会被油橄榄瘤侵染。

（14）戈达尔·塞维利亚娜（Gordal de Sevillana）　戈达尔·塞维利亚娜俗名"贝拉·迪·斯帕尼亚（Bella di Spagna）"等名。这个品种遍布全世界油橄榄栽培区，为果用品种。

该品种树势中，生长习性直立，树冠密度中；叶片长，宽度中，椭圆披针形，纵向平直；花絮长，花量多，单果非常重，果实卵圆形，不太对称，横径下位或中位，果顶圆，无乳凸，果基圆，果斑多而大；果核重，核形细长，较不对称，横径中位，顶部尖，基部亦尖，核面粗糙，核纹中，顶端有尖。

这个品种嫁接后生长势强，不嫁接则相反。抗冬季寒冷和潮湿，但怕干旱。嫩枝扦插不易生根，常嫁接繁殖。中实，花期中，自交亲和，败育率高，花粉萌发力非常低。产量低，有大小年，早熟，因其含油率低，果实只腌制餐果，它以其果大而作餐果，肉核比高，粘核型，果质软，怕碱液处理，易产生"鱼眼"，所以加工时要特别小心。

由于成熟前生长停止和早熟发育而形成单性结果，有正常果和浆果两种类型。

该品种抗油橄榄叶斑病，会被油橄榄瘤和油橄榄炭疽病侵染。

（15）贺吉布兰卡（Hojiblanca）　贺吉布兰卡是西班牙种植的第三大品种，为油果兼用品种。贺吉布兰卡树势偏强，生长习性直立，树冠密度中；叶片长，宽度中等，叶形披针形，纵向平直；花絮短，花量中；单果重，果实卵圆形，对称，横径中位，果顶圆，无乳凸，果基平截，果斑多而小；果核重，椭圆形，不太对称，横径中位，顶部圆，基部亦圆，核面多皱，核纹中，顶端有尖。

这个品种易生根，耐钙质土壤，抗冬季寒冷和耐干旱，抗性强。中实，花期中到晚，自交亲和，花粉萌发力中。晚熟，产量高，有大小年，采果力强，其影响机械采收。粘核型，因其果肉坚硬最适合加工为加利福尼亚式成熟黑餐果。含油率低，稳定性差，但其油质好，评价非常高。

该品种会被油橄榄叶斑病、油橄榄瘤和黄萎病侵染，不抗油橄榄炭疽病，会被油橄榄果蝇感染危害。

（16）莱琴·德·格拉纳达（Lechin de Granada）　莱琴·德·格拉纳达俗名"凯如（Caera）""莱琴（Lechín）"，这个品种只分布于西班牙东南部，为油用品种。

该品种树势强，树冠开张，冠层密；叶片长度短，宽度中等，叶形椭圆形，纵向平直；花絮短，花量少；单果重量中等，果实卵圆形，不太对称，横径中位，果顶尖，无乳凸，果基平截，果斑多而小；果核重量中等，椭圆形，不太对称，横径上位，顶部圆，基部尖，核面光滑，核纹中，顶端有尖。

这个品种生长势强，非常适宜于钙质土壤和干旱区种植，耐寒。早实，花期中，自交亲和。晚熟，产量高，有大小年，采果力强，加之果实小，影响采收。以丰产、含油率高和油质上乘而声誉好，油为黄色，稳定性差。在一些地区也腌制黑餐果，值得注意的是加工后品质保持时间长。

该品种特易感染油橄榄叶斑病，会被油橄榄瘤和油橄榄果蝇感染危害。

（17）莱琴·塞维利亚（Lechin de Sevilla）　莱琴·塞维利亚俗名"埃西哈诺（Ecijano）"等，油用品种，但因含油率中并且采收困难，种植面积在缩减。

该品种树势强，树冠开张，冠层密；叶片长宽中等，椭圆披针形，纵向平直；花絮短，花量少；单果重量中，卵圆形，不对称，横径中位，果顶圆，无乳凸，果基平截，果斑多而小；果核重量中，椭圆形，不太对称，横径中位，顶部尖，基部亦尖，表面光滑，核纹中，顶端有尖。

这个品种生长势强，非常适宜于贫瘠土壤和寒冷区。极耐钙质土壤、盐碱和干旱。因其抗性强，是其他品种优良的砧木，生根力强。中实，花期中，有时显示败育率高，花粉萌发差，自交亲和。早熟，产量高，有大小年，采果力及小果比率高，影响机械采收。油以其感官特性著称，果实也能腌制黑餐果。

该品种抗油橄榄叶斑病和油橄榄果蝇能力强，会被油橄榄瘤感染危害。

（18）洛艾米（Loaime）　洛艾米广泛分布于格林纳达省，为果用品种。

洛艾米树势弱，生长习性直立，树冠密度中等，叶片宽，长度中等，叶形椭圆形，纵向曲率偏下；花絮长，花量中，单果重量中，果实球形，不太对称，横径中位，果顶圆，无乳凸，果基平截，果斑多而小；果核重量中，卵圆形，不太对称，横径上位，顶部圆，基部尖，核面多皱，核纹中，顶端有尖。

这个品种生长势弱，丰产性非常好，有大小年现象，耐干旱。晚实，出油率高，离核型。主要作餐果，非常特殊的特性是它晾干后像葡萄干，成熟后晒干用盐搅拌，储藏，到用时在热水中浸泡，因其成熟的果实是甜的，所以用这种方法而不用传统的加工方法。因这个特点和它早熟的表现，往往受到禽鸟的严重侵袭。

该品种会被油橄榄叶斑病侵染。

（19）卢西奥（Lucio）　卢西奥分布于整个格林纳达省，为油用品种。

卢西奥树势强，树冠开张，冠层密；叶长宽中等，椭圆披针形，纵向平直；花絮长，花量中，单果重，卵圆形，对称，横径中位，果顶圆，无乳凸，果基亦圆，果斑多而小；果核重量中，椭圆形，不太对称，横径中位，顶部尖，基部亦尖，核面多皱，核纹中，顶端无尖或有小尖。

这个品种生长势非常强，丰产性差，有大小年现象，容易扦插繁殖。晚实，早熟，采收力小，有利于机械采收，因其含油率高而以油用出名。

该品种怕寒，会被油橄榄叶斑病侵染。

（20）小苹果·卡色雷拉（曼萨尼亚）（Manzanilla Cacereña）　小苹果·卡色雷拉俗名很多，也广泛分布于葡萄牙，为油果兼用品种。

该品种树势弱，树冠开张，冠层密；叶长宽中等，椭圆披针形，纵向平直；花絮长度中，花量中，单果重，果实球形，不太对称，横径中位或上位，果顶圆，无乳凸，果基平截，果斑多而小；果核重量中，椭圆形，不太对称，横径中位，顶部圆，基部尖，核面多皱，核纹中，顶端有尖。

这个品种生长势弱，能很好地适应贫瘠土壤和寒冷的冬季。生根力非常强，早实，花期早，自交亲和，败育率低，产量高而稳定。早熟，采果力小，有利于机械采收，离核型，良好的果肉使得腌制的青餐果和黑餐果获得好评。含油率低，但油质好。

该品种抗油橄榄果蝇和油橄榄瘤，会被黄萎病侵染。

（21）小苹果·普列塔（Manzanilla Prieta）　小苹果·普列塔俗名"博隆多（Bolondo）"等，为油果兼用品种。该品种树势弱，树冠开张而稀疏；叶片长宽中等，椭圆披针形，纵向曲率偏上；花絮长度短到中，花量少，单果重量中，果实球形，对称，横径中位，果顶圆，无乳凸，果基平截，果斑多而小；果核重量中，核形卵圆形，不太对称，横径中位，顶部圆，基部亦圆，核面多皱，核纹多，顶端无尖。

这个品种能很好地适应于潮湿土壤和寒冷地区。花期偏晚（中到晚），产量中而稳定。早熟，含油率低，粘核型，油和餐果都出名，油质好，采果力强，影响机械采收。

该品种会被油橄榄瘤和油橄榄叶斑病侵染。

（22）小苹果·塞维利亚（Manzanilla de Sevilla）　小苹果·塞维利亚俗名"卡若斯奎那（Carrasqueña）"等，是世界上分布最广的品种，在西班牙主要种植在塞维利亚、卡塞雷斯和韦耳瓦。在西班牙之外种植国家有葡萄牙、美国、以色列、阿根廷和澳大利亚。为果用品种。

该品种树势弱到中，树冠开张，冠层密度中；叶片长宽中，椭圆形，纵向平直；花絮短，花量少，单果重，果实球形，对称，横径中位，果顶圆，无乳凸，果基平截，果斑多而小；果核重，核形椭圆形，不太对称，横径上位，顶部圆，基部尖，核面多皱，核纹中，顶端有尖。

这是个生长势弱的品种，适于集约化栽培。在钙质土壤和寒冷的冬季栽培会感染根腐病和石灰性黄化病，硬枝扦插和雾化嫩枝扦插繁殖生根力中，早实，花期中，花粉萌发力强，在西班牙栽培不需要授粉树，然而观察发现交叉授粉坐果率会提高，在其他国家需要授粉树授粉。产量高，有大小年，早熟，离核型，采果力大。在西班牙青果采收，发酵为塞维利亚式餐果；在美国转色后采收加工为加利福尼亚式黑熟餐果。因其产品和果实的质量好，成为世界上最好的餐果品种。并且含油率中，油质好，稳定性强。

该品种非常容易感染黄萎病，会被油橄榄叶斑病、油橄榄瘤、油橄榄炭疽病和油橄榄果蝇侵染危害。

（23）莫洛·谢萨（Mollar de Cieza） 莫洛·谢萨大多在西班牙东部种植，为果用型。

莫洛树势弱，树冠开张，冠层密；叶片长宽中等，叶形椭圆披针形，纵向平直；花絮长，花量中到多，单果重量中，卵圆形，不太对称，横径中位，果顶圆，无乳凸，果基圆，果斑多而小；果核重量中等，核形椭圆至卵圆，不太对称，横径中位，顶部尖，基部圆，核面多皱，核纹中，顶端有尖。

这个品种抗性弱，怕寒怕旱，扦插容易生根，但在种植区常用嫁接繁殖。早实，早熟，产量高而稳定。因其肉质好、果肉与果核易分离，主要用于腌制餐果。果肉娇嫩，采收需注意保护，腌制时不能搁置时间过长。作为油用，含油率低，油质好。果实易脱落，有利于机械采收。

该品种非常抗油橄榄瘤，会被油橄榄叶斑病侵染危害。

（24）莫里斯卡（Morisca） 莫里斯卡俗名较多，为油果兼用品种。莫里斯树势中，生长习性直立，树冠密；叶片长，宽度中，叶形披针形，纵向曲率偏下；花絮长度中，花量中；单果非常重，果实卵圆形，不对称，横径中位，果顶圆，有乳凸，果基平截，果斑多而小；果核重，椭圆形，不对称，横径上位，顶部圆，基部尖，核面多皱，核纹中，顶端有尖。

这是个抗性强的品种，能很好地适应贫瘠土壤，但怕冬季寒冷，生根力弱。晚熟，采果力中。以其产量高而稳定，果实大小和含油率高得以好评，也用于腌制青餐果。

该品种会被油橄榄叶斑病、油橄榄瘤和油橄榄果蝇侵染危害。

（25）莫罗纳（Morona） 莫罗纳为果用品种。树势中，枝条下垂，树冠密；叶片长，宽度中，披针形，纵向平直；花絮长度中，花量中，单果重，果实球形到卵圆形，不太对称，横径中位，果顶尖，有乳凸或退化，果基平截，果斑少而小；果核重，椭圆形，不太对称，横径中位，顶部圆，基部亦圆，核面多皱，核纹中，顶端有尖。

这个品种抗性强，以其产量高而稳定得高度评价，扦插易生根，中实，花期中。晚熟，粘核型，含油率偏低（中到低），以其果实大小、果实质量和肉核比高而常作为餐果用，坚硬的果肉质地耐粗略的腌制处理。

该品种抗油橄榄瘤。

（26）莫如特（Morrut）　莫如特俗名"蒙特若提纳（Montserratina）"等，为油用型。莫如特树势中，树冠开张而稀疏，叶长中等，叶宽窄，叶形椭圆披针形，纵向曲率偏下；花絮长，花量多；单果重中等，果实卵圆形，不太对称，横径中位，果顶圆，有乳凸，果基平截，果斑多而小；果核重，核形椭圆形，不太对称，横径上位，顶部圆，基部尖，核面光滑，核纹中，顶端有尖。

这个品种抗性弱，它怕干旱，怕冬季寒冷和贫瘠的土壤。雾化嫩枝扦插容易生根，晚实，花期非常早，趋向败育率高，产量低，有大小年。果实成熟非常晚，便于机械采收。出油率高，但稳定性非常差。

该品种由于成熟晚，油橄榄果蝇无法危害，会被油橄榄叶斑病感染。

（27）帕洛马（Palomar）　帕洛马主要栽培在巴塞罗那省，为油用型。帕洛马树势强，生长习性直立，树冠密；叶片长宽中等，椭圆形，纵向平直；花絮短，花量少；单果重中等，果实卵圆形，不太对称，横径下位，果顶圆，无乳凸，果基平截，果斑少而小；果核重量中，椭圆形，不太对称，横径下位，顶部尖，基部圆，核面多皱，核纹中，顶端无尖或有小尖。

这个品种需要一定的气候和土壤条件，生根力强，中实，花期早，花粉萌发力弱。产量高，有大小年。早熟，采果力低，有利于机械采收。出油率高，因油的感官质量好评价非常高，油稳定性也好。

该品种对油橄榄叶斑病非常敏感。

（28）皮瓜尔（Picual）　皮瓜尔是西班牙最重要的品种，为油用型。皮瓜尔树势中，树冠开张，冠层密；叶片长宽中等，椭圆披针形，纵向曲率偏下；花絮短，花量中；单果重量中等，果卵圆形，不对称，横径中位，果顶圆，无乳凸，果基平截，果斑多而小；果核重，椭圆形，不对称，横径中位，顶部尖，基部圆，核面粗糙，核纹中，顶端无尖。

这个品种抗性强，因其适应于不同的气候和土壤条件，特别耐寒，耐盐碱，耐涝，但怕干旱和钙质土壤。无性繁殖容易生根。重修剪后抽枝力强。早实，花期中，自交亲和。早熟，果实易脱落，有利于机械采收。以其产量高且稳定、含油率高和易生长而闻名。油质中，以其非常稳定且油酸含量非常高而出名。

该品种抗油橄榄瘤和油橄榄炭疽病，对油橄榄叶斑病和黄萎病敏感，也易被油橄榄果蝇危害。

（29）皮库多（Picudo）　皮库多俗名"巴斯塔（Basta）"等，是西班牙的主栽品种之一，为油用型。皮库多树势强，树冠开张，冠层密；叶片长度中等，叶宽，椭圆形，纵向平直；花絮长，花量中；单果重，卵圆形，不对称，横径中位，果顶圆，有乳凸，果基平截，果斑多而小；果核重，核形细长，不对称，横径中位，顶部尖，基部亦尖，核面多皱，核纹中，顶端有尖。

这是个生长势强的品种，抗性也强，特耐钙质和特潮湿土壤，相当耐寒。生根力强，早实，花期中，花粉萌发力好，因此推荐作为授粉树。该品种产量高，有大小年。晚熟，采果力强，极大地影响机械采收。因出油率高、油极佳的感官性而评价非常高，其油在巴埃纳 DOC 地区非常受赞赏（原产地命名），亚油酸含量高，有点苦，稳定性差。也有腌制餐果价值。

该品种对油橄榄叶斑病、油橄榄炭疽病和油橄榄瘤非常敏感。

（30）拉帕萨依（Rapasayo） 拉帕萨依简称拉帕萨，俗名"若坡萨伊奥（Rompesayo）"，为油果兼用型。拉帕萨树势中，枝条下垂，树冠密，叶片长宽中等，椭圆披针形，纵向平直；花絮长度中到长，花量多，单果重中等，果实卵圆形，不太对称，横径中位，果顶圆，无乳凸，果基平截，果斑多而小；果核重量中，椭圆形，不对称，横径中位，顶部尖，基部圆，核面多皱，核纹多，顶端有尖。

这个品种抗性非常强，适应贫瘠土壤。嫩枝扦插繁殖生根力中，晚实，花期偏迟。产量低，有大小年。晚熟，采果力强。含油率低，油质好，有时也能腌制餐果。

该品种抗油橄榄瘤。

（31）皇家·卡索拉（Royal de Cazorla） 皇家·卡索拉俗名"皇家（Royal）"，为油用型。

皇家树势弱，树冠开张，冠层密；叶片长，宽度中等，椭圆披针形，纵向平直，花絮长度中，花量中；单果重，果实卵圆形，不对称，横径中位，果顶圆，无乳凸，果基平截，果斑多而小；果核重，核形细长，不太对称，横径上位，顶部尖，基部亦尖，核面光滑至多皱，核纹中，顶端有尖。

这个品种生长势弱，但抗性强，适应贫瘠土壤，不耐重修剪。晚实，花期早，产量高而稳定。晚熟，采果力强，影响机械采收。含油率偏低（中至低），油质非常好。

该品种会被油橄榄叶斑病和油橄榄瘤感染。

（32）赛维兰卡（Sevillenca） 赛维兰卡简称赛维，俗名"法格尤若（Falguera）"等，为油用品种。赛维树势中，生长习性直立，树冠密；叶片长宽中等，椭圆披针形，纵向平直；花絮长，花量多；单果重量中，果实卵圆形，不对称，横径中位，果顶圆，无乳凸，果基平截，果斑多而小；果核重量中，核形细长，不太对称，横径中位，顶部尖，基部亦尖，核面多皱，核纹中，顶端有尖。

这是个生长势强的品种，因怕干旱抗性弱，扦插繁殖生根力中。中实，花期迟，产量高而稳定。中熟，肉核比中等，采果力低，有利于机械采收。含油率中等，因油酸含量低和稳定性差而油质中，但以感官性好著称，油榨取容易。有时也腌制餐果。

该品种会被油橄榄叶斑病和油橄榄果蝇感染危害。

（33）贝迪尔·巴达霍斯（Verdial de Badajoz） 贝迪尔·巴达霍斯简称贝迪尔，俗名"马乔（Macho）"等，为油用型。贝迪尔树势强，生长习性直立，树冠密；叶片长，宽度中等，椭圆披针形，纵向曲率偏下，花絮长，花量中；单果重，果实卵圆形，不对称，横径中位，果顶尖，有乳凸，果基平截，果斑多而小；果核重，椭圆形，不对称，横径中位，顶部尖，基部亦尖，核面多皱，核纹多，顶端有尖。

这个品种生长势非常强，以典型的抗旱性而得到高度评价，是怕旱品种公认的砧木。生根力中，重剪后抽新枝力弱。中实，花期中，趋向败育率高，产量中，有大小年。中熟，采果力强，影响机械采收。含油率高，榨油价值高。因果实大小合适容易处理而腌制餐果。

该品种对油橄榄瘤非常敏感，对油橄榄炭疽病和油橄榄果蝇敏感。

（34）贝迪尔·韦尔瓦（Verdial de Huevar）　贝迪尔·韦尔瓦俗名较多，在西班牙称"贝迪尔（Verdial）"等，为油用品种。该品种树势中，生长习性直立，树冠密；叶片长宽中等，椭圆披针形，纵向平直；花絮短，花量中；单果重，果实卵圆形，不太对称，横径上位，果顶圆，有乳凸，果基平截，果斑多而小；果核重，核形卵圆形，不太对称，横径上位，顶部圆，基部尖，核面多皱，核纹多，顶端有尖。

这个品种在潮湿、板结的土壤上和干旱条件下生长非常好，耐冬季霜冻，虽然嫁接品种的果型和色泽不理想，但仍是可推荐的砧木。生根力弱，晚实，花期迟，部分自花不孕，败育率高，花粉萌发不良，产量低，有大小年。特晚熟，不转色（它的名称 Verdial 意思即为呈绿色的）。采果力非常强，影响机械采收。出油率中，油质好。肉质硬，也加工为氧化黑餐果。

该品种抗油橄榄瘤和油橄榄果蝇，对油橄榄叶斑病和黄萎病敏感。

（35）贝迪尔·贝莱斯-马拉加（Verdial de Vélez-Málaga）　贝迪尔·贝莱斯-马拉加俗名"贝迪尔（Verdial）"（绿色），为油用型。

该品种树势中，生长习性直立，树冠稀疏；叶片短，宽度中等，椭圆披针形，纵向曲率偏下；花絮短，花量多；单果重量中；果实球形，对称，横径中位，果顶圆，无乳凸，果基平截，果斑多而小；果核重量中，核形卵圆形，不太对称，横径中位，顶部尖，基部圆，核面多皱，核纹中，顶端有尖。

这个品种生长势中等，不耐重修剪，重剪后恢复困难。生根力弱，中实，产量高而稳定。偏早熟，采果力相对强。以含油率高和油质佳而著称。

该品种抗油橄榄果蝇，对油橄榄叶斑病敏感。

（36）卫迪尔（Verdiell）　卫迪尔俗名"卫地拉（Verdiella）"，为油用型。

卫迪尔树势弱，树冠开张，冠层密度中等；叶片短而窄，椭圆披针形，纵向曲率偏下；花絮长，花量少；单果重量轻，果形卵圆形，不太对称，横径中位，果顶圆，无乳凸，果基平截至圆，果斑多而小；果核重量轻，核形椭圆形，不太对称，横径上位，顶部圆，基部尖，核面光滑，核纹中，顶端有尖。

这个品种耐寒，但怕干旱。在雾化条件下嫩枝扦插易繁殖。中实，产量高，有大小年。晚熟，采果力强，影响机械采收。含油率中，不易榨取，油稳定性好。

该品种能很好地抗病虫害。

（37）比亚隆加（Villalonga）　比亚隆加俗称"福纳（Forna）"，为油果兼用品种。比亚隆加树势中，生长习性直立，树冠密度中；叶片长，宽度中等，叶形披针形，纵向平直；花絮长，花量中；单果重，果实卵圆形，不太对称，横径中位，果顶圆，无乳凸，果基平截，果斑多而小；果核重，卵圆形，不太对称，横径中位，顶部尖，基部平截，核面粗糙，核纹中，顶端有尖。

这是个丰产品种，但需要一定的栽培条件，怕寒，怕干旱，但耐涝。生根力弱。早实，花期中，败育率低，产量高而稳定。早熟，粘核型，采果力弱，并且枝条有直立生长习性，适合机械采收。含油率高，油质非常好。可腌制青餐果和黑餐果。

该品种非常容易感染油橄榄瘤和油橄榄叶斑病。

2.2.2　意大利品种

（1）软阿斯（Ascolana Tenera）　软阿斯俗名甜橄榄，分布于莱马尔什 Le Marche 和意大利中部，果用型。阿斯树势强，生长习性直立，树冠密；叶长宽中等，椭圆形，纵向反卷；花絮长，花量中；单果很重，卵圆形，较对称，横径中位，果顶圆，无乳凸，果基平截，果斑多而大；果核重，卵圆形，不对称，横径中位，顶部尖，基部平截，核面粗糙，核纹多，顶端有尖。

这个品种需要在凉爽的气候条件和疏松的钙质土壤等环境条件下栽培。早实，仅仅在条件适宜的情况下获得高产。花期晚，雌蕊败育率高，自花不孕，研究认为其授粉品种为圣·卡塔林纳（Santa caterina）、意垂纳（Itrana）、罗肖拉（Rosciola）、莫奇里奥（Morchiaio）和贾拉（Giarraffa）。

该品种早熟，产量中等而稳定。果肉软，适合腌制餐用青橄榄，肉核比 6：1，离核型。

特别耐寒，抗油橄榄叶斑病、油橄榄瘤和根腐病，易被油橄榄果蝇危害。

（2）边克丽娜（Biancolila）　边克丽娜简称边克，俗名比安卡（Bianca）等，分布于西西里岛中东部，为油用型。边克树势强，树冠开张，稀疏；叶片长宽中等，披针形，纵向平直；花絮短，花量少；单果重中等，果形卵圆形，较对称，横径中位，果顶尖，有乳凸，果基圆，果斑少而大；果核重，椭圆形，较对称，横径中位，顶部尖，基部亦尖，表面多皱，核纹中，顶端有尖。

这是个高山区种植的理想品种，它在土壤湿度有限的情况下也能丰产，生根力强，中实。花期中，雌蕊败育率高，雄花量大，部分自交亲和，如以摩雷斯卡（Moresca）、塞图纳（Zaituna）、通达（Tonda Iblea）和欧克纳偌拉·墨西拿（Ogliarrola messinese）作授粉品种会更好。

该品种产量高，有大小年，坐果率高，通常每个花絮坐 3～4 个果。果肉软，离核型，出油率低，特点为白色。适合腌制餐用青橄榄，肉核率 6∶1。

该品种耐寒，抗油橄榄叶斑病，易被油橄榄瘤侵染和油橄榄果蝇危害。

（3）波萨纳（Bosana） 波萨纳俗名阿尔盖瑞斯（Algherese），分布于撒丁岛，为油用品种。波萨纳树势中等，树冠开张，密度中；叶片长而宽，椭圆披针形，纵向曲率偏下；花絮长，花量中；单果重量小，卵圆形，不太对称，横径中位至上位，果顶圆，无乳凸，果基平截，果斑多而小；果核重量中等，椭圆形，不太对称，横径上位，顶部圆，基部尖，核面多皱，核纹中，顶端有尖。

这个品种丰产，适应性强，生根力非常低，晚实。花期中，有在主枝上开花的现象，部分自交亲和，搭配适宜的授粉品种可提高产量，适宜的授粉品种有皮茨·卡若咖（Pizze Carroga）、奥利亚涅达（Olia niedda）、卡瑞斯纳·迪·多尔加利（Cariasina di Dorgali）和通多·迪·卡格林亚（Tondo di Cagliai）。

该品种产量高，有大小年，果实从基部到顶部逐渐转色，分段晚熟。在一些年份可用作黑餐果，出油率高。

（4）卡尼诺（Canino） 卡尼诺分布于拉齐奥，为油用型。卡尼诺树势强，生长习性直立，树冠密；叶片长，宽度中等，椭圆披针形，纵向平直；花絮长度中，花量少，单果重量小，卵圆形，不对称，横径中位，果顶尖，无乳凸，果基圆，果斑多而小；果核小，椭圆形，不对称，横径中位，顶部尖，基部亦尖，核面多皱，核纹中，顶端有尖。

这是个抗性强的品种，适应性好，抽枝力强，易生根，中实。花败育率低，自花不育，需要配置佛奥、莱星、莫拉约（Moraiolo）、拉佐（Razzo）、格罗斯拉纳（Grossolana）、福斯科（Fosco）、拉娅（Raja）和毛里诺（Maurino）等授粉树。分段晚熟，果实不易脱落，出油率中等，产量高，有大小年。

该品种耐寒，抗油橄榄瘤和油橄榄果蝇危害，但易被油橄榄叶斑病侵染。

（5）卡罗（Carolea） 卡罗俗名"贝科迪科尔沃（Becco di corvo）"等，分布于卡拉布里亚，为油果兼用品种。卡罗树势强，生长习性直立，树冠密度中等；叶片长宽中等，椭圆披针形，纵向曲率偏下；花絮短，花量少；单果重，卵圆形，不对称，横径中位，果顶圆，有乳凸，果基亦圆，果斑多而大；果核大，椭圆形，不太对称，横径上位，顶部圆，基部尖，核面多皱，核纹中，顶端有尖。

这个品种适应性强，可栽培在海拔 800m 以上地区，极易生根。早实，自花不育，所以需要合适的授粉树如皮削利、堪桑莱斯（Casanese）、劳其拉罗·墨西拿（Nocellara messinese）、皮蒂库答罗（Pidcuddara）和意垂纳（Itrana）等，花期早，花粉萌发力强。产量高而稳定，分段成熟，粘核型，含油率中，肉核比率为4.5∶1，通常腌制青餐果、黑餐果或榨油。

该品种特耐寒，易被油橄榄叶斑病和油橄榄果蝇危害，极易被褐斑病侵染。

（6）莎丽（Casaliva） 莎丽俗名"拜古乐（Bagoler）"等，分布于威尼托（Veneto），为油用品种。莎丽树势强，生长习性直立，树冠密度中等，叶片长宽中等，椭圆形，纵向平直；花絮长度中等，花量少；单果重量小，卵圆形，对称，横径中位，果顶圆，无乳凸，果基平截，果斑多而大；果核大，长椭圆形，不太对称，横径中位，顶部尖，基部亦尖，核面多皱，核纹中，顶端有尖。

这是个生长势强的品种，产量高而稳定，中实。自交亲和，有授粉树会更好，授粉树如格里尼昂（Grignan）、特雷普（Trepp）和诺萨莱罗（Rossanello）等，它们互为理想的授粉树，花期早，败育率低。分段晚熟，果实不易脱落，出油率中，来自加尔达（Garda）湖的橄榄油出自这个品种。

该品种不耐寒，易被油橄榄叶斑病、油橄榄果蝇和油橄榄瘤侵染危害。

（7）卡桑莱斯（Casanese）　卡桑莱斯简称卡桑，俗名"卡萨尼萨（Casanisa）"等，分布于卡拉布里亚，为油果兼用品种。卡桑树势强，生长习性直立，树冠密；叶片长宽中等，椭圆形，纵向螺旋状扭曲；花絮长度中，花量中；单果重中等，卵圆形，不太对称，横径中位，果顶圆，有乳凸，果基圆，果斑多而小；果核大，椭圆形，不太对称，横径上位，顶部圆，基部平截，核面粗糙，核纹中，顶端有尖。

这个品种生长势强，生长快，易生根。早实，花期中，败育率高，产量高而稳定。自花不孕，授粉树为圣毛罗（Santomauro）、考尼奥拉（Corniola）和通蒂娜（Tondina）等。成熟非常迟，易腌制黑餐果，肉核比为7∶1，离核型，含油率低。

该品种不耐寒，特别抗油橄榄叶斑病和油橄榄瘤，易受油橄榄果蝇侵害。

（8）切利纳·迪·纳多（Cellina di Nardo）　切利纳·迪·纳多俗名"阿斯奥洛（Asciuolo）"等，分布于普利亚大区，为油用型。切利纳树势强，生长习性直立，树冠密；叶片长宽中等，椭圆形，纵向平直；花絮短，花量少；单果重轻，卵圆形，不太对称，横径中位，果顶圆，无乳凸，果基亦圆，果斑多而小；果核轻，椭圆形，不太对称，横径中位，顶部尖，基部亦尖，核面光滑，核纹中，顶端有尖。

这个品种生长势强，抗性强，营养生长非常缓慢，中实。花期早，败育率高。部分自交亲和，也作授粉树，产量高而稳定，分段成熟。果实不易脱落，含油率低，果实没有完全成熟时油不容易榨出。

该品种特耐寒，极抗油橄榄叶斑病、油橄榄果蝇，会被油橄榄瘤、烟煤病侵染危害。

（9）科拉蒂（Coratina）　科拉蒂俗名科拉蒂拉等，分布于普利亚大区，为油用型。科拉蒂树势中等，树冠开张，枝条密集；叶片长，叶宽中等，叶形椭圆披针形；叶片纵向平直；花絮长度中等，花量中；单果重，卵圆形，不太对称，横径中位，果顶圆，无乳凸，果基亦圆，果斑多而小；果核重，椭圆形，不太对称，横径上位，顶部尖，基部亦尖，核面多皱，核纹中，顶端有尖。

这个品种容易适应于不同的油橄榄栽培环境，初结果非常早，生根力强。败育率低，花序梗常多叶，在它的原生地授粉树为切利纳，产量高而稳定，晚熟，果实大小不一。在一些年份也适合卤制为青橄榄，出油率高，油中多酚含量非常高。

该品种特耐寒，会被烟煤病和腐烂病感染。

（10）库克（Cucco）　库克俗名"基缇娜（Chietina）"等，分布于阿布鲁齐和莫利塞，为油果兼用品种。库克树势强，树冠开张，枝条密集；叶片披针形，叶长中等，叶宽窄，纵向平直；花絮长度中，花量中，单果重，卵圆形，不太对称，横径中位，果顶圆，无乳凸，果基平截，果斑多而大；果核重，椭圆形，不太对称，横径中位，顶部尖，基部亦尖，核面粗糙，核纹中，顶端有尖。

这是个抗性强、生长势强的品种，生根率低。晚实，花期早，花粉少，自花不孕，败育率高，它不能与锥塔（Dritta）、伊托索（Intosso）、卡斯蒂廖内（Castiglionese）和贾纳罗（Jannaro）授粉。产量高，有大小年，早熟。因果实易脱落，落果现象突出。肉核比为 4∶1，含油率中，离核型，常用于制作自然式青餐果或希腊式黑餐果。

该品种耐寒，会被油橄榄瘤和腐烂病感染。

（11）多尔切·阿果基亚（Dolce Agogia）　多尔切·阿果基亚俗名"阿果基奥（Agogio）"等，分布于翁布里亚（Umbria），为油用品种。多尔切树势强，生长习性直立，树冠密；叶片长宽中等，椭圆披针形，纵向平直；花絮长度中，花量少；单果重中等，卵圆形，不太对称，横径上位，果顶圆，无乳凸，果基平截，果斑多而小；果核重，卵圆形，不太对称，横径上位，顶部圆，基部亦圆，核面粗糙，核纹中，顶端有尖。

这个品种能很好地适应不同的气候和土壤条件，结果枝有直立生长的习性，顶芽也可能形成花芽，生根力强。早实，花期晚，自花不孕，单个花序上花非常多，败育率中，坐果率有时有限。产量中，有大小年，早熟，果实不易脱落。肉核比为 4.7∶1，含油率中，也用于制作脱水黑餐果。

该品种耐寒性明显，怕旱。在一些科技文献中报道，特抗油橄榄叶斑病和油橄榄瘤，易被油橄榄果蝇侵染。

（12）锥塔（Dritta）　锥塔俗名"锥塔·迪·劳切托（Dritta di Loceto）"等，分布于阿布鲁齐，为油用品种。锥塔树势强，树冠开张，树冠密度中；叶片长宽中等，叶形椭圆形，纵向平直；花絮长度中，花量少；单果重中等，卵圆形，不太对称，横径中位，果顶圆，有乳凸，果基亦圆，果斑多而小，果核重中等，核形椭圆形，不太对称，横径上位，顶部圆，基部亦圆，核面光滑，核纹少，顶端有尖。

这个品种以抗性强和高产稳产而著称，早实，花期早，败育率低，自花不孕，报道中授粉树为金泰尔迪基耶蒂（Gentile di Chieti）、莱星（Leccino）、莫约拉（Moraiolo）、泊列考斯（Precoce）和内比奥（Nebbio）。果实早熟，易脱落，适合机械采收，含油率低。

该品种特耐寒，抗油橄榄瘤，会被腐烂病侵染。

（13）佛奥（Frantoio）　佛奥俗名佛罗塔依奥等，分布于意大利中部和大多数油橄榄种植国，为油用品种。佛奥树势中，树冠开张，树冠密度中等，叶片椭圆披针形，长宽中等，纵向平直；花絮长，花量中；单果重中等，卵圆形，不太对称，横径上位，果顶圆，无乳凸，果基亦圆，果斑多而小；果核重中等，椭圆形，不太对称，横径上位，顶部圆，基部亦圆，核面多皱，核纹多，顶端有尖。

这个品种高产稳产，以适应性强而著称，有许多和它相似的生态型。生根力强，早实，花期中，败育率低。自交亲和，合适的授粉树搭配会提高产量。分段晚熟，含油率中，托斯卡纳（Tuscany）以出产这种特别的果味油著称，这种油保质期长。

该品种不耐寒，会被油橄榄叶斑病、油橄榄瘤和油橄榄果蝇侵染。

（14）格拉法（Grarraffa）　格拉法俗名"贝科迪科尔沃（Becco di corvo）"等，分布于西西里岛中部和西北部，为果用品种。格拉法树势中，生长习性直立，树冠稀疏；叶片披针形，叶长而窄，纵向平直；花絮长度中，花量中；单果特重，卵圆形，不太对称，横径中位或上位，果顶圆，无乳凸，果基亦圆，果斑多而大；果核重，核形细长，不太对称，横径下位，顶部尖，基部亦尖。核面粗糙，核纹多，顶端有尖。

这个品种需有一定的园艺栽培条件，生根力强。早实，花期早，分段开花，败育率高，部分自交亲和，以通达（Tonda Iblea）、诺切拉·艾特（Nocellara Etnea）、诺切拉·德尔·贝利切（Nocellara del Belice）、帕苏伦纳（Passulunara）和软阿斯（Ascolana Tenera）为授粉树会提高产量，反过来格拉法也可以给油橄榄园的软阿斯（Ascolana Tenera）和诺切拉·德尔·贝利切（Nocellara del Belice）品种授粉。产量低，有大小年，早熟，含油率中，离核型，肉果比是5.6∶1，常腌制成青餐果或黑橄榄餐果。

该品种极抗烟煤病，不耐潮湿，会被油橄榄叶斑病、油橄榄瘤侵染。

（15）格里昂（Grignan）　格里昂俗名"贝尔桑（Bersan）"等，分布于威尼托（Veneto）和伦巴第大区（Lombardy），为油用品种。格里昂树势弱，生长习性直立，树冠密度稀疏；叶片椭圆形，短而宽，纵向平直；花絮短，花量少；单果重量轻，卵圆形，对称，横径中位，果顶圆，无乳凸，果基平截，果斑少而小；果核重中等，核形卵圆形，对称，横径中位，顶部圆，基部亦圆，核面多皱，核纹中，顶端有尖。

这个品种营养生长缓慢，忌重剪，它的特征是生长大量萌条。早实，花期少，败育率中，自花不孕，据报道特雷普（Trepp）和莎丽（Casaliva）是它的理想授粉树，产量中而稳定。早熟，同期自然落果明显，出油率高。

该品种抗性非常强，耐寒，能很好地适宜意大利北部的油橄榄种植区，抗油橄榄叶斑病和油橄榄瘤，但极易被油橄榄果蝇和腐烂病侵染。

（16）意垂纳（Itrana）　意垂纳俗名"艾塔娜（Aitana）"等，分布于拉齐奥，为油果兼用品种。意垂纳树势强，生长习性直立，树冠密；叶片椭圆披针形，叶长宽中等，纵向平直；花絮短，花量中；单果重，卵圆形，不对称，横径中位，果顶圆，有乳凸，果基亦圆，果斑多而大；果核重，椭圆形，不太对称，横径上位，顶部圆，基部亦圆，核面粗糙，核纹中，顶端有尖。

这个品种抗性强，极耐寒，它的特点是生长快，生根力强。中实，败育率中，自花不孕，据报道，莱星（Leccino）、配多灵（Pendolino）和奥利瓦斯特罗（Olivastro）是它的授粉树，产量高，有大小年。分段晚熟，离核型，含油率中，果实不易脱落。适宜腌制黑橄榄。

该品种抗大多数病菌，易被油橄榄果蝇危害。

（17）莱星（Leccino）　莱星俗名"迪瑟奥（Leccio）"等，分布于托斯卡纳（Tuscany）、翁布里亚（Umbria）和许多油橄榄种植区，为油用品种。莱星树势强，枝条生长习性下垂，树冠密；叶长宽中等，叶片椭圆披针形，纵向平直；花絮短，花量中；单果重中等，果形卵圆形，不太对称，横径中位，果顶圆，无乳凸，果基平截，果斑多而小；果核重量中等，核形椭圆，不对称，横径中位，顶部圆，基部亦圆，核面多皱，核纹多，顶端有尖。

这个品种适宜于不同的油橄榄生长环境，生根力强。早实，败育率低，自花不孕，据报道，莫约拉（Moraiolo）、配多灵（Pendolino）、毛里诺（Maurino）、佛奥（Frantoio）、莫奇里奥（Morchiaio）、格芮米格诺·布盖琳（Gremignolo di Bolgheri）、皮安金（Piangente）、拉佐（Razzo）和垂勒（Trillo）是它的授粉树，产量高而稳定，早熟，成熟统一，易脱落。离核型，含油率低。

该品种极耐寒，研究确定它们的一些无性系也耐低温，适合作餐果。抗油橄榄叶斑病、腐烂病和油橄榄瘤，但易被烟煤病感染。

（18）玛加提卡·迪·佛兰迪（Majatica di Ferrandian）　玛加提卡·迪·佛兰迪俗名"金泰尔（Gentile）"等，分布于巴西利卡塔（Basilicata），为油果兼用品种。玛加树势强，生长习性直立，树冠密；叶片长，宽度中等，叶形椭圆披针形，纵向平直；花絮长度中，花量少；单果重中等，果卵圆形，不对称，横径上位，果顶圆，无乳凸，果基亦圆，果斑多而小；果核重中等，核形椭圆形，不太对称，横径上位，顶部圆，基部尖，表面光滑，核纹中，顶端有尖。

这个品种树势非常强，不适宜于原产地以外的环境，生根力强。自交亲和，中实，花期早，败育率高，晚熟。产量高，有大小年，出油率高，它的脱水橄榄是最好的，肉果比 5.6∶1，离核型。

该品种会被油橄榄叶斑病和油橄榄瘤病感染，会受油橄榄果蝇危害。

（19）莫拉约罗（Moraiolo）　莫拉约罗俗名"安内瑞娜（Anerina）"等，分布于意大利中部，为油用品种。莫拉约罗树势弱，生长习性直立，树冠稀疏，叶片长宽中等，叶形椭圆披针形，纵向平直。花絮短，花少；单果重中等，果形球形，不太对称，横径中位，果顶圆，无乳凸，果基亦圆，果斑多而小；果核重中等，卵圆形，不太对称，横径上位，顶部圆，基部亦圆，核面多皱，核纹多，顶端有尖。

这个品种的特点是抗性非常强，最适宜于山区种植。它的修剪伤口不容易愈合，生根力强。早实，自花不孕，授粉树是毛里诺（Maurino）、配多灵（Pendolino）、莫奇里奥（Morchiaio）、拉泽罗（Lazzero）、偌赞伊（Razzaio）、马瑞马（Maremmano）、美式（Americano）、罗西诺（Rosino）、小手指（Mignolo）。据科技文献报道，在施肥期（授粉期）这些授粉品种之间互不授粉。花期中，败育率不超过20％，花粉量大，分段成熟，果实穗状。产量高而稳定，含油率高，油以其果味浓，富含鱼肝油烯和多酚而闻名。

这个品种的大部分生态型被确定，抗旱抗风，会被油橄榄叶斑病、油橄榄瘤、烟煤病和腐烂病感染。

（20）诺切拉·德尔·伯利兹（Nocellara del Belice）　诺切拉·德尔·伯利兹俗名"阿里瓦·达·萨拉里（Aliva da salari）"等，分布于西西里岛西部，为果用品种。诺切拉树势中，树冠下垂，树冠密度中；叶片长，叶宽中等，叶形椭圆披针形，纵向平直；花絮长度中，花量少；单果重，果实近球形，不对称，横径中位，果顶圆，无乳凸，果基亦圆，果斑多而小；果核重，椭圆形，不对称，横径中位，顶部尖，基部圆，核面粗糙，核纹多，顶端有尖。

这个品种生长势中等，可适应于不同环境，生根力强。早实，自花不孕，一般授粉树是贾拉（Giarraffa）和皮蒂库达拉（Pidicuddara），它们能有效地授粉，败育率低。产量高而稳定，晚熟，果实坚硬，肉核比5.6∶1，离核型，适合腌制青餐果，油质评价非常高。

该品种抗油橄榄果蝇，会被黄萎病、油橄榄叶斑病、油橄榄瘤和褐斑病感染。

（21）诺切拉艾特（Nocellara Etnea）　诺切拉艾特俗名"奥基劳纳（Augghialora）"等，分布于西西里岛东部，油果兼用品种。诺切拉艾特树势强，枝条下垂，树冠密；叶片长，宽度中，披针形，纵向平直；花絮短，花少；单果非常重，卵圆形，不太对称，横径中位，果顶尖，无乳凸，果基圆，果斑少而大；果核重，椭圆形，对称，横径中位，顶部尖，基部亦尖，核面粗糙，核纹多，顶端有尖。

这个品种生长势强、抗性强，营养生长非常快，据报道，扦插很难生根。早实，花多，花粉量大，花粉发芽容易，自花不孕，授粉树是寨图娜（Zaituna）、边克丽娜（Biancolilla）和莫雷斯卡（Moresca），经过观察发现，欧克纳罗纳（Ogliaeola messinese）和通达（Tonda Iblea）品种不能对其授粉。

该品种产量高，有大小年，晚熟，果实极不易脱落，出油率低。果实非常均匀，果肉坚硬，肉核比6∶1，抗采摘，是腌制青餐果的最佳品种。

该品种非常抗油橄榄瘤、烟煤病和油橄榄果蝇，但会被油橄榄叶斑病感染。

（22）欧克纳罗纳·伯瑞斯（Ogliarola Barese）　欧克纳罗纳·伯瑞斯俗名"阿利瓦·巴瑞萨纳（Aliva baresana）"等，分布于普利亚大区、巴西利卡塔（Basilicata）。为油用品种。

欧克纳罗纳·伯瑞斯树势中，树冠开张，树冠密度中；叶片长宽中等，椭圆披针形，纵向平直。花絮长度中，花量中；单果重量轻，果实卵圆形，不太对称，横径中位，果顶圆，无乳凸，果基亦圆，果斑多而小；果核轻，长椭圆型，不对称，横径中位，顶部尖，基部亦尖，核面光滑，核纹中，顶端有尖。

这个品种抗性强，生长快，中实，自花不孕，败育率低，需要授粉树，产量高，有大小年。晚熟，果实不易脱落，工业出油率高，油质评价高，是比通托（Bitonto）的特色产品，果实均匀坚硬，不易采摘，肉核比 6：1，是腌制青橄榄的最佳品种。

该品种怕冻和海风，抗油橄榄叶斑病，易感染油橄榄瘤病，易被油橄榄果蝇严重危害。

（23）奥利瓦·迪·切里尼奥拉（Oliva di Cerignola） 奥利瓦·迪·切里尼奥拉俗名"巴瑞洛托（Barilotto）"等，分布于普利亚大区，为果用品种。

奥利瓦·迪·切里尼奥拉树势中，生长习性直立，树冠密度中等；叶片长，叶宽中等，叶形椭圆披针形，纵向平直；花絮短，花量中；单果非常重，长卵圆形，不对称，横径中位，果顶圆，有乳凸，果基亦圆，果斑多而大；果核重，核形细长，不对称，横径上位，顶部尖，基部尖，核面粗糙，核纹多，顶端有尖。

这个品种需要非常好的园艺栽培条件，生根率低。早实，花期晚，败育率高，尽管部分自交亲和，但仍需要配置授粉树，授粉树为马里奥（Mile）、圣阿戈古斯蒂诺（Sant Agostino）和佛麦特迪比泰托（Fermite di Bitetto）。该品种产量中等，有大小年，早熟，果实不易脱落，果实大而受好评，但果肉质量一般，坚韧的纤维很难与果核分离。肉核比 3：1，含油率低，常卤制青餐果。

该品种不耐寒，会被油橄榄叶斑病、油橄榄瘤、烟煤病和油橄榄果蝇侵染危害。

（24）奥托卡（Ottobratica） 奥托卡俗名"德达瑞考（Dedarico）"等，分布于卡拉布里亚，油用品种。

奥托卡树势强，生长习性直立，树冠密，叶片短而宽，椭圆型，纵向曲率偏下；花絮长度中等，花量少，单果重量轻，果形细长，不太对称，横径中位，果顶尖，无乳凸，果基圆，果斑多而小；果核重量轻，核形细长，不对称，横径中位，顶部尖，基部亦尖。核面光滑，核纹少，顶端有尖。

这个品种抗性非常强，能生长成很大的树，生根力中。中实，花期早，自花不孕，败育率高。产量高，有大小年，早熟，果实易脱落，粘核型，出油率高。

该品种耐寒，抗油橄榄叶斑病和油橄榄瘤。

（25）配多灵（Pendolino） 配多灵俗名"皮安根特（Piangente）"等，分布于意大利中部，为油用品种。

配多灵树势中，枝条下垂，树冠密；叶长宽中等，披针形，纵向曲率偏上；花絮长，花量多，单果重量轻，果形卵圆形，不对称，横径上位，果顶圆，无乳凸，果基平截，果斑少而小；果核中等，椭圆形，不对称，横径上位，顶部圆，基部尖，核面光滑，核纹少，顶端有尖。

这个品种容易适应于不同的土壤和其他生长环境，生根力强。早实，花期早，花量多，花期长，这些特点使之成为授粉树，自花不孕，败育率低。产量高而稳定，中熟，果实易脱落，含油率低。

该品种特耐寒，抗油橄榄果蝇，易被油橄榄叶斑病、烟煤病和油橄榄瘤侵染危害。

（26）皮茨塔拉（Pisciottana） 皮茨塔拉俗名"欧克纳斯垂纳（Ogliastrina）"等，分布于坎帕尼亚（Cannpania），为油用品种。

皮茨塔拉树势强，树冠下垂，树冠密；叶片长而宽，椭圆披针形，纵向曲率偏下；花絮长度中，花量少，单果重量轻，卵圆形，不太对称，横径中位，果顶圆，无乳凸，果基亦圆，果斑多而小；果核轻，椭圆形，不太对称，横径中位，顶部圆，基部尖，核面光滑，核纹中，顶端有尖。

这个品种丰产性非常强，适应性强，甚至能在海岸区生长，生长势强，有在伤口处抽出枝条的特性，中实。部分自交亲和，以若乔帕（Racioppa）和奥利瓦·格罗萨（Oliva grossa）为授粉树时，产量会提高。花期早，败育率低，花粉萌发力弱。产量高，有大小年，分段成熟，果实不易脱落，含油率高。

该品种特耐旱，能耐富含盐分的海风，抗油橄榄叶斑病、烟煤病和油橄榄瘤侵染。

（27）皮兹伊卡罗戈（Pizz'e Carroga） 皮兹伊卡罗戈俗名"贝瑟·迪·考纳切亚（Beceo di Cornacehia）"等，分布于撒丁岛南部，为油果兼用品种。

皮兹伊卡罗戈树势中，树冠下垂而稀疏；叶片长宽中等，叶形椭圆披针形，纵向平直；花絮短，花量少，单果重，卵圆形，不对称，横径中位，果顶尖，有乳凸，果基平截，果斑少而小；果核重，椭圆形，不对称，横径中位，顶部尖，基部圆，核面粗糙，核纹多，顶端有尖。

这个品种不适应于原产地以外的地区种植，生根力强，中实。部分自交亲和，以波萨纳（Bosana）和通多迪卡利亚（Tondo di Cagliari）作为授粉树时坐果率会提高。花期早，败育率中。产量高，有大小年，早熟，出油率低，离核型，既适合榨油又适合卤制青餐果。

该品种易被油橄榄叶斑病和油橄榄瘤侵染，易受油橄榄果蝇危害。

（28）罗肖拉（Rosciola） 罗肖拉俗名"卡普瑞格纳（Caprigna）"等，分布于拉齐奥、阿布鲁齐、莱马尔什和翁布里亚，为油用品种。

罗肖拉树势中，生长习性直立，树冠稀疏；叶片窄，叶长中等，椭圆披针形，纵向曲率偏下；花絮长，花量中，单果重，卵圆形，不太对称，横径中位，果顶圆，无乳凸，果基亦圆，果斑少而大；果核轻，椭圆形，不太对称，横径上位，顶部圆，基部尖，核面多皱，核纹中，顶端有尖。

这个品种树形小，抗性强，适应于意大利中部油橄榄种植地的不同环境，生根力强。晚实，花期中，败育率低。自花不孕，好的授粉品种为卡尼洛（Canino）、莱星（Leccino）、奥利瓦斯特罗（Olivastrone）、莫约拉（Moraiolo）和拉娅（Raja），它的花粉表现出与佛奥（Frantoio）、配多灵（Pendolino）强大的亲和力。产量高而稳定，早熟，分段变色，从顶部到基部逐渐转色，果实易脱落，含油率中。

该品种耐寒性好，易被油橄榄叶斑病和油橄榄瘤侵染，易被油橄榄果蝇危害。

（29）桑特·阿果斯蒂诺（Sant′Agostino） 桑特·阿果斯蒂诺俗名"伽扎若拉（Gazzarola）"等，分布于普利亚大区，为果用品种。桑特·阿果斯蒂诺树势强，枝条下垂，树冠密度中等；叶片长宽中等，椭圆披针形，纵向曲率偏下；花絮长度中等，花量中；单果非常重，卵圆形，不太对称，横径中位，果顶圆，无乳凸，果基亦圆，果斑多而大；果核重，椭圆形，不太对称，横径中位，顶部尖，基部圆，核面粗糙，核纹多，顶端有尖。

这个品种抗性差，不能适应不同的油橄榄种植区，只能保证有灌溉条件的情况下才能丰产，生根力弱。晚实，自花不孕，有效的授粉树为奥利瓦·迪·切里尼奥拉（Oliva di Cerignolo）、迈乐（Mele）和佛麦特迪比泰托（Fermite di Bitetto）。在当地五月中旬开花，花期晚于普利亚大多数油用品种，败育率高。早熟，果实大小一致，肉核比9:1，出油率低，离核型，适合制成青餐果。

该品种耐倒春寒，抗油橄榄叶斑病，较抗黄萎病、油橄榄瘤、烟煤病。

（30）圣·卡特琳娜（Santa caterina） 圣·卡特琳娜俗名"圣比亚焦橄榄（Oliva di San Biagio）"等，分布于托斯卡纳，果用品种。圣·卡特琳娜树势强，枝条下垂，树冠密；叶片长宽中等，椭圆披针形，纵向平直；花絮长度中等，花量中；单果非常重，卵圆形，不对称，横径中位，果顶尖，无乳凸，果基圆，果斑多而大；果核重，核形细长，不对称，横径中位，顶部尖，基部平截，核面粗糙，核纹多，顶端有尖。

这个品种适合于凉爽的山区，抗性强。枝条生长快，易向外扩张，很快形成树冠，生根力中。早实，花期中，败育率60%左右。自花不孕，产量高而稳定，采果力中等，肉核比高，出油率低，离核型，适合腌制成青餐果。

该品种特耐寒，会被油橄榄瘤侵染。科技文献在其抗油橄榄叶斑病的问题上有争议，有的学者认为有抗性，有的学者则认为没有。

（31）塔吉斯卡（Taggiasca） 塔吉斯卡俗名"金泰尔（Gentile）"等，分布于利古里亚，为油用品种。塔吉斯卡树势强，枝条下垂，树冠密度中等；叶片长宽中等，椭圆披针形，纵向平直；花絮长度中等，花量中，单果重量轻，卵圆形，对称，横径中位，果顶圆，无乳凸，果基平截，果斑少而小，果核重量中等，卵圆形，不太对称，横径上位，顶部圆，基部尖，核面多皱，核纹中，顶端有尖。

这个品种种植面积大，在因佩里亚省占据整个种植区，既适合于海边又适合于山区，生根力相当低。早实，花期中，部分自交亲和，败育率低，坐果率高，产量高而稳定，晚熟，出油率高，这个品种的油是利古里亚的特产。

该品种怕倒春寒，怕旱，会被油橄榄瘤和油橄榄果蝇侵染危害。

2.2.3 希腊品种

(1) 阿德拉米提尼（Adramitini） 阿德拉米提尼俗名"阿瓦利奥提基（Avaliotiki）"等，该品种为油用品种。

阿德拉米提尼树势中等，树冠开张，树冠密度中等；叶形椭圆，叶长中等，叶宽中等，叶片偏上；花絮长度中等，花量中；单果重中等，果卵圆形，对称，横径中位，果顶圆，无乳凸，果基平截，果斑多而小；果核重，椭圆形，不太对称，核横径中位，核顶部圆至尖，基部圆，果核表面多皱，核纹中等，核顶端无尖或有小尖。

这个品种抗性强，生根力中，中实，花期中，中熟。产量中，有大小年，含油率高，油质上乘，采果力中，离核型。较耐寒，易受油橄榄果蝇和油橄榄瘤的侵染危害。

(2) 阿米格德洛利亚（Amigdalolia） 阿米格德洛利亚简称阿米格，俗名"伊斯帕尼基（Ispaniki）""库偌米塔（Kouromita）""斯卓瓦米塔（Stravomita）"。

这个品种分布区域很小，主要分布于阿提卡（Attiki）和弗基达（Fókida），油果兼用品种。

阿米格树势中等，树冠开张，冠层密度中等，叶形椭圆披针形，叶片长而宽，纵向平直；花絮长，花量中至多；单果很重，果形细长，不对称，横径中位，果顶圆，有乳凸，果基圆，果斑多而小；果核重，核形细长，不对称，核横径上位，核顶部尖，基部亦尖，果核表面多皱，核纹中等，核顶端有尖。

这是个中实品种，花期中，中熟，败育率中，产量中，有大小年。采果力中，粘核型。抗性中等，生根力中。出油率中等，常作青餐果。

(3) 超克（Chalkidiki） 超克又名哈尔基季基、"超卓利亚·哈尔基季基（Chodrolia Chalkidikis）"。主要分布于马其顿（Khalkidhiki），为果用品种。

超克树势中等，树冠开张，密度中；叶片较长，叶宽中等，披针形，纵向平直；花絮短，花量少；单果很重；果形细长，不对称，横径中位，果顶圆，有乳凸，果基圆，果斑多而小；果核重，核形细长，不太对称，横径上位，核顶部尖，基部亦尖，果核表面多皱，核纹中，顶端有尖。

这个品种中实，花期中，败育率中，产量中，有大小年，离核型，早熟，采果力中，达到成熟时不完全转黑。耐寒，耐旱，抗性中，生根力中。出油率低，常腌制成青餐果。

(4) 卡拉蒙（Kalamon） 卡拉蒙分布于梅西尼亚（Messinía）、拉科尼亚（Lakonia）、拉米亚（Lamia），为油果兼用品种。

卡拉蒙树势强,生长习性直立,树冠密度中;叶片长而宽,椭圆披针形,纵向平直;花絮长度中,花量中;单果重,果形细长,不对称,横径中位,果顶尖,无乳凸,果基平截,果斑多而小;果核重,核形细长,不对称,横径中位,顶部尖,基部亦尖,果核表面多皱,核纹中,顶端无尖。

卡拉蒙产量高,有大小年,中实。果实晚熟,果实颜色完全转化后采收,易采摘,出油率中,油品质极高。虽然是油果兼用品种,但肉核比高,离核型,果实耐加工,可用不同的方式加工,因它的颜色保存好而主要加工为希腊式黑餐果。

这个品种抗性中等,较耐寒,不适宜过热的气候,生根力中等。抗油橄榄瘤,比较容易受油橄榄叶斑病和黄萎病感染。

(5) 孔色维拉(Konservolia) 孔色维拉俗名"安费西斯(Amphissis)"等,分布于希腊中部,占希腊油橄榄餐果种植面积的 70%~85%。为油果兼用品种。

孔色维拉树势强,树冠开张,冠层密度中等;叶片宽,长度中等,椭圆披针形,纵向平直;花絮长,花量中;单果重,卵圆形,不对称,横径中位,果顶尖,无乳凸,果基平截,果斑多而小;果核重,椭圆形,不太对称,横径中位,顶部尖,基部圆,果核表面粗糙,核纹中,顶端有尖。

这个品种能适应不同环境条件,可种植于海平面到海拔 500~600m,年降雨量不低于 500mm 的区域。在灌溉条件下生长快,3~4 年结果,败育率高,花期中。中晚熟,产量高,有大小年,根据果实的用途确定采收期。常作青餐果,果肉坚硬,离核型,使其在采摘和运输时抗挤压,因此适于腌制黑餐果。也可用作榨油,含油率中,油质好。

这个品种抗性中,耐寒,较怕干燥气候,生根力中等。抗油橄榄瘤,易感染黄萎病。

(6) 奇迹(Koroneiki) 奇迹俗名科拉喜、科罗内基、柯基等,是希腊最主要的油橄榄品种,为油用型。

奇迹树势中,树冠开张,树冠密度稀疏;叶片短而窄,披针形,叶片平直;花絮长度中,花量中;单果重量轻,卵圆形,不太对称,横径中位,果顶尖,无乳凸,果基平截,果斑少而小;果核轻,核形细长,不太对称,横径中位,顶部尖,基部亦尖,核面光滑,核纹中,顶端有尖。

这个品种生根力中,早实,花期早,花粉量大,在当地早熟到中熟,产量高而稳定,出油率高,且油质好,油酸含量非常高,油稳定性强。

该品种耐旱,不耐寒,因此在克里特岛海拔 400~500m 以上或露地种植区,则栽培马托迪(Mastoidis)品种代替奇迹,马托迪也是这个品种的授粉树。奇迹抗油橄榄叶斑病,较抗黄萎病,易被油橄榄瘤感染。

(7) 马托迪(Mastoidis) 马托迪俗名"阿锡洛利亚(Athinolia)"等,为油果兼用品种。

马托迪树势中,生长习性直立,树冠密度中等;叶片长宽中等,椭圆披针形,纵向平直；花絮长度中，花量少，单果重中等，果实卵圆形，不对称，横径中位，果顶圆，有乳凸，果基平截，果斑多而小；果核中，椭圆形，不对称，横径中位，顶部尖，基部亦尖，核面光滑，核纹中，顶端有尖。

该品种生根力中，中实，花期中，产量中，有大小年，出油率高，离核型。抗性强，耐寒，较耐干燥气候，能种植于海拔1000m以上的区域。在克里特岛最高最苛刻的环境下与奇迹混栽，它是个很好的授粉树。果实宜腌制黑餐果和榨取高质量橄榄油。

该品种抗油橄榄瘤，会被油橄榄叶斑病感染。

（8）美加里基（Megaritiki）　美加里基俗名"拉多利亚（Ladolia）"等，分布于阿提卡（Attiki）、维奥蒂亚（Voiotia）和伯罗奔尼撒（Peloponnese），为油果兼用型。

美加里基树势中，枝条下垂，树冠稀疏，叶片长宽中等，椭圆披针形，纵向平直，花絮长度中，花量中，单果重量轻，果形细长，不对称，横径中位，果顶尖，无乳凸，果基平截，果斑多而小；果核小，核形细长，不对称，横径中位，顶部尖，基部亦尖，核面光滑，核纹多，顶端无尖。

这个品种生根力中，中实，花期中，中熟，败育率低，产量中，有大小年。该品种果实为粘核型，用来腌制青餐果和黑餐果；也可榨油，出油率中到高，油质好。该品种抗性强，耐旱，较耐寒，抗油橄榄瘤，较容易被油橄榄叶斑病和黄萎病感染。

（9）瓦拉诺利亚（Valanolia）　瓦拉诺利亚在希腊也称为"科洛维（Kolovi）"，在土耳其称为卡基尔（Çakir）。分布于莱斯沃斯（Lésvos）、克奥斯（Khiós）和斯克罗斯（Skiros），占莱斯沃斯油橄榄种植面积的70%，为油用品种。

瓦拉树势中，生长习性直立，树冠密度中；叶片长宽中等，椭圆披针形，纵向平直；花絮长度短，花量少；单果重中等，卵圆形，不太对称，横径上位，果顶圆，有乳凸，果基平截，果斑多而小；果核重，椭圆形，不太对称，横径上位，顶部圆，基部尖，核面皱纹少，核顶有尖。

这个品种花期中，败育率中，中晚熟，产量中，有大小年。含油率中，油质极佳，离核型。该品种抗性中，较耐旱，耐寒，生根力中，中实。

抗油橄榄瘤，较抗黄萎病。

2.3　中国油橄榄优良品种

中国经过50多年的引种和适生区广泛栽培，筛选出通过林木良种审定的省级和国家级优良品种15个，按种植面积由大到小分述如下：

2.3.1　莱星（Leccino）

莱星（彩图1）又名莱星诺、列齐诺、Leccio、Premice、Silvestrone等，为著

名的油用品种。中国于1991年从意大利引入枝条扦插繁育而成。2012年由甘肃省陇南市油橄榄研究所申报，甘肃省林木良种审定委员会审定通过为甘肃省林木良种。甘肃省陇南市第一大主栽品种，在武都区、宕昌、文县、康县等县区都有栽植，推广面积4000hm²（1hm²＝10000m²）。

莱星为常绿乔木。树高4.9m，干径12cm，冠幅4m×4m，树冠开心形，分枝角度60°，抽枝能力弱，结果量大，生长较弱；枝条灰褐色，无绒毛，四棱；叶片披针形，正面深绿，背面银绿色，叶长6cm，叶宽1.6cm，叶形指数3.75，对生，叶尖急尖，叶基楔形，全缘，革质，叶柄长0.5cm，叶片微凹，柔软，叶脉7对，背面较明显；5月中旬开花，花期5～7天，自花不孕，主要靠异花授粉，每花絮坐果1～5粒，果实着生于1～3年生枝条基部的叶腋或隐芽分化成花芽结果，果柄长2.2cm，果柄宽0.1cm，4棱，果实发育期短，成熟较早，成熟期10月下旬～11月上旬，果实椭圆形，果面光滑，黑色，果点稀少，果实纵径2.2cm，横径1.6cm，果形指数1.4；果核圆柱形，较不对称，褐色，有网状花纹，果核纵径1.7cm，横径0.8cm，核形指数2.1；单果重3.3g，果核重0.6g，果肉率82%，成熟果实含水率49.09%～64.42%，全果干基含油率21.76%～38.04%。

莱星对环境适应能力强，较耐寒，对孔雀斑病、叶斑病、肿瘤病、根腐病有较强的抗性。生长季如遇高温、潮湿，在通透性不良的酸性黏土上生长不良，生理落叶重，产量低。能适应碱性土壤，耐干旱，在土层深厚、通透性良好的钙质土上生长强旺，结果早，产量高，丰产性好，管理适当时，定植3～5年开花结果，但大小年明显，自花不孕，适宜的授粉品种有马尔切、配多灵和马伊诺（Maurino）。成熟期基本一致，油质色、香、味俱佳。

2.3.2 佛奥（Frantoio）

佛奥（彩图2）又名佛郎多依奥、法兰托、榨油机、Bresalim、Comune、Corregiolo、Crognolo、Crognolo、Frantoiono、Gentile、Infrantoio、Laurino、Nostra、Razzo、Correggiolo等，是世界著名的油用品种。中国从意大利引入枝条扦插繁育而成，现为中国国家级良种。已推广到四川省、云南省和甘肃省陇南市的武都、宕昌、文县，总面积1000hm²。

佛奥为常绿乔木。树高4m，干径19cm，冠幅5m×5m，树冠扁圆形，分枝角度45°，抽枝能力强，生长旺盛，成枝率高，枝条易下垂，对生或互生，小枝有条状花纹，皮孔密集，凸起，银褐色，无绒毛，四棱；叶片披针形，正面油绿色，背面银灰色，叶片扁平，叶长6cm，叶宽1.3cm，叶形指数4.6，对生，叶尖渐尖，叶基楔形，全缘，革质，叶柄长0.5cm，无棱；正反面均有5对明显凸起的互生叶脉；花序长而大，可达4.7cm，平均着花24朵，开花期5月中旬，花期7～10天，自花授粉结实率较高，可达2.3%～6%，自然授粉结实率2.3%～13.9%，果实着生于叶腋，果柄四棱，长2.9cm，宽0.1cm，有小叶着生。果实成熟期10月下旬，长椭圆形，黑色，果汁多，果点凸起，果实表面光滑，果实纵径 2.3cm，横径 1.6cm，果形指数 1.44，果核卵形，有网状条纹，褐色，果核长 1.8cm，果核径 0.8cm，核形指数 2.55；单果重 3.5g，核重 0.7g，果肉率 80%，成熟果实含水率 48.3%～51.03%，全果干基含油率 37.48%～42.93%。

佛奥适应性强，适宜在年平均气温 16℃左右的地区生长，是一个较好的油用品种，油质佳。定植后 3～5 年开花结果，7～10 年进入盛果期，但大小年非常明显，管理粗放时甚至有一个大年两个小年的情况，不耐寒，不耐旱，长期干旱时叶片卷曲失绿，果实皱缩。在云南、四川表现出结实率高，丰产稳产。适宜在土壤疏松、肥沃、排水良好的石灰质土壤上种植。对叶斑病、肿瘤病、果蝇等抗性低。以马拉纳罗（Morachiaio）及配多灵（Pendolino）做授粉树可提高结实率。

2.3.3　科拉蒂（Coratina）

科拉蒂（彩图 3）又名科拉蒂拉、意丰、拉乔帕·狄·科拉托（Racioppa di Corato）、Cima di Corato、Corstese、La Valente、Olivo a Confette、Olivo a Grappoli、Olivo a Racemi、Olivo a Racimolo、Olivo a Racivoppe、Recema、Racemo di Corato、koratina 等。从意大利引入枝条繁育而来，2012 年由陇南市油橄榄研究所申报，甘肃省林木良种审定委员会审定通过为甘肃省林木良种。

科拉蒂属常绿乔木。树高 3.4m，干径 12cm，冠幅 3m×3.2m，树冠圆头形，分枝角度 65°，抽枝能力强，枝条稠密，生长旺盛，枝条银白色，无绒毛，四棱；叶片着生部位膨大，叶形披针形，叶色正面墨绿色，背面银灰色，叶片扁平，叶长 7.8cm，叶宽 1.6cm，叶形指数 4.9，互生或对生，叶尖渐尖，有钩，侧向一边，叶基楔形，全缘，革质，叶柄长 0.3cm，叶柄无棱，叶脉明显，10 对，互生，正面两条基脉沿叶缘直达叶尖；5 月上旬开花，花期 5～7 天，自花结实率高，果实小而密集，果实着生于叶腋，有 2～3 年生"老茎生花结果"现象，果柄圆柱形，长 0.6cm，宽 0.1cm；着色期较晚，成熟期 11 月中下旬，果长椭圆形，枣红，果斑凹陷，稀疏，明显，果汁绿色，果实纵径 2.4 cm，横径 1.8cm，果形指数 1.33，果核长卵圆形，有网状花纹，隆起，褐色，果核纵径 1.8cm，横径 0.9cm，核形指数 2；单果重 4.5g，核重 0.9g，果肉率 80%，成熟果实含水率 57.15%～68.88%，全果干基含油率 19.66%～36.01%。

科拉蒂适应性广，耐寒，结果较早，大小年明显，小年结果部位上移，自花结实率高，异花授粉条件下产量更高，适宜授粉品种为切利那（Cellina di Nardo）。扦插易生根。不抗孔雀斑病，密度过大、通风不良或干旱、水渍都易感病落叶。不宜在生长季雨水多、空气相对湿度高于 75%、易板结的黏土地上种植，适宜于土层深厚、通透性好、阳光充足的地方集约栽培，抗旱性中等，适合农户小果园种植，进行间作。油浅绿色，油质中上等，色、香、味很适合当地人口味，深受当地人喜爱。

2.3.4　鄂植8号（Ezhi 8）

鄂植8号（彩图4）简称鄂植、鄂8，为油果两用品种，是由湖北省植物研究所从油橄榄种子繁殖的实生群体中先选出优良单株，然后再从其单株上剪取枝条扦插繁育而形成的无性系。曾在湖北省广泛种植，现已被引种到甘肃、四川、云南、浙江、江苏等省区。甘肃省陇南市从湖北武昌引入，为该市主栽品种，在武都区、宕昌、文县、康县等县区都有栽植，推广面积2000hm²。2012年由陇南市油橄榄研究所申报，甘肃省林木良种审定委员会审定通过为甘肃省林木良种，也是四川省和云南省省级良种。

鄂植为常绿乔木，冠体低矮，树冠圆头形，叶片卵圆形，螺旋状扭曲，早实，果大而色美。树高3.6m，干径13.3cm，冠幅4.1m×4.2m，树冠圆头形，冠体低矮；分枝角度85°，抽枝能力强，幼枝四棱，灰绿色，局部青紫色，四棱；叶片宽披针形，兼卵圆形，螺旋状扭曲，叶色正面墨绿色，表面光滑，背面银灰色，叶长5.5cm，叶宽1.4cm，叶形指数3.9，叶尖渐尖，叶基楔形，全缘，革质，叶柄长0.52cm，叶柄无棱，叶脉13对，背面明显，叶片扁平，对生或互生；5月上旬开花，花期5～7天，雌花孕育率高，自花授粉坐果率2.3%，异花授粉坐果率4.7%～8.2%，每花絮坐果1～7粒，果实着生于2年生枝条叶腋和短枝顶端，果柄四棱，长0.8cm，果柄宽0.1cm；果实生长发育期140天，果实成熟期11月上中旬，长椭圆形，玫瑰红色，果斑不明显，果汁少，果实纵径2.3cm，横径1.7cm，果形指数1.35，果核倒卵圆形，褐色，有沟状条纹，果核纵径1.45cm，横径0.83cm，核形指数1.75；单果重4.51g，核重0.62g，果肉率86%，成熟果实含水率57.36%～61.4%，全果干基含油率25.28%～42.72%，油质中上。这是一个晚熟品种，高产稳产，大小年不明显。

鄂植适应性强，较耐寒，早实，单株产量高，丰产稳产；在土壤质地疏松、排水良好、光照充足的地方种植后通常3年可开花结果，病虫害少，树体矮小，采果方便，长势弱，可密植，适合农户小果园种植。但若结果后不注意更新复壮及时恢复树势，则干性差，树体容易早衰。油质中上。

2.3.5　皮削利（Picholine）

皮削利（彩图5）别名鸽子蛋（以果实形状而得名）、皮肖林·摩洛凯恩[Picholine Marocaine（Sigoise）]、Collias、Cogas、Olive de Nimes，为油果两用品种，宜作餐用青橄榄，也可榨油。原产于法国加尔德省（Gard）科利阿斯，是法国重要的主栽品种，主要分布于法国加尔德省（Gard）。1965年法国发生大冻害后这一品种扩大种植到Herault、Aude和科西嘉（Corsica）以及Bouches du Rhone、Ardeche、Vaucluse等。在意大利、西班牙、阿尔及利亚、摩洛哥大量种植，是世界上广为种植的品种。中国从意大利引入枝条扦插繁育而成，现已在甘肃省陇南市田园油橄榄公司、祥宇油橄榄公司和将军石油橄榄园种植，推广面积 600hm²（1hm²＝0.01 km²）。2015 年由陇南市油橄榄研究所申报，甘肃省林木良种审定委员会审定通过为甘肃省林木良种。

皮削利为常绿乔木。11 年生树高 4m，干径 11cm，冠幅 4.5m×3.5m，树冠双锥形，分枝角度小，一般为 30°左右，抽枝能力中等；生长旺盛，结果多。枝条银灰色，有网状条纹，幼枝四棱；叶片狭披针形，对生，正面叶色深绿，背面银灰色，有银色屑状鳞毛，叶长 6.1cm，叶宽 1.2cm，叶形指数 5.1，叶尖渐尖，叶基楔形，全缘，革质，叶柄较短，长 0.57cm，基部弯曲，叶脉较明显，叶面微卷；以长果枝结果为主，中上部花序坐果率高，圆锥状聚伞花序出自上年生充实枝的中部以下叶腋，而以生于第 2～7 对叶腋之间的为最多。花芽分化期约在 4 月中、下旬，开花期一般在 5 月上旬～6 月上旬，花期 5～7 天。花量大，花细小，10～25 朵，呈黄白色，有香气，花萼深杯形，有 4 齿，花冠 4 深裂，为完全花，雄蕊 2 个，雌蕊 1 个，花柱 2 分歧，子房 2 室。树势过强和营养失调时，往往有雄蕊退化的不完全花发生，其发生率高达 70%，更有全部为不完全花的。正常花粉可借助风媒授粉，自花孕育率低，异花授粉坐果率高。果实着生于 2 年生枝叶腋，果柄长 3.8cm，果柄上有多片小叶着生。果实卵圆形，果顶具乳凸，10 月下旬～11 月上旬成熟，果面粗糙，熟时紫黑色，被果粉，果点大而下陷，果肉多汁，果实较大，果实纵径 2.7cm，果横径 1.9cm，果形指数 1.42；果核卵圆形，对称，浅褐色，有网状花纹，果核长 1.67cm，果核径 0.74cm，核形指数 2.26；单果重 5.74g，果核重 0.78g，果肉重 4.96g，果肉率 86.4%，成熟果实含水率 61.68%～68.86%，全果干基含油率 34.1%～43.27%。

皮削利原产地鲜果含油率 18%～20%。适应性很强，喜光，抗寒，耐瘠薄，较耐旱，怕水渍，喜石灰质土壤，忌通透性差的土壤，要求通风透光，不宜密植。在半山干旱区的钙质土上生长势强，叶片寿命长，开花结果早，皮削利与莱星混栽 3 年可开花结果，大小年明显，耐修剪，丰产性较好，宜大面积推广。半木质化枝条扦插生根困难，与城固 53 号做砧木嫁接亲和力强。抗孔雀斑病。油质好，为重度口味，凝固点低，一般要到－12℃才会凝固。

2.3.6 皮瓜尔（Picual）

皮瓜尔（彩图 6）别名特别多，有"安达卢撒（Andaluza）""白朗科（Blanco）""科达特（Corriente）""油串串（de Aceite）""质量（de Calidad）""精细（Fina）""发抖（Jabata）""罗备雷纽（Lopereño）""玛尔带纽（Marteño）""毛考娜（Morcona）""内瓦迪友（Nevadillo）""白内瓦迪友（Nevadillo Blanco）""纳瓦多（Nevado）""白纳瓦多（Nevado Blanco）""梭鱼（picúa）""萨嘎（Salgar）""早期（Temprana）"等，是著名的油用品种。2011 年甘肃省陇南市油橄榄研究所邓煜等人从西班牙引入 1＋1 品种苗。

皮瓜尔为常绿乔木。3年生树高3.2m，干径4.48cm，冠幅2.1m×1.9m，树势旺盛，树冠单锥形，枝条四棱，灰绿色，无绒毛，分枝角度60°，抽枝能力强，枝条密，生长旺，柔软而下垂，年新梢生长量59cm；叶片窄披针形，正面深绿色，背面银灰色，叶长5.76cm，叶宽1.1cm，叶形指数5.2，叶柄长0.56cm，无棱，叶对生，叶尖渐尖，叶基楔形，全缘，革质，中脉明显，叶向背凹，叶间距短，密集；早实，花期中，自花授粉，花絮短，花量中，开花中到晚，自花授粉，花粉萌发力中，能正常自花授粉，坐果率较高，可成对坐果于果柄；果实着生于2年生枝条中部叶腋，果柄四棱，长2.2cm，宽0.1cm，成熟期较晚，一般在11月中下旬成熟，成熟时果肉葡萄紫色，果形卵圆形，果顶微具乳凸，对称，果基平截，果点明显，大而凹陷，果汁较少，果实纵径2.63cm，横径2.19cm，果形指数1.2；果核椭圆形，稍长，较对称，顶尖基部圆形，表面粗糙，核纹数量中，果核纵径1.43cm，横径0.8cm，核形指数1.79；单果重5.65g，果核重0.61g，果肉率89.2%，鲜果含油率23%～27%。

皮瓜尔是适应性最强的品种之一，抗性强，特别耐寒，能耐−10℃低温。而且适应性强，可适应于不同的气候和土壤条件，耐盐碱、耐涝不耐旱；对栽培条件要求不严，在一月平均气温8.1℃、年降水量600～800mm的地方生长最好，适宜在长日照、夏季降雨偏少、土壤通气性好、有灌溉条件的地区栽培，可按每公顷400株的高密度种植，也适合农户小果园种植，可进行间作；夏季高温、高湿可造成落叶，影响成花；萌蘖性强，耐修剪，重剪后枝条抽枝力强，不论在3年或4年生的枝条上都能长出新枝条；以其产量高且稳定、含油率高和易生根而闻名；抗油橄榄瘤和油橄榄炭疽病，对油橄榄叶斑病、孔雀斑病、根腐病和枯立病敏感，也易被油橄榄果蝇危害。不论硬枝扦插还是嫩枝扦插，无性繁殖容易生根，扦插成活率43%，嫁接成活率高。果实易脱落，有利于机械采收。平均单株产油4.1kg，油质佳，以其非常稳定且油酸含量非常高而出名。不饱和脂肪酸含量84.94%，其中油酸含量77%。果可制作绿色或黑色的餐用橄榄。

2.3.7　城固32号（Chenggu 32）

城固32号（彩图7）简称城固32，油果兼用品种，是由江苏省植物研究所贺善安先生等从柯列品种种子繁殖的实生群体中选育出的优异单株。1965年，陕西省城固县柑橘育苗场引种试种，1977年入选为中国自育品种，现已推广到甘肃省武都、文县、宕昌，四川省广元、达州、绵阳、西昌，云南永仁、永胜，湖北郧县，江苏江阴，浙江温州等省区。1997年2月陇南市从陕西省城固县油橄榄场引进三年生扦插苗繁育，现栽培数量全国最多。2012年由陇南市油橄榄研究所申报，甘肃省林木良种审定委员会审定通过为甘肃省林木良种。现为陇南主栽品种，在武都区、宕昌、文县、康县等县区都有栽植，为陇南市种植面积最大的主栽品种，推广面积4000hm^2。

城固 32 为常绿乔木。树高 4.8m，干径 14.3cm，冠幅 4.1m×4m，树冠圆头形，分枝角度 60°，抽枝能力强，生长茂盛，枝条灰色，无绒毛，小枝四棱，大枝圆柱形；叶片长椭圆形，宽大而卷曲，叶色正面绿色，背面银灰色，叶长 5.7cm，叶宽 1.7cm，叶形指数 3.35，对生，叶尖急尖，叶基楔形，全缘，革质，叶柄长 0.6cm，叶柄扁，叶脉不明显，叶面微卷曲。5 月上旬开花，花期 5～8 天，自花结实率高，可达 2%，配佛奥授粉树，坐果率可达 10.6%，每花絮坐果 1～3 粒，果实着生于叶腋，果柄四棱，长 2.5cm，果实成熟期是目前陇南所有栽培品种中成熟最早的，9 月中下旬开始转色，10 月上旬成熟，成熟后易变软自然脱落。果椭圆形，成熟时黑紫色，被果粉，果斑稀小，果肉多汁，果实纵径 2.2cm，横径 1.5cm，果形指数 1.47；果核大，长卵圆形，肉色，果核纵径 1.65cm，横径 0.84cm，核形指数 1.96；单果重 3.9g，核重 0.83g，果核大，果肉率低，仅 78.7%，成熟果实含水率 50.36%～65.03%，全果干基含油率 25.77%～36.45%。

城固 32 对不同气候和土壤适应性强，病虫少，结果早，定植后 3～5 年即开花结果，特早熟，成熟后容易落果，丰产稳产性好，单株产果量可达 50kg，但种内株间分化严重，有些单株连年产量低甚至不结果；扦插生根率高，根系发达，固地性好，生长旺盛，树冠宽大，适合农户在阳光充足的空闲地上栽植。但在连续干旱、土壤瘠薄、水肥管理不善、密度较大的橄榄园中容易落叶形成"光杆枝"，树体易早衰。经甘肃省多年栽培试验，抗性强，特别是抗寒性强，在管理好的橄榄园能实现连年丰产稳产，但果肉率低，工业出油率不高，刚榨出的鲜油苦味重。

2.3.8 阿斯（Ascolano Tenera）

阿斯（彩图 8）别名阿斯科拉诺、软阿斯、Olive Dolce、Ascolano、Ascolana Tenera，是意大利最古老的果用品种，也是世界著名的果用品种之一，可做油用。

从意大利引入枝条扦插繁育而成，2012 年由陇南市油橄榄研究所申报，甘肃省林木良种审定委员会审定通过为甘肃省林木良种，也是云南省省级良种。现为甘肃省陇南市主栽品种，在武都区、宕昌、文县、康县等县区都有栽植，推广面积 1000hm²。

阿斯为常绿乔木。树高 4.8m，干径 17cm，冠幅 4m×3m，树冠圆头形，分枝角度 75°，抽枝能力中等，枝条下垂，灰绿色，无绒毛，四棱扁平；叶长而大，营养枝上叶宽披针形，结果枝上叶窄披针形，叶色正面淡绿色，背面灰绿色，叶长 9.3cm，叶宽 1.6cm，叶形指数 5.8，对生，叶尖渐尖，有倒钩，叶基楔形，全缘，革质，叶柄长 0.7cm，有棱，叶脉不明显；5 月上旬开花，花期 5～7 天，果实着生于叶腋，果柄四棱，长 4.8cm，宽 0.1cm，有多片小叶着生于果柄；果实成熟期 10 月下旬～11 月上旬，果实大，椭圆形，果实尖端微凸，枣红色，果实成熟后变软，果斑大而明显，果实纵径 2.9cm，横径 2.1cm，果形指数 1.38，果核长纺锤形，对称，顶部尖，淡黄色，果核纵径 2cm，横径 0.7cm，核形指数 2.9；单果重 6.9g，果核重 0.9g，果肉率 87%，成熟果实含水率 60.9%~69.94%，全果干基含油率 27.46%~47.21%。

阿斯对栽培条件要求很严，高温、高湿及酸性黏土条件下生长不良，易落叶、早衰、不结果。喜光，耐寒性强，怕热，喜凉爽气候。树体长势强、生长快，树干基部早期易形成营养包。结果早，定植 3 年后开花结果，果实大，产量高，较稳产，自花不孕，坐果率中等，以塞维利诺（Sevillano）及列阿（Lea）作授粉树可提高结实率 1.2%，其他授粉品种有 Santa Caterina、Itrana、Rosciola、Morchiaio。抗叶斑病，遇到冰雹灾害后果实易感染炭疽病，抗孔雀斑病和油橄榄果蝇。果实成熟后易脱落，果实含水率高，易变软难运输存放，扦插生根率较低。

2.3.9 奇迹（Koroneiki）

奇迹（彩图 9）别名较多，有柯基、科拉喜、科罗奇（Coroneiki）、科罗基（Coroneiki）、科罗内基、科荣内克、"科罗尼（Koroni）""克里特伽（Kritikia）""拉多利亚（Ladolia）""萨酪利亚（Psylolia）""萨酪尼特基（Salonitiki）""沃利噢特基（Voliotiki）"，为油用品种。甘肃省陇南市目前有希腊克里特和西班牙两个种源地品种。2011 年 1 月，由邓煜等人从西班牙引入裸根原种苗进行繁育栽培，2012 年由陇南市油橄榄研究所申报，甘肃省林木良种审定委员会审定通过为甘肃省林木良种，现为陇南市主栽品种之一。

奇迹为常绿乔木。3 年生树高 4.1m，干径 7.9cm，冠幅 3.6m×3.7m，树势中等，树形矮小，树冠卵圆形，分枝角度 60°，抽枝能力强，枝条密集，长势旺，年新梢生长量 99 cm，枝条细长，结果早；枝条红褐色，无绒毛，四棱；叶片窄披针形，正面深绿，背面银绿色，叶长 5.5cm，叶宽 1.1cm，叶形指数 5，叶柄长 0.55mm，对生，叶尖渐尖，叶基楔形，全缘，革质，叶片扁平，薄而尖，中脉明显；开花早，聚伞花序，着生于叶腋，小花 6~13 朵，花量大而集中在主干和大枝上，花芳香；果实成熟晚，于 11 月中旬转色，12 月中旬果熟，成熟后附着力强，不易脱落，采收期长，果面光滑，果形椭圆形，有乳凸，果小而密，单果重 1.12g，果实纵径 1.77cm，横径 1.2cm，果形指数 1.5；果核纺锤形，较对称，果核重 0.25g，果核纵径 1.18cm，横径 0.55cm，核形指数 2.2；果肉率 77.7%，成熟果实含水率 55.96%~62.27%，全果干基含油率 30.06%~41.21%。

奇迹结果早，产量高，大小年不明显，果实成熟期特晚，耐瘠薄，抗盐碱，耐旱，耐水分胁迫，抗风，干旱时不能忍受低温，要求气候温和。抗油橄榄叶斑病，较抗立枯病，适宜于山地建园、地埂栽植和栽植行道树。扦插成活率 47%。含油率高，鲜果含油率 27%，油质评价高，果味非常浓，辛辣味中等，青果油色泽非常绿，叶油酸含量非常高，油稳定性强。

2.3.10 豆果（Arbequina）

豆果（彩图 10）别名有阿贝奎纳、阿尔卑奎纳、"阿尔贝吉（Arbequí）""阿尔贝吉纳（Arbequin）""布朗芥（Blancal）"、哈恩·豆果（Arbequ jaen），以最初种植区西班牙 Lerida 省的城市"Arbeca"命名，是一个高产的国际油用品种。2011 年由邓煜等人从西班牙引进 1 年生扦插苗进行繁育栽培。现为四川省、云南省省级良种。

豆果为常绿乔木。3 年生树高 2.9m，干径 5.05cm，冠幅 2.5m×2.5m，树势中等，树形较小，树冠单锥形，分枝角度 60°，抽枝能力较强，枝条疏密度中等，长势较旺，年新梢生长量 83cm，枝条灰色，无绒毛，四棱；叶片宽披针形，正面深绿，背面银绿色，叶长 7.3cm，叶宽 1.4cm，叶形指数 5.2，叶对生，叶尖渐尖，叶基楔形，全缘，革质，叶柄长 0.57cm，叶面凸起，中脉明显；结果早，开花花量中，自花授粉。果实成熟期较早，10 月中下旬果熟，离核型，果面光滑，果实近球形，对称，果顶圆形，乳凸退化，果基平截。果实纵径 1.58cm，横径 1.43cm，果形指数 1.1；果核椭圆形，较对称，果核纵径 1.21cm，横径 0.73cm，核形指数 1.66；单果重 2.35g，果核重 0.39g；果肉率 83.4%。

豆果以高产稳产而著称，适应性强，抗性强，耐寒抗盐碱，耐高空气湿度，能在 1 月平均气温 2℃的地区生长。适度耐旱，对钙质非常高的土壤敏感。具有较高的生根能力，采用半木质化枝条扦插容易生根，扦插成活率 66%。抗油橄榄叶斑病和油橄榄瘤，不抗橄榄果蝇和孔雀斑病，会被油橄榄果蝇和枯立病侵染。果实含油率为 20%～22%，油具有良好的感官性，果味浓，非常适合东方人口味，但加工后保质期较短。

2.3.11 贝拉（Berat）

贝拉（彩图 11）别名贝拉特、Bute、Ullilii Bute、Koker Mad-Berat、koke madh Berati、Kokerr Madhii-Berattt，是阿尔巴尼亚著名的油果兼用品种，原产于阿尔巴尼亚贝拉特地区，由此而得名。是阿尔巴尼亚著名的餐用品种，占贝拉特地区结果树的 70%，是该地区主栽品种。陇南市从陕西省城固县柑桔育苗场引进一年生扦插苗繁育栽培。现为四川、云南两省省级良种。

贝拉为常绿乔木。树高 4.5m，干径 18cm，冠幅 4m×4m，树冠倒卵形，分枝角度 45°，抽枝能力弱；枝条灰，无绒毛，四棱，叶片窄披针形，叶色正面深绿，背面绿灰，叶长 6cm，叶宽 1cm，叶形指数 6，对生，叶尖渐尖，叶基楔形，全缘，革质，叶柄长 0.5cm，无棱，叶脉不明显，叶面微反卷；果枝长而下垂，5 月上旬开花，花期 5～6 天，花序长 2.6～4cm，着花 14～30 朵，雌花孕育率低；果实成熟期 10 月底～11 月初，近圆形，枣红色，果斑小而密，果汁多，果柄长 1.4cm，四棱，果实着生于叶腋，果实纵径 1.8cm，横径 1.3cm，果形指数 1.38，单果重 1.77g，果核椭圆形，有沟状条纹，褐色，果核纵径 1.3cm，核径 0.7cm，核形指数 1.86，果核重 0.45g，果肉率 75%。1999 年株产 0.5kg。鲜果含油率 17%～18%。

贝拉树体较弱，对水肥条件要求高，需精细管理，抗旱性和抗瘠性差，抗寒能力较强，可在年平均气温 16.6℃、一月平均气温 7.2℃、极端最低气温－8.9℃的地区生长。怕潮湿，易感染疮痂病、炭疽病、青枯病和孔雀斑病，对钙、硼敏感；果实成熟前易感染炭疽病，在通风好、光照充足、土层深厚、肥沃、排水好的园地上生长旺，产量高，果形整齐，品质优；在空气湿度大、光照弱、酸性黏土上长势弱、产量低。可在有灌溉条件、无冻害、光照充足、石灰质土壤的半干旱区栽植。

2.3.12 配多灵（Pendolino）

配多灵（彩图 12）别名佩杜利诺、本多林诺、Pendlino、Piangente、Maurino Fiorentino，为油用品种，中文译名以授粉树而得名，据资料介绍可作为莱星、莫拉约罗、佛奥、阿斯等品种的授粉树。中国从意大利佛罗伦萨（Florence）引入枝条繁育而来，现为四川省省级良种。

配多灵为常绿乔木。树高 4.2m，干径 10cm，冠幅 2m×2.4m，树冠圆头形，分枝角度 65°，抽枝能力弱，生长弱，枝条细弱，银灰色，无绒毛，四棱，有皮孔；叶间距小，着生密，叶形狭披针形，叶色正面银灰色，背面银白色，叶长 5.6 cm，叶宽 1cm，叶形指数 5.6，对生，叶尖渐尖，叶基楔形，全缘，革质，叶柄长 0.4cm，叶柄无棱，弯曲，叶脉 9 对，背面明显，主脉下凹，叶片软而向后反卷；5 月上中旬开花，花期 8～10 天，果实着生于 2 年生枝叶腋，果柄四棱，长 2cm，宽 0.1cm；果实成熟期 11 月中下旬，近圆形，紫黑色，果点亮而稀，结果稀，果实大，果汁少，乳白色，纵径 3.51cm，横径 2.77cm，果形指数 1.27；果核倒卵形，浅褐色，有条纹，果核纵径 2cm，横径 1.2cm，核形指数 1.7；单果重 12.7g，核重 1.31g，果肉率 89.7%，成熟果实含水率 63.89%～66.99%，全果鲜果含油率 18%，干基含油率 42.37%～39.83%。

配多灵耐寒，耐旱，可耐－5℃低温，结果稀少，可与莱星、佛奥互交授粉。抗果蝇，抗晚霜，抗孔雀斑病能力中等，不抗叶斑病、肿瘤病和煤污病。

2.3.13 科新·佛奥（Frantoio Corsini）

科新·佛奥（彩图 13）别名 Frantoio·Audrea·Corsini、Frantoio de Corsini，为油用品种，来源于意大利佛罗伦萨。现为四川省省级良种。

科新·佛奥为常绿乔木。树高 3.3m，干径 9cm，冠幅 2.8m×2.8m，树冠开心形。分枝角度小，一般为 35°左右，抽枝能力强，枝条密集度中等，长势旺，灰绿色，结果枝四棱；叶片宽披针形，对生，正面叶色深绿，背面淡绿色，光滑无毛，叶长 7.5cm，叶宽 1.6cm，叶形指数 4.7，叶尖渐尖，叶基楔形，全缘，革质，叶柄较长，长 0.8cm，叶脉不明显，叶面扁平；聚伞花序，着生于 2 年生充实枝的中部以下叶腋，果实着生于叶腋，尖椭圆形，果顶尖，果基平，11 月初成熟，熟时紫红色，果粉多，果点不明显，果实纵径 1.83cm，横径 1.12cm，果形指数

1.63；果核纺锤形，对称，褐色，沟纹较浅，果核纵径 1.4cm，横径 0.61cm，核形指数 2.3；单果鲜重 1.09g，果核重 0.29g，果肉重 0.8g，果肉率 62%。原产地鲜果含油率 22%～30%。

科新·佛奥适应性广，高产，大小年较轻，抗性较强。

2.3.14 小苹果（Manzanilla）

小苹果（彩图 14）别名较多，有曼萨尼纳（Manzanilla）、曼萨尼约（Manzanillo）、"博隆（Bolondo）""曼萨尼亚（Manzanilla）""曼萨尼亚·巴斯塔（Manzanilla Basta）""曼萨尼亚·塞拉纳（Manzanilla Serrana）""（Manzanilla Sevilla）""曼萨尼约·科尔多瓦（Manzanillo Cordobi）""真正的曼萨尼约（Manzanillo Real）""佩里洛（Perillo）""专家（Perito）""卡蒙小苹果（Manzanilla de carmona）"。世界著名的果用品种，由于果大而且形似苹果而得名。原产于西班牙，2011 年 4 月由陇南市油橄榄研究所邓煜从四川省西昌市的西可携农公司引入来源于墨西哥的二年生容器苗繁育种植。

小苹果为常绿乔木。3 年生树高 2.5m，干径 5.3cm，冠幅 2m×2.5m，树势中等，树形较小，树冠开心形，分枝角度 60°，抽枝能力中，枝条长势中庸，主枝开张，小枝弯曲下垂，节间短，年新梢生长量 72cm；枝条无绒毛，黄色，四棱；叶片披针形，正面深绿色，叶背灰白色，中脉微凹，直到叶尖，叶片厚而凸，平直或向下微卷，叶长 4.55cm，叶宽 1.1cm，叶形指数 4.1，叶柄长 0.6cm，对生，叶尖渐尖或急尖，叶基楔形，全缘，革质；开花偏晚，完全花比率为 8.49%，自孕率低，自由授粉率高于 10%，花絮偏短，花量少，花期早。结果早，果实圆球形，对称，果顶圆形，乳凸退化，果基平截，果斑多而小。结实早，果实大，果肉厚，乳黄色，成熟较早，产量高。果早熟，10 月上中旬果熟时粉红色至紫黑色，离核型，果肉厚；果核卵圆形，不对称，核基圆形，核顶无尖，核纹多；果实纵径 2.11cm，横径 1.84cm，果形指数 1.15，单果重 4.76g；果核纵径 1.17cm，横径 0.72cm，核形指数 1.63，果核重 0.4g；果肉率 91.6%；含油率 15%～20%。

小苹果适应性强，抗寒能力中等，生长不甚旺盛，有早结实的特点，有自然大小年，但不明显。属难生根品种，但在雾状扦插条件下，生根良好，扦插成活率 47%。该品种根系发达，对不同类型的土壤适应性强，适应于潮湿土壤和寒冷区，抗病能力较弱，对孔雀斑病、橄榄瘤和枯萎病敏感。本品种果实大，有非常好的口感，易采摘，果在麦秸黄时采收，产量中而稳定，离核，果肉率高，非常适于制作餐用橄榄。

2.3.15 白橄榄（Ulliri Bardhe）

白橄榄（彩图 15）别名西蒙 1 号，油果兼用品种，原产于阿尔巴尼亚克鲁耶地区。1978 年 11 月从陕西省城固县油橄榄场引进一年生扦插苗。四川省从以色列引入，现为该省省级良种。

白橄榄为常绿乔木。树高 5.3m，干径 14cm，冠幅 4m×3.6m，树冠圆头形，分枝角度 35°，抽枝能力弱；枝条灰白色，无绒毛，四棱，叶片宽披针形，叶色正面银灰色，有白粉，背面银灰色，叶长 6.4cm，叶宽 1.5cm，叶形指数 4.3，对生，叶尖急尖，叶基楔形，全缘，革质，叶柄长 0.7cm，弯曲，叶柄无棱，叶脉不明显，叶片平展；聚伞花序，着生于当年生充实枝的基部叶腋，花序长 2cm，着生 10～20 朵小花，果实 1～5 粒，着生于叶腋，椭圆形或卵圆形，果顶平，果基平截，成熟期不一致，10 月中旬～11 月上旬陆续成熟，熟时紫黑色，无果粉，果点不明显，果实纵径 1.86cm，果横径 1.52cm，果形指数 1.22，果柄长 0.7cm；果核椭圆形，对称，深褐色，有明显沟纹，果核纵径 1.29cm，横径 0.78cm，核形指数 1.65；单果鲜重 1.29g，果核重 0.5g，果肉率 61.24%。

白橄榄抗性差，大小年明显，甘肃省陇南市引种后 1999 年单株产量 0.5kg，2012 年单株产量 10kg。

参 考 文 献

[1] 邓明全，俞宁．油橄榄引种栽培技术 [M]．北京：中国农业出版社，2011．

[2] 徐纬英．中国油橄榄种质资源与利用 [M]．长春：长春出版社，2001．

[3] 李聚桢．中国引种发展油橄榄回顾及展望 [M]．北京：中国林业出版社，2010．

[4] 邓煜．从中国油橄榄引种看木本食用油料产业发展 [J]．经济林研究，2010，28（4）：119-124．

[5] 邓煜．油橄榄品种图谱 [M]．兰州：甘肃科学技术出版社，2014．

[6] 杨凤云，崔学云．油橄榄的栽培与加工利用 [M]．北京：金盾出版社，2006．

[7] 张东升．油橄榄丰产栽培实用技术 [M]．北京：中国林业出版社，2011．

[8] ei-kholy M. Following Olive Footprints (*Olea europaea* L.) [M]．Spain：AARINENA，IOC，ISHS，2012：94-101．

[9] International Olive Oil Council. World Catalogue of Olive Varieties [M]．Spain：L R Cuéllar，2000：83-291．

[10] Sibbett G，Steven Ferguson L. Olive Production Manual [M]．California：University Of California Agriculture And Natural Resources，2004．

3 橄榄油的营养与健康

Castañer O，Zomeño M D，
Hernáez Á，Fitó M，李新新

多年来，地中海饮食模式一直与总发病率和死亡率的降低以及长寿联系在一起。在南欧国家存在一些潜在的保护因素，如保持日常运动、健康的饮食以及社会凝聚力这些生活方式。"地中海饮食"这个词是由 Ancel Keys 于 20 世纪 60 年代对地中海地区 7 个国家进行研究的基础上提出的。Keys 等（1986 年）进行的大规模流行病学研究发现，意大利和希腊人群的死亡率，以及癌症和心血管疾病的发病率都要低于其他的欧洲、美洲和亚洲人群。自此以后，针对地中海饮食的研究越来越多。坚持地中海饮食模式，对于降低心脑血管疾病、Ⅱ 型糖尿病、代谢综合征、某些癌症以及神经退行性疾病的发病风险都起到有益作用（Sofi 等，2013 年）。Trichopoulou 等（2003 年）的研究也证实了坚持地中海饮食与降低全因死亡率之间的相关性。

3.1 地中海饮食、橄榄油对健康的影响

地中海饮食的基本特征具有以下几点：① 植物性来源的食物（水果、蔬菜、谷物、豆类以及坚果类）食用量多；② 禽肉、鱼肉、鸡蛋、牛奶和奶制品适量，饮酒（通常餐间饮用适量红酒）适量并有规律；③ 红肉和加工肉制品以及加工甜食食用量少（Féart 等，2009 年）。另外，橄榄油作为地中海饮食模式中的膳食脂肪主要来源，也是其主要特征之一。地中海饮食模式的另一个特征是脂肪的摄入量相对较高（供能比占 40%），单不饱和脂肪酸是主要的脂肪酸，其供能比占 20%。在欧洲南部，居民每天橄榄油的平均摄入量为 25～50mL（直接食用或者用于烹饪）。

橄榄油中单不饱和脂肪酸的含量较高，尤其是油酸的含量，因此几个世纪以来一直被认为是一种保健食品。同时，橄榄油中的微量组分也在过去的几十年中受到越来越多的关注，其中橄榄酚类化合物因其潜在的治疗作用，临床上已经具有深入的研究。Schwingshackl 等（2014 年）为研究单不饱和脂肪酸、油酸以及橄榄油对

人类健康的影响，对 32 项队列研究进行的 Meta 分析❶发现，橄榄油与降低全因死亡率、心血管疾病风险和中风有关，而不是单不饱和脂肪酸。因此，橄榄油的潜在保护作用也可能是由其他组分导致的。

橄榄油中大约含有 230 种化学组分，类胡萝卜素和酚类化合物是其中主要的抗氧化物，酚类化合物包括亲水性和疏水性两种。这些橄榄油抗氧化物质可能是阻止细胞内外自由基氧化的第一道防线。由于氧化性损伤是慢性生理病理疾病（如动脉粥样硬化、癌症和神经退行性疾病）的促进因子，橄榄油抗氧化物可以通过抗氧化保护机体健康。另外，橄榄油中的植物化学成分可通过不同的通路调节慢性疾病基因的表达，并且其机理与其抗氧化能力并不相关。橄榄油中的生物活性物质对基因表达能力（以及随后的蛋白质表达和代谢物合成）的调节，是其对机体整体健康影响能力的体现。

3.2　橄榄油对心血管疾病的影响

心血管疾病是一种心血管临床紊乱现象，包括冠心病、脑血管病和其他微型疾病（如外周血管病、深静脉血栓和心脏瓣膜症等）。心血管疾病大部分是由动脉粥样硬化引起的，即脂肪沉积在血管壁上，伴随着动脉硬化和血管直径缩小的过程。动脉粥样硬化斑块是炎症和脂质氧化积累相关的生物化学反应共同作用的结果，包括血管内皮功能障碍、血管内皮屏障以下低密度脂蛋白氧化、作为巨噬细胞的免疫细胞的过度激活、血管平滑肌细胞的迁移和其他类似的生物化学反应。动脉粥样硬化斑块的形成是一个多因素的过程（受不同心血管风险因子影响：高胆固醇血症、高血糖、高血压、同型半胱氨酸血症等），通过大量的健康干预措施可以降低风险因子的致病作用，从而降低心血管疾病风险。因此，坚持地中海饮食和橄榄油的摄入可以起到降低心血管疾病风险的作用。

自 Ancel Keys 发现地中海饮食模式对健康的保护作用以来，橄榄油对慢性疾病的有益作用也在一些临床研究中得到证实。地中海饮食的主要作用是降低心血管疾病的发病率和死亡率。慢性心脏病在欧洲南部国家的累积发病率和死亡率最低。尽管典型心血管风险因子在地中海地区的发病率很高，但心血管疾病的发病率却很低，部分原因可能是该区域居民的饮食模式导致了这种自相矛盾的现象的产生。然而，大多数关于心血管疾病发病率的研究都属于观察性研究，容易受到其他干扰因素的影响，从而难以建立准确的因果推论关系。

因此，为评估地中海饮食模式对健康的保护作用，运用膳食模式和评定临床终点的方法进行大规模随机试验是有必要的。一方面，一项名为 Lyon Diet Heart Study 的二级预防临床试验表明，坚持补充 α-亚麻酸的地中海饮食能够使冠心病发

---

❶　Meta 分析是指用统计学方法对收集的多个研究资料进行分析和概括，以提供量化的平均效果来回答研究的问题。

生率大幅度降低（de Lorgeril 等，1999 年）。另一方面，一项名为 PREDIMED 的研究采用多中心、随机干预试验的方法，显示了在心血管高危人群中，坚持传统的地中海饮食可以抑制心血管疾病的发展，对心血管疾病起到一级预防作用（Estruch 等，2013 年）。另外，PREDIMED 研究也首次证明了地中海饮食对主要心血管事件、心房颤动、Ⅱ型糖尿病以及周围性血管病能够起到一级预防保护作用。

如今，为了更好地预防慢性疾病，单一的健康营养素或食物已经被全面优质的饮食模式所替代。尽管如此，橄榄油在地中海饮食模式中的重要作用是已经得到认可的。欧洲前瞻性癌症和营养调查研究中心（European Prospective Investigation into Cancer and Nutrition，EPIC）的队列研究数据表明，橄榄油的摄入量与冠心病的死亡率和发生率呈负相关性（Buckland 等，2012 年）。对来自三个法国城市的女性受试者进行研究表明，橄榄油的摄入量与中风风险也呈现负相关性。另外，在采用地中海饮食的前提下，初榨橄榄油的摄入能够降低心血管高风险老年人群心血管疾病的发病率和死亡率。橄榄油的预防作用主要归功于其对一些心血管危险因素的影响。

橄榄油对心血管危险因素的影响如下所示：

大量证据表明，橄榄油的摄入对心血管疾病（危险因素）具有有益影响。它对维持机体的血脂水平、抑制脂质和 DNA 的氧化、抑制炎症、提高胰岛素敏感性、增强血管内皮功能、阻止血栓因子形成和降低血压均起到有利作用。2004 年 11 月，美国联邦药品管理局通过了针对橄榄油标签的声称："橄榄油中含有单不饱和脂肪酸，每天摄入约 2 餐勺（23g）的橄榄油有利于降低冠心病的发病风险"。为此，2004 年美国食品药品监督管理局推荐将饮食中的饱和脂肪用相近量的橄榄油替代。然而，若橄榄油的有益作用仅仅是由单不饱和脂肪酸引起的，那么任何富含单不饱和脂肪酸的食物（如菜籽油、双低菜籽油或者添加单不饱和脂肪酸的脂肪）都应有同样的保健作用。近期大量的体内临床试验表明橄榄油中的微量组分，尤其是酚类化合物，对人体的健康也起到一些有益作用。橄榄油中含有 1%～2% 的微量组分，可分为 2 种：① 非皂化组分（包括角鲨烯和其他三萜类、甾醇类、多酚类、类胡萝卜素和其他色素）；② 可溶性组分（主要是酚类化合物）。2011 年欧洲食品安全局发布了关于橄榄酚类化合物和其对低密度脂蛋白胆固醇抗氧化作用的健康宣称，并规定每天需要至少摄入 5mg 的主要橄榄酚类化合物（羟基酪醇），才能达到此健康功效。欧洲食品安全局对于橄榄油健康宣称的发布，有利于促进富含羟基酪醇的橄榄油、保健食品以及其他食品（比天然初榨橄榄油更富含羟基酪醇）的改善和研发。然而，针对欧洲食品安全局定义的酚类化合物阈值浓度，现在不同检测方法的检测结果间具有很大的差异，因此国际橄榄理事会正在努力建立定量检测橄榄油中所有形式羟基酪醇和酪醇的官方分析检测方法。

橄榄油对健康的影响不仅来自其中不被吸收的酚类化合物，其在胃肠道消化过程中局部的抗氧化性，而且还需要评估其在人体内的生物利用率。尽管血浆中酪醇和羟基酪醇的半衰期较短（约 2.5h），但持续地摄入橄榄油后，血浆和尿液中的酪醇和羟基酪醇浓度都会呈现出剂量效应关系（Marrugat 等，2004 年）。不同基质（特级初榨橄榄油、精炼橄榄油和酸奶）中羟基酪醇的生物利用率不同，其中以橄榄油为基质的羟基酪醇生物利用率最高。同时，酪醇和羟基酪醇已经在胃肠壁或肝脏内被广泛代谢、消除（即首过效应）。在地中海国家日常橄榄油摄入水平（平均每人每天 30～50g）的条件下，酪醇和羟基酪醇可在人体内累积。

橄榄油对心血管疾病危险因素的影响将在接下来的章节中进行详细阐述。心血管疾病的危险因素包括血脂、脂质氧化、胰岛素敏感性和葡萄糖代谢、血管内皮功能和血压、止血过程以及脂肪形成，其对动脉粥样硬化的发展具有重要影响。

（1）橄榄油对血脂和脂质氧化的影响　橄榄油中含有大量的单不饱和脂肪酸（油酸），从而具有改善血脂的功能。膳食中用不饱和脂肪酸来替代饱和脂肪酸，有利于机体内低密度脂蛋白胆固醇水平的降低和高密度脂蛋白胆固醇水平的升高，改善血脂。橄榄油可提高机体内单不饱和脂肪酸的摄入量，保证多不饱和脂肪酸适量摄入的同时，又不会使饱和脂肪酸的摄入量显著增加。因此，地中海区域的饮食中单不饱和脂肪酸与饱和脂肪酸的比值要高于其他地区。Hooper 等（2015 年）的研究综述表明，低饱和脂肪酸的饮食对于降低心血管疾病发病风险的影响虽然很小，但是具有潜在的相关性。另外，以不饱和脂肪酸替代饱和脂肪酸提供能量可以在一定程度上改善血脂水平。然而，Hooper 等也同时提出，若想找到理想的不饱和脂肪酸类型来替代饱和脂肪酸，还需要更多的试验进行验证。

橄榄油中的酚类化合物是其改善血脂的另一个原因。最新的 Meta 分析研究了富含酚类的橄榄油对心血管疾病危险因素的影响，发现其对于改善体内的血脂水平并没有显著作用：总胆固醇、高密度脂蛋白胆固醇、低密度脂蛋白胆固醇以及甘油三酯水平都没有显著变化。然而，上述的 Meta 分析所引用的研究（8 项研究）和实验人群（360～400 人）数量较少，从而限制了本次研究的准确性。需要特别指出的是，欧洲食品安全局在 2012 年评估了橄榄酚类化合物对高密度脂蛋白胆固醇水平的有益影响，认为还没有足够的证据来建立两者之间的因果关系。

动脉粥样硬化不仅受低密度脂蛋白胆固醇水平的影响，还受其粒子氧化修饰作用的影响。氧化的低密度脂蛋白会加速巨噬细胞的促炎性和内皮细胞的细胞毒作用，因此低密度脂蛋白的氧化是诱发动脉粥样硬化病变发生的一级生物化学过程。橄榄油中的一些组分有利于减缓低密度脂蛋白的氧化。一方面，与多不饱和脂肪酸相比，单不饱和脂肪酸更不易被氧化；另一方面，橄榄油中的抗氧化物质（维生素 E、类胡萝卜素、橄榄酚类化合物）会结合到低密度脂蛋白粒子上，从而抑制氧化修饰作用。机体内氧化的低密度脂蛋白的水平与摄入初榨橄榄油中的酚类含量呈负相关性。Hohmann 等（2015 年）对 13 项研究进行 Meta 分析表明，富含酚类的橄榄油可以显著降低体内氧化的低密度脂蛋白的水平。橄榄酚类化合物对冠心病受试者体内的低密度脂蛋白的保护作用具有剂量依赖性关系。同时，摄入含有羟基酪醇的葵花籽油（即每日摄入 45～50mg 羟基酪醇）对健康受试者也有类似的保护作用。大量的体外试验也表明，单不饱和脂肪酸或富含酚类橄榄油的摄入，能够降低低密度脂蛋白的氧化程度。2011 年，欧洲食品安全局公布了初榨橄榄油与抑制低密度脂蛋白粒子氧化损伤之间的因果关系。橄榄油对低密度脂蛋白的保护机理可能有以下两种解释：一是低密度脂蛋白中维生素 E 或橄榄酚类化合物含量增加，可以局部的抵消体内的氧化修饰作用；二是体内氧化的低密度脂蛋白的抗体生成量增加，降低了低密度脂蛋白的氧化。

　　橄榄油对高密度脂蛋白的生物学作用尚有争议。一方面，已有大量高水平的试验证实了橄榄油摄入（尤其是橄榄酚类化合物）对高密度脂蛋白胆固醇水平的影响：富含酚类的橄榄油并没有显著提高高密度脂蛋白胆固醇的水平。另一方面也有一些高水平的随机对照试验表明，高密度脂蛋白胆固醇的水平，与橄榄酚类化合物的摄入量呈剂量依赖性关系。然而，橄榄油对高密度脂蛋白的生物学作用，不仅局限于其对脂蛋白中胆固醇含量的影响。

　　尽管低水平的高密度脂蛋白胆固醇是心血管疾病独立的风险因子，但近期研究发现，高水平的高密度脂蛋白胆固醇，也并不总能降低心血管疾病风险。从这一方面来看，与高密度脂蛋白中流动的胆固醇数量相比较，其所具有的功能性对脂蛋白的保护作用更为重要。高密度脂蛋白能够收集外围细胞上多余的胆固醇（其胆固醇的外流能力），从而将其运输回肝脏。另外，高密度脂蛋白能够对抑制血浆中脂质氧化（主要是低密度脂蛋白中的脂质）、抗炎症和保护血管起重要的作用。氧化修饰会降低高密度脂蛋白粒子的功能性，因此增加抗氧化剂的摄入量，有利于改善高密度脂蛋白的功能。高密度脂蛋白功能也可以通过调节其流动性能、组成或颗粒粒径分布得到改善。富含单不饱和脂肪酸饮食可以改善高密度脂蛋白中胆固醇的流动性，这是由于单不饱和脂肪酸含量增加，降低了体内脂质的氧化修饰程度。每天摄入 25mL 初榨橄榄油（366mg/kg 橄榄酚类化合物）的健康受试者体内胆固醇的外排能力会增加。这归功于橄榄酚类化合物（羟基酪醇酸、高香草酸、葡萄糖醛酸酯）能够与体内的高密度脂蛋白相互结合，从而增加生物代谢水平以改善高密度脂蛋白的功能。同时，高密度脂蛋白粒子的流动性增强、粒径变大并且其甘油三酯含量也有降低。富含抗氧化物质的橄榄油（补充橄榄或百里香酚类物质的功能性初榨橄榄油）能够改善高密度脂蛋白的其他功能特性，比如卵磷脂-胆固醇酰基转移酶的浓度水平（这种酶的作用是催化流动性胆固醇的酯化过程，固定胆固醇并将其运输到肝脏）。该功能的改善归功于体内抗氧化物质含量的增加、高密度脂蛋白组成的改善和粒径的增大。橄榄酚类化合物的摄入，也会增加主要高密度脂蛋白抗氧化酶，和对氧磷脂酶-1 的水平以及其抗炎症能力。除对高密度脂蛋白粒子的直接抗氧化作用外，橄榄酚类化合物还可以改善与高密度脂蛋白相关功能的基因表达。

　　因此，橄榄油可以调节系统性的氧化状态，而该氧化状态与动脉粥样硬化过程有关。橄榄酚类化合物的餐后摄入，以及长期干预试验表明，健康受试者摄入橄榄酚类化合物可以减少体内的氧化应激反应（通过与血脂、蛋白质和DNA氧化修饰有关的一些生物标记物表现出来）。同时，橄榄油的实际剂量对氧化应激反应起到非常重要的作用：25mL单剂量的橄榄油有利于降低餐后体内的氧化应激反应，然而大于或等于40mL的剂量会导致体内的氧化应激反应加强。

（2）橄榄油对葡萄糖代谢和胰岛素敏感性的影响　地中海饮食结构中的橄榄油有利于体内葡萄糖的代谢，可以降低20%~30%的Ⅱ型糖尿病发病风险。地中海饮食能够降低糖尿病前期的发病率，更好地控制血糖水平。同时，也能够降低孕妇的妊娠糖尿病发病风险。Meta研究分析表明，与低脂饮食模式相比，地中海饮食模式能够使空腹血糖水平平均降低4mg/dL（Nordmann等，2011年）。地中海饮食模式还能够降低Ⅱ型糖尿病人和儿童体内的糖化血红蛋白（Hb1Ac）水平，同时也使糖尿病人的空腹胰岛素水平降低。事实上，地中海饮食与糖代谢相关：① 降低Ⅱ型糖尿病人群的总体死亡率，也有利于降低男性糖尿病患者的心血管病死亡率；② 延缓糖尿病病人开始使用抗糖尿病药物的时间；③ 有利于增加糖尿病人恢复的可能性。

单不饱和脂肪酸或橄榄油对葡萄糖代谢的保护作用已经在临床试验中得到证实。因单不饱和脂肪酸对葡萄糖代谢的直接影响，或者由于饱和脂肪酸含量的相对降低，摄入富含单不饱和脂肪酸的饮食后，体内胰岛素的敏感性升高。Meta分析研究表明，血糖代谢异常人群摄入单不饱和脂肪酸含量高的饮食（试验周期≥6周），其体内糖化血红蛋白水平降低（Schwingshackl等，2011年）。与饱和脂肪酸含量高的饮食相比，单不饱和脂肪酸含量高的饮食，可以增强胰岛素的敏感性。最后，大约4500名西班牙人进行的横断面研究表明，与葵花籽油相比较，经常食用橄榄油可以降低糖调节受损的风险（Soriguer等，2013年）。

在对橄榄油酚类物质和初榨橄榄油的各项指标考察中发现，糖代谢异常病人摄入10g特级初榨橄榄油，其餐后血糖水平显著降低；同时，与富含黄油的饮食和低脂饮食比较，摄入富含特级初榨橄榄油的饮食，能够显著降低空腹血糖受损患者的血糖水平；另外，健康受试者摄入补充特级初榨橄榄油的地中海饮食后，其体内的餐后血糖水平也显著降低。摄入10g特级初榨橄榄油的糖尿病前期患者以及摄入富含特级初榨橄榄油饮食的健康受试者，体内的餐后胰岛素水平也都会升高。连续4周每天摄入25mL富含酚类化合物的初榨橄榄油，可以降低Ⅱ型糖尿病受试者体内空腹血糖和糖化血红蛋白的水平。

橄榄油和其组成成分对血糖代谢的保护作用机理有以下几种假设。第一，橄榄油的摄入增加了肠促胰岛素分泌量，同时也降低了肠促胰岛素抑制剂（如二肽酰肽-4）的释放量，其中肠促胰岛素是体内导致餐后血糖水平降低的荷尔蒙，如胰高血糖素样肽-1。糖尿病前期患者摄入10g特级初榨橄榄油以及健康受试者摄入含有特级初榨橄榄油的地中海饮食，其餐后胰高血糖素样肽-1水平会有升高，且二肽酰肽-4水平及其活性能够得到降低。另外，与低脂饮食相比，连续 3 个月摄入富含橄榄油的地中海饮食，可增加由 GLP-1（胰高血糖素样肽-1）诱导的胰岛素的分泌，并保护内皮细胞和促炎症生物标记物。第二，胰岛素的分泌量和灵敏度与改善促炎性细胞因子、脂肪因子（脂肪组织分泌的代谢调节因子）、其他系统性生物标记物和血脂之间具有很强的相关性。上文中提到的空腹血糖、糖化血红蛋白和肠促胰岛素被改善的同时，也会伴随着促炎性细胞因子、脂肪因子以及肝脏中氨基转移酶和血脂水平的改善。第三，地中海饮食对血糖指数的改善（初榨橄榄油起主要作用），以及特级初榨橄榄油油炸食品使体内血糖负荷的降低，都有利于抑制餐后血糖水平的升高，从而改善葡萄糖代谢。最后，橄榄油与基因相关性也可以改善体内葡萄糖代谢反应。初榨橄榄油的急性摄入可以改善某些胰岛素敏感性基因的表达。另外，根据因 TCF7L2 基因多态性而存在的等位基因，摄入富含橄榄油的地中海饮食能够引起血糖指标及其后续影响结果的效应差异。当基本不遵循地中海饮食时，TT 等位基因的存在与高水平的空腹血糖有关；当不遵守地中海饮食时，TT 等位基因的存在与高中风发病率有关。相反地，若坚持遵循地中海饮食，TT 等位基因携带者体内的空腹血糖浓度水平和中风风险率没有升高。

除典型的橄榄微量组分外，橄榄叶中的其他生物活性成分也对血糖代谢具有保护潜质。连续 14 周摄入橄榄叶提取物补充剂，有利于降低Ⅱ型糖尿病病人的糖化血红蛋白水平。此外，连续 12 周摄入橄榄叶提取物类似补充剂，可以增强超重男性体内的胰岛素敏感性和胰腺 β 细胞反应力，同时能够升高并改善血糖有关的两种生物标记物（类胰岛素增长因子结合蛋白 1 和蛋白 2）的水平。

（3）橄榄油对内皮功能紊乱和血压的影响　橄榄油也具有改善血管动力学的功能，如整体血压和内皮细胞的功能。Schwingshackl 等（2011 年）对 12 项周期超过 6 个月的随机对照试验进行的 Meta 分析研究表明，与单不饱和脂肪酸含量低的饮食相比较（指单不饱和脂肪酸占每天总能量摄入量小于 12％），富含单不饱和脂肪酸饮食可以降低血管的收缩压和舒张压，同时也可以降低体内脂肪的含量。单不饱和脂肪酸对血压的效果同时也影响了给患者抗高血压处方药的剂量。与富含多不饱和脂肪酸饮食（多不饱和脂肪酸占 10.5％的供能比）相比较，富含单不饱和脂肪酸的饮食（单不饱和脂肪酸占 17.2％的供能比，多不饱和脂肪酸占 3.8％的供能比）可以降低高血压病人的血压，并能够减少高血压药物的每日剂量。同时，地中海饮食（补充初榨橄榄油或坚果类）也能够降低高血压女性受试者的舒张压。体内的一氧化氮、内皮素-1 以及内皮素受体基因的表达对血压的降低起到了重要作用。

关于橄榄油酚类物质，Hohmann 等（2015 年）针对 13 项试验进行的 Meta 分析表明，富含酚类的橄榄油可以降低心脏的收缩压，但对心脏的舒张压却没有影响。

血压改善的原因可能是由于内皮细胞在应激状态后，尤其是在橄榄酚类化合物存在的状态下恢复能力增强。富含酚类的橄榄油有利于改善高胆固醇血症患者、早期动脉粥样硬化患者，以及具有正常高值血压或 1 阶段原发性高血压年轻女性的血管内皮功能。同样，对高血压患者的研究表明，通过急性摄入补充有橄榄酚类化合物的功能性橄榄油（961mg/kg 橄榄酚类化合物），也在餐后观察到了类似的保护作用。一些基因的多态性也可以调节橄榄油对内皮的作用：代谢综合征患者体内的 NOS3 Glu298Asp 基因多态性可以调节橄榄酚类化合物对内皮功能的餐后反应。

如上所述，氧化应激和慢性炎症反应抑制了内皮细胞的稳态反应，加速了内皮功能紊乱，从而加快了动脉粥样硬化斑块的形成。当低血压和内皮细胞功能正常时，体内具有高浓度的一氧化氮（引起血管舒张的主要物质）、低浓度的非对称性二甲基精氨酸（内皮细胞中阻止一氧化氮产生的代谢产物）、氧化的低密度脂蛋白和 C-反应蛋白（促炎症因子标记物）。橄榄油的摄入能够增加一些与内皮功能相关的生物标记因子的生成。首先，与摄入酚类含量低的橄榄油相比，富含酚类的橄榄油可以增加餐后一氧化氮的代谢产物；其次，高血压状态稳定的受试病人摄入初榨橄榄油后，其收缩压降低的同时脂质氧化标记物也减少。另外，平行对照试验，研究比较女性高血压患者摄入两种不同来源（初榨橄榄油和高油酸葵花籽油）的油酸对血压的影响，结果表明摄入橄榄油的受试者体内的收缩压和舒张压均有所降低。最后，Bogani 等（2007 年）开展的两项随机交叉试验研究表明，与摄入精炼橄榄油相比，健康受试者摄入 50mL 富含酚类的橄榄油（607 mg/kg 橄榄多酚化合物），有利于餐后白三烯 B4（一种促炎症的花生酸）和血栓 B2（一种促血管收缩的花生酸）水平的降低。轻微血脂异常患者连续摄入橄榄酚类化合物后，也具有同样的效果。

橄榄油成分，尤其是橄榄酚类化合物，对抗动脉粥样硬化和对保护血管的潜力，都可以用来解释上述的改善作用。在这一方面，大量的体外试验将橄榄油的有益作用归功于羟基酪醇及其葡萄糖苷酸代谢物。此外，橄榄酚类化合物能够抑制活性氧（如过氧化氢）引起的氧化损伤，而这种氧化作用是引起内皮功能紊乱的主要原因之一。

（4）橄榄油对凝血和血小板聚集的影响　橄榄油及其组分可通过改善凝血因子和血小板聚集相关生物标记物的产生，从而抑制血栓的形成。富含单不饱和脂肪酸的饮食，如地中海饮食，能够降低餐后凝血因子Ⅶc 的水平。同时，油酸（占橄榄油脂肪酸 75% 组成）也能够在餐后阶段削弱体内促血栓的能力。摄入富含酚类的橄榄油有利于改善健康受试者和高胆固醇血症患者的餐后促血栓因子的组成（活性凝血因子Ⅶ、组织因子、组织纤溶酶原激活物、纤溶酶原激活物抑制剂型和纤维蛋白原的水平）。长期随机交叉干预试验表明，橄榄油的摄入，可以降低自身纤维原蛋白浓度高的女性血液中纤维蛋白原的浓度（Oosthuizen 等，1994 年）。

以上效果可解释为某些橄榄酚类化合物能够影响血小板的聚集，而血小板的聚集是发展成为血栓甚至是心肌梗死或心绞痛的关键因素。体外研究试验表明，橄榄油中羟基酪醇浓度为 400 mmol/L 时，可以阻止血小板的聚集，与阿司匹林药物具有一样的作用。

(5) 橄榄油对体重和脂肪组织功能的影响　橄榄油属于油脂，通常认为摄入橄榄油（单独或地中海饮食的一部分）会引起体重的增加。然而，科学研究已经否定了这种假设，甚至认为橄榄油可以起到控制体重的作用。摄入常规热量的地中海饮食或橄榄油不会使体重增加，甚至不限制热量也不会使体重增加（Estruch 等，2016 年）。与低脂饮食相比较，长期（2～4 年）坚持地中海饮食能够降低人体体重和体重指数（Nordmann 等，2011 年），同时腹部肥胖值（腰围）也会降低。在降低体重方面，坚持地中海饮食可以与低碳水化合物饮食、美国糖尿病协会推荐的饮食达到相同的效果。由腹部肥胖导致的心血管疾病发病率，也可以通过坚持地中海饮食来降低。同样地中海饮食也有利于降低 II 型糖尿病人群的体重以及心血管疾病的发病率。另外，坚持地中海饮食模式的同时控制热量的摄入，或加强体育锻炼，会使体重显著降低。

Meta 分析研究表明，与单不饱和脂肪酸含量低的饮食相比较，单不饱和脂肪酸含量高的饮食可以减少体脂含量。另外，与提供相同热量的高碳水化合物饮食相比较，高单不饱和脂肪酸饮食，可以阻止肥胖 II 型糖尿病人体内脂肪重新分配到腹部区域。最后，对超重的糖尿病患者进行连续 4 周的橄榄油干预试验，受试者每天摄入 25mL 富含酚类物质的特级初榨橄榄油，结果表明其体重和体重指数都有所降低。此外，与摄入其他膳食脂肪相比较，将橄榄油作为儿童唯一的烹饪油脂，其体重指数增长的可能性较低。

橄榄油调节体重的机理，可能是由于其可以调节脂肪因子的分泌能力，并能够改善脂肪组织内分泌和旁分泌的重建能力。坚持地中海饮食可以增加体内的脂联素水平，而脂联素是主要的脂肪因子，与脂肪重量和体重指数成反比，且与胰岛素增敏功能相关。另外，摄入高碳水化合物饮食，会降低餐后脂联素基因的表达能力，而相同热量的高单不饱和脂肪酸饮食，却可以恢复脂联素基因的表达能力。最后，对超重的 II 型糖尿病患者进行的研究表明，连续 4 周，每天摄入 25mL 的特级初榨橄榄油，可降低受试者体内的内脂素水平，内脂素为另一种脂肪因子，在肥胖状态下会过度分泌。体外研究试验表明，油酸或羟基酪醇可以恢复炎症脂肪细胞分泌脂联素的功能，且同时摄入可以产生叠加效应，这可以部分解释以上提到的橄榄油保护作用。同时，富含橄榄油的饮食对基因的调节，也可以解释其对体重的有利影响。对 IL6 基因中携带 174G/C 多样态的 CC 等位基因受试者的研究表明，坚持包含初榨橄榄油的地中海饮食可以扭转其体内脂肪增加的趋势。另外，对 PPARG 基因中携带 Pro12Ala 多态性的 12Ala 等位基因受试者的研究表明，采用传统的地中海饮食，同时配合低脂饮食，可以抑制腹型肥胖，甚至在试验子群体 II 型糖尿病患者中，能够发现其腰围有所下降（近 6cm）。

3.3 橄榄油对炎症、免疫反应和微生物群的影响

氧化应激和炎症是两个相互交织的过程，它们持续的时间越长，便越可能引发慢性疾病，如心血管疾病、糖尿病、神经退行性疾病和癌症等。以心血管疾病为例，促炎症因子，如肿瘤坏死因子-α、单核细胞趋化蛋白-1、血管细胞黏附分子1-VCAM-1和细胞间黏附分子-1-ICAM，它们表达/循环水平的增加会延长内皮组织细胞内的炎症反应，并恶化内皮功能障碍，从而促进动脉粥样硬化斑块的形成，其他促炎症因子，如C-反应蛋白、细胞白介素-1和细胞白介素-6（分别为IL-1和IL-6）会激活内皮细胞中黏附分子、选择素和趋化因子的表达，从而导致病变的发生。另外，促炎症细胞因子组可以抑制靶细胞中胰岛素的功能。恶性促氧化或促炎性环境会引起神经功能的损伤，并诱导细胞转化为致癌细胞。一些试验已经表明，橄榄油可以调节促炎症因子标记物的产生和一些免疫过程的活性，以及体内不同微生物菌群的增殖。

3.3.1 橄榄油对炎症生物标记物的影响

临床试验表明，橄榄油或富含单不饱和脂肪酸的饮食能改善促炎症因子的生物标记物水平。Schwingshackl等（2015年）进行的系统性综述表明，每天摄入橄榄油（日常用量）可以显著降低C-反应蛋白和细胞白介素-6的水平。然而，不同研究的实验设计间存在异质性，因此需要进一步的Meta分析。选取28名高甘油三酯血症患者和14名健康男性进行随机对照试验，分别摄入富含精炼橄榄油（高油酸）或富含高棕榈酸葵花籽油的饮食，结果表明高油酸受试者的餐后可溶性黏附分子（VCAM1和ICAM1）水平降低。对健康受试者进行了为期2个月的随机对照试验，结果表明富含单不饱和脂肪酸的饮食，可以降低外周血单个核细胞表达可溶性黏附分子ICAM1的能力。相反地，对健康受试者进行了随机交叉试验，分别摄入3种不同的马来西亚饮食（分别富含棕榈液油、椰子油和橄榄油，其中油脂的供能比约占20%），结果表明三种饮食并没有改变餐后，或2周后空腹炎症生物标记物浓度（肿瘤坏死因子-α、细胞白介素-1β、细胞白介素-6、细胞白介素-8、C-反应蛋白和干扰素-γ）。

橄榄油保证了多不饱和脂肪酸［主要是ω-6系列（亚油酸）和ω-3系列（α-亚麻酸）］摄入适量的同时，降低了饱和脂肪酸的摄入量。ω-6系列脂肪酸是饮食中主要多不饱和脂肪酸的来源，尤其在西方饮食中，也是如前列腺素2、血栓素和白三烯等促炎性花生酸类物质的前体物质。另外饮食中的其他ω-6系列脂肪酸可以引发炎症，橄榄油中的ω-3系列脂肪酸可以起到抑制作用。因此，富含ω-3系列脂肪酸的饮食可以降低冠心病发病率并减少炎症。

橄榄酚类化合物对促炎症生物标记物也有直接影响。首先，Bogani等（2007年）对健康受试者进行的随机对照试验表明，与精炼橄榄油或玉米油相比较，摄入

添有酚类的橄榄油（每天 50mL、607mg/kg 橄榄酚类化合物）能够降低健康受试者餐后 C-反应蛋白的水平。再者，白葡萄酒（每天 2～3 杯）和特级初榨橄榄油连续两周同时摄入，可以降低慢性肾脏病患者和健康受试者血浆中 C-反应蛋白和细胞白介素-6 的水平。最后，随机对照试验表明，与精炼橄榄油相比，稳定性冠心病患者每天摄入 50mL 初榨橄榄油，连续 3 周，可以降低细胞白介素-6 和 C-反应蛋白的水平。

初榨橄榄油结合地中海饮食，还具有抗炎症的功能特性。首先，PREDIMED 研究表明，传统的地中海饮食（补充初榨橄榄油或坚果）可以降低心血管疾病高危受试者体内 C-反应蛋白、细胞白介素-6、可溶性 VCAM1 和可溶性 ICAM1 的浓度（Estruch 等，2006 年）。需要特别指出的是，体内可溶性 VCAM1 和 C-反应蛋白的水平，只有在初榨橄榄油组有所降低，而摄入低脂饮食对照组体内的白细胞介素-6、可溶性 VCAM1 和可溶性 ICAM1 的水平均有升高。其次，对 112 名心血管疾病高危老年人进行的一项 PREMIMED 子研究表明，传统地中海饮食（补充初榨橄榄油或坚果）干预 3 个月可以降低受试者体内单核细胞对 CD49d 黏附分子和 CD40 促炎性配体的表达能力。最后，对 42 名肥胖受试者进行 2 个月的低热量地中海饮食研究表明，通过干预可以降低脂肪组织来源视黄醇结合蛋白-4（与胰岛素耐受性和代谢综合征相关的脂肪因子）的水平。

橄榄油生物活性组分的抗炎潜力，不只局限于降低促炎性生物标记物的水平，也不只局限于"典型的"橄榄酚类化合物（酪醇和羟基酪醇）。橄榄油刺激醛（Oleocanthal，橄榄中的一种苯乙醇）就具有与布洛芬（异丁苯丙酸）相似的抗炎症特性。橄榄油刺激醛可以抑制环氧化酶-2 的活性（与非类固醇类抗炎药物的作用相似），并阻碍促炎症信号的通路（如核转录因子-κβ 反应）。从这个角度考虑，长期有规律地摄入橄榄油有利于减少餐后的炎症负荷。

3.3.2　橄榄油对免疫系统调节的影响

至今为止，油酸和橄榄油在调节免疫系统方面的科学证据很少。作为单不饱和脂肪酸的一种，油酸可以调节免疫活性细胞的一些生物通路，因此是公认的"抗炎性脂肪酸"。在这一方面，对健康男性进行连续 2 个月的随机对照试验表明，使用富含单不饱和脂肪酸的饮食进行干预，自然杀伤细胞的活性或丝裂原刺激的白细胞增殖不会因此降低或减缓。

对橄榄酚类化合物进行研究表明，功能性初榨橄榄油（含有 500 mg/kg 的橄榄酚类化合物）可以增加免疫球蛋白 A（IgA）包裹细菌的比例，从而刺激并提高肠道黏膜免疫力（Martín-Peláez 等，2016 年）。因此，有研究者认为橄榄油能够改善类风湿性关节炎可能是基于其对免疫系统的影响。然而，也有一些研究表明富含橄榄油的饮食并不能改善宿主的抗感染能力。因此，橄榄油对人类免疫的刺激性作用需要进一步的研究来证明。

3.3.3　橄榄油对微生物组的影响

肠道中的动态微生物群落摄取吸收食物中的能量，是一个复杂的生态系统，对人体生理学具有重要作用。肠道菌群已经成为肥胖和糖尿病等疾病的新兴影响因素。然而，肠道菌群的组成和功能，是通过整体饮食还是饮食组分来改善，还需要进一步深入的高质量研究。

酚类化合物可以选择性地刺激肠道内有益菌群，如乳酸杆菌的生长，从而有利于胆固醇水平的降低。对此可能的机理是，乳酸杆菌能够在肠道内产生胆酸盐水解酶，胆汁酸经水解后不能被重新吸收，而是通过粪便排出体外，从而降低了血液中的胆固醇水平。酚类化合物也可促进其他微生物菌群，如双歧杆菌的增长，从而抑制动脉粥样硬化斑块的形成。

橄榄酚类化合物能够调节肠道菌群，是由于其不能被上消化道完全吸收，而是部分到达大肠后由肠道菌群进行代谢。Martín-Peláez 等（2015 年）对高胆固醇血症患者进行为期 3 周的干预试验表明，在摄入添加酚类物质的初榨橄榄油（由橄榄油和百里香酚类化合物组成）后，受试者体内的双歧杆菌数量增加，抗氧化酚类化合物的微生物代谢产物（如原儿茶酸和羟基酪醇）水平升高。由于这是首次研究酚类化合物对微生物组的影响，且几乎没有观察到其对胆固醇水平的影响，因此，需要更进一步的研究来验证橄榄酚类化合物干预的潜在疗效。

3.4　橄榄油对神经退行性疾病和老龄化疾病的影响

氧化应激和炎症对神经退行性疾病和衰老相关疾病的发展起关键作用。因此，橄榄油或其生物活性成分的摄入也会对以上两种疾病起到相应改善作用。

3.4.1　橄榄油对神经退行性疾病的影响

慢性炎症反应，尤其是氧化应激，以其特定的方式影响着神经元的功能性。氧化和炎症能够加速神经细胞内不同蛋白质的聚集沉积，同时削弱细胞内线粒体的正常功能。当以上进程持续较长一段时间后，就容易导致一些神经退行性疾病的发生。在这些疾病中，阿尔茨海默症具典型意义。随着老龄化的发展，阿尔茨海默症造成的社会负担是人类面临的巨大挑战之一，牵涉到国家卫生系统和社会福利问题。由于目前针对阿尔茨海默症还没有有效的治愈方式，为防止其恶化，各个国家的卫生局正在提倡健康积极的老龄化预防策略。流行病学研究表明，一些营养素（如抗氧化剂、维生素 E、维生素 B 和多不饱和脂肪酸）和食物（如鱼类、蔬菜、水果和红酒）可以减轻认知功能障碍，尤其是阿尔茨海默症（Valls-Pedret 等，2012 年）。过度的氧化应激对神经退行性疾病的发生起到关键作用，并且抗氧化剂对抑制这些病症具有潜在作用。酚类化合物作为抗氧化剂之一，在体内外均具有生物活性，是抑制这些多因素疾病的潜在功能成分。

地中海饮食主要功能作用是保护心血管，但在一定程度上也能够抑制神经退行性疾病的发生。富含饱和脂肪酸的饮食和简单的碳水化合物饮食都会增加神经退行性疾病的发病风险，而地中海饮食能够降低其发病率并增强机体的认知功能。前瞻性队列研究表明，地中海饮食模式可以延缓法国老年人认知能力的降低（Féart 等，2009 年）。同时，研究表明具有高心血管发病风险的老年人遵守地中海饮食可以提高其认知效率（Valls-Pedret 等，2012 年）和操作能力。尽管大部分的研究是在地中海区域开展的，但非地中海区域的研究表明，相似的健康价值同样适用于其他人群。对此，纽约的一项大约 2000 人参与的研究表明，坚持地中海饮食可以降低阿尔茨海默症的发病率。地中海饮食之所以对认知状态具有保护作用，是由于地中海饮食具有抗氧化、抗炎症作用以及降低心血管并发症发病率的作用。因此，初榨橄榄油作为地中海饮食的代表，因其特别的抗氧化生物活性，与地中海饮食中其他富含多酚的食物共同发生生物效应，从而提高认知功能（Valls-Pedret 等，2012 年）。

橄榄酚类化合物除具有抗氧化特性外，其中某些还可以直接刺激与神经元内稳态有关基因的表达。特别是 Nrf-2/Keap1 通路，可以提高细胞中抗氧化酶的生物利用率，对抑制神经元的退化起关键作用。Zrelli 等（2011 年）的研究表明，羟基酪醇在临床前模型中可以诱发 Nrf-2/Keap1 通路中的某些环节。结合临床试验中橄榄油对人体营养基因组的影响，Nrf-2/Keap1 通路也应具有类似的保护功能。关于阿尔茨海默症，Tau 蛋白的聚集能够导致神经元和神经胶质的损伤，而体外试验表明，低浓度的羟基酪醇、橄榄苦苷，尤其是橄榄苦苷的糖苷配基，可以有效抑制 Tau 蛋白的聚集。最后，橄榄酚类化合物抗动脉粥样硬化的效果（如抗高血压、降低胆固醇、抗氧化和抗炎症等效果），可以促进脑血管的完整性和脑血流灌注的功能性，从而有可能防止神经退行性疾病的发生。

3.4.2 橄榄油对老龄化疾病的影响

根据自由基理论的假设，衰老贯穿机体的一生，是氧化性损伤不断积累的结果。衰老过程会导致大脑认知相关功能的削弱，而富含抗氧化成分食物的摄入则可以部分抵消这种影响，从而起到保护作用。临床前研究模型表明，特级初榨橄榄油（210mg/kg 橄榄酚类化合物）可以对衰老相关的学习和记忆起到有益作用。在一个年龄相关的学习/记忆障碍模型研究中，橄榄酚类化合物能够逆转 SAMP8 小鼠（这些小鼠中会产生过多的 β 淀粉样蛋白使其大脑遭到过度氧化损伤）大脑中的氧化损伤。橄榄酚类化合物在 210 时 1050mg/kg 的含量时对大脑的保护作用呈现剂量依赖关系（Farr 等，2012 年）。另外，对神经细胞瘤-N2 细胞模型研究表明，酪醇和羟基酪醇（100μg/mL）可以通过抑制 β 淀粉样蛋白的毒性来保护神经细胞的活性。

黄斑变性是另一种与衰老相关的疾病，该疾病的特征是视网膜黄斑区域的视网膜色素上皮细胞和光感受器产生变性，从而导致大部分的患者失明。用人体视网膜色素上皮细胞模型进行的研究表明，羟基酪醇（$100\mu mol/L$）可以通过诱导二相解毒酶和提高线粒体的生物发生来抑制细胞的变性。

3.5　橄榄油对癌症的影响

癌症是全球第二大死亡病因，仅次于心血管疾病。癌症的致癌因素很多，与机体的异常过程有关，包括过度氧化应激、慢性炎症反应、细胞周期失调、原癌基因的异常表达、血管生成和新陈代谢失调等。吸烟、不健康的饮食等一些生活方式会增加罹患癌症的概率。据估计，癌症患者中有30%～40%（相当于全世界300万～400万患者）的病例可以通过适当的饮食、体育活动和维持正常的体重来预防。传统流行病学研究表明，增加水果和蔬菜摄入量可以降低慢性退行性疾病如癌症的发病率。谷物、水果和蔬菜中的纤维可以预防大肠癌，此外，摄入适量的水果也可以降低肺癌的发病率。在这一方面，生态学队列 Meta 分析表明，相比于其他地区，地中海区域国家的癌症发病率和死亡率都相对较低（Sofi 等，2008 年）。

2003 年 Trichopoulou 等进行的前瞻性研究表明，坚持以橄榄油为主要脂肪来源的地中海饮食，能够降低所有癌症类型的死亡率。在西方国家，传统的地中海饮食模式可以降低约25%的大肠癌、15%的乳腺癌以及10%的前列腺、胰腺和子宫内膜癌的发病率。对老年女性连续 4.8 年补充有初榨橄榄油或坚果的传统地中海饮食，能够增强对乳腺癌的一级预防功能。然而，EPIC 研究表明，在成人期间摄入橄榄油，并不能降低绝经后女性受试者（地中海人群）罹患乳腺癌的发病风险。但是，橄榄油的摄入与雌激素和孕激素阴性受体的肿瘤水平，呈现负相关性。同时地中海饮食可以降低胃癌的发生率，可能是由于橄榄油对幽门螺杆菌（与胃溃疡甚至是胃癌有关）具有抗菌作用。最后，关于前列腺癌，研究表明地中海盆地的高加索男性发病率低于其他地区，这可能是由于地中海饮食中富含单不饱和脂肪酸。

橄榄油具有保护作用，已有大量的研究表明橄榄油的摄入，与不同癌症类型的发病率具有负相关性。然而，大部分橄榄油与肿瘤的负相关性结论，都来自病例对照研究。为此，一项涵盖 19 例病例对照研究（13800 名癌症患者和 23340 名对照人群）的 Meta 分析研究表明，受试者摄入橄榄油的量最高的，所有癌症类型的患病率都较低；但受试人群不论是地中海还是非地中海区域的，都有可能罹患任何类型的癌症；在特定癌症类型方面，此 Meta 分析显示摄入较高量的橄榄油能够降低消化道癌和乳腺癌的发病率（Psaltopoulou 等，2011 年）。

在脂肪酸方面，橄榄油中的单不饱和脂肪酸油酸，可以调节人类癌症基因簇的表达（如 HER2、FASN、PEA3），这些基因与众多人类癌症的行为学、浸润性生长和转移有关。油酸通过与蛋白质如 α-乳白蛋白和乳铁蛋白相结合，从而具有抗癌特性。因此，油酸与 GcMAF 蛋白的络合物可以抑制癌细胞的增殖，从而抑制癌细胞的转移和扩散。在一项临床试验里，癌症晚期患者采用了高油酸和 GcMAF 饮食（低碳水化合物，高蛋白以及发酵奶制品——富含天然 GcMAF、维生素 D_3 和 ω-3

系列脂肪酸），结果表明受试者的免疫系统在这种饮食模式下得到增强，体内的肿瘤也在无副作用的情况下缩小了25%。

橄榄油中含有丰富的角鲨烯。角鲨烯属于碳水化合物，具有细胞内抗氧化活性和肿瘤抑制作用。因此，橄榄油也被看作是抗皮肤癌的保护因子，虽然随着橄榄油摄入体内，但高含量的角鲨烯也很容易达到人体皮肤表面，从而起到保护皮肤的作用。

最后，橄榄酚类化合物也对癌症具有一定的抑制作用。一方面，橄榄酚类化合物可以抑制DNA的氧化（DNA氧化可导致部分DNA突变，从而可能引发癌症）。另一方面，橄榄酚类化合物能够影响细胞的周期和活力。橄榄酚类化合物的功效可由以下机理来解释：① 其与类固醇类和生长因子受体介导功能间的相互作用；② 其与特定的蛋白激酶和致癌基因/致癌蛋白间的相互作用；③ 其抑制肿瘤扩散转移酶活性的能力；④ 其对核酸和核蛋白的直接作用。

因此，橄榄油的组成成分在预防和治疗癌症方面有巨大的生物化学潜质，也为今后确定橄榄油功能作用的临床模型的建立奠定了基础。

总之，健康饮食中的橄榄油具有潜在益处，其对于预防如心血管疾病、神经退行性疾病和癌症等慢性退行性疾病都能够起到积极作用，尤其在改善一些心血管风险因子如血脂、血糖代谢、内皮功能和炎症反应上具有一定的效果。但是，大量的事实表明橄榄油对病理学的影响缺乏相似一致性，其原因可能有以下几点：首先，慢性疾病是受多种因素影响而表现出的临床结果。橄榄油可以改善与疾病有关的部分通路，但并不一定能改善整体病理学过程。因此，橄榄油作为日常健康饮食的一部分，可被看作是一种用来获取更完整的健康干预以及健康效益的媒介。其次，由于橄榄油是随着其他不同的食物摄入体内，营养素间具有的协同作用及其累积效应，可能会调节橄榄油的保护活性，但这还需进一步的研究确定。最后，不同的橄榄油类型，其单不饱和脂肪酸和其他微量组分间存在差异，因此橄榄油的类型也十分重要。另外，对于橄榄酚类化合物生物学效应的研究都集中在过去的十年中，而在此之前的干预试验几乎都没有考虑到橄榄油中的整体微量组分。至今为止，虽然大量研究已经证明橄榄油及其组分对人体健康发挥有益作用，但是为确定橄榄油的确切功能，还需要进一步在地中海和非地中海区域进行设计更为合理的大规模研究。

参 考 文 献

[1] Buckland G，Travier N，Barricarte A，et al. Olive oil intake and CHD in the European Prospective Investigation into Cancer and Nutrition Spanish cohort [J]．British Journal of Nutrition，2012，108 (11)：2075-2082.

[2] Bogani P，Galli C，Villa M，et al. Postprandial anti-inflammatory and antioxidant effects of extra virgin olive oil [J]．Atherosclerosis，2007，190 (1)：181-186.

[3] DeLorgeril M，Salen P，Martin J L，et al. Mediterranean diet，traditional risk factors，and the rate of

cardiovascular complications after myocardial infarction [J] . Circulation，1999，99（6）：779-785.

［4］ EFSA Panel on Dietetic Products，Nutrition and Allergies（NDA）. Scientific Opinion on the substantiation of a health claim related to polyphenols in olive and maintenance of normal blood HDL cholesterol concentrations [J] . EFSA J，2012：2848.

［5］ EFSA Panel on Dietetic Products，Nutrition and Allergies（NDA）. Scientific opinion on the substantiation of health claims related to polyphenols in olive oil and protection of LDL particles from oxidative damage [J] . EFSA J，2011.

［6］ Estruch R，Martinez-González M A，Corella D，et al. Effect of a high-fat Mediterranean diet on bodyweight and waist circumference：a prespecified secondary outcomes analysis of the PREDIMED randomised controlled trial [J] . The Lancet Diabetes & Endocrinology，2016.

［7］ Estruch R，Martinez-González M A，Corella D，et al. Effects of a Mediterranean-style diet on cardiovascular risk factors：a randomized trial [J] . Annals of internal medicine，2006，145（1）：1-11.

［8］ Estruch R，Ros E，Martinez-Gonzalez M A. Mediterranean diet for primary prevention of cardiovascular disease [J] . N Engl J Med，2013，369（7）：676-677.

［9］ Farr S A，Price T O，Dominguez L J，et al. Extra virgin olive oil improves learning and memory in SAMP8 mice [J] . Journal of Alzheimer's Disease，2012，28（1）：81-92.

［10］ Féart C，Samieri C，Rondeau V，et al. Adherence to a Mediterranean diet，cognitive decline，and risk of dementia [J] . Jama，2009，302（6）：638-648.

［11］ Hohmann C D，Cramer H，Michalsen A，et al. Effects of high phenolic olive oil on cardiovascular risk factors：A systematic review and meta-analysis [J] . Phytomedicine，2015，22（6）：631-640.

［12］ Hooper L，Martin N，Abdelhamid A，et al. Reduction in saturated fat intake for cardiovascular disease [J] . The Cochrane Library，2015.

［13］ Keys A，Mienotti A，Karvonen M J，et al. The diet and 15-year death rate in the seven countries study [J] . American journal of epidemiology，1986，124（6）：903-915.

［14］ Marrugat J，Covas M I，Fitó M，et al. Effects of differing phenolic content in dietary olive oils on lipids and LDL oxidation [J] . European journal of nutrition，2004，43（3）：140-147.

［15］ Martín-Peláez S，Castañer O，Solà R，et al. Influence of Phenol-Enriched Olive Oils on Human Intestinal Immune Function [J] . Nutrients，2016，8（4）：213.

［16］ Martín-Peláez S，Mosele J I，Pizarro N，et al. Effect of virgin olive oil and thyme phenolic compounds on blood lipid profile：implications of human gut microbiota [J] . European journal of nutrition，2015：1-13.

［17］ Nordmann A J，Suter-Zimmermann K，Bucher H C，et al. Meta-analysis comparing Mediterranean to low-fat diets for modification of cardiovascular risk factors [J] . The American journal of medicine，2011，124（9）：841-851.

［18］ Oosthuizen W，Vorster H H，Jerling J C，et al. Both fish oil and olive oil lowered plasma fibrinogen in women with high baseline fibrinogen levels [J] . Thrombosis and haemostasis，1994，72（4）：557-562.

［19］ Psaltopoulou T，Kosti R I，Haidopoulos D，et al. Olive oil intake is inversely related to cancer prevalence：a systematic review and a meta-analysis of 13800 patients and 23340 controls in 19 observational studies [J] . Lipids in health and disease，2011，10（1）：1.

［20］ Schwingshackl L，Christoph M，Hoffmann G. Effects of Olive Oil on Markers of Inflammation and Endothelial Function——A Systematic Review and Meta-Analysis [J] . Nutrients，2015，7（9）：7651-7675.

［21］ Schwingshackl L，Hoffmann G. Mediterranean dietary pattern，inflammation and endothelial function：a systematic review and meta-analysis of intervention trials [J]. Nutrition, Metabolism and Cardiovascular Diseases, 2014, 24 (9): 929-939.

[22] Schwingshackl L, Strasser B, Hoffmann G. Effects of monounsaturated fatty acids on glycaemic control in patients with abnormal glucose metabolism: a systematic review and meta-analysis [J]. Annals of Nutrition and Metabolism, 2011, 58 (4): 290-296.

[23] Sofi F, Cesari F, Abbate R, et al. Adherence to Mediterranean diet and health status: meta-analysis[J]. Bmj, 2008, 337: a1344.

[24] Sofi F, Macchi C, Abbate R, et al. Mediterranean diet and health [J]. Biofactors, 2013, 39 (4): 335-342.

[25] Soriguer F, Rojo-Martinez G, Goday A, et al. Olive oil has a beneficial effect on impaired glucose regulation and other cardiometabolic risk factors Di@bet es study [J]. European journal of clinical nutrition, 2013, 67 (9): 911-916.

[26] Trichopoulou A, Costacou T, Bamia C, et al. Adherence to a Mediterranean diet and survival in a Greek population [J]. New England Journal of Medicine, 2003, 348 (26): 2599-2608.

[27] Valls-Pedret C, Lamuela-Raventós R M, Medina-Remón A, et al. Polyphenol-rich foods in the Mediterranean diet are associated with better cognitive function in elderly subjects at high cardiovascular risk [J]. Journal of Alzheimer's disease, 2012, 29 (4): 773-782.

[28] Zrelli H, Matsuoka M, Kitazaki S, Araki M. Hydroxytyrosol induces proliferation and cytoprotection against oxidative injury in vascular endothelial cells: role of Nrf2 activation and HO-1 induction [J]. J Agric Food Chem, 2011, 59, 4473-4482.

4 橄榄油和油橄榄果渣油相关法规标准

乔晚芳

　　橄榄油以其营养成分丰富、保健功能突出而被公认为绿色保健食用油，在西方有"植物油皇后""液体黄金"的美称；且橄榄油的加工工艺为冷压榨，不经加热和化学处理，保留了天然营养成分，因此，越来越受消费者欢迎。

　　为了规范橄榄油和油橄榄果渣油市场，保护消费者健康，避免乱贴标签、误导消费者，保证橄榄油和油橄榄果渣油的质量，以及确保贸易公平，世界主要国家和国际组织均制定了橄榄油和油橄榄果渣油的（贸易）标准。其中一些标准是单个国家制定的国家标准（如美国、澳大利亚、中国、日本等），另外一些是国际组织制定的国际标准［如食品法典（以下简称 CODEX）、国际橄榄理事会（以下简称IOC）标准］，在 IOC 标准的基础上，欧盟制定了橄榄油和油橄榄果渣油的强制标准。值得注意的是，为了防止贸易技术壁垒，各个国家被强烈鼓励使用现有的国际橄榄油和油橄榄果渣油标准（如 CODEX）。

　　橄榄油和油橄榄果渣油标准中的进样、分析检测方法以及感官评价方法一般参考各国认可的国际检测方法，如国际标准化组织 ISO、国际橄榄理事会 IOC、国际理论和应用化学联合会 IUPAC、欧洲标准化委员会 CEN、美国分析化学家协会AOAC 和美国油脂化学家协会 AOCS 等。

　　然而，最具影响力的橄榄油和油橄榄果渣油的国际标准制定组织是 IOC。IOC是世界上唯一一个政府间有关橄榄油和食用橄榄的国际组织，在联合国的赞助下，IOC 于 1959 年在西班牙成立。IOC 致力于世界橄榄增长的一体化、可持续发展，并尽力为其成员国将这一承诺转化为切实的进步，当然，最重要的是，为种植橄榄树谋生的普通人谋福利。IOC 目前的成员包括了技术领先的橄榄油和食用橄榄生产商和出口商，其成员国的橄榄油生产量占世界橄榄油总产量的 98%，这些成员主要位于地中海地区。

　　CODEX 是消费者、食品生产者和加工者、各国食品管理机构和国际食品贸易的全球参照标准；属于供成员自愿采用的建议性质，但在很多情况下被引为各国立法的依据。世界贸易组织《卫生与植物检疫措施协定》（SPS 协定）对法典食品安全标准的引用，意味着法典对贸易纠纷解决具有深远意义。CODEX 标准一般应用

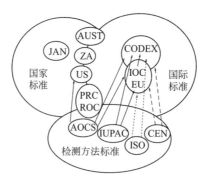

图 4-1　国际橄榄油标准关系图

［引自 European Commission. Workshop on olive oil authentication. Madrid，Spain（10&11 June 2013）］

于世界贸易组织（WTO）事物的处理中。CODEX 橄榄油标准在与 IOC 合作的基础上，于 1970 年 11 月完成第一版初稿；现行标准于 1981 年制定，2013 年完成了最新一次修订。

CODEX、IOC 和欧盟一般制定相同限量的橄榄油特征指标。但是，IOC 和欧盟法规会有一些区别，因为 IOC 必须考虑 IOC 所有成员国（包括除欧盟以外的其他成员国）生产的所有橄榄油和油橄榄果渣油特征。因为不同的栽培品种和气候条件等原因，IOC 成员国和欧盟成员国生产的橄榄油和油橄榄果渣油特征不同。国际橄榄油标准关系见图 4-1。

我国是个食用油消费大国，目前每年有几千吨品质差异较大的橄榄油、油橄榄果渣油产品进入我国食用油市场。但目前这类植物油产品相应的检验评价方法不完善，使得国内橄榄油市场存在两个问题：一是以次充好；二是产品包装标识，尤其是生产日期标识混乱。为了保护我国消费者的合法利益，促进和提高油脂行业整体水平，在借鉴国际标准的基础上，我国制定和实施了国家推荐性产品标准 GB/T 23347—2009《橄榄油、油橄榄果渣油》，以期规范和净化橄榄油市场。

几乎所有橄榄油和油橄榄果渣油标准的基础指标，均包含橄榄油及油橄榄果渣油的分类（描述）、纯度指标（化学组成）、质量标准（包括感官特征）、食品添加剂、污染物、标签和包装、卫生标准以及进样和分析方法。所有橄榄油和油橄榄果渣油标准都会定期修订，来适应橄榄油和油橄榄果渣油成分的任何变化和多样性，以及技术和科学的进步。

4.1　橄榄油和油橄榄果渣油的分类

中国国家推荐标准 GB/T 23347—2009《橄榄油、油橄榄果渣油》适用于各类商品橄榄油、油橄榄果渣油；国际橄榄理事会（IOC）COI/T. 15/NC No 3/Rev. 9《橄榄油和油橄榄果渣油贸易标准》适用于橄榄油和油橄榄果渣油的国际贸易、优惠性贸易和粮食援助，属于自愿遵守的国际标准；欧盟（EU）No 1308/2013 规定了橄榄油和油橄榄果渣油的术语及定义，适用于欧盟各成员国之间，以及欧盟成员国和非欧盟成员国之间的贸易；欧盟委员会(EEC)No 2568/1991规定了欧盟各成员国橄榄油和油橄榄果渣油的特点以及相关检测方法；(EU) No 29/2012规定了欧盟成员国橄榄油的销售标准，此三个欧盟法规在欧盟各成员国强制执行；美国农业部(USDA)规定了橄榄油和油橄榄果渣油的等级标准和检验方法，为生产者、供应商、购买者及消费者区分不同质量等级的橄榄油及油橄榄果渣油提供指导，美国 USDA，2010 修订的橄榄油、果渣油标准是一个重要的进展，但是，这些标准是自愿遵守的，缺乏强制性，因此乱贴标签、掺伪的现象并没有减少。某些州，包括加利福尼亚州，已经需要通过标签法来支撑橄榄油行业。澳大利亚标准《橄榄油、油橄榄果渣油》(AS 5264—2011)适用于在澳大利亚贸易的所有橄榄油和油橄榄果渣油，同样，属于自愿遵守的标准；上述国家及组织的橄榄油标准既包含了可直接供人食用的橄榄油及油橄榄果渣油，也包含了不可直接供人食用的橄榄油及油橄榄果渣油。

国际食品法典委员会（CODEX）STAN 33—1981《橄榄油和油橄榄果渣油标准》和中国台湾标准 CNS 4837 N5149《食用橄榄油及橄榄粕油》，均适用于完全由橄榄树（Olea europaea L.）果实制得的供人食用的橄榄油和油橄榄果渣油，对不能食用橄榄油及油橄榄果渣油均未做规定。日本平成 28 年（2016 年）2 月 24 日农林水产省告示第 489 号《食用植物油脂 日本农林规格》规定了食用橄榄油和食用精制橄榄油的规格标准，橄榄油是从橄榄果中制取的油脂，经过处理后可食用；不包括不可供人食用的橄榄油以及任何油橄榄果渣油。CODEX 标准属于咨询、仲裁标准，非强制执行；中国台湾标准采用自愿方式实施，但因各自目的主管机构引用全部或部分内容制定为法规的，服从其规定；日本农林规格对橄榄油等普通食品没有要求强制执行，但仍有一定权威性。

国际上橄榄油、油橄榄果渣油标准的分类对比见表 4-1。

4.1.1 橄榄油和油橄榄果渣油分类的术语和定义

以下橄榄油和油橄榄果渣油术语定义参照中国大陆标准 GB/T 23347—2009《橄榄油、油橄榄果渣油》，普通初榨橄榄油的术语定义参考 CODEX 标准。

4.1.1.1 橄榄油 (olive oil)

橄榄油是以油橄榄树（Olea europaea L）的果实为原料制取的油脂。采用溶剂浸提或重酯化工艺获得的油脂除外，不得掺杂其他种类的油脂。

（1）初榨橄榄油（virgin olive oil） 采用机械压榨或其他物理方式直接从油橄榄树果实中制取的油品，在榨油过程中外界条件，特别是温度不应引起油脂成分的改变。该油除可进行清洗、倾析、离心或过滤外，没有进行过任何其他处理。

（2）特级初榨橄榄油（extra virgin olive oil） 其游离脂肪酸含量（以油酸计）为每 100g 油中不超过 0.8g，即其酸值（以氢氧化钾计）小于等于 1.6mg/g，且其他指标符合标准适用范围的规定，是可直接食用的初榨橄榄油。

表 4-1　国际上橄榄油和油橄榄果渣油标准的分类对比

分类编号	中国大陆 推荐	CODEX 自愿遵守	IOC 自愿遵守	欧盟 欧盟境内强制执行	美国	中国台湾 自愿遵守	澳大利亚	日本
N/A	橄榄油	橄榄油	橄榄油	橄榄油	橄榄油	N/A	橄榄油	食用橄榄油
1	初榨橄榄油	初榨橄榄油	初榨橄榄油	初榨橄榄油	初榨橄榄油	初榨橄榄油	天然橄榄油	
1.1	N/A	N/A	可供人食用的初榨橄榄油	N/A	可供人食用的初榨橄榄油	N/A	可供人食用的天然橄榄油	
1.1.1	特级初榨橄榄油 FFA≤0.8g/100g	特级初榨橄榄油 FFA≤0.8g/100g	特级初榨橄榄油 FFA≤0.8g/100g	特级初榨橄榄油 FFA≤0.8g/100g	美国特级初榨橄榄油 FFA≤0.8g/100g	特级初榨橄榄油 FFA≤0.8g/100g	特级初榨橄榄油 FFA≤0.8g/100g	
1.1.1.1	中级初榨橄榄油 FFA≤2g/100g	初榨橄榄油 FFA≤2g/100g	初榨橄榄油 FFA≤2g/100g	初榨橄榄油 FFA≤2g/100g	美国初榨橄榄油 FFA≤2g/100g	良级初榨橄榄油 FFA≤2g/100g	初榨橄榄油 FFA≤2g/100g	
1.1.1.2	N/A	普通初榨橄榄油 FFA≤3.3g/100g	普通初榨橄榄油 FFA≤3.3g/100g	N/A	N/A		N/A	
1.1.1.3						普级初榨橄榄油 FFA≤3.3g/100g		
1.1.2	初榨油橄榄灯油 FFA>2g/100g（不可食用）	N/A	不可食用的初榨橄榄油（初榨橄榄灯油）FFA>3.3g/100g	初榨油橄榄灯油 FFA>2g/100g	没有进一步加工，则不可食用橄榄油（美国初榨橄榄油橄榄灯油）FFA>2.0g/100g	N/A	不可食用的天然橄榄油（油橄榄灯油）FFA>2.0g/100g	N/A

072　油橄榄加工与应用

分类编号	中国大陆	CODEX	IOC	欧盟	美国	中国台湾	澳大利亚	日本
1.2	精炼橄榄油 FFA≤0.3g/100g	精炼橄榄油 FFA≤0.3g/100g	精炼橄榄油 FFA≤0.3g/100g	精炼橄榄油 FFA≤0.3g/100g	美国精炼橄榄油 FFA≤0.3g/100g	精炼橄榄油 FFA≤0.3g/100g	精炼橄榄油 FFA≤0.3g/100g	食用精制橄榄油
1.3	混合橄榄油 FFA≤1g/100g	橄榄油 FFA≤1g/100g	橄榄油 FFA≤1g/100g	橄榄油 FFA≤1g/100g	美国橄榄油 FFA≤1g/100g	橄榄油 FFA≤1g/100g	橄榄油 FFA≤1g/100g	N/A
2	油橄榄果渣油	油橄榄果渣油	油橄榄果渣油	N/A	油橄榄果渣油	N/A	油橄榄果渣油	N/A
2.1	粗提油橄榄果渣油	N/A	粗提油橄榄果渣油	粗提油橄榄果渣油	美国粗提油橄榄果渣油	N/A	粗提油橄榄果渣油	N/A
2.2	精炼油橄榄果渣油	精炼油橄榄果渣油 FFA≤0.3g/100g	精炼油橄榄果渣油 FFA≤0.3g/100g	精炼油橄榄果渣油 FFA≤0.3g/100g	美国精炼油橄榄果渣油 FFA≤0.3g/100g	精炼橄榄粕油	精炼油橄榄果渣油 FFA≤0.3g/100g	N/A
2.3	混合油橄榄果渣油	油橄榄果渣油 FFA≤1g/100g	油橄榄果渣油 FFA≤1g/100g（任何情况不能称"橄榄油"）	油橄榄果渣油 FFA≤1g/100g	美国油橄榄果渣油 USFFA≤1g/100g（任何情况不能称"橄榄油"）	橄榄粕油	油橄榄果渣油 FFA≤1g/100g（任何情况不能称"橄榄油"）	N/A

注：FFA表示游离脂肪酸含量；N/A 为 Not applicable 不适用；标注灰底表示与其他标准不同，深浅不同是为了更好的区分。

（3）中级初榨橄榄油（medium-grade virgin olive oil）　也称初榨橄榄油（virgin olive oil），其游离脂肪酸含量（以油酸计）为每100g油中不超过2g，其酸值（以氢氧化钾计）小于等于4.0mg/g，且其他指标符合标准适用范围的规定，是可直接食用的初榨橄榄油。

（4）普通初榨橄榄油（ordinary virgin olive oil）　其游离脂肪酸含量（以油酸计）为每100g油中不超过3.3g，其酸值（以氢氧化钾计）小于等于6.6mg/g，且其他指标符合标准适用范围的规定，是可直接食用的初榨橄榄油。

（5）初榨油橄榄灯油（lampante virgin olive oil）　其游离脂肪酸含量（以油酸计）为每100g油中超过2g（IOC为3.3g），其酸值（以氢氧化钾计）大于4.0mg/g（IOC为6.6mg/g），且其他指标符合标准适用范围的规定。该油主要用作精炼或其他技术用途，是不能直接食用的初榨橄榄油。

（6）精炼橄榄油（refined olive oil）　精炼橄榄油是指用油脂精炼方法处理的不能食用的初榨橄榄油，并不改变其原甘油酯结构。其游离脂肪酸含量（以油酸计）为每100g油中不超过0.3g，即酸值（以氢氧化钾计）小于等于0.6mg/g，且其他指标符合标准适用范围的规定。

（7）混合橄榄油（blended olive oil）也称橄榄油（olive oil）　混合橄榄油（也称橄榄油）是指精炼橄榄油和可直接食用的初榨橄榄油的混合油。其游离脂肪酸含量（以油酸计）为每100g油中不超过1g，即酸值（以氢氧化钾计）小于等于2.0mg/g，且其他指标符合标准适用范围的规定。

4.1.1.2　油橄榄果渣油（olive-pomace oil）

油橄榄果渣油是指采用溶剂或其他物理方法从已初榨出橄榄油的油橄榄果渣中获得的油，不包括重酯化工艺获得的油脂，不得掺杂其他种类的油脂。该类油品在任何情况下都不能称作"橄榄油"。

（1）粗提油橄榄果渣油（crude olive-pomace oil）　粗提油橄榄果渣油是指未经任何进一步处理，不能直接供人类食用的油橄榄果渣油，且该油的特性符合标准适用范围的规定。该油主要用作精炼后食用或其他技术用途。粗提油橄榄果渣油的游离脂肪酸含量没有规定。

（2）精炼油橄榄果渣油（refined olive-pomace oil）　精炼油橄榄果渣油是指用油脂精炼方法处理粗提油橄榄果渣油，并且不改变其甘油酯结构的油橄榄果渣油。该油的游离脂肪酸含量（以油酸计）为每100g油中不超过0.3g，即酸值（以氢氧化钾计）小于等于0.6mg/g。且其他特性符合标准适用范围的规定。

（3）混合油橄榄果渣油（blended olive-pomace oil）也称油橄榄果渣油（blended olive-pomace oil）　是指精炼油橄榄果渣油与初榨橄榄油（除初榨油橄榄灯油外）的混合油品。该油的游离脂肪酸含量（以油酸计）为每100g油中不超过1g，即酸值（以氢氧化钾计）小于等于2.0mg/g。且其他特性符合标准适用范围的规定。此混合油在任何情况下都不能直接称作"橄榄油"。

4.1.2　橄榄油和油橄榄果渣油分类的对比分析

国际上橄榄油、油橄榄果渣油标准的定义和分类方向基本一致，但每个标准又有各自区别，橄榄油和油橄榄果渣油等级和名称容易混淆，目前没有两个标准对橄榄油和油橄榄果渣油的划分是完全一致的，因为标准的不同，将导致一些贸易问题。

我国的橄榄油、油橄榄果渣油产品主要来源于进口，为了便于贸易，名称和定义与国际标准接轨，主要参照了国际橄榄理事会（IOC）2003 版《橄榄油、油橄榄果渣油贸易标准》（COT/T. 15/NC No. 3/Rev 1）中的相关名称和定义。其中，游离脂肪酸的含量（又称酸值）是分类的一个重要因素，这可能是因为酸值是反映油脂新鲜程度的基本指标。游离脂肪酸含量的测定可采用滴定法，用氢氧化钾中和滴定游离脂肪酸，结果可以氢氧化钾的使用量计，也可以油酸含量计（通常是 2 倍的关系），因为油酸是橄榄油中主要的脂肪酸。橄榄油中的游离脂肪酸酸味不同于其他油脂中的酸味，一般情况下，橄榄油中的游离脂肪酸酸味品尝不出来。

CODEX、IOC 和中国台湾对游离脂肪酸含量（以油酸计）为每 100g 油中不超过 3.3g 的橄榄油规定为普通初榨橄榄油，中国大陆、欧盟、美国、澳大利亚和日本没有此项分类。对于不可供人食用的初榨油橄榄灯油，中国大陆、欧盟、澳大利亚和美国均规定其游离脂肪酸含量（以油酸计）为每 100g 油中超过 2g，而 IOC 规定其游离脂肪酸含量（以油酸计）为每 100g 油中超过 3.3g；这可能与中国大陆、欧盟、澳大利亚和美国没有普通初榨橄榄油这一分类有关。也就是说，每 100g 橄榄油中含有大于 2g 至小于等于 3.3g 游离脂肪酸（以油酸计）的橄榄油，CODEX、IOC 和中国台湾认为其是普通初榨橄榄油，可以食用，而在中国大陆、欧盟、澳大利亚和美国均为初榨油橄榄灯油，不可食用。当然，初榨油橄榄灯油类似于植物原油，主要用于精炼或其他技术用途（包括非食品领域），市场上直接将其用于消费购买的较为少见。

值得注意的是，欧盟不允许精炼橄榄油和精炼油橄榄果渣油的贸易，但是允许其与初榨橄榄油混合油的贸易。

中国大陆、CODEX、IOC、美国、澳大利亚、中国台湾和欧盟规定，不允许采用重酯化工艺获取橄榄油和油橄榄果渣油，并且橄榄油和油橄榄果渣油中不得掺杂其他种类的油脂；日本对橄榄油原材料的要求也是不能使用除橄榄油以外的原料（具体可见表 4-4）。中国大陆、美国、欧盟和 IOC 标准均规定，油橄榄果渣油在任何情况下均不能称作"橄榄油"。这可能是为了保持橄榄油和油橄榄果渣油的真实性，防止以次充好。

4.2　橄榄油和油橄榄果渣油的特征指标及其分析

国际上橄榄油、油橄榄果渣油标准的特征指标对比见表 4-2。

表 4-2 国际上橄榄油、油橄榄果渣油标准的特征指标对比

特征指标	名称	中国大陆	CODEX	IOC	EU 2568/1991	美国	中国台湾	澳大利亚	日本
脂肪酸组成（含量）/%	月桂酸（C12:0）	N/A	N/A	N/A	N/A	N/A	≤0.05	N/A	N/A
	豆蔻酸（C14:0）	≤0.05	≤0.05	≤0.03	≤0.03	≤0.05	≤0.05	≤0.05	
	棕榈酸（C16:0）	7.5~20.0	7.5~20.0	7.50~20.0	7.5~20.0	7.5~20.0	7.5~20.0	7.5~20.0	
	棕榈油酸（C16:1）	0.3~3.5	0.3~3.5	0.30~3.50	0.3~3.5	0.3~3.5	0.3~3.5	0.3~3.5	
	十七烷酸（C17:0）	≤0.3	≤0.3	≤0.40	≤0.3	≤0.3	≤0.3	≤0.3	
	十七碳一烯酸（C17:1）	≤0.3	≤0.3	≤0.60	≤0.3	≤0.3	≤0.3	≤0.4	
	硬脂酸（C18:0）	0.5~5.0	0.5~5.0	0.50~5.00	0.5~5.0	0.5~5.0	0.5~5.0	0.5~5.0	
	油酸（C18:1）	55.0~83.0	55.0~83.0	55.00~83.00	55.0~83.0	55.0~83.0	55.0~83.0	53.0~85.0	
	亚油酸（C18:2）	3.5~21.0	3.5~21.0	2.50~21.00	2.5~21.0	3.5~21.0	3.5~21.0	2.5~22.0	
	亚麻酸（C18:3）	≤1.0	N/A①	≤1.00	≤1.0	≤1.5②	N/A	≤1.5	
	花生酸（C20:0）	≤0.6	≤0.6	≤0.60	≤0.6	≤0.6	≤0.6	≤0.6	
	二十碳烯酸（C20:1）	≤0.4	≤0.4	≤0.50	≤0.4	≤0.4	≤0.4	≤0.5	
	山嵛酸（C22:0）	≤0.2①	≤0.2①	≤0.20①	≤0.2①	≤0.2①	≤0.2①	≤0.2①	
	二十二碳烯酸（C22:1）	N/A	N/A	N/A	N/A	N/A	≤0.05	N/A	
	二十四烷酸（C24:0）	≤0.2	≤0.2	≤0.20	≤0.2	≤0.2	≤0.2	≤0.2	
反式脂肪酸含量①/% C18:1T（脂肪酸含有18个碳原子和1个反式异构体）	可食用的初榨橄榄油	≤0.05	≤0.05	≤0.05	≤0.05	≤0.05	≤0.05	≤0.05	
	初榨橄榄灯油	≤0.05	N/A	≤0.10	≤0.10	≤0.10	≤0.10	≤0.10	
	精炼橄榄油	≤0.20	≤0.20	≤0.20	≤0.20	≤0.20	≤0.20	≤0.20	
	混合橄榄油	N/A	≤0.20	≤0.20	≤0.20	≤0.20	≤0.20	≤0.20	
	粗提油橄榄果渣油	≤0.40	N/A	≤0.20	≤0.20	N/A	N/A	≤0.20	
	精炼油橄榄果渣油	≤0.40	≤0.40	≤0.40	≤0.40	≤0.40	≤0.40	≤0.40	
	混合油橄榄果渣油	N/A	≤0.40	≤0.40	≤0.40	≤0.40	≤0.40	≤0.40	

特征指标	名称	中国大陆	CODEX	IOC	EU 2568/1991	美国	中国台湾	澳大利亚	日本
反式脂肪酸含量①/%（C18:2T + C18:3T）	可食用的初榨橄榄油	≤0.05	≤0.05	≤0.05	≤0.05	≤0.05	≤0.05	≤0.05	N/A
	初榨橄榄灯油	≤0.05	N/A	≤0.10	≤0.10	≤0.10	N/A	≤0.10	
	精炼橄榄油	≤0.30	≤0.30	≤0.30	≤0.30	≤0.30	≤0.30	≤0.30	
	混合橄榄油	N/A	≤0.30	≤0.30	≤0.30	≤0.30	≤0.30	≤0.30	
	粗提油橄榄果渣油	≤0.35	N/A	≤0.10	≤0.10	≤0.10	N/A	≤0.10	
	精炼油橄榄果渣油	≤0.35	≤0.35	≤0.35	≤0.35	≤0.35	≤0.35	≤0.35	
	混合油橄榄果渣油	N/A	≤0.35	≤0.35	≤0.35	≤0.35	≤0.35	≤0.35	
不皂化物含量/(g/kg)	橄榄油	≤15	≤15	≤15	N/A	≤15	≤1.5(%)	N/A	≤1.5%
	油橄榄果渣油	≤30	≤30	≤30	N/A	≤30	≤3.0(%)	N/A	
甾醇总含量/(mg/kg)	特级初榨橄榄油	>1000	>1000	>1000	>1000	>1000	>1000	>1000	N/A
	中级初榨橄榄油	>1000	>1000	>1000	>1000	>1000	>1000	>1000	
	普通初榨橄榄油	>1000	>1000	>1000	>1000	>1000	>1000	>1000	
	初榨橄榄灯油	N/A	N/A	>1000	N/A	N/A	N/A	>1000	
	精炼橄榄油	>1000	>1000	>1000	>1000	>1000	>1000	>1000	
	混合橄榄油	N/A	>1000	>1000	>1000	>1000	>1000	>1000	
	粗提油橄榄果渣油	≥2500	N/A	≥2500	≥2500	≥2500	N/A	≥2500	
	精炼油橄榄果渣油	≥1800	≥1800	≥1800	≥1800	≥1800	≥1800	≥1800	
	混合油橄榄果渣油	≥1600	≥1600	≥1600	≥1600	≥1600	≥1600	≥1600	
无甲基甾醇组分（占甾醇总含量的百分数）/%	胆甾醇	≤0.2或0.1①	≤0.2或0.1①	≤0.2或0.1①	≤0.2或0.1①	≤0.2或0.1①	N/A	≤0.1	N/A
	菜籽甾醇	≤4.0	≤4.0	≤4.0（原文判断树）	＜菜油甾醇（不能直接供人食用的不要求）	≤4.5		≤4.8	
	菜油甾醇	＜菜油甾醇	＜菜油甾醇	食用油中的菜油甾醇		食用油中的菜油甾醇		≤1.9	
	豆甾醇								
	δ-7-豆甾烯醇	≤0.5	≤0.5	≤0.5（原文判断树）		≤0.5		≤0.5	

特征指标	名称	中国大陆	CODEX	IOC	EU 2568/1991	美国	中国台湾	澳大利亚	日本
无甲基甾醇组分(占甾醇总含量的百分数)/%	β-谷甾醇+δ-5-燕麦甾烯醇+δ-5-23-豆甾二烯醇+赤桐甾醇+δ-5-24-豆甾二烯醇的总和	≥93.0	≥93.0	≥93.0	≥93.0	≥93.0	N/A	≥92.5	N/A
高根二醇和熊果醇含量(占甾醇总含量的百分数)/%	可食用的初榨橄榄油	≤4.5	≤4.5	≤4.5	≤4.5	≤4.5	≤4.5	≤4.5	
	初榨油橄榄灯油	≤4.5	N/A	≤4.5[⑩]	≤4.5[⑩]	≤4.5[⑪]	N/A	≤4.5	
	精炼橄榄油	≤4.5	≤4.5	≤4.5	≤4.5	≤4.5	≤4.5	≤4.5	
	橄榄油	≤4.5	≤4.5	≤4.5	≤4.5	≤4.5	≤4.5	≤4.5	
	粗提油橄榄果渣油	N/A	N/A	>4.5[⑰]	>4.5[⑰]	>4.5[⑰]	N/A	>4.5	
	精炼油橄榄果渣油	N/A	>4.5	>4.5	>4.5	>4.5	>4.5	>4.5	
	油橄榄果渣油	N/A	>4.5	>4.5	>4.5	>4.5	>4.5	>4.5	
蜡含量[⑨]/(mg/kg)	特级初榨橄榄油	≤250	≤250	≤150[⑱]	≤150[⑱]	≤250	≤250	≤250	
	中级初榨橄榄油	≤250	≤250	≤150[⑱]	≤150[⑱]	≤250	≤250	≤250	
	普通初榨橄榄油	N/A	≤250	≤250[⑫]	N/A	N/A	≤250	N/A	
	初榨油橄榄灯油	≤300	N/A	≤300[⑬]	≤300[⑬⑭]	≤300[⑬]	N/A	≤300[⑬]	
	精炼橄榄油	≤350	≤350	≤350	≤350[⑫]	≤350	≤350	≤350	
	混合橄榄油	≤350	≤350	≤350	≤350[⑮]	≤350	≤350	≤350	
	粗提油橄榄果渣油	>350	N/A	>350[⑰]	>350[⑰]	>350[⑰]	N/A	>350[⑰]	
	精炼油橄榄果渣油	>350	>350	>350	>350	>350	>350	>350	
	混合油橄榄果渣油	>350	>350	>350	>350	>350	>350	>350	
实际和理论ECN[⑯]42甘油三酸酯含量最大差值	可食用的初榨橄榄油	≤0.2	≤0.2	≤0.2	≤0.2	≤0.2	N/A	≤0.2	
	初榨油橄榄灯油	≤0.3	N/A	≤0.3	≤0.3	≤0.3		≤0.3	
	精炼橄榄油	≤0.3	≤0.3	≤0.3	≤0.3	≤0.3		≤0.3	
	混合橄榄油	≤0.3	≤0.3	≤0.3	≤0.3	≤0.3		≤0.3	
	粗提油橄榄果渣油	≤0.5	N/A	≤0.6	≤0.6	≤0.6		≤0.6	
	精炼油橄榄果渣油	≤0.5	≤0.5	≤0.5	≤0.5	≤0.5		≤0.5	
	混合油橄榄果渣油	≤0.5	≤0.5	≤0.5	≤0.5	≤0.5		≤0.5	

特征指标	名称	中国大陆	CODEX	IOC	EU 2568/1991	美国	中国台湾	澳大利亚	日本
豆甾二烯含量/(mg/kg)	特级初榨橄榄油和中级初榨橄榄油	≤0.15	≤0.15	≤0.05	≤0.05	≤0.15	≤0.05	≤0.10	N/A
	普通初榨橄榄油	N/A	≤0.15	≤0.10	N/A	N/A	≤0.10	N/A	
	初榨橄榄油橄榄灯油	≤0.15	N/A	0.50	0.50	≤0.50	N/A	≤0.50	
原焦绿酸镁脱镁叶绿素a含量/%	特级初榨橄榄油	N/A	N/A	N/A	N/A	N/A	N/A	≤17	
1,2-甘油二酯含量/%	特级初榨橄榄油	N/A	N/A	N/A	N/A	N/A	N/A	>35	
甘油三酯2位酯的饱和脂肪酸（棕榈酸和硬脂酸的总和）/%	初榨橄榄油	≤1.5	≤1.5	N/A	N/A	N/A	N/A	≤1.5	N/A
	精炼橄榄油	≤1.8	≤1.8					≤1.8	
	混合橄榄油	≤1.8	≤1.8					≤1.8	
	粗提油橄榄橄榄果渣油	≤2.2	N/A					≤2.2	
	精炼油橄榄橄榄果渣油	≤2.2	≤2.2					≤2.2	
	混合油橄榄橄榄果渣油	≤2.2	≤2.2					≤2.2	
2-甘油单棕榈酸酯含量/%	可食用的初榨橄榄油和橄榄油	N/A	N/A	C16:0≤14.0% 2P≤0.9%；C16:0>14.0% 2P≤1.0%	如果总棕榈酸≤14%：<0.9%；	C 16:0 ≤14.0%；≤0.9% C 16:0 >14.0%；≤1.0%	N/A	N/A	
	非食用的初榨橄榄油			C16:0≤14.0% 2P≤0.9%；C16:0>14.0% 2P≤1.1%	如果总棕榈酸>14%：1.0%	C 16:0 ≤14.0%；≤0.9% C 16:0 >14.0%；≤1.1%			
	精炼橄榄油			<1.2%	<1.2%	≤1.2%			
	油橄榄和精炼的油橄榄果渣油			<1.4%	<1.4%	≤1.4%			
	粗提和精炼的油橄榄果渣油								

① 油橄榄果渣油≤0.3； ② 亚麻酸值在 1.0～1.5 应采用标准中表Ⅱ测定方法； ③ 在国际橄榄理事会 IOC 调查得出结果和油脂委员会进一步审议之前，可仍然适用国家限量；④ 中国大陆对混合型油品不做要求； ⑤ 0.2(适用于油橄榄果渣油)，0.1(适用于其他等级)；⑥ 蜡含量在 300～350mg/kg，且总脂肪醇含量≤350mg/ kg 或高根二醇＋熊果醇含量≤3.5％则认为是初榨油橄榄灯油；⑦ 蜡含量在 300～350mg/kg，且总脂肪醇含量 ＞350mg/kg 和高根二醇＋熊果醇含量＞3.5％则认为是粗提油橄榄果渣油；⑧ $C_{42}+C_{44}+C_{46}$ (mg/kg)；⑨ C_{40} ＋$C_{42}+C_{44}+C_{46}$ (mg/kg)需看检测方法；⑩ 蜡含量($C_{40}+C_{42}+C_{44}+C_{46}$)；⑪ ECN＝CN－2$n$，CN 是碳数，$n$ 是 双键数。

注：N/A：Not applicable 不适用；标注灰底表示与其他标准不同，深浅不同是为了更好的区分。

4.2.1 橄榄油和油橄榄果渣油的特征指标

（1）脂肪酸组成 脂肪酸是羧基与脂肪羟基连接而成的羧酸。通式是 R— COOH（R 为脂肪烃基），按烃基的结构可分为饱和脂肪酸和不饱和脂肪酸，不饱 和脂肪酸又分为单不饱和脂肪酸和多不饱和脂肪酸。脂肪酸组成的测定主要由气 相/液相色谱检测实现，橄榄油甘三酯被转化为甲酯，再通过气相/液相色谱法 （GC/LC）进行分析。脂肪酸的种类及含量能区分油脂的种类和生长区域，同样也 能区分出油料种籽油和橄榄油，每种油的脂肪酸类型及其基础百分比在一定范围内 是已知的，因此脂肪酸组成是油脂的特征指标之一。油酸是橄榄油中含量比例最高 的脂肪酸。

（2）反式脂肪酸 不饱和脂肪酸的一个或多个双键呈反式构型，即双键上两个 相邻的氢原子处于不同侧面的脂肪酸，简称 TFA。自然界存在的天然脂肪酸通常 都是顺式脂肪酸，天然存在的 TFA 为数不多，反刍动物体内因生物氢化存在于奶、 黄油及牛脂中。

油脂发生部分氢化或精炼后，脂肪酸分子结构会发生改变（顺式脂肪酸会转变 成反式脂肪酸），进而产生了反式脂肪酸。天然的橄榄油中不存在反式脂肪酸，因 此，反式脂肪酸（TFA）的检测可用于判断是否对天然的橄榄油进行过任何工艺处 理（如脱臭或脱色）或初榨橄榄油中是否添加了精炼橄榄油。反式脂肪酸的含量主 要由气相色谱检测。

（3）不皂化物 不皂化物是指油脂中所含的不能与苛性碱起皂化反应而又不溶 于水的物质，例如甾醇、高分子醇类等。

橄榄油的不皂化物中角鲨烯指标通常高于其他植物油脂，这也使得不皂化物 （角鲨烯）成为橄榄油的特征指标之一；另外一个特征指标即橄榄油的甾醇通常由 纯的 β-谷甾醇组成。

油橄榄果渣油的不皂化物一般比初榨橄榄油和精炼橄榄油包含更多的醇类化合 物，因此，其碘值比初榨橄榄油和精炼橄榄油低，且熔点比初榨和精炼橄榄油高。

资料显示，采用不同的提取溶剂（如乙醚或己烷），检测得到的不皂化物含量 通常不同。

（4）甾醇组成及含量 甾醇是含羟基的环戊烷并全氢菲类化合物的总称，以游 离状态或同脂肪酸结合成酯的状态存在于生物体内。甾醇是橄榄油中非甘油酯成分的重要组分，精炼橄榄油和/或油橄榄果渣油有较高的总甾醇含量，特定甾醇类型的含量必须在特定限量范围内。

橄榄油中甾醇组成及含量的分析主要用于鉴别是否存在油料种籽油，甾醇是橄榄油杂质中其他油脂微量成分的特征指标之一。

甾醇的检测一般采用衍生化气/液相色谱分析法。

（5）高根二醇和熊果醇 高根二醇和熊果醇是两种萜烯醇，二次提取油、精炼油橄榄果渣油和粗制油橄榄果渣油含量比较高，可能会超出法定限量。根据高根二醇和熊果醇的含量能鉴别出油脂制取是通过压榨还是溶剂浸提，并且也可判断橄榄油中是否含有油橄榄果渣油，因为高根二醇和熊果醇大部分存在于果皮中。

（6）蜡含量 蜡是指高级脂肪酸的高级饱和一元醇酯。蜡含量可用于鉴定油橄榄果渣油或油料种籽油的存在，同样可采用气相色谱进行检测。油脂精炼过程能很容易地去除脂肪醇，但不能去除蜡，蜡含量在油橄榄果渣油中较高是因为果渣包含大量果皮，而蜡主要存在于果皮中。因此根据蜡含量也可判断橄榄油中是否含有油橄榄果渣油。

（7）ΔECN 42 ΔECN 42 是实际和理论 ECN 42 甘油三酸酯含量最大差值的简称。油料种籽油能通过油脂分子的等价碳原子数目 ECN（HPLC 检测）和由脂肪酸组成计算得到的理论 ECN 不同而被检测到。甘油三亚油酸酯是一个不会天然存在于橄榄油中的甘油三酸酯分子，但会出现在油料种籽油中，特别是葵花籽油中。因此，ECN 42 含量指标可用于鉴别是否含有油料种籽油和橄榄油的掺伪。

高效液相色谱（HPLC）可用于检测这个含有 3 个亚油酸结合甘油的分子，其含量不能超过橄榄油及油橄榄果渣油各自分类下的最大百分比。

（8）豆甾二烯 是初榨橄榄油和粗制油橄榄果渣油中低水平存在的一种类固醇碳氢化合物。分析其含量主要是用于鉴别初榨橄榄油中是否含有精炼油（如橄榄油、油橄榄果渣油和一些油料种籽油）。

（9）甘三酯-2 位的饱和脂肪酸 甘三酯-2 位的饱和脂肪酸也指棕榈酸和硬脂酸的总和，有些国家和组织以 2-甘油单棕榈酸酯指标体现。天然的初榨橄榄油中甘三酯分子的中间碳原子（2 位或 β 位）通常含有不饱和脂肪酸，如油酸或亚油酸。经人工重酯化工艺处理的油脂没有此类脂肪酸分布，因此此指标可用于鉴别油脂是否通过合成方式进行了重酯化或者是否有添加动物脂肪。

（10）原焦脱镁叶绿酸 a（pyropheophytin a） 原焦脱镁叶绿酸 a 简称 PPP，澳大利亚标准新增指标之一，其他标准没有对此指标进行规定。原焦脱镁叶绿酸 a 是叶绿素 a 的降解产物，橄榄油产品经加热或老化导致降解产生。

（11）1,2-甘油二酯（1,2-diacyglycerols） 1,2-甘油二酯简称 DAGs，澳大利亚标准新增指标之一，其他标准没有对此指标进行规定。1,2-甘油二酯指的是甘油分子中 1,2-位两个羧基被有机羧酸酯化而成的化合物，对于初榨橄榄油，DAGs 被发现有 1%～3% 的含量，并且基本上是 1,2 和 1,3 异构体。

4.2.2 橄榄油和油橄榄果渣油特征指标的分析

橄榄油的纯度标准主要是防止掺伪，因为橄榄油的高价格和声誉使其成为掺伪的理想对象。经常有报道称特级初榨橄榄油掺入廉价的种籽油比如榛果油、葵花籽油和大豆油，或者精炼的橄榄油。这些掺入的油脂较难检测出来，尤其是其浓度小于 10% 时。同时，不少不法分子的掺伪手段正在逐渐提高。因此，需要快速有效的措施来防止和打击掺伪行为。橄榄油标准的确定、核查、监督、持续更新和进步不失为强有力的措施。

通过比较 8 个橄榄油和油橄榄果渣油的标准发现，纯度指标（化学参数）限量（如油酸、亚油酸、菜油甾醇等）有所不同，原因可能是地理环境等因素不同使得橄榄果种类和性质略有变化。比如，美国和澳大利亚菜油甾醇的限量分别是 4.5% 和 4.8%，比 IOC、EU、中国大陆和 CODEX 标准（4.0%）要高。

4.2.2.1 菜油甾醇和 δ-7-豆甾烯醇的分析

IOC、欧盟标准附录给出特级初榨橄榄油和初榨橄榄油，菜油甾醇和 δ-7-豆甾烯醇指标的判断树（也包括粗提和精制油橄榄果渣油的 δ-7-豆甾烯醇判断树），以避免因橄榄树品种和地理环境等差异，导致真实的特级初榨橄榄油和初榨橄榄油不符合标准，而被误认为是次品或掺伪油脂。

IOC、欧盟规定橄榄油和油橄榄果渣油菜油甾醇含量应≤4.0%（占总甾醇含量的百分比，下同），但是当菜油甾醇含量在 4.0%～4.5% 时，符合以下判断树，且其他标准符合 IOC 和欧盟要求，则可判断为特级初榨橄榄油和初榨橄榄油。

同样，IOC、欧盟规定橄榄油和油橄榄果渣油 δ-7-豆甾烯醇含量应≤0.5，但是当 δ-7-豆甾烯醇含量在 0.5%～0.8% 时，符合以下判断树，且其他标准符合 IOC 和欧盟要求，则可判断为特级初榨橄榄油和初榨橄榄油。

注：App.β-谷甾醇表示为 β-谷甾醇含量＋δ-5-燕麦甾烯醇含量＋δ-5-23-豆甾二烯醇含量＋赤桐甾醇含量＋谷甾烷醇含量＋δ-5-24-豆甾二烯醇含量的总和。

当 δ-7-豆甾烯醇含量在 0.5%～0.7% 时，符合以下判断树，且其他标准符合 IOC 和欧盟要求，则可判断为粗提和精炼油橄榄果渣油。

目前 CODEX 和中国大陆标准（中国大陆参考 CODEX 标准）菜油甾醇含量依然必须≤4.0%，没有判断树等其他方法。根据 2015 年 CODEX CCFO 会议纪要，考虑到因为植物品种、土壤和气候等原因，出现了真实的橄榄油菜油甾醇指标超出 CODEX 目前限量（4.0%）的情况，且菜油甾醇与食物安全和公众健康无关，为了体现真实橄榄油属性，防止贸易技术壁垒，CODEX 计划修订橄榄油菜油甾醇指标。

4.2.2.2 脂肪酸组成与反式脂肪酸的分析

澳大利亚标准脂肪酸成分的数值比例范围较其他标准广，比如亚油酸(C 18：2)，CODEX、中国大陆、美国和中国台湾均规定其比例必须为 3.5%～21.0%，IOC 和欧盟规定其比例必须符合 2.5%～21.0%，而澳大利亚规定其比例为 2.5%～22.0%。这可能是因为澳大利亚种植橄榄树品种居多的原因，橄榄树品种不同，橄榄油和油橄榄果渣油成分不同。

对于月桂酸(C12：0)和二十二烯酸(C22：1)，只有中国台湾标准对其进行了规定；其他脂肪酸，国际标准规定大体一致。值得注意的是，IOC 最新修订标准（Rev. 11）将之前规定的十七烷酸(C17：0)含量≤0.3%、十七碳一烯酸(C17：1)含量≤0.3%和二十碳烯酸(C20：1)含量≤0.4%，分别更新为十七烷酸(C17：0)含量≤0.40%、十七碳一烯酸(C17：1)含量≤0.60%和二十碳烯酸(C20：1)含量≤0.50%，更新后的脂肪酸范围更宽，且脂肪酸比例均保留至小数点后两位。除此三种脂肪酸以外，IOC 的脂肪酸组成规定与欧盟相同；中国大陆与 CODEX 脂肪酸组成规定相同。

国际橄榄油标准对于反式脂肪酸的规定基本一致，只有中国大陆标准对于初榨橄榄灯油和粗提油橄榄果渣油，这两种不能直接供人食用的油种的反式脂肪酸规定与其他标准不一致。值得注意的是，中国大陆标准 GB/T 23347—2009 注释其反式脂肪酸指标和数据与国际食品法典委员会标准 CODEX STAN 33—1981（Rev. 2—2003）的指标和数据一致，但是 CODEX 标准不包含不可直接供人食用的橄榄油和油橄榄果渣油，而中国大陆标准包含不可直接供人食用的橄榄油和油橄榄果渣油，中国大陆标准在参考 CODEX 标准时，应注意标准适用范围的差异。

同样问题存在于：中国大陆标准对于不可直接供人食用的橄榄油和油橄榄果渣油指标的 ΔECN 42 [中国大陆标准规定初榨橄榄灯油应≤0.2，粗提油橄榄灯油应≤0.5，与其他标准（分别是 0.3 和 0.6）不一致]、豆甾二烯 [中国大陆标准规定初榨橄榄灯油应≤0.15，与其他标准（0.5）不一致]进行了规定。

注：中国大陆脂肪酸组成指标及数值参考 IOC COI/T.15/NC no.3/Rev. 2（2006），本书所述 IOC 标准为其最新修订版本 COI/T.15/NC no.3/Rev. 11（2016.07）。

4.2.2.3 甾醇和三萜烯二醇（高根二醇和熊果醇）的分析

澳大利亚对无甲基甾醇组分与其他标准有较大差异，除菜油甾醇指标外，澳大利亚规定油橄榄果渣油菜籽甾醇含量不能超过 0.1%，而其他标准规定其不能超过

0.2%；澳大利亚规定豆甾醇含量不能超过1.9%，而其他标准规定其小于或等于菜油甾醇的含量；澳大利亚规定"β-谷甾醇含量＋δ-5-燕麦甾烯醇含量＋δ-5-23-豆甾二烯醇含量＋赤桐甾醇含量＋谷甾烷醇含量＋δ-5-24-豆甾二烯醇含量的总和"不小于92.5%，而其他标准规定其不小于93%。

中国台湾没有对无甲基甾醇组分和ΔECN 42进行规定。

国际标准对于高根二醇和熊果醇含量指标的规定一致。CODEX和中国大陆没有对油橄榄果渣油的高根二醇和熊果醇含量进行规定，而其他标准均规定，油橄榄果渣油的高根二醇和熊果醇含量应大于4.5%（占甾醇总含量的百分数）。

4.2.2.4 其他特征指标的分析

国际标准对于蜡含量的规定基本一致。只有IOC和欧盟规定特级初榨橄榄油和初榨橄榄油的蜡含量应不超过150mg/kg，其他标准规定特级初榨橄榄油和初榨橄榄油的蜡含量应不超过250mg/kg，这可能与蜡含量的计算有关，前者只计算C_{42}＋C_{44}＋C_{46}，后者计算C_{40}＋C_{42}＋C_{44}＋C_{46}。

国际标准对实际和理论ECN 42甘油三酸酯含量（ΔECN 42）指标的规定基本一致。

欧盟和澳大利亚均没有规定不皂化物含量；国际橄榄油和油橄榄果渣油标准对于甾醇总含量指标的规定一致。

国际标准对豆甾二烯含量差异较大。美国、中国大陆和CODEX一致，规定特级初榨橄榄油和初榨橄榄油不超过0.15mg/kg；中国台湾、IOC和欧盟一致，规定特级初榨橄榄油和初榨橄榄油不超过0.05mg/kg；澳大利亚规定特级初榨橄榄油和初榨橄榄油不超过0.10mg/kg。CODEX规定普通初榨橄榄油豆甾二烯含量不应超过0.15mg/kg，IOC和中国台湾则规定普通初榨橄榄油豆甾二烯含量不应超过0.10mg/kg。

CODEX、中国大陆和澳大利亚对甘三酯-2位的饱和脂肪酸（棕榈酸和硬脂酸的总和）含量指标规定一致；IOC、EU和美国对2-甘油单棕榈酸酯含量指标的规定基本一致，欧盟和美国没有对精炼橄榄油的2-甘油单棕榈酸酯含量进行规定。

澳大利亚标准增加了两个额外的新参数：原焦脱镁叶绿酸a(pyropheophytin a，以下简称PPP)和1,2-甘油二酯（1,2-diacyglycerols，以下简称DAGs）。PPP可用于防止将脱臭或变质的油脂标记为特级初榨橄榄油；DAGs用于控制老化，辅助PPP检测不合规格的初榨橄榄油并支持感官评价小组的测试结果；PPP和DAGs均是衡量橄榄油新鲜度和综合质量的良好指标，这也是使得澳大利亚标准成为目前世界上橄榄油标准最严厉的国际标准原因之一。

4.3 橄榄油和油橄榄果渣油质量指标及分析

国际上橄榄油、油橄榄果渣油标准的质量指标对比与分析见表4-3。

表 4-3 国际上橄榄油、油橄榄果渣油标准的质量指标对比

质量指标		名称	中国大陆	CODEX	IOC	EU 2568/1991	US	中国台湾	澳大利亚	日本
感官评价		特级初榨橄榄油	正常①	N/A	N/A	初榨橄榄油参考EC No 2568/91附录Ⅻ感官评价;其他 N/A	非常好	初榨橄榄油:澄清,有橄榄油特有之香味.无异味	N/A	橄榄油:橄榄油澄清,有橄榄的特有风味;精制橄榄油:澄清,有良好的风味
		中级初榨橄榄油	正常	N/A	N/A		良好	N/A		
		初榨油橄榄灯油	N/A	N/A	N/A		不好	澄清透明,无沉淀物,无异味		
		精炼橄榄油	正常	可接受	可接受		可接受	澄清,风味良好		
		混合橄榄油	正常	良好	良好		良好	N/A		
		粗提油橄榄果渣油	N/A	N/A	N/A		N/A	澄清透明,无沉淀物,无异味		
		精炼油橄榄果渣油	正常	可接受	可接受		可接受	澄清,风味良好		N/A
		混合油橄榄果渣油	正常	可接受	可接受		良好	N/A		
气味与滋味	缺陷中位值(Md)	特级初榨橄榄油	0	0	0	0	0	N/A①	0	N/A
		中级初榨橄榄油	0≤Md≤2.5	0≤Md≤2.5②	0≤Md≤3.5	Md≤3.5	0<Md<2.5		0<Md≤2.5	
		普通初榨橄榄油	N/A	2.5≤Md≤6.0②	3.5≤Md≤6.0④	N/A	N/A		N/A	
		初榨油橄榄灯油	Md>2.5	Md>6.0	Md>6.0	Md>3.5	Md>2.5⑤		Md>2.5	
		精炼橄榄油	N/A	N/A	N/A	N/A	N/A		N/A	
		混合橄榄油							Md≤2.5	
		精炼油橄榄果渣油								
		混合油橄榄果渣油								
	果味特征中位值(Mf)	特级初榨橄榄油	Mf>0	Mf>0	Mf>0	Mf>0	Mf>0		Mf>0.0	
		中级初榨橄榄油	Mf>0	Mf>0	Mf>0	Mf>0	Mf>0		Mf>0.0	
		混合橄榄油	N/A	N/A	N/A	N/A	N/A		Mf>0.1	
		混合油橄榄果渣油	N/A	N/A	N/A	N/A	N/A		Mf>0.2	

质量指标	名称	中国大陆	CODEX	IOC	EU 2568/1991	US	中国台湾	澳大利亚	日本
色泽	初榨橄榄油	N/A	N/A	N/A	初榨橄榄油参考EC No 2568/91 附录XII 感官评价；其他 N/A	黄至绿色	黄至绿色	N/A	有机橄榄油特有的颜色
	精炼橄榄油	淡黄色	淡黄色	淡黄色		淡黄色	淡黄色		
	混合橄榄油	浅黄到淡绿	浅黄到淡绿	浅黄到淡绿		深绿,褐色或黑色	淡黄至绿色		
	粗提油橄榄果渣油	N/A	N/A	N/A		N/A	N/A		
	精炼油橄榄果渣油	淡黄到褐黄	淡黄到褐黄	淡黄到褐黄		淡黄到淡黄	淡黄至褐色		
	混合油橄榄果渣油	淡黄到淡绿色	浅黄到淡绿色	浅黄到淡绿色		浅黄到淡绿色	黄至浅绿色		
透明度(20℃,24h)	特级初榨橄榄油	清澈	N/A	N/A	初榨橄榄油参考EC No 2568/91 附录XII 感官评价；其他 N/A	N/A	N/A	N/A	N/A
	中级初榨橄榄油	清澈				清澈			
	精炼橄榄油	清澈	透明	透明		清澈			
	混合橄榄油	清澈	透明	透明		清澈			
	精炼油橄榄果渣油	透明	透明	透明		清澈			
	混合油橄榄果渣油	透明	透明	透明		清澈			
酸值(以油酸计)/(g/100g)	特级初榨橄榄油	≤0.8①	≤0.8	≤0.8	≤0.8	≤0.8	≤0.8	≤0.8	
	中级初榨橄榄油	≤2.0	≤2.0	≤2.0	≤2.0	≤2.0	≤2.0	≤2.0	橄榄油≤2.0
	普通初榨橄榄油	N/A	≤3.3	≤3.3	N/A	N/A	≤3.3	N/A	
	初榨油橄榄灯油	>2.0	N/A	>3.3	>2.0	>2.0	N/A	>2.0	
	精炼橄榄油	≤0.3	≤0.3	≤0.3	≤0.3	≤0.3	≤0.3	≤0.3	精制橄榄油≤0.6
	混合橄榄油	≤1.0	≤1.0	≤1.0	≤1.0	≤1.0	≤1.0	≤1.0	
	粗提油橄榄果渣油	N/A	N/A	N/A	N/A	N/A	N/A	N/A	
	精炼油橄榄果渣油	≤0.3	≤0.3	≤0.3	≤0.3	≤0.3	≤0.3	≤0.3	≤0.6
	混合油橄榄果渣油	≤1.0	≤1.0	≤1.0	≤1.0	≤1.0	≤1.0	≤1.0	

续表

质量指标	名称	中国大陆	CODEX	IOC	EU 2568/1991	US	中国台湾	澳大利亚	日本
过氧化值®	特级初榨橄榄油	≤10	≤20	≤20	≤20	≤20	≤10	≤20.0	N/A
	中级初榨橄榄油	≤10	≤20	≤20	≤20	≤20	≤10	≤20.0	
	普通初榨橄榄油	N/A	≤20	≤20	N/A	N/A	≤10	N/A	
	初榨油橄榄灯油	N/A	N/A	N/A	N/A	N/A	N/A	>20.0	
	精炼橄榄油	≤2.5	≤5	≤5	≤5	≤5	≤2.5	≤5.0	
	混合橄榄油	≤7.5	≤15	≤15	≤15	≤15	≤7.5	≤15.0	
	粗提油橄榄果渣油	N/A	N/A	N/A	N/A	N/A	N/A	N/A	
	精炼油橄榄果渣油	≤2.5	≤5	≤5	≤5	≤5	≤2.5	≤5.0	
	混合油橄榄果渣油	≤7.5	≤15	≤15	≤15	≤15	≤7.5	≤15.0	
溶剂残留量/(mg/kg)	精炼橄榄油	不得检出	N/A	N/A	N/A	N/A	N/A	N/A	N/A
	混合橄榄油	不得检出							
	粗提油橄榄果渣油	≤100							
	精炼油橄榄果渣油	不得检出							
	混合油橄榄果渣油	不得检出							
紫外线吸光度 270nm ($K_{1cm}^{1\%}$)	特级初榨橄榄油	≤0.22	≤0.22	≤0.22	≤0.22	≤0.22	≤0.22	≤0.22	
	中级初榨橄榄油	≤0.25	≤0.25	≤0.25	≤0.25	≤0.25	≤0.25	≤0.25	
	普通初榨橄榄油	N/A	≤0.30③	≤0.30	N/A	N/A	≤0.30	N/A	
	初榨油橄榄灯油	N/A	N/A	N/A	N/A	N/A	N/A	>0.25	
	精炼橄榄油	≤1.10	≤1.10	≤1.25	≤1.10	≤1.10	≤1.10	≤1.10	
	混合橄榄油	≤0.90	≤0.90	≤1.15	≤0.90	≤0.90	≤0.90	≤0.90	
	精炼油橄榄果渣油	≤2.00	≤2.00	≤2.00	≤2.00	≤2.00	≤2.00	≤2.00	
	混合油橄榄果渣油	≤1.70	≤1.70	≤1.70	≤1.70	≤1.70	≤1.70	≤1.70	

质量指标	名称	中国大陆	CODEX	IOC	EU 2568/1991	US	中国台湾	澳大利亚	日本
紫外线吸光度 ($K_{1cm}^{1\%}$) ΔK	特级初榨橄榄油	≤0.01	≤0.01	≤0.01	≤0.01	≤0.01	≤0.01	≤0.01	N/A
	中级初榨橄榄油	≤0.01	≤0.01	≤0.01	≤0.01	≤0.01	≤0.01	≤0.01	
	普通初榨橄榄油	N/A	≤0.01	≤0.01	N/A	N/A	≤0.01	N/A	
	初榨油橄榄灯油	N/A	N/A	N/A	N/A	N/A	N/A	>0.01	
	精炼橄榄油	≤0.16	≤0.16	≤0.16	≤0.16	≤0.16	≤0.16	≤0.16	
	混合橄榄油	≤0.15	≤0.15	≤0.15	≤0.15	≤0.15	≤0.15	≤0.15	
	精炼油橄榄果渣油	≤0.20	≤0.20	≤0.20	≤0.20	≤0.20	≤0.20	≤0.20	
	混合油橄榄果渣油	≤0.18	≤0.18	≤0.18	≤0.18	≤0.18	≤0.18	≤0.18	
232nm[①]	特级初榨橄榄油	≤2.5	≤2.50	≤2.50	≤2.50	≤2.50	≤2.50	≤2.50	
	中级初榨橄榄油	≤2.6	≤2.60	≤2.60	≤2.60	≤2.60	≤2.60	≤2.60	
	初榨油橄榄灯油	N/A	N/A	N/A	N/A	N/A	N/A	>2.60	
水分及挥发物/%	特级初榨橄榄油	≤0.2	≤0.2	≤0.2	N/A	≤0.2	≤0.2	≤0.2	混合油 ≤0.30%; 精制混合油 ≤0.15%
	中级初榨橄榄油	≤0.2	≤0.2	≤0.2		≤0.2	≤0.2	≤0.2	
	普通初榨橄榄油	N/A	≤0.2	≤0.2		N/A	≤0.2	N/A	
	初榨油橄榄灯油	≤0.3	N/A	≤0.3		N/A	N/A	≤0.3	
	精炼橄榄油	≤0.1	≤0.1	≤0.1		≤0.1	≤0.1	≤0.1	
	混合橄榄油	≤0.1	≤0.1	≤0.1		≤0.1	≤0.1	≤0.1	
	粗提油橄榄果渣油	≤1.5	N/A	≤1.5		≤1.5	N/A	≤1.5	
	精炼油橄榄果渣油	≤0.1	≤0.1	≤0.1		≤0.1	N/A	≤0.1	
	混合油橄榄果渣油	≤0.1	≤0.1	≤0.1		≤0.1	≤0.1	≤0.1	

质量指标	名称	中国大陆	CODEX	IOC	EU 2568/1991	US	中国台湾	澳大利亚	日本
不溶性杂质/%	特级初榨橄榄油	≤0.1	≤0.1	≤0.1	N/A	≤0.1	≤0.1	≤0.1	
	中级初榨橄榄油	≤0.1	≤0.1	≤0.1		≤0.1	≤0.1	≤0.1	
	普通初榨橄榄油	N/A	≤0.1	≤0.1		N/A	≤0.1	N/A	
	初榨油橄榄灯油	≤0.2	N/A	≤0.2		N/A	N/A	≤0.2	
	精炼橄榄油	≤0.05	≤0.05	≤0.05		≤0.05	≤0.05	≤0.05	
	混合橄榄油	≤0.05	≤0.05	≤0.05		≤0.05	≤0.05	≤0.05	
	粗提油橄榄果渣油	N/A	N/A	N/A		N/A	N/A	N/A	
	精炼油橄榄果渣油	≤0.05	≤0.05	≤0.05		≤0.05	≤0.05	≤0.05	
	混合油橄榄果渣油	≤0.05	≤0.05	≤0.05		≤0.05	≤0.05	≤0.05	
	粗提油橄榄果渣油	N/A	N/A	N/A			N/A	N/A	
闪点	粗提油橄榄果渣油	N/A	N/A	≥120℃		≥120℃	N/A	N/A	
脂肪酸乙酯（FAEEs）	特级初榨橄榄油	N/A	N/A	≤35mg/kg	≤40mg/kg、35mg/kg或30mg/kg②	N/A	N/A	N/A	N/A
金属含量/（mg/kg）铁	除"粗提油橄榄果渣油"外，其他等级的橄榄油和油橄榄果渣油	≤3.0	≤3.0（不包含灯油）	≤3.0（同中国大陆D列）	参照通用法规	≤3.0（同中国大陆D列）	N/A	所有橄榄油和油橄榄果渣油≤3.0	N/A
铜	除"粗提油橄榄果渣油"外，其他等级的橄榄油和油橄榄果渣油	≤0.1	≤0.1（不包含灯油）	≤0.1（同中国大陆D列）		≤0.1（同中国大陆）	N/A	所有橄榄油和油橄榄果渣油≤0.1	
砷	橄榄油和油橄榄果渣油	N/A	≤0.1	≤0.1		≤0.1	N/A	N/A	
铅	橄榄油和油橄榄果渣油		≤0.1	≤0.1		≤0.1	N/A	N/A	
卤化溶剂	橄榄油和油橄榄果渣油	每种卤化溶剂残留量不得超过0.1mg/kg；所有卤化溶剂残留量总和不得超过0.2mg/kg							

质量指标	名称	中国大陆	CODEX	IOC	EU 2568/1991	US	中国台湾	澳大利亚	日本
相对密度（20℃/20℃的水）	橄榄油和油、橄榄果渣油	N/A	0.910~0.916	N/A	N/A	N/A	0.910~0.916	N/A	0.907~0.913①
折射率（n_D^{20}）	橄榄油（所有等级）	N/A	1.4677~1.4705	N/A	N/A	N/A	1.4677~1.4705	N/A	1.466~1.469①
	油橄榄果渣油	N/A	1.4680~1.4707	N/A	N/A	N/A	1.4680~1.4707	N/A	N/A
皂化值（以KOH计）/（mg/g）	橄榄油（所有等级）	N/A	184~196	N/A	N/A	N/A	184~196	N/A	184~196
	油橄榄果渣油	N/A	182~193	N/A	N/A	N/A	182~193	N/A	N/A
碘值（Wijs）	橄榄油（所有等级）	N/A	75~94	N/A	N/A	N/A	75~94	N/A	75~94
	油橄榄果渣油	N/A	75~92	N/A	N/A	N/A	75~92	N/A	N/A

① 具有橄榄油固有的气味和滋味。② 或者 $M_d \leqslant 2.5$ & $M_f = 0$。③ 通过活性氧化铝后的样品，270nm 的吸光度 $\leqslant 0.11$。④ 或者 $M_d \leqslant 2.5$ & $M_f = 0$。⑤ $\leqslant 40mg/kg$（2013~2014 收获年度）；$\leqslant 35mg/kg$（2014~2016 收获年度）；$\leqslant 30mg/kg$（2016 之后收获年度），⑥ 溶剂残留量检出值小于 10mg/kg 时，视为未检出。⑦ 字体加粗部分指标强制。⑧ 过氧化值的单位换算，如 5.0 mmol/kg=5.0/39.4 g/100g≈0.13 g/100g。⑨ 此项检测只作为商业伙伴在自愿的基础上实施的剂限量。⑩ 或 $M_d \leqslant 2.5$ & $M_f = 0$。对于橄榄灯油，气味与滋味、酸价和过氧化值不要求全部同时符合，只要有一项符合即可。⑪ 在 25℃条件下。

注：N/A 为 not applicable 不适用；标注颜色表示与其他标准不同，不同的颜色是为了更好区分。

4.3.1 橄榄油和油橄榄果渣油的质量指标

（1）果味特征中位值 果味是指橄榄油的正常味觉、嗅觉，其来源于完好、新鲜、成熟或不成熟的不同品种的油橄榄果实。

中位值是指感官判别过程中，排列在所有数据中间的数值，即一个顺序排列数集的中间数。如果数集的个数为奇数，则中间数的数值为中位值，如果数集的个数为偶数，则中间两个数的数值平均值为中位值。

（2）缺陷中位值 缺陷是指橄榄油的不正常味觉、嗅觉，其来源于干枯的、经过长期厌氧发酵、混有泥土或没有清洗、盐水保存等的油橄榄果实，以及在粉碎、混合、压榨或存储过程中和金属表面长期接触的、经过氧化处理的油的滋味。

中位值是指感官判别过程中，排列在所有数据中间的数值，即一个顺序排列数集的中间数。如果数集的个数为奇数，则中间数的数值为中位值，如果数集的个数为偶数，则中间两个数的数值平均值为中位值。

（3）色泽 色泽是由主观视觉评定油好坏的一个指标，橄榄油一般具备其固有的特征色泽。色泽也可以根据国际惯例使用分光光度计法来测量，纯应用化学联合会（IUPAC）法可用于特定的色度、纯度和亮度的测量。

（4）透明度 透明度是油脂透过光线的能力，用比色管观察所得，通常将油脂放置在20℃条件下维持24h，观察其清晰（透明）程度。油脂中含过高的水分、磷脂、皂脚、蛋白质等杂质均能影响其透明度。

（5）酸价 油脂在储藏过程中，由于微生物、热、光照和酶等的作用会发生缓慢水解，产生游离脂肪酸，酸价越高，说明油脂酸败程度越深。

酸价可作为衡量橄榄油品质，反映橄榄油生产过程的质量以及橄榄果处理工序质量的指标（比如橄榄果是经手工处理还是碾磨）。酸价越高，说明橄榄油品质越差。

酸价的测定方法比较简单，通常采用氢氧化钾溶液滴定法，中和油脂中的游离脂肪酸即可。因橄榄油中脂肪酸组成主要是油酸，故其游离脂肪酸的重量百分数测定主要以油酸计。

即使酸价相同，游离脂肪酸在不同食物中会有不同的酸味（酸度）。在通常出现的酸味水平上，橄榄油中的游离脂肪酸酸味（酸度）是尝不出来的。

（6）过氧化值 过氧化值是指油脂中过氧化物的含量，是衡量油脂新鲜程度和初期氧化程度的指标，用于说明样品是否因被氧化而变质，油脂的不饱和脂肪酸含量越高越容易被氧化。

过氧化值越高，说明橄榄果或橄榄酱处理不恰当，由其制取的橄榄油将会有缺陷，或者橄榄油没有很好的储存。

过氧化值的检测通常是采用碘化钾溶液（释放出碘）进行滴定的方法，表示的是1kg样品中的活性氧含量。

（7）溶剂残留量　油脂的提取方式主要有压榨、浸出和先压榨再浸出，浸出法提取油脂主要是使用"六号溶剂"浸提。溶剂残留量指的是每千克成品油或粕中残留的溶剂毫克数。检测方法有气相色谱法、折射率法、无水硫酸钠过滤法和检气管的线性变色法等，以气相色谱法检测比较理想。在工厂的生产线上还有用引爆试验来判断粕中含溶是否合格。

（8）碘值　碘值也称碘价。表示油脂成分不饱和程度的一种指标，以100g物质中所能加成碘的克数表示。常用氯化碘-乙酸溶液法（韦氏法）测定，可反映油脂不饱和程度，也可判断油脂的干性程度。碘值越高，说明油脂的不饱和度越大，不饱和脂肪酸的含量越高。

（9）皂化值　皂化值是指完全皂化1g油脂所需的氢氧化钾毫克数。其反映油脂的平均分子量，皂化值越小，说明组成甘油酯的脂肪酸分子量越大或含有较多的不皂化物，油脂接近固体；皂化值愈高，说明脂肪酸分子量愈小，亲水性较强，易失去油脂的特性。

（10）紫外线吸光度　紫外线（UV）吸光度能更精确地反映油脂氧化的程度，尤其是在精炼过程经过加热处理的油脂。UV吸光度主要采用分光光度计测量紫外光谱为232nm和270nm波长处发生共振的特定氧化产物，ΔK 主要测定油脂是否经过脱色处理，是否含有精炼或果渣油，主要通过测定270nm和266～274nm处的吸光度差异。

（11）水分及挥发物　水分及挥发物是指在一定温度下，油脂中所含微量水和低分子挥发物的总和。油脂水分过多时有利于酶的活动，使油脂水解加速，易酸败，难储藏。测定水分含量对评定油脂品质和改善油脂储藏条件有很大作用。油脂中水分及挥发物的测定是将待测定的油脂放入干燥炉中每次30min，测定每次之间的重量差异，直到重量恒定，次数之间没有差异。水分及挥发物含量通常采用总重量的百分比（％）来表示。

（12）不溶性杂质　油脂中不溶于石油醚的物质，主要包括泥土、砂砾、饼屑、白土、污垢和皂脚等。是鉴别油脂纯度和评定油脂品质的指标之一。杂质含量高的油脂品质差。其测定方法为将一定量的油脂溶于石油醚（精）中，然后过滤出不溶性杂质，不溶性杂质通常以总量的百分比（％）来表示。

（13）金属　金属含量的测定主要是针对油脂中的铁和铜，测定方法是将油脂置于特殊的高温石墨炉中燃烧，采用原子吸收法分析燃烧后的灰烬。

（14）闪点　闪点亦称闪燃点，液体表面上的蒸气和空气的混合物与火接触而初次发生蓝色火焰的闪光，但不能连续燃烧时的温度。精炼橄榄油、果渣油和油料种籽油的闪点温度比初榨橄榄油要低。初榨橄榄油的闪点一般在210～220℃，而大多数油料种籽油的闪点温度在190～200℃。

（15）卤化溶剂　采用浸出法提取橄榄油时，可能会使用氯仿、三氯乙烯或四氯乙烯（卤化溶剂）等浸提，因此卤化溶剂有可能会残留在提取的油脂中。另外，环境影响、迁移也会是油脂中残留卤化溶剂的因素。采用顶空气相色谱法可以测量卤化溶剂的含量，结果以 mg/kg 表示。

4.3.2 橄榄油和油橄榄果渣油质量指标的分析

橄榄油和油橄榄果渣油的质量标准主要是为了确保橄榄油和油橄榄果渣油的品质和质量，保护消费者健康。通过比较 8 个橄榄油和油橄榄果渣油的标准发现，国际标准对橄榄油和油橄榄果渣油的质量指标和数值（如果味特征中位值、色泽、透明度、过氧化值、紫外线吸光度、水分及挥发物和不溶性杂质等）的规定大体相同，其中 CODEX 与 IOC 橄榄油质量指标基本一致。但是部分质量指标（如中位缺陷值等）会有所不同，与纯度指标差异原因一样，可能是地理环境差异等原因。

值得注意的是，中国台湾标准对缺陷中位值、透明度、金属含量均未做规定，但规定其卫生要求应符合中国台湾卫生福利主管机构之相关法令规定；国际上对于橄榄油和油橄榄果渣油透明度和金属含量的规定大体一致。

欧盟橄榄油和油橄榄果渣油标准对感官评判、色泽、透明度、水分及挥发物、不溶性杂质等没有规定，但规定了初榨橄榄油的感官评判方法（附录Ⅻ，EC No 2568/1991）；对食品添加剂、污染物、卫生指标等没有规定，因为这些指标已经包括在欧盟通用法规中。

澳大利亚橄榄油和油橄榄果渣油标准对感官评判、色泽、透明度没有规定，但与其他标准不同的是，澳大利亚标准对精炼橄榄油、混合橄榄油、精炼油橄榄果渣油和混合油橄榄果渣油的缺陷中位值进行了规定（$M_d \leq 2.5$），并且对混合橄榄油和混合油橄榄果渣油的果味特征中位值也进行了规定（$M_f > 0.1$），对初榨油橄榄灯油的过氧化值（> 20.0 mmol/kg）[270nm（> 0.25）、ΔK（> 0.01）、232nm（> 2.60）]、紫外线吸光度（$K_{1cm}^{1\%}$）也进行了规定。

只有中国大陆橄榄油和油橄榄果渣油标准对溶剂残留量有规定，要求粗提油橄榄果渣油的溶剂残留量不能超过 100mg/kg，精炼、混合橄榄油和精炼、混合油橄榄果渣油的溶剂残留量不得检出（小于 10mg/kg）。其他标准没有此项指标规定。

对于卤化溶剂，CODEX 明确规定油橄榄果渣油不能使用卤化溶剂进行提取，只能采取其他溶剂或物理处理方法制取；但同时 CODEX 与中国大陆、欧盟、美国、IOC 一样，均规定橄榄油及油橄榄果渣油中每种卤化溶剂的限量为 0.1mg/kg，所有卤化溶剂的限量为 0.2mg/kg。根据 CODEX 2013 年会议纪要，CODEX 认为卤化溶剂是污染物，不能用于油橄榄果渣油的提取过程，但卤化溶剂有可能通过其他途径污染橄榄油和油橄榄果渣油，因此仍然保留卤化溶剂的限量要求。

IOC 和欧盟对特级初榨橄榄油的脂肪酸乙酯指标进行了规定，规定的数值与橄榄果收获年度相关，越晚年度收获的橄榄果，其脂肪酸乙酯规定数值较低。这是因为越来越多的研究数据显示特级初榨橄榄油的脂肪酸乙酯含量正在发生变化。

只有 IOC 和美国对闪点这一指标进行了规定，粗提油橄榄果渣油需≥120℃，其他标准没有此项指标规定。

CODEX、中国台湾和日本对橄榄油和油橄榄果渣油的相对密度（20℃/20℃的水）、折射率（n_D^{20}）、皂化值和碘值进行了规定，其他标准没有这些指标的规定；日本标准规定的相对密度和折射率是指 25℃的温度下，因此数值与 CODEX 和中国台湾略有不同。

橄榄多酚类物质具有增强免疫力、抗氧化等功效，橄榄油中含有丰富的多酚类物质，IOC 标准列出了酚类物质，也规定了双酚类物质的检测方法，但没有规定酚类物质的具体含量要求。

4.4　橄榄油和油橄榄果渣油标准的其他要求

国际橄榄油、油橄榄果渣油标准的其他要求，如农药残留、食品添加剂、加工助剂和卫生等指标规定详见表 4-4。

对于食品添加剂，国际标准规定基本一致。初榨橄榄油不得添加任何添加剂；精炼橄榄油、混合橄榄油、精炼油橄榄果渣油和混合油橄榄果渣油中允许添加 α-生育酚（为了恢复精炼过程中天然生育酚的损失），在最终产品中 α-生育酚的浓度不得超过 200mg/kg。但美国标准只对橄榄油能否使用食品添加剂进行了规定，对油橄榄果渣油能否使用食品添加剂没有规定。中国台湾橄榄油标准没有对食品添加剂指标进行规定。

中国大陆标准对橄榄油和油橄榄果渣油的真实性要求，除不得掺有其他食用油和非食用油之外，还要求不得添加任何香精和香料，本书所述其他橄榄油标准没有此项规定。值得注意的是 CODEX STAN 210—1999 命名的植物油标准（不包含橄榄油和油橄榄果渣油)规定，命名的植物油中可添加天然、与天然等同的和其他合成的香料，除已知有毒性危害的香料除外。

橄榄油和油橄榄果渣油制备过程及最终产品的卫生指标应按照各国卫生标准或相关法规执行，或必须符合 CODEX 相关规定。

欧盟的橄榄油和油橄榄果渣油标准对食品添加剂、污染物、卫生指标等没有规定，因为这些指标已经包括在通用法规中。

4.4.1　橄榄油和油橄榄果渣油的国际标签规定

标签包括直接提供给消费者和非直接提供给消费者两种，标签是消费者了解所购买产品最直接的方式，国际橄榄油和油橄榄果渣油标准对规范使用标签均作了规定。

（1）中国大陆　中国大陆橄榄油和油橄榄果渣油标准规定：标签应符合预包装食品标签通则 GB 7718—2011 的要求；产品名称应按中国大陆标准分类要求的产品名称标注。生产日期的标注应符合如下规定：

① 特级初榨橄榄油、中级初榨橄榄油、初榨橄榄灯油应标示油橄榄果实的年份；

表 4-4　国际橄榄油、油橄榄果渣油标准的其他要求对比

质量指标	名称	中国大陆	CODEX	IOC	EU 2568/1991	美国	中国台湾	澳大利亚	日本
食品添加剂	橄榄油和油橄榄果渣油	初榨橄榄油不得添加任何添加剂；精炼橄榄油，混合橄榄油，精炼油橄榄果渣油中允许添加 α-生育酚（为了恢复精炼过程中天然生育酚的损失），在最终产品中 α-生育酚的浓度不得超过 200mg/kg	初榨橄榄油不得添加任何添加剂；精炼橄榄油，混合橄榄油和油橄榄果渣油允许添加 α-生育酚，在最终产品的浓度不得超过 200mg/kg	增加"粗提油橄榄果渣油不得添加任何添加剂"，其他同中国大陆、CODEX标准	参照通用法规	初榨橄榄油允许添加任何添加剂；精炼橄榄油和混合橄榄油允许添加 α-生育酚，在最终产品中 α-生育酚的浓度不得超过 200mg/kg	N/A	增加"粗提油橄榄果渣油不得添加任何添加剂"，其他同中国大陆、CODEX标准	食用橄榄油和食用精制橄榄油不能使用添加物
加工助剂	橄榄油和油橄榄果渣油	根据各国相关法规执行或 N/A						允许在油脂制取过程使用加工助剂，使用量需遵守澳大利亚与新西兰食品标准法典规定	N/A
重酯化工艺和掺杂其他种类油脂	橄榄油和油橄榄果渣油	不允许采用重酯化工艺获取橄榄油和油橄榄果渣油，并且橄榄油油橄榄果渣油中不得掺杂其他种类的油脂							不能使用除橄榄油以外的原料

质量指标	名称	中国大陆	CODEX	IOC	EU 2568/1991	美国	中国台湾	澳大利亚	日本
卫生指标	橄榄油和油橄榄果渣油	按 GB 2716—2005 和国家有关标准、规定执行	应符合食品卫生通则(CAC/RCP1—1969)和 CODEX 卫生规范和守则;产品应符合任何依法制定的微生物标准	供人食用的产品应符合食品卫生通则(CAC/RP1—1969, Rev.3—1997)和 CODEX 卫生规范,供人食用的产品应符合任何依法制定的微生物标准	参照通用法规	N/A	应符合中国台湾卫生福利主管机构之相关规定	需遵守澳大利亚与新西兰食品标准"Food Standards Code"规定;产品的预处理及制作应遵守 CODEX 推荐的国际实施规程——食品卫生一般原则(CAC/RP1)以及其附录 HACCP 体系和应用指导	N/A
污染物	橄榄油和油橄榄果渣油	按 GB 2716—2005 和国家有关标准、规定执行	必须符合食品和饲料中污染物和毒物的最大限量通则(CODEX STAN 193—1995)	必须符合 CODEX 制定的重金属最大残留限量	参照通用法规	N/A	N/A	应遵守澳大利亚与新西兰食品标准"Food Standards Code"规定	N/A

续表

质量指标	名称	中国大陆	CODEX	IOC	EU 2568/1991	美国	中国台湾	澳大利亚	日本
农药残留	橄榄油和油橄榄果渣油	应遵守 GB 2763—2014 规定	应符合 CODEX 制定的农残留最大残留限量	应符合 CODEX 制定的最大残留农药限量	参照通用法规	应遵守美国环境保护局（EPA）的规定	应符合中国台湾卫生福利主管机构之相关规定	应遵守澳大利亚与新西兰食品标准法典《Food Standards Code》规定	N/A
包装	橄榄油和油橄榄果渣油	应符合 GB/T 17374—2008 及国家的有关规定和要求	食品卫生通则(CAC/RP1)和 CODEX 卫生规范和守则	用于国际贸易的橄榄油和油橄榄果渣油包装应符合食品卫生通则（CAC/RP1—1969, Rev.3—1997）和 CODEX 卫生规范和守则;容器应不少于 80%~90%,相当于在 20℃下盛满水的整个容器的蒸馏量;容器包括水罐、集装箱、缸、金属铁罐、玻璃瓶等	N/A	N/A	内容量标示量应不低于标示量;包装材料应符合中国台湾卫生福利主管机构公布的《食品器具容器包装卫生标准》规定	用于贸易的可食用天然橄榄油、精炼橄榄油和油橄榄果渣油、其包装容器应符合 CODEX 食品卫生通则 CAC/RCP 1、应符合澳大利亚与新西兰食品标准法典（第三章），以及其他相关卫生规定	N/A

注：N/A 为 Not applicable 不适用;标注灰色表示与其他标准不同,深浅不同是为了更好地区分。

② 特级初榨橄榄油、中级初榨橄榄油、初榨橄榄灯油、精炼橄榄油、混合橄榄油、精炼油橄榄果渣油、混合油橄榄果渣油应标示包装日期；

③ 以包装日期为保质期起点日期，进口分装产品应再注明分装日期。

应标注产品原产国。应标注反式脂肪酸含量。

如果产品有效期限依赖于某些特殊条件，应在标签上注明。

(2) CODEX　CODEX橄榄油和油橄榄果渣油标准规定：标签应符合预包装食品标签通则CODEX STAN 1—1985的规定；产品名称应与CODEX橄榄油标准描述一致，且在任何情况下，油橄榄果渣油都不能称为橄榄油（如前文定义描述）；非直接提供给消费者的产品标签可以标注在产品容器或在随行文件中说明，但是产品名称、批号、制造商或包装商的名称和地址需标注在产品容器上，当然，批号、制造商或包装商的名称和地址可以使用标记代替，这些标记在随行文件中能够有明确的说明。

(3) IOC　IOC橄榄油和油橄榄果渣油标准规定：

① 除了CODEX规定的预包装食品标签通则（CODEX STAN 1—1985，Rev. 1—1991）的2、3、7和8节规定和非直接销售给消费者的指导原则外，直接销售给消费者的容器标签需提供以下信息：

产品名称，净含量，制造商、包装商、分装商、进口商、出口商、销售商的名称和地址。

产品名称包括7种：特级初榨橄榄油、初榨橄榄油、普通初榨橄榄油、精炼橄榄油、精炼橄榄油和初榨橄榄油组成的橄榄油；精炼油橄榄果渣油、精炼油橄榄果渣油和初榨橄榄油组成的油橄榄果渣油。

原产国，当产品在另一个国家（非原产国）进行实质性（substantial）的加工，则加工国必须当作原产国进行标注。

初榨橄榄油须标注货源信息，特级初榨橄榄油须标注原产地信息。

批号，每个容器上都应该有或者以代码代替，代码能清楚地表示生产工厂和批号。

保质期（精确到年月）和储存条件。

② 运输过程中供人消费的大批量油，除了需遵守本标准上述标签要求外，还应当标注运输时包装容器的数量和类型。

③ 散装橄榄油和油橄榄果渣油的容器上须标注以下信息：

产品名称、净含量、（制造商、经销商或出口商）的名称和地址、原产国。

(4) 欧盟　欧盟橄榄油和油橄榄果渣油标准（EU No 29/2012零售标签法规）规定：标签应当清晰、简明，并且不容易擦掉。

产品名称包括4种：特级初榨橄榄油、初榨橄榄油、精炼橄榄油和初榨橄榄油组成的橄榄油、油橄榄果渣油（指混合油橄榄果渣油）。

特级初榨橄榄油和初榨橄榄油应标注原产地；混合橄榄油和混合油橄榄果渣油

不需要标注原产地；并对原产地的标注方式进行了规定：原产地指橄榄果收获或将橄榄果碾磨制油的地理位置。如果橄榄果收获和碾磨制油的地理位置在不同的国家，原产地必须分别注明橄榄果收获地点和（特级）初榨橄榄油的制取地点。

如果产品有效期限依赖于某些特殊保存条件，如必须避光、避热等，应在标签或容器上注明。

自愿标注的内容包括：第一次冷榨、冷榨、特级初榨或初榨橄榄油的感官属性（如口味或气味）说明、酸度或最大酸度说明。

在和其他植物油混合的油脂产品中，只有当橄榄油的比例超过50%，才能在标签上用图片或图形高亮突出橄榄油。

对制造商、包装商或销售商地址标识进行了规定。

只允许对特级初榨或初榨橄榄油进行口味或气味的感官声称，声称术语仅限于 EC No 2568/91 附录 XII 3.3 的描述，且必须符合 EC No 2568/91 附录 XII 的感官评定结果。

（5）澳大利亚　澳大利亚橄榄油和油橄榄果渣油标准规定：标签需遵守 CODEX 预包装食品标签通则 CODEX STAN 1 的 2、3、7 节和澳大利亚与新西兰食品标准法典中用于供人直接销售的食品标准，除此之外，也需遵守澳大利亚 AS 5264—2011 规定，部分规定如下：

产品名称包含 6 种：特级初榨橄榄油、初榨橄榄油、精炼橄榄油、精炼橄榄油和初榨（或特级初榨）橄榄油组成的橄榄油、精炼油橄榄果渣油、精炼油橄榄果渣油和初榨（或特级初榨）橄榄油组成的油橄榄果渣油。

任何其他名称如橄榄油、纯（pure）橄榄油、轻（light）或清淡（lite）橄榄油、特轻或清淡（extra light or lite）橄榄油不允许使用。

任何形容词如高级（premium）、超级（super）、轻（light）、清淡（lite）或纯（pure）不允许与规定的名称展示在同一行，或者与规定的名称具有相同或更突出的展示。

说明来源的国家或地区的词（如澳大利亚、托斯卡纳、西班牙等）；形容油脂品质的词（如醇厚、果香、稳健等）和加工方法（如冷榨、第一次压榨等）应当只使用可证实的信息，不应误导消费者。

当可食用的天然橄榄油、精炼橄榄油和油橄榄果渣油作为配料或成分应用到食品中，进而对不同名称的橄榄油和油橄榄果渣油进行宣称时，应遵守澳大利亚与新西兰食品标准法典的规定。

当可食用的天然橄榄油、精炼橄榄油和油橄榄果渣油作为主要配料应用到食品中时，此食品标签应注明所使用橄榄油和油橄榄果渣油规定的具体等级。

净含量：所有包装食品必须强制执行 1960 年国家测量法及其下属法规。

名称和地址：必须按照澳大利亚与新西兰食品标准法典的规定标注生产商、包装商、经销商、进口商、出口商或销售商的名称和地址。

原产国：原产国的标注需遵守澳大利亚与新西兰食品标准法典的要求和 2010 年竞争与消费者法案。

批号：按照澳大利亚与新西兰食品标准法典的规定，须标注代码或使用清晰字体表示生产工厂和批号。

最佳食用期（保质期）：应遵守澳大利亚与新西兰食品标准法典的规定。可食用的天然橄榄油、精炼橄榄油和油橄榄果渣油的最佳食用期不允许超过包装日期两年。收获时间也应当标注。

最佳食用期（保质期）的测定包括：① 油脂氧化稳定性指数，测定方法与 AOCS Cd 12b-92 一致；② 脂肪酸组成（测定方法与 ISO 5508 或 AOCS Ch2-91 一致）和抗氧化剂含量（测定方法与 ISO 9936 一致）。

可选择标注的内容：有机和生物动力；第一次冷榨；冷榨；储存说明。

（6）中国台湾 中国台湾橄榄油和油橄榄果渣油标准规定：瓶盖及附贴或直接印于包装上的标纸或标签应外观良好、完整无损；其标示除需按照 CNS3192 的规定外，还应符合中国台湾卫生福利主管机构的规定。

4.4.2 橄榄油和油橄榄果渣油标签规定的分析

IOC、欧盟、澳大利亚、CODEX、中国台湾和中国大陆对橄榄油和油橄榄果渣油标签均有规定，其中，IOC、欧盟、澳大利亚和中国大陆主要要求橄榄油标签应符合相应预包装食品标签通则的规定，并且主要对橄榄油产品名称、原产国（地）和生产日期的标注有特别规定。欧盟和澳大利亚标准对感官术语声称也有特别规定。

与其他标准不同的是，欧盟除了不能零售直接供人食用的橄榄油和油橄榄果渣油外，还不允许精炼橄榄油和精炼油橄榄果渣油的市场零售，因此不能标注精炼橄榄油、精炼油橄榄果渣油、初榨油橄榄灯油和粗提油橄榄果渣油。

值得注意的是，欧盟和澳大利亚标准均禁止在混合橄榄油标签前面使用易混淆的术语，如"纯的（pure）"和"清淡的（light）"，但是 IOC、CODEX、美国等标准没有这样的规定。这些易混淆的术语在欧盟不允许，但是在美国却很常见，这可能与美国没有强制标准有关。这些术语之前在澳大利亚也很常见，但自从澳大利亚标准发布后，便逐渐减少，澳大利亚标准尽管也不是强制标准，但是它是政府当局在处理橄榄油质量和真伪事物时的重要参考标准，澳大利亚标准发布后，澳大利亚的主要零售商积极将其作为橄榄油产品规格。

4.4.3 橄榄油和油橄榄果渣油检测方法规定的分析

国际上的橄榄油和油橄榄果渣油标准除规定了橄榄油和油橄榄果渣油纯度（特征）指标和质量指标外，也规定了相应的检测方法，尤其是提供与低等级橄榄油或其他植物油混合后油脂的检测方法，以应对橄榄油和油橄榄果渣油贸易中广泛存在的掺伪问题。这些检测方法的规定大体一致，基本参考国际组织如 ISO、AOCS、IOC 等检测方法或各国验证认可的方法。在过去的 20 年中，食品化学家在分析方法上做出了很多努力，建立了许多气相、高压液相和光谱检测方法来证明可能的橄榄油掺伪。许多分析手段目前已被欧盟、CODEX 和 IOC 等标准采用。橄榄油质量的评价和真实性检测数据必须在欧盟（EC No 2568/1991）、Codex 和 IOC 贸易标准规定的特定参数限量范围内。应用的检测方法一般可分为两种情况：第一种，采用国家和国际组织比如 IOC、CODEX 和欧盟检测方法；第二种，采用没有被标准组织评价过的方法，但是研究者提议的，采用这些方法要么是为了证明复杂的掺伪情况，支持尚无定论的官方分析结果，要么是为了获得快速和更复杂的橄榄油质量评价。尽管分析技术在不断进步，但仍然面临许多挑战。

橄榄油真实性目前存在的问题包括：① 许多橄榄油掺伪问题是和高油酸油脂相关，比如榛果油。② 其他的问题：a. 初榨橄榄油中会出现非法添加温和条件下脱臭的精炼橄榄油的情况，这种温和脱臭不会引起初榨橄榄油中不存在的碳氢化合物的形成，但反式脂肪酸和异构角鲨烯都可以用来当作衡量是否添加精炼橄榄油的指标。b. 添加橄榄膏经第二次离心分离得到的油。但是防止橄榄油和油橄榄果渣油掺伪等现象从来不是依靠检测方法，提高分析检测水平有利于快速、灵敏地得到产品是否掺伪等信息，但解决掺伪现象仍然需要社会各界的努力，重点在于企业或生产商的诚信、自律，在遵守相应法规和标准的前提下，合法提供真实品质的产品。

4.5　未来我国橄榄油和油橄榄果渣油标准的修订意见

随着我国橄榄油消费量的增加以及世界橄榄油技术指标变化趋势，根据既与国际标准接轨又符合中国国情的原则，适时修订橄榄油、油橄榄果渣油标准十分必要。

目前，我国大陆现行有效的橄榄油、油橄榄果渣油标准 GB/T 23347—2009 主要参考的是 CODEX STAN 33—1981（Rev. 2—2003）和 IOC COI/T. 15/NC no. 3/Rev. 2（2006），此两个国际标准的修订版分别是 14 年前和 11 年前，随着气候、地理环境的变化，橄榄油品种及橄榄油的特征指标及其比例存在发生变化的可能性，因此需制定符合发展趋势且适合中国国情的橄榄油标准。

（1）明确适用范围　如 CODEX 标准不包含不可直接供人食用的橄榄油和油橄榄果渣油，而中国大陆标准包含不可直接供人食用的橄榄油和油橄榄果渣油。对于不可直接供人食用的橄榄油和油橄榄果渣油的一些特征指标（如反式脂肪酸、ΔECN 42 和豆甾二烯），中国大陆标准需要考虑是否应制定其限量范围，如果需要，在符合中国国情的基础上，也应当考虑是否应与包含不可直接供人食用的橄榄油和油橄榄果渣油的其他国际标准（如 IOC 等）相一致。

（2）参考中国实际情况　参考国际标准固然重要，但是标准的制定也应当从我国实际情况出发。我国的橄榄油大多数依靠进口，少部分来自国内生产。为了确保标准的实用性，对真实橄榄油技术指标数值的整体分析十分必要。对于进口橄榄油，建议可对海关进口数据、进口商检验数据等进行汇总分析；对于国内生产的橄榄油，建议可与生产商合作，整体分析中国不同区域、不同地理环境、不同气候、不同橄榄油品种等对橄榄油技术指标的影响及变化。这既有利于避免出现真实橄榄油不符合我国国家标准的情况，也有利于发展我国橄榄油产业。

（3）命名及等级分类应更清晰　GB/T 23347—2009 对于橄榄油、油橄榄果渣油的等级分类虽然与国际标准大体一致，但有三处与国际标准不同，即"混合橄榄油""混合油橄榄果渣油"和"中级初榨橄榄油"。前两者为表明是精炼与初榨油混合而成的产品，但"混合"易使消费者与"调和油"产生误解，建议可参考澳大利亚标准的分类名称，采用"橄榄油-初榨与精炼组成"和"油橄榄果渣油-初榨与精炼组成"，即可以充分保障消费者的知情权，又不至于造成误解。而由于并没有更低级别的初榨橄榄油，建议与国际标准相统一，修改"中级初榨橄榄油"为"初榨橄榄油"。

完善配套标准　IOC 有非常完善的橄榄油风味评价标准体系，但在实际操作中，更接近于欧洲人对橄榄油的喜好习惯。中国应结合我国消费者感官需求，制定操作性强的橄榄油感官评价标准。

参 考 文 献

[1] 《粮食大辞典》编委会. 粮食大辞典［M］北京：中国物资出版社，2009.

[2] GB/T 23347—2009. 橄榄油、油橄榄果渣油.

[3] 国际食品法典委员会标准 CODEX STAN 33—1981（Rev. 3—2015）.

[4] 国际食品法典委员会标准 CODEX STAN 193—1995（Amended in 2015）.

[5] 国际橄榄理事会 COT/T. 15/NC No. 3/Rev. 11（2016.07）.

[6] 国际橄榄理事会 COI/T. 15/NC no. 3/Rev. 9（2015）.

[7] Hui Y H，贝雷. 油脂化学与工艺学. 第 5 版；第二卷.［M］北京：中国轻工业出版社. 2001：253-284.

[8] 金英姿，葛亮. 橄榄油的营养成分及其保健功能［J］. 农产品加工·学刊，2012（6）：94-96.

[9] 薛雅琳，薛益民. 我国橄榄油及油橄榄果渣油产品标准的制定情况［J］. 粮油食品科技，2006，14（4）：11-13.

[10] 中国(台湾)标准. CNS 4837 N5149. 食用橄榄油及橄榄粕油.

[11] Australia New Zealand Food Standards Code，Standard 2. 4. 1——Edible oils.

[12] Australian Standard：Olive oils and olive-pomace oils. AS 5264—2011.

[13] Boskou D. Olive oil；chemistry and technology. Second edition. AOCS Press，2006.

[14] CODEX STAN 210-1999 Codex standard for named vegetable oils. Rev 2009(2015).

[15] Commission regulation（EEC）No 2568/91 of 11 July 1991 on the characteristics of olive oil and olive-residue oil and on the relevant methods of analysis.

[16] European Commission. Workshop on olive oil authentication. Spain：Madrid，2013.

[17] https：//www. ams. usda. gov/grades-standards/olive-oil-and-olive-pomace-oil-grades-and-standards.

[18] http：//www. maff. go. jp/j/jas/jas _ kikaku/kikaku _ itiran. html.

［19］ Joint FAO/WHO food standards programme Codex Alimentarius commission. Thirty-eighth Session CICG，Geneva，Switzerland ，2015.

［20］ Joint FAO/WHO food standards programme Codex Alimentarius commission. Thirty sixth session Rome，Italy，2013.

［21］ Joint FAO/WHO food standards programme Codex Alimentarius commission. Seventeenth Session，Rome，1987.

［22］ Jin R. Comparison of chemical quality standards for New Zealand extra virgin olive oil，2014.

［23］ Regulation(EU) No 1308/2013 of the European parliament and of the council.

［24］ Schramm，Williams. United States and world olive oil industry ［M］. First edition，2012.

［25］ Vossen P. International olive council(IOC) and California trade standards for olive oil.

5
油橄榄加工技术

周瑞宝 姜元荣 周 兵

油橄榄属木犀科，木犀榄属，拉丁学名 *Olea europaea* L.，英文名 olive。油橄榄是以"高产、优质、高效益"为特征的世界名贵优质木本油料树种。该树为耐旱、喜光、耐瘠薄、生长力强、长寿、阔叶的常绿乔木。起源于叙利亚，后扩展到希腊，公元前 3000 年克里特岛人开始了人工栽培，后延展到地中海周边国家。公元 2～3 世纪油橄榄在意大利得到了较大的发展。随着科学研究的深入开展，橄榄油在人体营养、医疗方面的效果，引起世界各国的广泛重视。现世界上已有 40 多个国家"引种"栽植油橄榄，林地面积约计 11000 万公顷，其中 98％集中于地中海周边国家，2％分布于美国加州和北非、南美的一些油橄榄生产国。全世界油橄榄种植总株数约 8 亿株，其中西班牙、意大利占世界栽培总数的将近一半。2016～2017 年，世界橄榄油产量为 286.2 万吨。

我国自 1964 年大量引种油橄榄树后，现主要分布于甘肃、四川、云南、重庆、湖北、浙江、贵州等省、自治区。目前全国油橄榄 8 万公顷，其中甘肃省陇南市为 3.67 万公顷，鲜果 3.8 万吨，生产初榨油 5700t，四川省西昌市、绵阳市、广元市和成都市金堂县 2.4 万公顷，7200t 鲜果，生产初榨油 670t。云南省永胜县、大具县、永仁县等现有 1 万公顷，150t 鲜果，生产初榨油 24t。全国油橄榄鲜果产量 4.7 万吨，生产初榨油 6677t。2017 年中国进口橄榄油 4.5 万吨，国产橄榄油仅为进口橄榄油的 12.7％。

由于橄榄油油酸含量高，油脂稳定，加之其特殊的加工工艺，特别是初榨橄榄油的营养特性良好，故价格比较昂贵，因而是木本油料中经济效益高的特种油料。如果在我国原有的橄榄树种植的基础上，加强管理，做好油橄榄的综合加工，一定会为食品工业提供丰富的优质橄榄油。

鉴于油橄榄的植物生理形态与结构特点：油脂主要存储于果肉细胞组织中。油橄榄果实还含有 50％左右的植物水、丰富的多种维生素、多酚化合物，以及特殊的挥发性芳香成分。为保持橄榄油特有的色香味，确保油品质量，其制油方法不同于其他油料的破碎、蒸炒和压榨干料热加工工艺。油橄榄制油，从鲜果清洗、粉碎、果浆融合、离心（或压榨）分离等一系列制油工艺温度不高于 30℃。

这种工艺，有效地保存了油橄榄鲜果中特有的挥发性芳香味，防止了橄榄油酸度增大和油品质量变差的现象。同时，在油橄榄制油工艺中，及时通过离心和过滤净化，脱除粗橄榄油中少量杂质、水分、生物酶、蛋白质和糖分，保障了橄榄油质量。油橄榄加工产生的含水湿果渣，经过脱水干燥、溶剂萃取制取油橄榄果渣油；油橄榄加工废水，经过不同形式的处理，达到废物利用和防止对环境的污染的目的。

5.1 油橄榄果结构和成分

5.1.1 油橄榄果

油橄榄是一种优质的食用木本油料，是树高 10～20m 的常绿乔木，属橄榄科。单数羽状复叶，长 15～30cm，小叶 6～15cm，对生，具短柄，革质，卵状矩圆形，长 6～18cm，宽 3～8cm，基部偏斜，顶端渐尖，全缘无毛，网脉明显，背面于网脉上有小窝点。花期 5～6 月，果期 8～10 月。生长在气候温暖、低海拔的杂木林中。

油橄榄的果实（彩图 16，引自 http：//www.imagejuicy.com/images/fruits/ololive）是由囊果皮和内果皮组成的核果。囊果皮包括一层厚度因品种而异的外果皮（皮）和一层包裹在内果皮（木质果核）外围的中果皮（果肉），内果皮包裹着种子［彩图 17，引自程子彰，等．林业科学，2014，50（5）］。油橄榄果外形呈椭圆形，鲜橄榄果实长 15～30mm，直径 15～20mm。成熟果实的果皮呈深绿色至深褐色，果肉青绿色。果肉中包核，核为黄褐色，质地坚硬。核中含仁，仁为淡黄色。成熟的鲜橄榄果由三个基本部分组成，外果皮（果皮）、中果皮（果肉）和内果皮（核）。果肉和外果皮约由 70% 果汁［（水和油）40%～60% 水和 10%～30% 橄榄油］组成。橄榄果固形物干基约占 30%。固形物由 12%～25% 果核、1%～3% 的种子、8%～10% 果皮和果肉固形物、3% 的糖、2% 的蛋白质和 2% 的有机酸、维生素、矿物质和果胶等其他成分组成。按干基重，果皮约占果重量的 3%，含约 3% 的油。果核约占橄榄的重量的 23%，含油量仅为 1%。橄榄油主要在约占橄榄果 75% 重量的果肉中，含油量约 50%。通常的物理加工方式，不能把所有的橄榄油全部提取出来，根据果实品种、成熟度和加工方法，制油后的渣（饼）固形物中含有 6%～10% 的油脂和 25%～70% 的水分。

5.1.2 油橄榄果肉显微结构

油橄榄果实中，油脂的分布主要集中在中果皮的果肉细胞壁围成的细胞液泡之中，呈微小的细滴状态，如图 5-1 所示。内果皮（俗称核壳）主要由木质素和纤维素组成，内果皮内是种子（俗称仁），外果皮和种子中也含有微量的油脂。

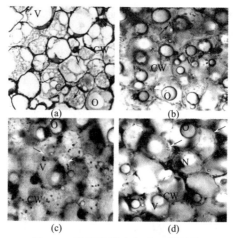

图 5-1　油橄榄果肉细胞显微结构

(引自：Mazzuca S，et al)

(a) 2.5%戊二醛树脂将 $3\mu m$ 组织固定，用 0.1%的藏红溶液染色；(b) vibrotome 震动
切片机获得 $80\mu m$ 新鲜的组织部分；(c)，(d) 测定 β-葡萄糖酶后的切面

图 (a) ～图 (d) 放大 150 倍。黑色箭头指油体，白色箭头指叶绿体

C—细胞质；CW—细胞壁；N—细胞核；O—油体；V—液泡

5.1.3　油橄榄果成分

一般在作为油用采摘时，油橄榄果实中含油率约 20%，此时中果皮的果肉含水率约为 60%、含油率约为 30%、含糖 4%、含蛋白 3%，剩余其他多为纤维等；内果皮水含量约为 10%、含纤维素 30%、含油 1%；而种子中含水 30%、含油 27%、含碳水化合物 27%、含蛋白 10%。这表明在油橄榄果中的油脂，主要集中在中果皮中。该时期整个油橄榄果实中油脂组成为：油酸含量最高（55.0%～83.0%），其次是棕榈酸（7.5%～20.0%）、亚油酸（3.5%～21.0%）、硬脂酸（0.5%～5.0%）、亚麻酸（0.5%～3.0%）、棕榈油酸（0.3%～3.5%）、花生酸（0.3%～0.6%）、角鲨烯（0.13%～0.78%）和二十碳烯酸（0.2%～0.4%）。

5.1.3.1　橄榄油成分及理化常数

橄榄油中甘三酯约占初榨油的 97%，根据产地、品种、制取工艺、果实的成熟度、气候条件以及降水量等，都会影响油橄榄果主要成分的生物合成，特别是影响油的组成和质量。橄榄油的脂肪酸组成依品种略有差异，如表 5-1 所示。

表 5-1　橄榄油的脂肪酸组成

单位：%

脂肪酸	欧洲	土耳其	突尼斯	组成范围
棕榈酸　16：0	8.4	12.1	15.3	7.5～20.0
棕榈油酸　16：1	0.7	0.7	1.6	0.3～3.5

脂肪酸		欧洲	土耳其	突尼斯	组成范围
十七酸	17：0	0.1	0.2	0.1	0～0.3
十七油酸	17：1	0.1	0.2	0.1	0～0.3
硬脂酸	18：0	2.5	3.1	2.1	0.5～5.0
油酸	18：1	78.0	71.3	62.5	55.0～83.0
亚油酸	18：2	8.3	10.6	16.5	3.5～21.0
亚麻酸	18：3	0.8	0.7	0.8	0.3～0.9
花生酸	20：0	0.5	0.4	0.5	0.2～0.6
花生一烯酸	20：1	0.3	0.3	0.3	0.1～0.4
山嵛酸	22：0	0.1	0.2	0.1	0～0.2
二十四烷酸	24：0	0.2	0.2	0.1	0～0.2

初榨橄榄油中含有许多微量组分,这些物质的结构、浓度和种类是初榨橄榄油的一种特征。包括烃类、生育酚、直链短链醇类及其酯、直链长链醇类及其酯、甾醇及其酯、α-甲基甾醇、单羟基萜烯、双羟基萜烯、萜烯酸类、叶绿醇、香叶基香叶醇、酚类及相关化合物、风味化合物及其他成分。

油橄榄果中的单甘酯(MG)和甘二酯(DG),是由甘三酯的酶水解作用及甘三酯的不完全生物合成而产生的。通常 DG 比 MG 更多。DG 浓度的测定有利于评价油的新鲜程度和果实的收获时间,因为 DG 的含量与气候的影响密切相关。DG的浓度甚至可以用来确定油的来源,包括精炼过的油。这是因为食用初榨油中 DG的含量与那些高酸度油或溶剂浸出油是不同的,且在粗橄榄油中基本不存在磷脂。

在初榨橄榄油中存在偶数和奇数直链烷烃,包括少量的带支链的化合物。多不饱和三萜烃类三十碳六烯和甾醇的母体,是烃类的主要成分。橄榄油的三十碳六烯含量范围,每 100g 为 150～700mg。β-胡萝卜素以及芳香烃类,包括苯型、萘型以及更复杂的芳香族烃类化合物,在橄榄油中都存在。油橄榄果中还含有脂肪酸甲酯和乙酯。

在橄榄油中还存在游离的和酯化的碳原子数介于 C_{22} 和 C_{32} 之间的直链长链醇类(蜡)。这类组分在果实的外果皮中含量丰富,并被富集在溶剂浸出的油中。叶绿醇,来自于生物降解的叶绿素和香叶醇类一起共存。

橄榄油中还含有四元环和五元环的三萜类单羟基化合物,这对橄榄油而言是特征性的。同时伴随着少量的羊毛甾醇、环阿屯醇、24-亚甲基环阿屯醇、α-香豆素、β-香豆素、4-去甲基三萜甲基甾醇、4,4-二去甲基三萜甾醇、4α-甲基-7-甾-3β-醇类化合物的甲基甾醇等。

橄榄油的主要甾醇是菜油甾醇、豆甾醇、β-谷甾醇、谷甾烯醇、δ-5-燕麦甾醇、胆甾醇、芥子甾醇、24-亚甲基胆甾醇、菜油甾烯醇、δ-5,24-豆甾二烯醇、δ-7-豆甾烯醇和 δ-7-燕麦甾醇。

在初榨橄榄油中存在 3β-羟基-17-羧基-δ-12-齐墩果酸、3β，2α-二羟基-17-羧基-δ-12-齐墩果烯、3β-羟基-17-羧基-δ-12-乌索酸、2α，3β-二羟基-17-羧基-δ-12-乌索烯（2α-羟基乌索酸）等。

橄榄油中还含有叶绿素（叶绿素 a 和叶绿素 b），存在于橄榄果中的叶绿素可以被部分地萃取到油中。

此外，橄榄油中还含有 5 种烃、13 种脂肪醇、4 种萜醇、27 种醛、8 种酮、2 种醚、3 种呋喃、6 种噻吩和 29 种酯类挥发性化合物。

在油橄榄果的中果皮中含有许多酚类和多酚类化合物，其中的一部分在加工过程中转移到橄榄油中，包括单和双羟基苯乙醇、对羟苯乙醇和其他酚类和一系列酚酸类，包括咖啡酸、邻香豆酸、对香豆酸、肉桂酸、阿魏酸、对羟基安息香酸、原儿茶酸、芥子酸、丁香酸和香草酸等。安息香酸和肉桂酸类是通过黄酮类的水解作用产生的。羟苯基乙醇则是来自橄榄中苦涩物质的水解产物，导致了橄榄油口感中的苦味或偶尔占优势的辣椒样感觉。

橄榄油含有 12～190mg/kg 的 α-生育酚。其中 α-生育酚占 85.5%，（β-＋γ-)生育酚占 9.9%，δ-生育酚占 1.6%。

5.1.3.2 油橄榄果营养特性

油橄榄果含油达 25% 左右，油中含有 80% 左右的不饱和脂肪酸。果肉美味可口，含有大量的维生素 A、维生素 D、维生素 E、维生素 K。油中含油酸、亚油酸极高，因此，能为人体提供较高的必需脂肪酸。且橄榄油的消化吸收率高达 100%，具有很高的生理价值。它含胆固醇极低，十分适宜于高血压等病患者食用。医学证明食用橄榄油，可避免胃酸过多，减少胃热，橄榄油对肠黏膜有保护作用，有利于治愈胃及十二指肠溃疡，改善老人无力蠕动的消化器官功能，同时，可以净化胆囊。儿科及营养学家指出，橄榄油中含有 8.6% 的芒果酸，这种类似人奶的油脂对儿童的正常发育特别适宜。橄榄油常用于凉拌食用，也有作为肉类及鱼类浸渍制罐头，以提高罐头风味。

5.1.3.3 油橄榄经济价值

油橄榄果实按其用途可分为：食用，油用与兼用三种，鲜果可制作罐头、蜜饯与盐渍等食品。更重要的是，油橄榄果实可制取营养品质极佳的食用橄榄油，取油后的果渣（饼、粕）可作饲料、肥料与燃料。制油工艺分离出来的"植物水"含脂肪 0.02%～1%，含氮物质 1.2%～2.4%，糖类 2%～8%，有机酸 0.5%～1.5%，多元醇 1%～1.5%，果胶及单宁 1.5% 和微量糖，可以作农田肥料与酵母培养基。

橄榄油含不饱和酸 80% 左右，橄榄油色味俱佳，色呈淡黄，微带果绿，有特殊温和的愉快气味与滋味，是唯一的鲜果冷制生吃的食用油。美国常在橄榄油中添加10～20 倍的大豆油和棉籽油出售。橄榄油与棉籽油的调和油可作煎炸油，又可作色拉油，但需要注意的是，大豆油和橄榄油的调和油不宜作煎炸油，因为油脂在煎炸时会产生过氧化物引起刺激性气味，失去橄榄油天然的气味。

橄榄油在食品工业和乳品工业中作为添加剂用以改变风味；在医药上用于配制各种抗生素或维生素注射剂的溶剂和软膏，特别是烫伤膏效果最佳；在纺织工业中主要用于印染用油，使颜色容易固定，色泽更加光亮鲜艳；在电子工业和玻璃仪器制品制造工业中，主要用于研磨润滑剂，尤其在高标准的电子产品中是其他油脂无法代替的。

5.2 油橄榄果采摘

油橄榄果成熟的时候，选择最佳采摘期采摘，对橄榄油产量和质量，以及油脂生产的成本至关重要，结合优化油橄榄果采摘装置，意味着获得最高品质的油脂质量和数量。事实上，何时用何种方法收获油橄榄果，是通过油橄榄果成熟状况，以及每棵树和每公顷橄榄产果率、气候环境和加工条件等因素来决定的。

油橄榄果的采摘方式，根据油橄榄种植状况和生产成本，可选择人工和机械采摘方式。通常劳动力成本比较低，加上不适于机械化采摘的橄榄树的油橄榄果，采用人工采摘。规模化种植油橄榄，需要机械化装置采摘，在油橄榄树种植时，要选择合适的树种，规划适于机械采摘的树距和行距进行规划栽培。规模种植的大面积橄榄果园，从开始就要计划选择适合机械化程度高采摘机器的果树品种，以及栽培行与株间距的规划，便于机械化油橄榄果采摘应用。

5.2.1 油橄榄果成熟度选择

成熟过程是根据遗传、环境和栽培条件综合评价的结果。油橄榄果成熟最明显的变化是油橄榄果皮颜色变化。通常，成熟的典型变化分为绿色、浅绿色、紫色和黑色的四个阶段。

油橄榄果最先从 8 月中旬～9 月，油橄榄果皮的颜色是均匀的绿色。9 月中旬～10 月第一周，绿色逐渐变淡成黄绿色。从 10 月第一周～11 月的最后一周，油橄榄果的颜色发生显著变化。色素沉着开始变得红紫色，然后，进入成熟期，整个果皮颜色日益加深，逐渐趋于黑色。紫色阶段的第一部分通常被定义为"转色期"，成为成熟的开始。所有的油橄榄果皮变成均匀的黑色时，油橄榄果已经过熟。

颜色的变化，是色素沉着的结果，是由气候、光照、果树果实结果数量等因素所决定的。但佛奥橄榄的果实在接近采摘的时候，仍然部分发青。一般情况下，采摘选在果实皮呈紫色阶段。由于一些果实紫色时间段长达 4～6 周，采摘期选在开始变色和结束期间的中间时间为好。油橄榄果实成熟期对橄榄油主要特性的影响如表 5-2 所示。

表 5-2　不同橄榄果成熟期对油品主要特性的影响（引自 Peri C，2014）

油的特性	绿色	变色	黑色
感官	具有未成熟植物苦味特征	有成熟的果味，以及苦涩和辛辣味	甜油味
得率	低	接近最大值	高

油的特性	绿色	变色	黑色
抗氧化性	最高	高	较低
货架期	最高	高	较低
色泽	较绿	可变化	较金黄色
易加工性	融合时间长，加工困难	正常	过熟，水多影响加工

　　油橄榄果成熟有一个过程，橄榄树上所有的果实不可能同时成熟，总是有早有晚，或在树的不同侧枝果实成熟不一致。果实多酚和风味化合物，长在树冠上的要多，而阴影部分油橄榄果中含量较低。也不是在油橄榄果园所有的树木都遵循成熟的相同模式，它取决于树的大小，长在树冠的位置，总是先熟。因此，果实的成熟的描述被视为代表的成熟模式的平均状态。

　　油橄榄果的成熟度，遵循未成熟的果皮由深绿色先转变成黄绿色，再到红色。随着油橄榄果紫红色果皮，逐渐变成黑色，果肉由白色转变成红色和黑色的成熟规律，规定了一种成熟度指数计算方式，为确定油橄榄果采摘时间提供参考依据。

　　采样前计算成熟指数时，果肉变色后用小刀将 100 粒鲜果样品切开，观测果肉颜色；观测全株树冠内外果实颜色变化并拍照分拣样品，确定对应成熟指数，以便确定最佳采摘期。从每株采集的 100 粒样品中〔彩图 18，引自程子彰，等. 林业科学，2014，50（5）〕，按类别进行 "0～7" 编号，类别中 "0" 代表果皮呈深绿色，数量以 A 来表示（以下数量依次由 B 至 H 来表示）；类别 "B" 代表果皮呈黄绿色；"C" 表示不到 1/2 的果皮转红色；"D" 表示超过 1/2 的果皮转红色；"E" 表示果皮转黑色，果肉为白色；"F" 表示不到 1/2 的果肉转红色；"G" 表示超过 1/2 的果肉转为红色；"H" 表示果肉全部转为红色。油橄榄果实成熟过程中，多酚含量与果实颜色变化关系，如图 5-2 所示。通常 10 月下旬和 11 月底，是油橄榄成熟和多酚含量最高的时间点。

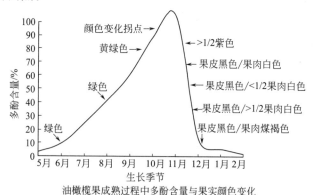

油橄榄果成熟过程中多酚含量与果实颜色变化

图 5-2　橄榄果成熟度与色泽和多酚含量变化

〔引自程子彰，等. 林业科学，2014，vol 50（5）〕

成熟度越高则成熟指数越大,彩图 19(http://cesonoma.ucdavis.edu)是成熟指数计算举例所用分拣的样品。

成熟度指数=(A×0+B×1+C×2+D×3+E×4+F×5+G×6+H×7)/100

大多数橄榄油生产,油橄榄果成熟度指数为 2.5~4.5。如果成熟度指数在 3.0~5.0,油橄榄果的含油量最大。

我国的油橄榄种植区域广泛,城固 32 号油橄榄品种,9 月底全株 90%以上果实呈黑紫色,果肉大部分变为紫色,10 月上旬开始落果,10 月底达到完熟,成熟指数达到 7.00,属早熟品种。莱星、佛奥、阿斯从 9 月中旬果实由青黄绿色至 10 月底全株 80%以上果实变紫色,果肉开始转红色,成熟较快,11 月后成熟较慢,果实开始皱缩并有落果,至 11 月底,这 3 个品种的成熟指数在 5.06~5.58,属中熟品种。鄂植 8 成熟较慢,至霜冻前外果皮大部分变红色,果实成熟均匀,至 11 月底,成熟指数仅为 3.46,属晚熟品种。皮削利 9 月 20 日果皮青绿色,从 9 月底开始成熟加快,但在同株不同枝上青、黑果并存,成熟度差异大,不同株成熟期不一致,采摘应适当晚一些。

成熟过程的趋势可以根据环境条件改变。同一品种在果园中使用不同的曝光或高度或水供应情况可能会遵循类似的趋势,随着成熟现象有些变化。对于相同的品种,但在不同的果园,最佳采摘时间差异在几天或几周之间。

如果在炎热的秋天和低降雨量的季节,会导致果实迅速成熟,需要在一个狭窄的成熟期内进行最佳采摘;一个凉爽秋季,可能会导致成熟期延后;低果实着果量,会加速果实成熟期的到来。在某些特殊情况下,如害虫侵袭、冰雹损坏、霜冻情况下,要根据具体情况确定适合的采摘期。

5.2.2 油橄榄果采摘方式

油橄榄因品种、气候、开花授粉时间和种植条件差异,果实的成熟度不同。提前或延后采摘,对产品产量和质量都会影响。原则上树上油橄榄果超过 90%果实达到成熟才可以采摘。并且能够在最短的时间内,用最低的工人数量,以最小的油橄榄果与树木的机械损伤,和对工人的安全和健康的最小风险综合决定采摘。

我国橄榄树在种植时,多选在丘陵和高低不平坡地,橄榄树的枝条修正也未考虑机械化采摘的特殊要求。橄榄果成熟时的油橄榄树形状,也不适宜机械化采摘。我国种植油橄榄的过程中,过去和现在的橄榄果采摘,主要是人工用手采摘。尽管人工采摘效率较低,但采摘过程中避免了机械采摘对橄榄果的损伤,以及树叶和树枝混入采摘的橄榄果中。

国外从 20 世纪 70 年代开始,通过提高劳动生产率,减少采摘成本,提高采摘效率,发展应用采摘机械装置,生产了形形色色的小型、简单和大型、复杂的采摘和收集橄榄果的机械设备。

5.2.2.1 手工采摘

根据梳篦原理可以用简单工具,例如用小塑料耙子顺果实结果树枝拉动,将油橄榄果脱离树枝，果实掉落到铺在地面的塑料网布上手工收集，再把它放入适当的料箱中。相比机械化采摘油橄榄果，手工劳动力成本高，手工采摘是最昂贵的采摘油橄榄果方式。表5-3列出三种主要的采摘方式的适用范围。

表 5-3　三种主要的采摘方式

采摘方式	适合应用范围
手工采摘和手持式采摘器	适于任何类型橄榄树种植体系、地势不平的陡坡小规模生产
树干振动采摘机	适于半密集或密集的橄榄树，技术要求管理较高的采摘
跨式采摘机	适于大规化生产的超密集橄榄树林的油橄榄果采摘

手工采摘，可以在不同类型栽培方式的橄榄树和果园特性（大小、树间距和地面坡度等）不同的情况下的使用；它不需要大的投资或人员特殊技能培训。手工采摘的严重限制条件，是大量的人工，并经常需要使用梯子，从而降低劳动生产率，也会造成工人采摘时的安全隐患。

在最佳采摘条件下，每个手工人员的每小时手摘的效率为 10～20kg 油橄榄果。如果果树低矮又及时修剪，结果率高，果园地势平坦，树冠很容易被采摘人采摘，采摘效率会有所提高。

手工采摘可能占用采摘油橄榄果总时间的 80% 和橄榄果的采摘成本的 50%～70%。这就是西方国家手工采摘正在消失，并正在被手持式采摘器或机械采摘装置取代的原因。

5.2.2.2　手持采摘器采摘

操作人员用带有梳理作用的手持油橄榄果采摘器，极大地促进了采摘效率。手持式采摘器多种型号和性能的设计不断地得到改善。

采摘人员利用手持式采摘装置，劳动生产率每人每小时采摘 30～50kg 油橄榄果。如果是精心修剪矮的橄榄树，树冠很容易与采摘器接触，并有效地进行采摘油橄榄果，收获的果实数量更多、质量更高。

手持式采摘器适用于所有栽培类型的橄榄树采摘方式，但树高不要超过 4m。因此，必须用修剪来完成，以限制其生长高度，促进树冠直径的发展。

手持式采摘器包括三个部分：一个操作装置，一个伸缩杆和动力装置，以提供所需的驱动力。

最常见的操作装置有许多类型，这里仅举梳篦和电动装置的采摘器。

梳篦最常见的操作方式是将梳子成对的装一个相互对称的装置上（图 5-3）。所述梳篦齿的数量、长度和齿与齿宽度，根据果树长势、致密度和树冠大小而定。无动力操作者上下手动，梳篦采摘器将油橄榄果摘下。电动和汽油机采摘器，使用带有振动装置的动力梳篦采摘器，能够减少操作者的劳动强度，提高生产效率。如果树枝不密，采摘树冠外面果实会更有效。由于电动和汽油机装置自身较重，对采摘油橄榄果的操作者有一定的特殊要求。

无论哪种采摘器，操作时也可以将梳篦头更换成钩子，人力低频率拉动油橄榄果枝，或动力抖动钩子，钩住小油橄榄果枝（5cm 直径的最大值），振动器以每分钟 1000～1500 次的频率剧烈振动，橄榄果也会被从树枝上振动脱离下来。

(a) 梳篦采摘器头

如果用敲打方式，可能导致油橄榄果被打成瘀伤，因此应尽量减少这种不良方式的应用。有效的振动能够使油橄榄果脱离树枝的束缚。另外，振动采摘方式，仅适于果实成熟度达到 90%～95% 时，采摘效果才明显。

① 伸缩杆 在手持采摘器装置中，由轻质耐用的铝、玻璃纤维、尼龙纤维或碳纤维材料制成，由具有长达 2～4m 伸缩功能的杆和振动装置组成，加上梳齿重重达 2～4kg。在某些情况下，头部的梳齿装置可以

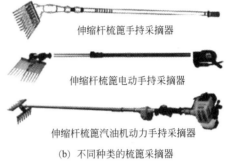

伸缩杆梳篦手持采摘器

伸缩杆梳篦电动手持采摘器

伸缩杆梳篦汽油机动力手持采摘器

(b) 不同种类的梳篦采摘器

图 5-3 手持式采摘器

单独根据需要组装。梳齿采摘装置，根据植株树体形态和树冠形状，允许有一定旋转接头角度，再通过一个调节装置与连接杆连接。

由于有伸缩杆的采摘设备，常规采摘使用的梯子被取消，因此，降低了工人高架上梯采摘的安全风险和用梯工作时间。

② 驱动动力 手持动力振动采摘器，除了汽油机和电动两种以外。由压缩机（自行式或拖拉机拖拉）通过连接管连接，进行气动振动采摘。采摘器以 6～8bar（1bar＝1×10⁵Pa）的压力和 200L/min 的空气流量的工艺操作。空气连接管长度不宜过长，限制在 100m 之内。连接管外可以缠绕有自动弹簧装置，有利于保护连接软管，操作起来也方便。

电动机由 12V 或 24V 的电池通过电缆（最大长度约 20m）连接供电。电池中，按照人体工程学原理，设计成使操作者携带方便的装置，按每天工作约 7h 的要求，进行夜间充电。电动机噪声要低，一般还配有一个电子安全装置，防止采摘时电动机损坏。一般电动机电极和操作系统加起来重量为 2～3kg。

③ 手持采摘器的缺点 首先，操作它们可能会引起工人较高的疲劳程度，尤其是重型装备或重量分布不均，或强烈振动或不符合人体工程学的控制。为了消除疲劳，采摘装置要轮流更换操作者，一般更换周期为 2h。

其次，手持式采摘器，采摘过程对树木会造成一定的损害（如擦伤树皮和叶枝），容易引起细菌和真菌在受损区域的树皮处滋生，影响果树的生长。通常用硫酸铜等盐类产品消毒，采摘误碰伤后建议立即在该处涂抹处理。手持采摘果实时，

如果击打作用小，机械损伤一般也较低。

5.2.2.3 主干振动器

用专用设备将树干钳住，如果树干非常大，专用设备钳住较大的大树枝。采摘油橄榄果的振动装置，可以单独或装在拖拉机上工作。自行式振动器的价格，比悬挂在拖拉机上的振动器要高。因此，它们主要用于大型油橄榄果树果实采摘。拖拉机悬挂的树干振动器，功率一般为 45～60kW。

机械收摘橄榄果的振动器抓手，是由带有防止损坏主干树皮的软垫的两片颚夹具组成。摇动树干是利用两个方向相反，质量偏心旋转引起的振动力所驱动。

支撑振动抓手的臂，可以伸缩，允许较大的运动灵活性，特别是当它需要将抓手用到主干主要分枝时。

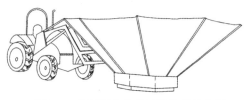

图 5-4　带环形伞状的油橄榄果收集器的树干振动采摘机

根据油橄榄果栽培品种、成熟期和树形形状，振动时间为 10～15s，但大多数的油橄榄果被振动下落，是在最初的几秒钟内。在一般情况下，为避免伤害树枝，应选用合适的振动装置。被振动下落的油橄榄果，由铺在地上的网收集起来，或通过倒置伞状机械收集器（直径为 5～10m）进行收集（图 5-4）。

由油橄榄果收集组合的树干振动收集机，每个操作员每小时的劳动生产率，可以达到 200～400kg。一个月平均可采摘 20～25 公顷的橄榄树的采摘量。

如果抓树干的振动采摘机械生产率大幅度降低时，有必要将振动器抓抱树干的分枝，达到有效的振动采摘效果。有效地利用树干振动采摘器的最佳条件总结列于表 5-4 中。

表 5-4　树干振动器的最佳应用条件

最好条件	注释
橄榄果树树龄 8～60 年	当树干直径达到 8～10cm 时，树干振动器都可以使用。古树树干通常过大（直径大于 50～60cm），树干有效摇晃和振动效果较差，会降低劳动生产率
种植树密度约 300 株/公顷	树干振动器的油橄榄果收集器工作时，两个相邻的树冠之间的距离应保持 1m 以上的间距
树主干笔直、有规律和单一，距地面至少 100cm 高	树冠的树枝不很长，没有下垂分支，特别是使用一个倒伞形收集器。主、副枝分叉不能过长
果实重和脱离力的比值小于 3	果实脱离力过高，高于 6N 时，虽然可以脱果，会引起大量树叶脱落。考虑脱离力（N）与果实重（g）间比率，比值为 2 时，油橄榄采摘生产率效果好，比值大于 3 时采摘量会降低
最佳土壤条件，有绿色覆盖植物	如果果树下没有绿草覆盖，尤其在较湿的土壤，树干振动器会造成土壤板结

最好条件	注释
用锷式钳形树干晃动装置	正确摇动树木操作,引起果实的机械损伤会非常有限。往往损坏树干,是振动装置使用不当,特别是由安装钳形锷松弛引起的。或钳形锷的安装位置不合适,或树干上的位置离地面过近,都会使树干和分枝在振动时受伤害
如果树皮损伤,需要消毒处理	振动采摘实时,经常会损坏树干或分枝的树皮部分。这种损害发生后,要配一种含铜离子的消毒液,涂覆于受伤树皮处,进行消毒处理

5.2.2.4 油橄榄果采集

无论用手工或机械振动方式,油橄榄果脱离树枝下落收集时,果实从高空坠地对果实的损伤,以及坠地后尘土污染、混入杂草等异物,会影响油橄榄果加工和橄榄油质量。人工采摘劳动强度大,搬动梯子,移动收料篮网都很累人,在倾斜或湿土工作时尤其如此。当在没有绿草地的湿土上采摘油橄榄果时,油橄榄果很容易被脏泥污染,如果油橄榄果处理前没有得到充分清洗,这可能会影响油脂品质。

这些因素都促进了收集油橄榄果时,需要铺设收集料网、塑料布等设施。人工采摘器采摘油橄榄果,铺设塑料布来收集。振动式机械采摘方式,用倒伞环绕树周围的方式收集下落的油橄榄果。伞型集料装置是与树干振动采摘机一起使用的。它由部分布置形成一个倒圆锥形、带有缠树干装置和一料斗的油橄榄果临时存储(200kg 或更多的平均容量)中心。当料箱满了,它被卸载到一个拖车或大的料箱中。伞型集料装置,每个操作员能大幅提高(200~400kg/h)油橄榄果的劳动生产率。这种油橄榄果振动采摘方法,要求橄榄树的树冠不能过大。

5.2.2.5 跨式采摘机

近年来,出现了增加果树的超高密度的油橄榄果园,主要是因为采用改良的葡萄机械采摘机(跨式采摘机),大大提高了采摘油橄榄果的生产效率。这种情况是按照橄榄树的栽培和种植观念发生的变化,以适应可以应用的采摘机。通过简单地增加振动的次数,葡萄采摘机已适应了超高密度的油橄榄果树的果实采摘。

油橄榄果的跨式采摘机如图 5-5 所示,机器上配有自动平衡和防滑装置,以确保在倾斜的地形上的稳定性。一台跨式采摘机能跨越橄榄树两边进行采摘。

采摘油橄榄果,是用位于采摘机两边旋转的具有韧性的拨棒,将油橄榄果从树枝上拨下,掉落到集料箱中。有些采摘机能将树叶和树枝分离出去,使得

图 5-5 跨式油橄榄果采摘机

油橄榄果更纯。收集油橄榄果的容器是通过倾斜方式,将油橄榄果卸到盛果的拖车料箱中。这种采摘机适宜低矮的橄榄树品种,种植密度为,每公顷种植 1500 株和 2100 株。

树的大小很重要，因为葡萄采摘机可以处理高度 2.5～3m 和宽度 1.5m 的葡萄植株，否则树可能遭到严重损坏。用此种采摘机采摘油橄榄果，树木的果实距地面高度约 50cm，以有效采摘油橄榄果果实。

与传统人工采摘油橄榄果相比，机械采摘机的优点是生产效率大幅度提高。比较不同采摘方式，每人每小时采摘橄榄果的数量列于表 5-5 中。跨越式采摘机，采摘效率大大提高。

表 5-5 不同的采摘装置的劳动生产率（每人每小时）比较

采摘装置	油橄榄果/kg
手扒用接料网收集	10～20
梳篦结合摇动钩-接料网收集	40～50
树干振动器-网盘收集-密集橄榄树林	100～150
树干振动器-包括收集-密集橄榄树林	200～400
跨式采摘机-超级密集橄榄树林	1000～1500

跨式机械化采摘油橄榄果的第二个优点是能够保证在最佳果实成熟时，最短时间内采摘，保证油品质量。

跨式采摘机与传统手工采摘相比，要求果树品种特殊，土地平坦，栽培行、株距规范，精耕细作。严格的精耕细作种植方式，必定增加油脂生产成本。

跨式机械采摘油橄榄果，需对种植的果园进行管理，投资大，该方法仅适用于大型企业。无论种植管理，或配套跨式采摘机械，加上适时集中采摘加工，都需要非常大的投资。

更大的油橄榄果采摘机是巨型跨式采摘机，机器上装备了一系列振动落果机械、收集果实和输送装置，机器总重高达 38t。该设备体积比较大，适于地势比较平坦的大块土地上机械采摘。巨型跨式采摘机价格非常昂贵，采摘时从一个橄榄果园移动到另一个果园，显得笨重，故巨型跨式油橄榄果采摘机的发展受到一定的限制。

目前，我国的成熟的油橄榄果采摘，主要是人工采摘，尽管效率不高，但对种植不规则、果树树冠大小不一，以及高低不平的种植果园的种种不适于机械采摘的情况，更适合人工采摘。

5.3 油橄榄果装卸、储藏和运输

油橄榄果采摘之后，如何避免油橄榄果的机械损伤，以及控制温度和存储时间，是保证油橄榄果加工制取优质橄榄油的关键因素。特别是如何搬运、装车、运送和鲜果存放，是该章讨论的重点。

5.3.1 油橄榄果油脂氧化和降解

油橄榄果收获后，到加工厂制取油脂期间，如何装箱、搬运和存储，对油品质量的影响很大。如果新鲜的油橄榄果受到挤压、碰创，有可能破坏油橄榄果的含油组织细胞，使其内源脂肪分解酶，与橄榄油脂接触，在有空气的条件下会使橄榄果油脂氧化，继续反应形成链式降解，使酸价增高，降低油脂营养和风味评价。

实际上，油脂降解的某些产物，如单甘油酯和过氧化物会成为催化剂，继续进行降解反应。

油橄榄果腐败和油脂降解机理如图 5-6 所示。

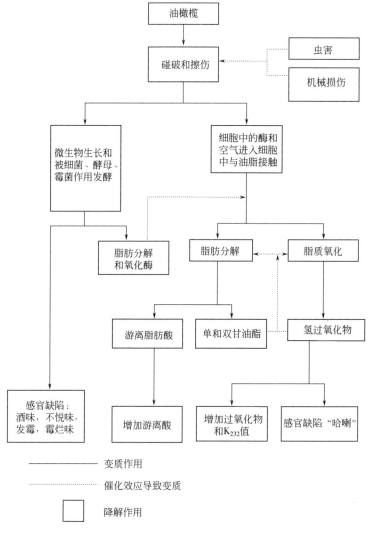

图 5-6 油橄榄果腐败和橄榄油降解机理图
(引自 Peri C，2013)

分析图 5-6，采摘后的橄榄果，搬运、储存到加工工厂前的两个关键条件：一是避免机械等原因损伤油橄榄果；二是控制温度和缩短时间。

5.3.2 防止机械损伤油橄榄果

油橄榄果被外力挤压、碰撞，会导致细胞结构破坏，使果肉中的油脂与其含油存储囊泡（细胞器称为圆球体）亚细胞组织，特别是与水和氧化酶接触，加上空气中的氧的存在，容易引起油脂氧化劣变。细胞汁中的糖，易被细菌和酵母发酵，生成乙醇、乙酸和乙酸乙酯，产生酒味/醋酸味的感官缺陷。

发酵是一种放热现象，所以它也导致温度增加，更进一步有利于微生物的生长和继续发酵。油橄榄果发酵和加热的结果是，产品"发霉"引起一系列的降低产品质量的现象发生。

如果，在不当条件下储存数天，滋生的霉菌主要有青霉和曲霉属，大规模的油橄榄果加工生产，除了脂肪降解增加酸价、过氧化值之外，也会增加"霉味、潮湿味和泥土味"的感官风味缺陷。

对于橄榄油运输和储存，通常用硬质塑料包装箱（15～20kg 或 200～300kg），盛装油橄榄果。油橄榄果料层过厚，其重力会造成下层油橄榄果被挤压，为防止这种装料伤害油橄榄果，箱中的油橄榄果料层，一般不超过 30cm 厚。这些盛装油橄榄果的硬质塑料箱，必须有通风孔，在运输和储存时，即便多层叠加存放，也有良好的空气流通（图 5-7）。

如果采用卡车散装油橄榄果运输，仅适用于从橄榄果收获，到加工粉碎工段的几个小时内，在随机采果和随机加工的环境条件下完成。为了保证新鲜的油橄榄果质量，严格禁止将油橄榄果倒在地板上或装入麻袋中装运的操作。图 5-8 为汽车散装卸料示意图。

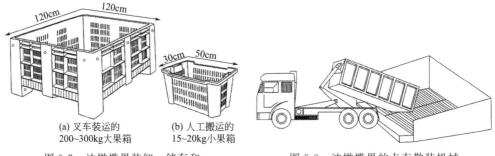

(a) 叉车装运的　　　(b) 人工搬运的
200~300kg大果箱　　15~20kg小果箱

图 5-7　油橄榄果装卸、储存和
　　　　运输的塑料容器

图 5-8　油橄榄果的卡车散装机械
　　　　运输与液压卸料图

5.3.3 油橄榄果储运时间-温度控制关系

通常油橄榄果成熟期比较集中，超过正常的加工能力的油橄榄果，采摘后需要装箱、运输和短暂时间的储存。为防止过长时间，或不良的温度环境对油橄榄果品质的影响，需要研究橄榄油品质降低与"时间-温度关系"的规律。通常油脂降解反应的速率按温度指数关系增加，整体降解作用随时间延长呈线性关系。时间和温度关系的相关公式，用一个半对数曲线图来表示。温度为横坐标上线性标尺，时间为竖轴上的对数标尺。油橄榄果从采摘到储存，以及工厂加工期间的时间-温度关系见图5-9，参照此图选择最佳的时间-温度条件。

温度从0℃变到30℃，而时间标度为1～100h。这两个斜线代表了满意的油橄榄果存储边界区域。他们被分成两部分：时间-温度条件下，在较低的区域是合适的，而那些在上部区域的不适合于良好存储油橄榄果。两条线之间的标准条件可以相对于品种和油橄榄果成熟程度而有所不同。

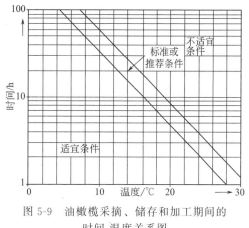

图 5-9　油橄榄采摘、储存和加工期间的
时间-温度关系图
（引自 Peri C，2013）

由此可以看出，例如，温度为29～30℃，最好的保存时间不超过1h；在5～7℃温度下保存性，可以延长到4天。在15℃的油橄榄果可以安全地存储最多20h，在温度10℃条件下，可以保存长达50h。

利用这个温度-时间关系图，可以掌握油橄榄果的良好储存条件。

5.3.4　油橄榄果采摘要兼顾加工管理

人们常常要求采摘后的油橄榄果，在最短的时间内进行加工粉碎。由于有很多的不确定因素，如加工设备的配套问题、场地动力临时断电、设备出现故障等等，不可能按照时间-温度关系图那样进行精确的同时采摘和粉碎加工操作管理。

为了保证新鲜完好的油橄榄果及时得到加工，要创建采摘和粉碎加工工艺之间的刚性连接，避免大量的油橄榄果堆放车间，严重影响油橄榄果加工后油脂品质影响经济效益。加强设备保养，同时要提高粉碎碾磨设备的生产效率，尽量减少，或避免粉碎碾磨加工不畅，引起油橄榄果在加工场地的堆积现象。

制定标准化的定性和定量加工操作管理制度，优化油橄榄果采摘、装运的加工关键技术，保证产品质量的同时增加产量。

5.4　油橄榄果清选

大批量采摘的油橄榄果中，会加带橄榄树叶、橄榄树枝和其他如泥土等非油橄榄果杂质。为了油橄榄果加工生产安全和橄榄油的质量，加工油橄榄果生产橄榄油时，必须将其杂质清除。清除油橄榄果中杂质的方法，通常分两个步骤进行。第一步，利用风机和振动筛，将树叶和细小树枝除去。第二步，将油橄榄果皮上黏结的泥灰清洗掉。在油橄榄果加工生产车间，都有严格的清洗操作规程，明确规定每日清洗、换水频率和水温的控制等。

5.4.1 油橄榄果清选目的

这种工艺有两个目的：一是除去橄榄叶、树枝、石块，以及有可能损坏油橄榄果，和其他意外混入的机械杂质；二是油橄榄果上黏结的灰尘和泥土。

去除枝叶和石块，利用风机和振动筛作用，从成批的油橄榄果中，分离除去大的机械杂质，黏结在油橄榄果上的泥灰，需要用水洗涤。因此，油橄榄果的清选工艺分为两个部分，即大杂质的分离和泥灰的洗涤。

5.4.2 分离机械杂质

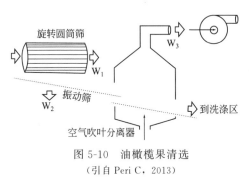

图 5-10　油橄榄果清选
（引自 Peri C，2013）

将油橄榄果中异物杂质分离出去分三个步骤进行。第一步，将油橄榄果送入具有一定缝隙，或更大的孔的旋转的圆柱形筒筛中进行分离，分出橄榄叶和橄榄枝。通过筛孔把小于油橄榄果的沙、石小块分离出去。而较大的机械杂质，如小树枝或石头，保留在旋转筛中，随着筒筛转动将这些杂质分离出去，如图 5-10 中 W_1 所示。

第二步，将通过旋转圆筒筛的油橄榄果，送到具有一定斜度的振动筛面上，随着振动筛的振动，比油橄榄果小的颗粒杂质，通过筛面上的小孔，筛分清理出去。在这道工序中，包括土壤、砾石和破碎的橄榄小颗粒，收集到第二个干废料集料器（W_2）中。

第三步是风选。油橄榄果滑过倾斜的筛面时，比油橄榄果轻的树叶，被风吹离收集到第三个干物料废弃物装置中（W_3）。

在一些油橄榄果加工厂中，三道工序的顺序可以有所不同，但其目的和结果是相同的。近年来，较大型的油橄榄果采摘，往往把油橄榄果杂质的清选、分离装置放置在油橄榄果树园中，对采摘的油橄榄果及时进行分离。这种在油橄榄果园中的预处理方法，越来越受到人们的青睐。这样的工艺，把橄榄叶、泥土和沙粒等干废物料留在橄榄种植园现场，就不会堆积到橄榄油加工工厂中。

5.4.3 清洗

橄榄果的洗涤分两个步骤进行：

第一步，将油橄榄果倒入一个具有空气和摇动着的洗涤盆中。油橄榄果润湿后，便于清除油橄榄果皮上的灰尘和泥土。先用传送带，将油橄榄果输送到洗涤盆中，如图 5-11 所示。再用水循环相对溢流洗涤油橄榄果。

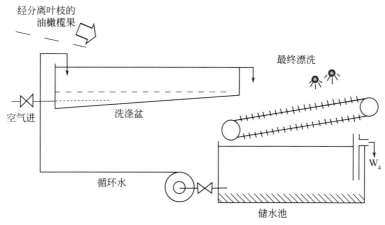

图 5-11　油橄榄果清洗工艺示意图
(引自 Peri C，2013)

第二步，洗涤后的油橄榄果，表面含有一些湿脏水，需要用一个能排放脏水的清洗装置。经第一步洗涤的油橄榄果，再经带孔有一定倾斜度的金属输送带输送，传送带上面装有清水喷雾洗涤装置，经清洗装置清洗后的油橄榄果最终达到净果要求。这种清洗干净的湿橄榄果，最后被输送机输送到粉碎碾磨工段。

清洗工段洗涤油橄榄果的废水集中收集到储水池中，洗涤油橄榄果的水经自然沉降净化，再由溢出排放水管放出（W_4）。储水池同时被当作沉淀罐，较重的土壤颗粒沉降至底部，再用离心泵，以循环方式使净化后的水回到油橄榄果洗盆中清洗油橄榄果。

通常的油橄榄果加工生产，约用10%油橄榄果重量的冲洗水，连续地补充到洗涤水中，沉淀池不洁的水，连续不断地往外溢流（W_4）。

5.4.4　清洗工段主要控制点

这种清洗操作工艺的关键控制点，主要是更换清水和设备清洗、油橄榄果清洗和工艺水水温几个方面。

5.4.4.1　更换清水和设备清洗

清洗水的循环洗涤中，水会被泥灰污染，需要及时用相对干净的水进行更换。考虑最终橄榄油的质量要求，一定要保证水的清洁度符合食品安全需要。生产用水至少每天定时用饮用水更换。与此同时，整个清洗设备与油橄榄果接触部分都应清洗，定时除去洗涤盆和沉淀池中沉积物。对所有的排水管道、回收泵，以及喷雾清洗喷嘴等，都要清洗干净。机械分离部件，尤其是振动筛和送风管路，也必须定期清理干净。

5.4.4.2　清洗步骤

油橄榄果最终清洗到何种干净程度，直接影响到后续工艺和橄榄油的质量。衡量油橄榄果清洗程度，先观察洗涤池出来的油橄榄果，即便看起来油橄榄果很干净，其实油橄榄果表皮也含有一定的水分。脏水经常含有 Fe（铁）和 Cu（铜）的金属离子，是油脂氧化的强催化剂。这些金属物质会被油橄榄果带到成品橄榄油中，成为催化油脂氧化的隐患。如果使用含盐大的硬度高的自来水作为油橄榄果的净化洗涤水，也无法避免硬水盐中金属离子的污染。油橄榄果的净化清洗，一定要用清洁水洗涤。

5.4.4.3 水温

在广大的北半球，油橄榄果收获在冬季，主要是 10 月下旬～12 月上旬。我国的橄榄种植，跨北亚热带和南温带地区，油橄榄果成熟期从九月下旬，到第二年一月上旬。当大气温度超过 10℃时，这期间的自来水温度比较低，一般在 12～14℃。这时如果用冷水洗涤油橄榄果，油橄榄果会受到冷却，可能会影响洗涤效率，特别是油橄榄果在较低的温度条件下，粉碎研磨导致油橄榄果浆中的油脂黏度下降，影响融合效果。因此，融合工艺的最佳融合温度范围，在 24～27℃。

一个良好的洗涤油橄榄果用水温度范围在 20～24℃。这样，有利于油橄榄果洗涤后，接下来的粉碎-融合-卧螺分离工艺期间的控制加工温度的操作。

上述清洗水的温度，可以用盘管换热器、板式换热器，很容易就可将洗涤水加热到合适的水温。

5.5 油橄榄果粉碎、碾磨和脱核

清洗后的油橄榄果，在融合之前需要用粉碎、碾磨与脱核加工设备，将其粉碎到有利于融合的物料状态。这里分别对常用的锤式粉碎机、盘式碾磨机、花岗石（或金刚砂轮）磨机，以及完全和部分脱核的粉碎机等设备的结构和性能进行讨论。

粉碎的过程中，油橄榄果经受压力（有冲击、震动和撞击）和剪切作用，将果肉组织粉碎、碾磨成非常细小的颗粒，可以直接从含油果肉细胞的液泡中，完整地将橄榄油取出。

5.5.1 简介

油橄榄果主要果肉细胞组织的液泡中含有微细的油滴，粉碎研磨油橄榄果的目的，是借粉碎、碾磨设备对果核、果皮和果肉细胞进行粉碎，使其成为浆状物。经粉碎、碾磨作用，液泡中的油脂被释放出来，以细小微滴分散在以水为连续相的含油碎油橄榄果肉、果渣的油橄榄果浆（浆）体系中。这种油橄榄果浆，是由刚性碎片段和软肉质果肉、果皮的两种不同类型的固体，与油和水两种不混溶类型的液体形成的半流体混合物。经过后续的融合工艺，随着慢速搅拌和控制一定的温度，使细小油滴融合成大油滴，利用油、水和固形物物理特性，利用沉降或离心分离作用的差异，将橄榄油从油橄榄果浆中压榨或分离出来。这道工艺，对油品质量和生产得率，有重要意义。

假设一个果肉细胞单元度约为 $20\mu m$，而从果皮到果核的果肉的厚度为大约 6mm（$6000\mu m$），约 300 层的含油果肉含油液泡细胞。这就是为什么要求将果肉粉碎、研磨的非常细，以便让油能够从粉碎、研磨的细胞中释放出来。

粉碎加工时，同时能够将坚硬的木质油橄榄果核研磨碎。油橄榄果浆中的碎果核，能够形成刚性框架，有利于果肉中的油和水的液体排放，也有利于固体组分的分离。在融合工艺中，控制果核的破碎度，有助于搅拌时对细胞结构摩擦的影响，从而有利于把细胞中的油脂释放出去和聚集。相反，研磨果核过细会产生细粉末，导致卧螺分离机堵塞，降低橄榄油提取率。

油橄榄果粉碎加工时，根据橄榄果浆中果皮、果肉和果核不同固形物性能，以及油和水两种液体性能差异，根据油橄榄果实结构、成分等性质，选择加工设备和操作方法。

油橄榄果主要结构和成分如表 5-6 所示。通常作为油用油橄榄果实，种皮占 2%，果肉占 72%，果核中木质占 21%，仁占 5%。核仁中的油约为核仁重的 20%，相当于每 100kg 的油橄榄果约含 1kg 橄榄核仁油。这是一个不可忽视的数值，用现代加工技术，仁有 70%～80% 的油脂可以被提取出来。仁中可能被提取出来的油脂，约占总提取油量的 5%。橄榄核仁中油脂，富含必需脂肪酸的亚油酸，是一种良好食用油资源。

表 5-6　油橄榄结构成分的平均重量

油橄榄的组成	含量（每 100g 油橄榄果实中）/g
果皮	2
果肉	72
核	26
木质壳	21
仁	5

在粉碎研磨工艺之后，获得均匀的油橄榄果浆的平均组成成分列于表 5-7 中。刚性固形物含量也列于表中。木本碎果核成分，约占橄榄果浆的 20% 以上；它们创建的刚性网络有利于促进排水，也利于卧螺分离机对油橄榄果浆、水和油的分离。

表 5-7　油橄榄果浆的平均重量

油橄榄果浆的平均成分	质量分数/%
水＋水溶性固形物（植物水）	57
油（含果仁油）	15
不溶性固形物	28
核壳中的坚硬固形物	21
果肉中的软固形物	7

油橄榄果的良好的粉碎研磨工艺，一方面能满足将果肉细胞液泡中的油滴，完全被释放出来，将果浆粉碎成非常细的微粒；另一方面，严格控制研磨粉碎后的粒度，以便离心制油时能够有效地保证出油网络排放畅通。

从机械的角度来看，粉碎研磨是两个不同的压力和剪切作用的结果。压力是被施加到油橄榄果正方向上的力，而剪切是切向方向施加的力。

剪切引起的软组织果浆粉碎成颗粒，具有消耗能量低的特性，一般不会发生热。相反，压力是通过综合作用，用击打和冲击作用，将果核粉碎，消耗一定的能源，使油橄榄果浆发热。压力和剪切力的相对强度，取决于破碎机的设计和旋转速度。粉碎研磨对油品质量的影响如下。

粉碎研磨作用越强烈，导致油橄榄果肉组织细胞破碎程度越显著，颗粒越小。酚类化合物被释放的程度更大、酶活性更强，易于促进橄榄苦苷元的生成，也有利于将其溶于橄榄油中。因此，更强烈的粉碎研磨作用，造成橄榄油更苦、刺激性更强，以及酚类抗氧化剂含量更高。

显然，强烈的粉碎研磨作用，适用于低酚含量的品种；而温和的粉碎研磨作用，适于高酚化合物含量的品种；如果设备选型相反，可能会导致在第一种情况下的橄榄油风味平淡，第二种情况下的橄榄油苦味和辣味更强。

研磨作用的强度，应视为特级初榨橄榄油加工中的一个重要的控制参数。现代油橄榄加工厂，粉碎研磨强度，是通过粉碎机可变转速控制，有时用不同类型的粉碎研磨机（例如，锤和盘式粉碎研磨机），或交替研磨和脱核碾磨机，具体可根据油橄榄果的品种和油橄榄果的成熟程度而定。

5.5.2 粉碎机

三种最普通的粉碎研磨机，是锤式、盘式和花冈岩石研磨机，它们的技术特性列于表 5-8 中。

表 5-8 通用油橄榄粉碎机技术参数

（引自：Amirante P et al. 2010，Earle and Earle 2013）

破碎机类型	操作模式和处理量 /(kg/h)	转速 /(r/min)	浆的颗粒粒度控制	作用机理	电机功率/kW	机械作用强度	橄榄油质量、得率和优缺点
单筛网锤片式粉碎机	连续式 2000～7000	2500～2900	孔直径 6～8mm	平衡施压	高达 50	高	加热，油乳化
双筛网锤片式粉碎机	连续式 2000～4000	1300～1500	孔直径 第一网 9～11mm 第二网 6～8mm	平衡和剪切施压	高达 30	中等	微不足道
盘式粉碎机	连续 2000～3000	1300～1500	盘间距 2～4mm	平衡和剪切施压	高达 20	中等	微不足道
花岗石或金刚砂粉碎机	不连续 600～2000	10～15	磨和磨盘间距 1～5mm	对凹槽平衡施压 对果浆剪切施压	高达 10	低	氧化降解

5.5.2.1　筛网锤式粉碎机

筛网锤式粉碎机（图5-12），包括一个含筒状体的网格壁的外壳。格子孔径根据需要可以调整。细腻的油橄榄果浆，可用细小网格孔径来控制。网格内有一个带三到六个轮辐钢板的转子，转子辐板的顶端安装一个打板（俗称锤子），转子中央安装轴承。通过轴承使其与轴和电机连接，电机转动时带动转子旋转，转子上的锤打板，猛烈击打油橄榄果，使其粉碎，借锤板挤压力将粉碎的果浆，挤压出网格。将被挤压出的果浆收集起来，就成油橄榄果浆，输送到融合工段融合器中进行融合。根据粉碎机粉碎研磨功率的需要，配备驱动电机。粉碎机内的过滤网格板，是固定到机架上的。

粉碎机制造厂商一般配置筛孔直径为4mm、5mm、6mm、7mm的四种筛网，当加工一些果形较小，单果重小于3g，成熟度指数<4，果实含水率<56％的果实时，宜选用4mm或5mm的细筛网，相反则用6mm或7mm的粗筛网。油橄榄果的果肉虽然很软但果核很坚硬，对筛网的冲击磨损很大，应视磨损程度更换筛网。

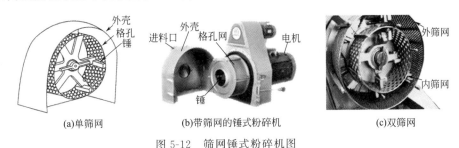

(a)单筛网　　　　　　(b)带筛网的锤式粉碎机　　　　　　(c)双筛网

图 5-12　筛网锤式粉碎机图

油橄榄果经由低功率电动机驱动小型螺杆喂料器，将其均匀地输送到粉碎机中。粉碎机上的油橄榄果的进料位置是居于粉碎机的轴向进料位置，旋转的打板猛烈击打油橄榄果，将油橄榄果肉粉碎成果浆，油橄榄果核也被高速旋转的锤板打碎，粉碎机中的旋转物料借离心作用力，推动着油橄榄果浆，向网栅边壁挤压，被推出粉碎机外。

将通过粉碎机边壁网孔的油橄榄果浆，汇集起来输送到下一工段的融合器中进行融合。

5.5.2.2　双筛网锤式粉碎机

双筛网锤式粉碎机见图5-12（c），由两个不同孔径筛孔的网和两种规格的辐条和锤板，同时安在一个同心圆转子上。油橄榄果经中部送进粉碎机中粉碎，经第一套旋转锤式粉碎器粉碎。离心力将粉碎的果浆，推出第一筛网。再被外层的第二套锤式板打击粉碎，被挤压和离心并通过孔径更小的第二筛网。经第二筛网出来的果浆，再输送到融合器中融合。

双筛网型锤式粉碎机，经过两次粉碎得到颗粒更小、颗粒度更均匀的物料。这种粉碎机，热效应和耗能都更低。双筛网锤式粉碎机果浆，物料乳化性和橄榄油升热特性，与单筛网粉碎机相比更低。

值得指出的是，不同的油橄榄果粉碎机机型或筛网片数，对加工同一品种的油橄榄果所得到的橄榄油的指标是不同的，单筛网碎果机加工出来的橄榄油的多酚含量高，苦味和辛辣味重，而双筛网粉碎机加工出来的橄榄油的多酚含量低，苦味和辛辣味轻；粉碎机转速越高，油中多酚含量越高，保质期越长；另外，筛片的网眼小，则橄榄油中的叶绿素和多酚含量高。

5.5.2.3　盘式粉碎机

盘式粉碎机如图 5-13 所示。这种圆盘粉碎机粉碎油橄榄果时，由安装在轴上的电动机驱动，带动移动齿盘旋转，与带中心进料孔的固定机架上的齿盘作相对运动，将油橄榄果挤压、剪切成碎粒和果浆。每个盘都装有数量不等的，按一定规则排列的板齿，这些板齿位于距旋转中心不同距离的同心圆盘上。动静盘上的板齿相互交错作相对运动。油橄榄果被相对运动中的板齿击打、粉碎成果浆，在完全密闭状态下被输送到下一工艺设备中。通过动盘和定盘齿间狭窄空间，被粉碎的油橄榄果细颗粒，随油橄榄果浆被输送到融合器中。无法通过齿与齿缝隙的未粉碎到一定细度的油橄榄果核，只好在粉碎机中继续被粉碎，直到其颗粒能够通过粉碎机中齿间间隙，才能被送到融合器中。

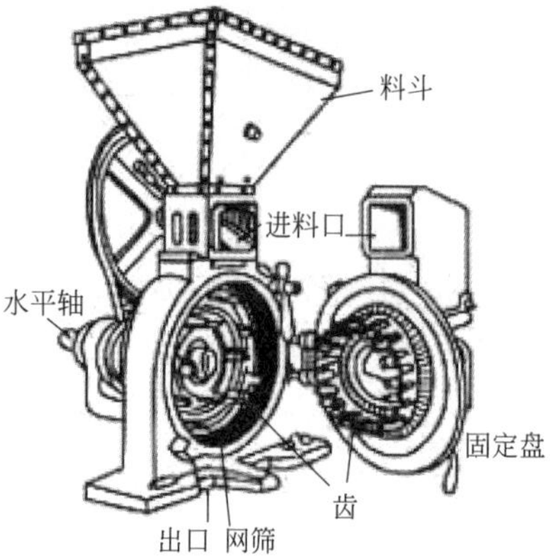

图 5-13　盘式粉碎机

这种粉碎机的定盘与动盘间的距离越近，间距越小，被粉碎的果浆的细度越细。如果金属、石块偶然随油橄榄果进入粉碎机，有可能会损坏粉碎机的齿条，甚至损坏机械设备。

油橄榄果核的粉碎，是由粉碎机中的固定剪切齿，与相反旋转齿相互双剪切和与果核的摩擦作用，将其组织结构进行粉碎的。粉碎时剪切力释放，比锤式粉碎机的冲击力的能量更小，粉碎引起的浆料升温小于锤式粉碎机，可溶性酚类化合物含量也较低。因此，用盘式粉碎机与用锤式粉碎机粉碎油橄榄果制取的橄榄油相比，苦味和刺鼻风味更低，油乳化性也更小。

5.5.2.4　花岗石粉碎机

花岗石粉碎机是地中海国家最古老的油橄榄果粉碎机类型。早期的磨辊都是花岗岩石凿制而成的，它由 3 或 4 个金属轴承、圆形花岗岩基座和钢套管结构组成。花岗岩底座中心的垂直金属轴，通过一个伞齿轮减速装置，连接到电动机上。2～4 个圆形花岗岩磨石磙，通过固定轴装置连接到垂直的传动轴。近年来，这种石磨利用金刚砂经粘接，按照磨盘大小，先在模具中制坯，再进行烧结而成金刚砂磨，用于代替天然花岗岩石磨。

这种石磨设备，根据设备制造的设计，有不同的形式。图 5-14 的两个石磙碾磨粉碎装置，两石磙分别安装到距中心不等距离的旋转轴上，组合的滚动/粉碎作用能够覆盖磨盘整个面上的物料。

这种石磨粉碎加工，是间歇式的装油橄榄果、碾磨粉碎和浆料后续卸料。一批的油橄榄果，粉碎到油橄榄果浆的时间为 15～20min。

油橄榄果浆物料细度大小，可通过改变粉碎机石磨与花岗岩基座之间的距离来调整。距离越短，油橄榄果浆料越细。

石磙在磨盘上滚动，产生碾压和剪切作用力，将油橄榄果和果核粉碎成含有细小碎核的果浆。这种粉碎机，与连续机械的锤式粉碎机相比，有一定的优点和缺点。

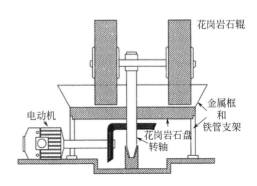

图 5-14　石磙磨粉碎机

石磨粉碎机的主要优点是，旋转的石辊和油橄榄果核，均匀地碾压和剪切，降低果浆的组织和细胞颗粒过于细小的程度。由于磨辊转速低，油脂不会发生均质和过热现象。由于这种粉碎作用温和，导致酚类化合物的含量低，降低了油的苦味和辣味。也不像连续机械破碎机，能够帮助物料混合，促进油滴聚结，有利于下面融合工艺操作。

石磨粉碎机的主要缺点：一是油橄榄果浆中油脂，暴露在空气、氧气和自然光中，容易被氧化降解；二是暴露的环境容易被污染；三是间歇的粉碎加工，控制操作条件，以及人力成本的标准化等，受到严重制约。这些缺点，使石磨粉碎机被连续的钢材粉碎机所取代。

从油橄榄果肉中脱去油橄榄核的生产橄榄油加工技术，自古以来一直都有。去除油橄榄核和在减少果浆的适当细度的脱核加工，是将果肉制成具有一定的细度、流动性和均匀状态的浆体。用连续脱油橄榄果核机，脱除油橄榄果浆中的果核。根据生产工艺需要，可以选择全脱核粉碎机，或部分脱核粉碎机。

脱果核工艺，一要避免果浆从核中分离不完全，分离的碎果核会带走部分果肉；二是防止果核粉碎形成核粉，待融合后的果浆进入卧螺离心机分离时容易堵塞油路，降低橄榄油得率。过成熟的油橄榄果的果核脆性增加，油橄榄果加工粉碎中，容易形成更多的果核粉末，加工生产时要引起重视。

5.6　油橄榄果浆融合

油橄榄果浆在融合的时候，发生了复杂的物理和生物化学作用。这些作用对橄榄油提取率，以及橄榄油的营养和感官品质，都有重大的影响。融合的时候，最佳的时间-温度控制关系，是一个半对数曲线图。只有严格控制油橄榄果浆温度，选用合适的热交换器加热，保持良好稳定的加热温度，以及精确控制油橄榄果浆在融合器中的融合时间，才能达到最佳融合工艺效果。

5.6.1　融合现象

融合的主要目的，是使在随后的传统压榨，或离心分离制油工艺中的橄榄油，更容易分离，以及油品质量更佳。在当代特级初榨橄榄油加工中，融合是一系列连续油橄榄果加工工艺中唯一的不连续工段。在前面，已有洗涤和粉碎碾磨的连续操作，且后面是卧螺离心分离、蝶式离心分离的连续分离工艺操作。融合这种不连续性的工序，要有一定的缓慢融合过程，不可能在很短的时间内完成。如果我们将所有用于处理特级初榨橄榄油的时间，从粉碎、研磨油橄榄果，到最终离心分离和整理算在一起，油橄榄果加工工艺融合时间约占 2/3。

融合对油橄榄果浆分离油脂非常重要。数千年前，就有油橄榄果压榨制取橄榄油的历史记录。古人曾观察到，油橄榄果浆的缓慢混合，引起油相渐进地上升到果浆浆料的表面。有人还发现，加入一点点水加速并改善了油分离。这种现象，被称为"聚集"，即使到了今天，也是橄榄油分离非常有效的措施，卧螺离心分离机，就是快速分离油脂的一种方式。

与此同时，在知识和科学进步前提下，融合工艺使油橄榄果肉细胞中的微细油滴，被融合积聚成大油滴，与此工艺相关联的主要工艺和物性变化现象列于表 5-9 中。

表 5-9　橄榄果浆融合时物料变化类型和效果

转化形式的类型	转化形式的现象
机械	用切割和剪切作用破坏细胞组织结构
	混合作用
	流变学变化
物理	控制热交换温度
	控制顶部空气成分
	水相和油相之间的扩散与平衡现象
物理-化学	改变疏水-亲水平衡
	油滴聚集作用
化学和生物化学	酶催化反应
	细胞呼吸现象
	不饱和脂肪酸在 Cu^{2+}，Fe^{3+} 存在下的化学氧化

表中这些相互关联的现象非常复杂，它们中的一些粗略关联关系如图 5-15 所示。

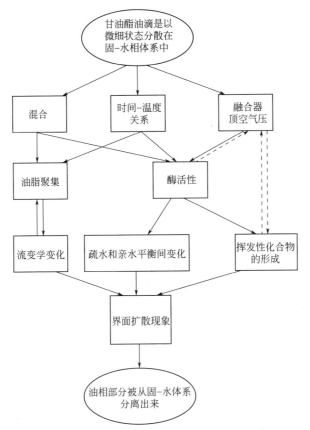

图 5-15　橄榄果浆融合时的流变、物理化学和生物化学变化图
(引自 Peri C, 2013)

　　供给融合器的浆料是固体分散于以水为连续相的介质中，果浆中的小油滴，直径小于 $30\mu m$，并均匀地分散在果肉亚细胞组织中。融合时油滴聚集，触发果浆内源复杂的水解酶、氧化酶、脂氧合酶（LOX），以及油脂的复杂链式反应酶的活性等。融合时油滴合并，油橄榄果浆发生显著的流变性变化。包括在相结合和使黏度增加的作用，以及油橄榄果浆料进一步融合导致相分离和黏度降低的作用。油橄榄果浆融合时，内源酶活性发生相当大的变化，改变疏水和亲水性化合物的平衡。形成部分单甘油酯和具有两亲性质的甘油二酯，油脂成分部分特性发生变化。如吡喃葡萄糖水解酶作用，能减小橄榄苦苷的亲水性，将一些橄榄苦苷的苷元转移到油相中。

　　复杂的酶反应，作用于多不饱和亚油酸，如 α-亚麻酸，形成短链羰基和醛类衍生物。这些衍生物，对油的风味特性具有重要影响。酶的作用引起果浆物料的呼吸代谢，使融合设备顶部空间的氧气减少和二氧化碳增加。在合适温度条件下融合用的影响，会形成新的化学成分，通过相变慢慢转移到油中。

融合最终形成的混合物，与进入融合器中的果浆性质有很大的差异。超过80%的油的已转到含新极性和两亲化合物的油相体系中。这些化合物对油的营养和感官评价，起到关键作用。

5.6.1.1 聚集作用

聚集，是油橄榄果浆中水分子的极性作用，疏水-亲水平衡现象的结果。事实上，水由结合到一个氧原子上的两个氢原子组成。氧带负电荷，而氢带正电荷。因此，水分子是偶极子，通过氢键连接到一起。

在融合时，可能会出现油滴聚集成连续的脂质相。在融合油滴聚集时，水是通过分子相互吸引与其他水聚集起来，从含水的介质中把油分子挤出来，融入脂质相使油滴增大。

总之，水通过氢键结合，并提供了用于分离油脂的作用力。更精确地说，这种油脂分离的原理，是被果浆细胞中所含的水"驱逐"出去，而不是被"萃取"出来。

破碎后的油橄榄果浆经融合之后，果浆中的油滴由小变大，破碎后的果浆中，小于 $45\mu m$ 的油滴数量减小，大于 $45\mu m$ 的油滴数量增加，特别是 $75\sim150\mu m$ 的油滴，融合后油滴直径比破碎后融合前增大了 4 倍，大于 $150\mu m$ 的油滴直径增大 3 倍。融合对破碎后的油橄榄果浆中油滴直径的影响，其大小分布状态如表 5-10 所示。

表 5-10　破碎和融合对油滴直径变化的影响

(引自 Di Giovacchino，1996)

项目	油滴直径/μm					
	<15	15~30	30~45	45~75	75~150	>150
破碎后	6	49	21	14	4	6
融合后	2	18	18	18	19	25

油橄榄果浆中的油滴变大，有利于传统压榨法，能有效地将橄榄油从果浆中压榨出来，也更有利于离心分离，增大橄榄油与其他果渣成分离心力的差异，有利于橄榄油从油橄榄果渣中分离出来，更利于提高橄榄油的制取效率。

5.6.1.2 温度和时间对融合的影响

温度对融合工艺的影响，一是观察到增加油的温度和降低黏度，有利于油脂聚结，油滴体积增加；二是油滴从水相到油相中的物质扩散，由于温度的增加而加速。

另外，过高的融合温度，可能对橄榄油的品质有害：果浆中的脂肪氧化酶活性增加，容易促使脂肪氧化降解；油中的挥发物，也会随蒸气压增加，香味物质会丢失。

在工艺中，选择时间-温度的融合条件，应尽量避免影响产率和油品质量的不利因素。

（1）时间-温度对融合作用的关系　在一般情况下，融合效果的物性转换的程度，取决于反应速率和时间。反应速率随温度指数关系增加而加速，而与时间转换的程度呈线性关系。

代表时间-温度关系的技术操作方法，见图5-16的半对数曲线图。横坐标上为温度的线性刻度，纵坐标上为时间对数标示方法。在这种类型的曲线图中，在该时间-温度条件下，产生转换，或反应的等效作用由斜线表示。

图5-16是适合最佳融合作用的时间-温度关系图。横坐标上的温度为20～35℃，而时间是以对数刻度的纵坐标，为10～100min。两个斜线，表示其内聚结作用产生的一个合适的条件。图中的25℃和30℃，与20～50min的矩形区域，是获得最佳产量和质量的融合工艺参数范围。

根据图5-16的融合时间-温度关系图，通常的油橄榄果制油工艺要求最佳融合温度范围为25～30℃。

（2）融合时间和温度对橄榄油得率的影响　油橄榄果浆融合，是制取优质橄榄油和提高制油得率的一个重要步骤。在一般情况下，增加融合时间会提高橄榄油制取率。考虑到经济效益，生产者往往不会无限制地增加融合时间。根据油橄榄果特性，平均的融合时间范围为45～60min。许多研究者研究了油

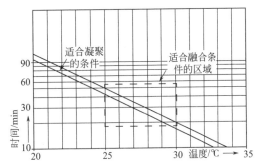

图5-16　融合作用中的时间和温度关系
（引自：Peri C，2013）

脂制取得率与融合时间的关系，随着油橄榄果浆融合时间延长，橄榄油制取得率上升。然而，融合时间增加，融合器上面的空气中的氧气，与油橄榄果浆中的油脂接触作用加大，导致初榨橄榄油的某些营养特性下降。Amirante等人，研究了初榨橄榄油提取率的三种不同的温度（27℃、32和35℃）和时间（30min、45min和60min）对融合作用的影响。制取得率为融合时间函数的曲线，这三种融合温度和时间，呈圆屋顶形分布图（图5-17）。分析曲线图看出，最初融合温度的增加，由于内源活性酶的作用，破坏含油细胞壁，有利于油脂从细胞中释放出来，提高了橄榄油得率。制取橄榄油得率达到最大值后，随着融合时间增加，由于橄榄油与其他包括水混合作用增强，乳化现象严重，降低了制取油脂得率。在上述温度范围内，最佳融合时间都在45min左右。

（3）融合温度的加热方式对橄榄油品质的影响　油橄榄果浆融合时需要维持一定的融合温度，除了常规的循环热水加热维持融合温度方式之外，近年来，从食品加工经验中引进超声波和微波加热技术。Clodoveo M L对比了常规加热和超声波、微波加热油橄榄果浆的加热效率（图5-18）。

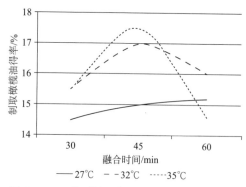

图 5-17　三种不同温度（27℃、32℃和35℃）
的三种融合时间（30min、45min和60min）对
初榨橄榄油得率（kg油/100kg橄榄果）的影响
（引自 Amirante，et al，2001）

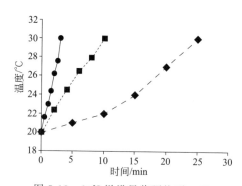

图 5-18　20℃橄榄果浆预热到30℃
所需加热时间
（引自 ClodoveoM L 等，2013）
●超声波加热；◆微波加热；■常规加热

分析由 20℃ 的油橄榄果浆，预加热到 30℃ 的三种加热方式所需要的加热时间。超声波仅需要 3min，微波需要 10min，常规加热需要 26min。常规加热方法所用时间最长，微波加热次之，超声波加热时间最短。

同样以三种不同的加热方式，在 30℃ 温度条件下融合 30min，检测油橄榄果浆中得到油脂的过氧化值、酸值、消光（K_{232} 和 K_{270}）系数等参数列于表 5-11 中。

表 5-11　不同加热方式对橄榄油酸值、过氧化值、消光（K_{232} 和 K_{270}）系数的影响

加热方式	游离酸度/%		过氧化值/(mmol/kg)		K_{232}		K_{270}	
	I	II	I	II	I	II	I	II
常规加热	0.30	0.35	6.19	6.65	1.48	1.49	0.10	0.11
超声波加热	0.31	0.36	5.77	6.45	1.48	1.49	0.11	0.12
微波加热	0.29	0.34	6.31	7.1	1.49	1.49	0.10	0.11

注：I、II 分别在不同时间中的两个样品的测定值（引自：Clodoveo M L. 2013）。

比较表 5-11 中数值，可看出用三种不同方式加热融合的油橄榄果浆中，获得的橄榄油游离酸度、过氧化值和消光（K_{232} 和 K_{270}）系数的数值接近。尽管微波和超声波加热速度快，工业生产的油橄榄果浆融合时，仍然是采用传统的加热融合方式。

5.6.2　融合器

融合器内有水平轴，轴上安装一组不锈钢带式搅拌刮刀，外部有环形不锈钢保温腔。为了保证最佳的混合效果和避免油脂乳化，搅拌旋转轴速度不超过 20r/min。旋转轴上的刮刀叶片确保浆料的充分混合，带状刮刀又连续地将融合器壁的浆料刮去，更有利于利用热交换器降低果浆过热。这种带状旋转刮刀的旋转，将果浆朝向

排出口挤压，通过出料闸阀将融合好的油橄榄果浆，输送到下一分离工段。

融合器中装有热水循环夹套，便于根据融合温度进行加热，融合器上还装有密闭安全和检查的窗盖。老式的敞篷融合器，由于不安全和不利于优质橄榄油生产，逐渐被淘汰。

某些融合器，在顶部空间装备有注入惰性气体的设置。在正常工作融合条件下，顶部空间中含有足够的氧气，对促进这种油的气味和风味发生有一定的影响。与此同时，油脂氧化分解，导致进一步消耗氧气和产生二氧化碳。有些融合工艺，是在一个密闭融合器中发生酶促分解反应，也都是在具有大气成分自动控制装置下，以及保证有限和最佳的氧气条件下进行的。

5.6.2.1 融合温度控制

融合器是一个效果不良的热交换器。首先，相比果浆，被加热的加热面很小。再说，在融合器壁上，果浆黏度高移动缓慢，热导率非常低。结果果浆与融合器边温度梯度相差很大，边壁上的果浆会受到过热作用。

一方面如果水温上升，试图加热，热传递效率不会增加太多。因为传热的阻力在融合器壁上的果浆层；另一方面，果浆层过热会加大橄榄油质量损坏的风险。

尽管存在以上明显的不利因素，在许多工厂中的果浆仍是用温水加热维持果浆融合。经验认为与融合器壁接触的果浆层的温度，要比水的温度低1~2℃。如果果水的温度控制在40℃时，层壁果浆温度为38~39℃。而实际测得的果浆温度，要低得多。

工业油橄榄果浆融合中的控制系统，设定加热水的固定的恒定最大温度为30℃。可以通过热交换器的自动调节，将生产温水限制在此规定。并设置控制水的流速，才能保证水在夹套和融合器内的果浆之间，具有合适的平均温度差。

图5-19是一个水循环加热控制系统示意图。控制进入夹套中水所选定的恒定温度（例如30℃），同时用温度计测量浆料的温度。温度计连接到温度控制器中，要求的温度显示为实际果浆温度。温度控制器再根据设定温度需要，调节恒温水的流量；实际和目标温度相差越大，越需要控制高流量来达到物料融合

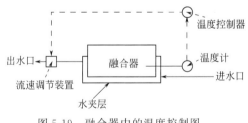

温度控制器
温度计
出水口
融合器
进水口
流速调节装置
水夹层

图5-19　融合器中的温度控制图

的恒温作用。当实际温度接近目标温度时，水的流速减少，甚至接近于零，并且系统操作只保持恒定温度。

为了最佳的操作监测，建议浆料的温度和水温要做记录。在一些工厂，水和浆料之间的热量交换，是通过水的紊流作用来改善的。

图5-20是预加热融合工艺示意图。这是在融合器前面串联一个刮板式热交换器。果浆预先通过具有加热功能的连续刮板式热交换装置，进行融合预加热。当预

加热到恒定温度的油橄榄果浆，进入融合器融合的时候会提高融合效率和产品质量。

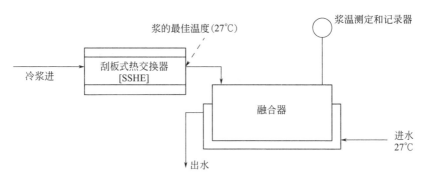

图 5-20　利用刮板表面换热将油橄榄果浆加热、融合、分离

刮板式热交换器，适于半液体、黏稠状的物料。特别是对于油橄榄果浆的融合工艺，这种热交换器非常有效。

这种设备形状为圆柱形，内部的旋转叶片旋转，将边壁上果浆刮下，并与其他连续进来的果浆混合。周而复始的连续和有效的混合，保证了热交换器较高的传热效率。配备精确和有效的产物和加热流体的温度自动控制，加上热交换器壁最佳混合和剪切作用，能够有效、稳定地提高产品得率和保证产品质量。

从图 5-20 的工艺可以看出，从破碎机输送来的油橄榄果浆，连续地在预加热换热器中，通过刮板连接进行热交换的混合工作，达到融合作用的最佳温度，通过泵将其输送到温度为 27℃ 的融合器中。已达最佳融合温度的果浆，在融合器中以恒定温度（如 27℃）融合作用。保温外套中的水温，也能保持在最佳的恒定温度。

5.6.2.2　融合时间控制

融合器融合果浆时，果浆在融合器中停留多长时间后，顺其流程连续出料，没有具体的时间要求。融合器的边壁和底部的果浆，有可能再次经历第二个周期重复融合。在第二批次融合结束时，前一批的残余部分粘在融合器的边壁上，残留到再下一批的浆料中。这种小部分的残余物料，会在融合器这种温度下反复循环，不仅降低设备生产能力，甚至衍生出成品油的感官缺陷。

解决这个常常引起油脂劣化问题的方法很简单，一是决不串联融合器，始终保持并联状态；二是仔细把残留在融合环壁内的果浆清除干净。

工业生产应用的融合器，根据融合器结构，可以分为立式和卧式两大类型融合器。传统的压榨油橄榄果制油工艺，主要为立式融合器，卧螺离心机生产制取橄榄油工艺，采用图 5-21 所示的卧式融合器。

长期的油橄榄果浆融合生产实践中，卧式融合器结构也由传统式逐渐发展成环形和卵形结构。三个不同形式的卧式融合器，其内部结构示意图如图 5-22 所示。

图 5-21　油橄榄果浆融合器

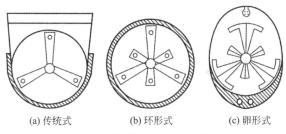

(a) 传统式　　　　(b) 环形式　　　　(c) 卵形式

图 5-22　不同结构形式的融合器示意图

三种不同结构形式的卧式融合器，果浆在此融合停留时间不同，设备的工艺操作如下说明。

图 5-22（a）为传统融合器。融合器下部是加热保温层，融合期内表面为一个较大表面，与设备中的旋转叶片和旋转刮刀接触。每一批融合物料，如果没有仔细洗涤和清洁，果浆固体和液体残留物，会粘到边壁和融合器的盖板上，数小时过后，油橄榄果浆中的油脂，会氧化和降解。

图 5-22（b）为改进型融合器。改善加热表面与传热比例更大。融合器的死点，叶片和螺旋运动刮刀刮不到，果浆容易残留粘在融合器的边壁上，这个问题需要设法解决。

某些现代油脂加工厂，果浆在融合器融合出料后，用装有喷水嘴的装置进行洗涤。但要慎重采用融合器中喷水清洗，避免死角和清洗不完善。

图 5-22（c）为卵形融合器。备有喷嘴清洗装置，清洗效果容易达到最佳清理要求。

5.7　橄榄油分离

从油橄榄果中提取橄榄油，主要有三种方法，它们是压榨（press）法、卧式螺旋离心（decanter centrifugation）法、渗透聚油法（percolation 法，又称 sinolea 法，或 cold dripping 法）。至今，意大利还保留一种古老的升浮聚油法（affiorato 法，又称 rising to the sueface 法）。

现代的液压榨油法，是由古代的杠杆压榨制油法，逐渐发展和演变出来的。卧式螺旋离心法，也是目前世界上油橄榄加工制油，广泛应用的油橄榄制油法。它是 20 世纪 70 年代随卧螺离心机工业发展，代替压榨法引用到油橄榄制油工业中的方法。渗透聚油法，是 1972 年才出现的一种果浆不加热，以专用机械使油滴汇聚，生产抗氧化物质成分多的一种油橄榄加工方法。还有一种，是比较罕见的升浮聚油法，目前仍在意大利等地中海国家个别地方使用。

渗透聚油法根据油和水的表面张力不同的原理，将不锈钢盘或板条浸入油橄榄果浆中，橄榄油优先黏附在金属板条上，用专用机械把黏附在板条上的油滴，收集汇聚起来，有时利用碟式离心机进一步离心分离除杂，使其成为优质橄榄油。这种工艺，制取橄榄油时并未对油橄榄果浆进行加热，油中多酚化合物多、酸价低、油橄榄果浆未升温加热、油品质量高。这种方法制作的橄榄油，其商品价格比压榨、离心法制取的橄榄油高。

升浮聚油法，是一种意大利古老橄榄油制取法。这种制取橄榄油的方法非常简单，在当今世界上也是一种比较罕见的传统制油法。意大利文"Affiorato"，意为"浮出水面"的含义，虽然生产工艺劳动强度大，但能够生产梦幻般的优质橄榄油。这种油的生产，要求人工采摘已经成熟的油橄榄果，除去杂质后轻轻地将其碾压粉碎，再将油橄榄果浆放入特殊的容器中。制油工匠等到橄榄油上升浮到果浆表面，果浆中的水和浆渣等固形物下沉，与橄榄油分离。上层的橄榄油汇集到可以流动，用手持专用器具收集橄榄油，集中起来成为清新细腻，风味俱佳的"Affiorato"特级初榨橄榄油。如今意大利只有少数生产商利用密集的劳动力，生产这种橄榄油。这种油很受鉴赏家的追捧，它具有良好的风味，商业流通中商品价位较高。这种橄榄油几乎未受到物理压力，加工中不需要任何加热和升温，所得橄榄油质量非常高。

目前，国际上的油橄榄果加工制油，主要是传统的液压榨油机法和卧螺离心机分离法。下面着重讨论这两种油橄榄制油方法。

5.7.1 油橄榄果浆特性

油橄榄果经粉碎、融合成为生产橄榄油的非均匀的"固体相""水相"和"油相"三类成分的混合物。其中"固体相"，主要是有机的木质果核碎壳片段，约占橄榄果浆重量的 25%～30%。固体相中碎果核占 75%，果仁占 25%；油橄榄果"水相"物质含有水溶性盐、糖、酚等化合物成分，占总果浆重量的 50%～60%。水相物质中水占 92%～95% 和可溶固形物为 5%～8%；"油相"中含 97%～99% 的甘油三酯和 1%～3% 的油溶性化合物。后者这种少量的油溶性混合物，具有亲脂性、亲水性和双亲特性，对成品橄榄油感官和营养品质起关键作用。

融合好的油橄榄果浆，可以利用传统的压榨法，或当代发展的离心分离法，将油橄榄果浆中的油脂分离出来，制成橄榄油。分离工艺中最重要的工艺，是从油橄榄果浆中，尽可能多地回收油脂。能够从果浆料中回收 80%～85%，或更高的油脂，才是一个良好的分离技术指示。例如，油橄榄果浆含油量为 18%（质量分数），按 85% 的回收率计算，将从 100kg 油橄榄果中提取 $18×0.85=15.3kg$ 的橄榄油。显然，2.7kg 油留在果渣中。如果按 75% 的回收率，能从 100kg 油橄榄果中，分离出 $18kg×0.75=13.5kg$ 油。每 100kg 油橄榄果，果渣中残留 4.5kg 油。两种工艺相比，后者油脂损失率高，为不良工艺。

油橄榄鲜果，一般在每年九月下旬开始成熟，含水率高达 50%～67%，含杂 5%～15%，由于酶和细菌等微生物的作用，很容易发酵而降低油品质量，因此需要在较短的时间内将大量成熟的果实加工完毕。

5.7.2 传统压榨法橄榄油生产工艺

传统的油橄榄制取油脂工艺，从原始的重物施压、杠杆挤压，到液压榨油机压榨油橄榄果制取橄榄油，已有 5000 多年的历史。近代的油橄榄果压榨制油的工作原理，是通过液压机将压力施加到油橄榄果浆物料上，将油橄榄果中的液体油和橄榄植物水，从果浆物料中挤压出来。油和植物水，再通过过滤或离心分离方式将橄榄油分离出来。这种油橄榄果制油的传统方法，一直被广泛地应用到今天，也是生产高品质橄榄油的有效加工方式之一。

传统的油橄榄果压榨法工艺，投资少、设备简单、操作方便，也适合于油橄榄鲜果冷榨的特点。传统的油橄榄果制油，多是在杠杆压榨基础上，逐渐发展为用液压施压的榨油机。榨油机工作时，先把融合好的油橄榄果浆中的橄榄油压榨出来，配合适度过滤、除杂和精制，得到符合食用标准规定的橄榄油，压榨之后剩余的为湿油橄榄果渣。对湿油橄榄果渣烘干脱水，制备成溶剂，浸出制取油橄榄果渣油。

5.7.2.1 油橄榄果压榨工艺与设备

油橄榄果传统制油工艺如图 5-23 所示。

传统的油橄榄果压榨法制油工艺，先把采摘收集的油橄榄果中夹带的枝叶，用风机将其除去。然后再用清水清洗油橄榄果，将附着在油橄榄果皮上的泥沙和灰尘洗去。清洁的油橄榄果实，放入水温为 25～30℃ 的水浴内泡浸 10min，使果实预热温度≤25℃，然后将其置入不同形式和规格的粉碎机内，粉碎至果核渣直径＜4mm。传统的油橄榄果粉碎机械，早期用花岗岩石质材料制成的圆磙，通过石磙在同样材质的圆盘上滚动，用碾压的方式，将包括油橄榄果核在内的油橄榄果，粉碎成带有细小颗粒的油橄榄果浆。近年来，随着技术发展和材质研究的进步，用作粉碎的石磙数量由一个，改成两个和三个甚至四个，材质由天然花岗岩石，改成金刚砂烧结成型，来提高粉碎设备的批量生产效率。图5-24就是研磨油橄榄果的传统石磙粉碎研磨机。

清洗好的干净油橄榄果，经过批量称重间歇地放入粉碎机中，通过电机带动粉碎磙旋转，油橄榄果被粉碎，达到规定的粉碎细度要求，打开放料门，将粉碎好的油橄榄果浆转入带搅拌混合的融合器，如图5-25所示。在带有机械搅拌转速≤3r/min、有夹套的融合器内，再将果浆搅拌约40min。夹套有温水保温，内温维持在27℃左右，使果浆充分融合。

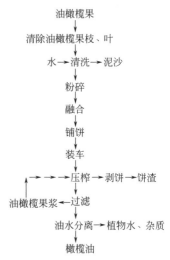

油橄榄果
↓
清除油橄榄果枝、叶
↓
水 → 清洗 → 泥沙
↓
粉碎
↓
融合
↓
铺饼
↓
装车
↓
↓ → → 压榨 → 剥饼 → 饼渣
油橄榄果浆 ← 过滤
↓
油水分离 → 植物水、杂质
↓
橄榄油

图5-23　传统油橄榄果制油工艺

图5-24　油橄榄果三辊研磨机
1—石质磨磙；2—挡料盘；3—出料口；
4—支架；5—磨磙动力驱动装置

图5-25　带铺饼装置的搅拌混合融合器
1—混合融合搅拌电机；2—融合器罐壁；3—融合和铺饼控制板；
4—铺饼提料电机；5—螺旋提料管；6—铺饼下料控制阀；
7—铺饼板；8—铺饼板转动电机

打开混合融合器电机，将粉碎好的油橄榄果浆送入混合融合器中，一边搅拌同时使油橄榄果浆中的微小油滴经碰撞变大油滴，达到有利压榨提取橄榄油的最佳果浆状态。再将由纤维材料编制的果浆饼垫，铺在饼盘上，启动电机将融合好的油橄榄果浆提上来，电机带动铺饼盘旋转，手动铺料阀均匀铺料，油橄榄果浆料层厚度约25mm，均匀地平铺在果浆饼盘上，如图5-26（a）所示。

铺好油橄榄果浆的纤维饼盘，对准铺饼的中间孔套在饼车的流油管上，叠放装到油橄榄果浆饼盘车盘上 [图 5-26 (b)]。通常每隔 4～5 个饼盘，要放置一个铁饼盘，根据榨油机的具体规格要求，规整有序地排放油橄榄果浆饼和间隔铁盘。

(a) 油橄榄果浆铺饼　　　　　　　　　(b) 油橄榄果浆饼车

图 5-26　油橄榄果浆铺饼和油橄榄饼车
1—饼垫；2—果浆；3—果浆出料管；4—铺饼盘；
5—油管；6—车底盘；7—推把；8—出油管；9—车轮

图 5-27　油橄榄液压榨油机
1—压榨油机架；2—油橄榄果浆饼垫和垫板；
3—饼车；4—液压油缸；5—液压控制阀

装满油橄榄果浆饼和盘的小车，手推车把手，带车一起放到图 5-27 所示的油橄榄液压榨油机中。然后，启动液压榨油机油泵电机，开始压榨，压力由小至大缓缓上升，直至最高压力达 48MPa，根据物料性能和饼渣要求，一般压榨约 2h。

经液压榨油机压榨出来的含橄榄植物水和细果渣的粗橄榄油，先经 40 目滤筛除去较大杂质，再经 100 目细筛二次过筛。含油滤渣返回融合罐，与融合好的油橄榄果浆一起重新铺饼压榨。含有水分的粗橄榄油进入不锈钢储料桶，桶内油温要保持在 (20±2)℃下沉淀分离。分离出来的上层油脂，经高真空过滤，产品达到商品橄榄油要求后，将成品橄榄油储存于避光、干燥、无异味的容器内，或灌装到不同规格的容器内存放。

上述压榨工艺生产出来的橄榄油，经常因为微量杂质和水分分离不净，达不到特级初榨橄榄油的标准。因此，许多工厂用离心分离技术代替自然沉降的净化去杂工序，提高了效率，缩短了时间。这种油橄榄果压榨和离心分离油脂工艺特征和主要设备如表 5-12 所示。

表 5-12 油橄榄压榨和离心分离油脂的工艺及主要设备

工艺	分选	清洗	称重	预热	粉碎	融合	铺饼	压榨	粗滤	沉降	分离	过滤	储存
主要设备	风机	清洗机	电子秤	热水池	粉碎机	带搅拌夹层锅	尼龙垫铺饼圈	圆盘压榨机	60目和100目滤筛	沉降桶	高速离心机	真空过滤器	储油罐

主要工艺如下。

①果实除杂、分选。②清洗：目的是除尘和少量的橄榄叶。③称重：每榨称果100kg左右。④预热：当榨油车间温度低于 15℃时，把果放到水温为 30～35℃的热水池中浸 10min，预热后果温不超过 25℃。⑤粉碎：要求果浆粉碎均匀，果核直径不大于 4mm。⑥融合：采用带有搅拌器的夹层锅，搅拌器转速为 20r/min，夹层中以 30～35℃的热水加热，融合时间为 50min，果浆温度维持在 20～25℃。⑦铺饼：融合后的果浆用干净的尼龙纤维垫子、铺饼圈和压榨圆盘在铺饼车上铺饼，要求铺饼均匀，饼厚为 25mm，每 2 个圆盘间铺 4～5 层饼。⑧压榨：将铺好饼的铺饼车推到榨油机上进行压榨。⑨粗油粗滤：先后用 60 目和 100 目筛子滤去压榨榨汁中的果肉颗粒。⑩沉降：把粗滤后的油脂放到沉降桶中进行油水自然沉降分离，沉降温度在 16～20℃，沉降时间为 5～6h。⑪离心分离：用高速离心机分离储油桶内的油和水，得到橄榄油。⑫真空过滤：把离心分离得到的油，进行真空过滤，要求真空度在 0.098MPa 左右，环境温度在 16～20℃。⑬橄榄油储藏：把真空过滤后的油存放到储藏室的储油罐中。储藏室应避光、干燥、无异味，储藏温度不高于 15℃。储藏期间，定期排放沉淀物和取样检验。

5.7.2.2 粗橄榄油精制

榨油机压榨出来的橄榄油中含有大量的水分，通常采用过滤-分离法。即利用油与水的密度不同进行自然分离，其设备简单，不需动力，设备造价低，缺点是分离时间长，主要作为初分离装置；为了提高生产效率利用离心分离方法，即利用高速回转使密度不同的油与水得以快速分离。其分离效果好，油质纯净，能使油中含水≤0.2%，杂质≤0.1%，现已广泛使用。

榨油机压榨出来的含水粗橄榄油，先通过一个过滤筛，把所有固体果渣分出，将含有油橄榄果植物水的粗橄榄油放到液-液油水分离器中。少量的微粒固形物缓慢沉淀，在油水分离器位置稍高的出口流出含微量水的橄榄油，而在相对稍低的出口流出含微量橄榄油的植物水。因此，将榨油机压榨出来的含水橄榄油，除去果渣得到含微量植物水的橄榄油和含很少油的植物水，如图 5-28 所示。

经过油水分离器分离的含油植物水，经回收橄榄油的离心分水离心机中分水，回收的橄榄油与离心机分离含水橄榄油回收的橄榄油一起，再经碟式离心机进一步净化，制取得到精制橄榄油。

这种过滤-离心分离工艺的优点是，分离工艺简单，设备投资和安装地方小，分离的速度快。工艺的缺点是，离心分离时，油内已经在过滤时充进大量的空气，

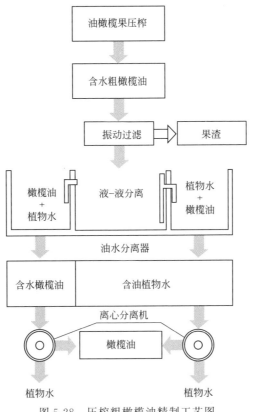

图 5-28   压榨粗橄榄油精制工艺图

在系统中油又与水接触，有可能失去鲜果味和芬香气。更不利的是，由于与空气接触可能发生一定程度的氧化，所以会影响到油的稳定性。

5.7.3   离心法制取橄榄油关键设备

现代橄榄油制取方法，使用工业卧式螺旋离心机的离心力，代替液压榨油机的压力，将油橄榄果浆中的橄榄油分离出来。油橄榄果浆的制备与液压榨油机制油类似，用锤式破碎机、盘式破碎机、脱核的刀板式破碎来完成。破碎的油橄榄果浆在低于 30℃ 的温度下的罐中融合、搅拌 30～40min，使油橄榄果浆中的细小油滴聚结集合成较大的液滴。同时，利用油橄榄果内源水果酶生物作用，产生良好的油橄榄香气风味。

采用三相，或两相卧螺离心分离系统，将融合好的油橄榄果浆中的油脂提取出来。三相卧螺离心分离系统工艺，需加入大量的水。然后，一次性将加水调制的油橄榄果浆分离成果渣、废水和油三部分；而两相卧螺离心机系统制取橄榄油时，不需要额外加水，直接将果浆分离为油橄榄果渣和橄榄液体（油和橄榄植物水）。这两种工艺相比，前者废水量大，后者废水量少。工业生产中，如果果渣含水量高过

60%，需进一步离心分离。三相或两相卧螺离心机分离出来的橄榄粗油，需要再经分离效果更高的碟式离心机（又称立式精细离心机）离心分离，将其橄榄油中的微量杂质和水分分离出去，达到净化橄榄油的精制目的。

5.7.3.1 三相卧螺离心分离机工艺

由于工业生产中，离心力远大于自然沉降的重力。用离心分离技术，代替压力榨油工艺，将橄榄油从含橄榄植物水的果浆中分离出来，是油橄榄果制油的一项重大创新。因此，引入离心分离方法制取生产橄榄油，从根本上改变了长期保持的传统压榨法的橄榄油加工工艺。

20世纪30年代末和60年代初，在特级初榨橄榄油工艺关键技术中，油橄榄加工用液-液和固-液离心分离技术，代替传统压榨制取橄榄油工艺有了重大突破。导致橄榄油提取技术发生了根本性的改变。对两相和三相卧螺离心机的离心分离制油技术、碟式离心机油脂澄清精制工艺和连续离心机的自动固体残渣排放装置，作了系统比较。还对卧螺离心机噪声控制、卧螺离心机平衡校准、卧螺离心机清洗和油脂在离心机分离的控制等关键问题，结合橄榄油生产净化，都作了详细的改进。

三相卧螺离心分离机分离油橄榄果浆时，借助物料在离心机中离心产生的离心力差异，将其分成固相残渣、液体橄榄油脂和橄榄水三部分。用三相卧螺分离机分离加工橄榄油的工艺，称为三相卧螺离心分离工艺。

三相卧螺分离机，分离油橄榄果浆的具体加工工艺的操作如图5-29所示。

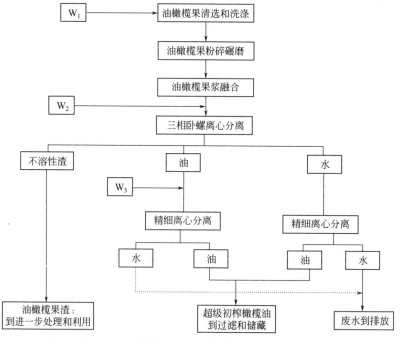

图 5-29　三相卧螺离心分离机加工橄榄油工艺

(引自 Peri C，2013)

在 W_1 经清水洗涤过的清洁油橄榄果，粉碎碾磨和融合后，在 W_2 添加部分温和清水的油橄榄果浆泵入三相卧螺分离机进行离心分离，分成不溶性油橄榄果渣、橄榄油和橄榄植物水。

由于该离心机转速为 3000～3500r/min，卧螺分离机的分离效能有限。油相部分仍含有水的乳化液和 2%～5% 的不溶性固体杂质。因此，油相必须再经历精制加工离心，最终除去水和微量分散的固形物。在 W_3 位置加入一些温水，是为提高油脂分离和清洗离心机。该离心分离工艺的最终产物是澄清的橄榄油，离心排出的废物是固体杂质。

水相经历精细离心分离，分离的植物水为一项主要产品，也可以从中回收少量油脂和固体杂质。从水中分离得到的油脂，与粗橄榄油中得到的油脂汇合，成为特级初榨橄榄油的原料，经油泵送入净化的第二个离心分离机中再分离。

第二个离心分离分离机，是高速碟式离心机，通常转速为 5000～7000r/min。这种离心机分离因数（离心力）大，不适合固形物含量高的物料产品，但可以非常有效地分离液体相中分散的微量固形物，以及微量的水和机械杂质。

图 5-29 中的 W_1、W_2 和 W_3 字母，表示添加水的位置。对于最有效的油分离，第一代的三相卧螺分离机工艺中，在 W_2 处加入占加工油橄榄果重量的 60%～100% 或更多的水。这样会造成了大量的工业废水（每加工 100kg 橄榄果，将产生 100～120kg 废水），造成了严重的废水处理问题。

最新的三相卧螺分离机，现在只加入 15%～30% 油橄榄果重量的水，所谓 LWC-低水消耗-卧螺分离机工艺，每加工 100kg 油橄榄果，只产生 50～70kg 废水。

5.7.3.2 两相卧螺离心分离机工艺

为了解决三相卧螺分离机加工油橄榄果浆工艺废水多的处理问题，研究选用两相卧螺分离机，来解决油橄榄果加工中的这个难题。图 5-30 为两相卧螺离心分离机加工橄榄油工艺。卧螺分离机的加水数量，可以减少到油橄榄果重量的 5%～10%。从卧螺分离机分离出来的不溶性固形物和植物水，呈半液体淤浆状态。

油脂经清洗加工离心处理，除去占油重量 15%～25% 的固体杂质，和一些水（W_2），提高了油的纯度和回收率。这些水在卧螺分离机中，能控制果浆黏度，改善融合、搅拌和分离效果。

两相卧螺分离机体系的加工工艺，只需要一个精加工离心分离设备，不需要庞大的废水量处理装置。因此，在设备投资方面，比三相卧螺分离机体系的油橄榄加工成本更便宜。

三相和两相卧螺离心机，用于油橄榄果制油生产的具体工艺比较，如图 5-31 所示。

根据图 5-31 三相和两相卧螺离心机分离制取橄榄油生产试验结果，得到的工艺参数列在表 5-13 中。

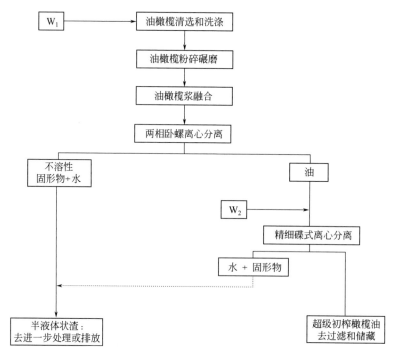

图 5-30　两相卧螺离心机橄榄油加工橄榄果工艺
(引自 Peri C，2013)

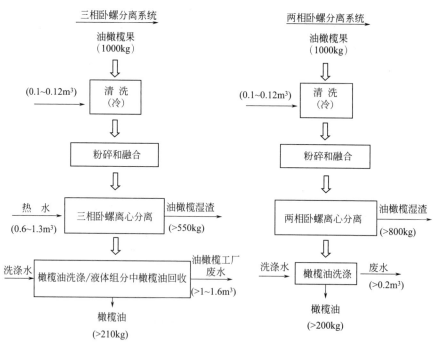

图 5-31　三相和两相卧螺离心机系统制取橄榄油工艺比较
(Roig A，et al，2005)

表 5-13　三相和两相卧螺离心机分离系统分离效果比较（Alburquerque et al. 2004）

参数	三相卧螺离心分离工艺	两相卧螺离心分离工艺
制油效率/%	85	86
果渣		
数量（每 100kg 橄榄果）/kg	50.7	72.5
水分/%	52.7	57.5
油脂/%	3.18	3.16
油脂（干基）/%	6.68	7.44
干果渣（每 100kg 橄榄果）/kg	23.9	30.7
植物水		
数量（每 100kg 橄榄果）	97.2	8.30
油脂/（g/L）	12.6	13.4
油脂（每 100kg 橄榄果）/kg	1.20	0.14
干残渣（每 100kg 橄榄果）/kg	8.3	1.20
副产物中的油脂	2.8	2.42

　　仔细分析比较表 5-13 中三相和两相卧螺离心机制取橄榄油的工艺参数发现，卧螺离心机系统制取油脂得率，两相系统稍高于三相系统工艺，由于加水量三相系统高，工业植物废水量很高，水中干残渣含量也高。比较而言，三相卧螺离心分离系统果渣含量，低于两相卧螺离心机的果渣数量。对于设备投资和生产成本，三相离心系统高于两相卧螺离心机系统。对于橄榄油的品质，两相卧螺离心机制取的橄榄油，酚类化合物含量高，口感苦味重，是高级橄榄油的具体特性。

5.7.3.3　卧螺离心分离机设备

　　（1）传统两相卧螺离心分离机　卧螺离心分离机，由一个圆柱和圆锥组合成旋转叶输送器和转筒组合而成。转筒和螺旋输送装置的旋转速度不一样。两者之间的转速差，主要是为了从圆柱形向圆锥形部位输送沉降固体果渣卸料。

　　螺旋叶安装固定到一个刚性圆筒框架上。齿轮箱悬臂装在轴承的支撑架上，固定的料液输送管通过卧螺分离机的一端，将油橄榄果浆输送进入旋转着的圆筒中，物料从卸料孔进入卧螺分离机的分离腔体中。

　　卧螺分离机的旋转装置的主要构件如图 5-32 所示。（a）是带有不锈钢固定进料管和装有推料螺旋叶片的旋转输送装置，油橄榄果浆通过进料口进入离心分离腔内；（b）是带螺旋叶的旋转推料器与旋转筒组成的螺旋分离装置；（c）是带有螺旋输送和转筒驱动装置的卧螺离心分离装置。

　　卧螺分离机处理油橄榄果浆半固体浆料、离心分离浓缩固体相果渣和液液相橄榄油和橄榄植物水的功能性设备，如图 5-33 所示。

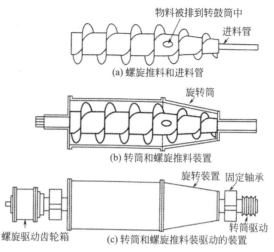

图 5-32　卧螺离心分离机的旋转分离装置

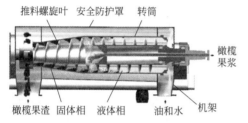

图 5-33　两相卧螺离心分离机分离橄榄果浆装置

(https://www.flottweg.com/zh/productlines/decanter/)

两相卧螺分离机分离的物料为半固体浆料,具有固-液分离的功能。液体在转筒腔体内,浆料被旋转离心分离成固液两相。重相固体物料离心沉降到转筒内壁上,经旋转推料螺旋叶按一定方向推送。由于固相果渣沉积被推送到锥形腔体,形成一个出料密封,分离出的液体受到连续进料增加压力的作用,液相橄榄油和橄榄植物水从离心机的另一端排出。稳定的卧螺离心机工作时,形成一个固-液分离的位置,被称为"固-液"分离点的分界线,工业生产中称之为"堰位"。卧式螺旋离心分离机分离油橄榄果浆时,固相果渣的移动方向与液相橄榄油和橄榄植物水的流动方向相反。

融合好的油橄榄果浆,通过输送泵将果浆泵入并经螺旋输送器上的出料口,进入卧螺离心分离器转筒中。果浆在转筒内旋转,在离心力的作用下,料浆固形物沉积在转筒内壁中。对应于所述圆筒部分的被称为"液体层",而对应于所述锥形部分的被称为"固形物"。在液体层部位,这里的固体比液体更重,离心时朝向筒壁,而澄清液沿径向伸向液体层面。随后,液体从转筒一端经颈圈(又称堰位)排出卧螺分离机,到液体罐中。

卧螺离心机中湿固形物的干燥时固形物脱出的水,回到液体层。圆锥体部位的圆锥角度,可以从 $5°\sim20°$ 变化。具体要求,取决于所需实际应用和物料性能。

环形液体层高度可以通过调整颈圈(堰位)开口的径向位置来改变。这是卧螺离心机工艺操作中一个重要的调节装置。当液体层太薄,较细的固相物料细颗粒,可能通过快速运动的液体流夹带作用最终混到液相中。卧螺分离时，要保证更厚的液体层，以保证悬浮物的有效分离。因此，液体的清晰度和果渣（饼）之间的重量，可以通过调节颈圈（堰位位置）来控制。

螺旋输送机旋转，主要依据固形果渣朝较干果渣地方输送速度的要求，稍微不同于转筒的速度。

离心力有助于脱水果渣的分离，但在同一时间，又会阻碍果渣向干燥区的输送。因此，输送果渣和果渣脱水之间的关键，是要设置正确的液体层厚度和离心加速度数值。

浸没在液体层中的固体，在转筒开头向果渣区推进时，液体浮力有助于降低离心加速度下的果渣有效重量，降低输送力矩。进一步接近果渣干燥区，固体出现在液体层上方，并沿着干燥区推进，这时不存在浮力，从而导致更高的转矩，使果渣含水量更低。

固体物料按照不同的控制速度向排渣口输送。较高的速度差，利于高固形物的输送，让沉降滤渣层的厚度保持最薄，有利于液体清晰和防止细固形物被液相夹带。进而，利于果渣脱水，也改善了果渣排水路径。

卧螺离心分离机的推料螺旋和转筒转速的理想的旋转差速，需要权衡澄明液体和果渣干燥度来决定。

根据测量物料，在卧螺离心机的所受扭矩，用自动控制系统控制差动速度和螺旋输送器转动速度。

（2）三相卧螺离心分离机　制取橄榄油的三相卧螺离心分离机，如图 5-34 所示。有清晰的液相的油水界面。两液相良好分离的堰口，就是油水的分离界面延伸处。

三相卧螺分离机原理，类似于上述的两相卧螺离心分离机。是将物料分离成三相而不是两相。两液体相的分离可以通过调节堰板将重液相的植物水和轻液相的橄榄油分开，并排出离心机外。液相分离界面和物料排放，即便在离心机全速运行时也可以通过调节装置，调节到最佳油水分离状态。

在三相卧螺分离机中，一方面果渣被挤压脱水区段要有足够的长度。这样可以从果渣中获得更多的橄榄油脂。另一方面，在三相卧螺分离机应用中，必须加水到果浆浆液中，以便得到一个清晰的油-水分离界面。

（3）两相卧螺离心分离机　制取橄榄油的两相卧螺离心机，如图 5-35 所示。该离心机将融合好的油橄榄果浆，分离成橄榄油和半液态的果渣。

两相卧螺分离机，从致密水和果渣混合物料浆相中，把油相分离出来。油橄榄果浆要调整到半流体的最佳稠度，限制添加水量不超过浆料重的 10%。实际上，过量的"自由水"可影响油相从半流体果渣相中的分离。大多数的生产油橄榄果浆分离工艺，不需要加水。

在两相卧螺分离机中，浮力有助于减少离心加速果渣的重量。该条件下，固体-水夹带到排放口，从而导致两相卧螺离心机功耗相比三相卧螺分离机更低。

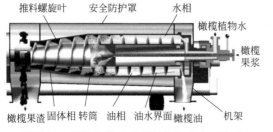

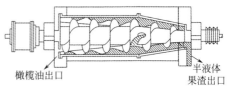

图 5-34　制取橄榄油的三厢卧螺离心分离机　　图 5-35　制取橄榄油的两相卧螺分离机

5.7.3.4　碟式离心分离设备

橄榄油进行第二次离心分离，主要为了使橄榄油杂质更少，油品更稳定。卧螺离心分离机，相对低的离心加速度，只能粗略将其分离成三相。果浆中直径小于 $10\mu m$ 的固体颗粒和更微小的水滴，很难被卧螺离心分离机分离。碟式离心机的转速高达 $5000\sim 7000 r/min$，离心力更大，分离因数在 $4000\sim 10000$，更适于橄榄油澄清精加工的要求。

（1）手动排渣碟式离心机　碟式离心机也称立式离心机，转鼓装在立轴上端，通过传动装置由电动机驱动高速旋转。转鼓内有 $100\sim 150$ 个碟片，碟片与碟片间有 $0.8\sim 2mm$ 的间距，碟片锥形斜面与水平面形成 $35°\sim 40°$ 夹角，众多碟片叠加成一个关键离心分离装置。悬浮液或乳浊液，从上部进料管进入离心机，由转鼓中心底部的进料管进入转鼓的分离碟片间。悬浮液中的重液相水和固体微粒，在离心机的离心力作用下，沉降在碟片上，形成重液相层。沉渣沿着碟片表面向外滑动，固体颗粒积聚在转鼓内直径最大的边壁上。分出固体微粒后的液体为液相较轻的橄榄油和较重的橄榄植物水，分别从出油口和排水口排出离心机外［图 5-36（a）］。

人工排渣分离机的转鼓，是非常重要的部件［图 5-36（a）］。由转鼓、转鼓盖、分配器、主锁环、碟片组和碟片顶盖等部件组成。粗橄榄油经进料管道，从转鼓底部进入转鼓内，分离后轻相橄榄油脂经轻相向心泵排出分离机外，重相橄榄水经重相向心泵敞开排出；杂质沉淀在转鼓内壁上，需要定期停机清理。

（2）半自动和自动排渣碟式离心分离机　除了由与人工排渣的碟式离心机一样的转鼓、转鼓盖、分配器、主锁环、碟片组和碟片顶盖等部件组成之外，半自动排渣碟式离心分离机，还有一套半自动手动排渣机构［图 5-36（b）］。待转鼓内沉积料渣达到一定量时，通过手动控制进行排渣。

自动排渣型碟式离心机，在具有完善的转鼓、转鼓盖、分配器、主锁环、碟片组、碟片顶盖等主要离心部件之外，还配备一套自动排渣装置。这套装置能够根据沉渣数量，设置排渣时间间隔，正常生产时，排渣阀门自动开启，排渣后自动闭合继续分离。

碟式离心机的排渣装置的排渣原理，如图 5-37 所示。分析该图可以看出：

① 当碟式离心机在离心时空腔 2 内充满了水液，液压保证了离心时托底 4 不会

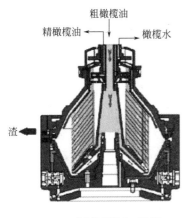

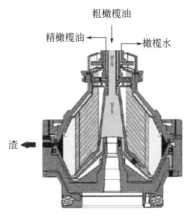

(a)离心机停机人工排渣   (b)半自动排渣

图 5-36　人工和半自动排渣的碟式离心机

下降，阀 5 不会打开。同时，因为阀 6 关闭使得腔 1 保持空腔。

② 当转鼓内壁积累的沉积料渣需要排出时，由下方水泵压入水液进入空腔 1 中，使空腔 1 注满水液。

③ 在高压液体的压力下转鼓托底 3 被压得下降，同时打开了阀 5，因为腔 1 与腔 2 连着同一阀口，故腔 1 和腔 2 里面的水都被排除。

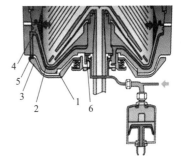

图 5-37　碟式离心机自动排渣装置

④ 这时，托底 4 没有了空腔 2 中液体的压力，自然地下降。同时打开了排渣的出口，离心机在高速旋转下把料渣排出离心机外。

⑤ 待料渣排完以后，水管中重新流入液体充满腔 2，而保持腔 1 空着，准备下一次排渣。

通过控制向空腔 1 的注水方式，联动相关装置开启出渣口排渣，然后自动关闭出渣口，碟式离心机恢复正常离心分离。由于出渣的瞬间，离心机内部短时出现分离不稳定现象，影响分离效果。保证原料粗橄榄油中的固体微粒少，减少离心分离时的排渣次数，是有效分离粗橄榄油的关键措施。

5.7.3.5　离心机维护

离心机对于橄榄油，特别是特级初榨橄榄油的加工生产，是一个重要的加工设备。相比传统的压榨工艺，可以根据油橄榄果浆物料性质，灵活地控制工艺参数，达到最佳的工艺效果。

卧螺离心分离机工艺与压榨法生产相比，可以节省劳动力。同时降低了压榨法物料容易与空气接触，在较高温度下油脂氧化，甚至被不良环境污染的风险。

卧螺离心机和碟片式离心机是高度可靠的油橄榄加工设备。他们能够在不同工艺条件下的，利用一系列的自动控制装置，连续不间断地加工生产，其产品质量也能得到保证。

（1）控制离心机的噪声 油橄榄加工生产中的卧螺离心机，过大的噪声对油橄榄加工厂的操作工人有不好的影响。如何降低离心机的噪声，需要从卧螺分离机安装、操作使用说明书来着手解决。噪声主要是高速旋转部件动平衡不好，设备旋转时强烈震动产生的声音。降低卧螺离心机运行时的噪声，选用设备生产质量好的企业产品，配上精度高和耐用的轴承，关键部件的转筒、螺旋推进料装置等旋转部件，在出厂前应进行精密的整机动平衡。卧螺离心机在生产车间安装时，按规定进行静、动态平衡精细安装，校准旋转速度、螺旋输送器和锥筒定位差速，以及液体相堰位的出口颈圈，以确保卧螺离心机分离橄榄油时，功率消耗、效率在油和水分离方面的最佳性能。还要对温度、水分、含油量的物料以及流量进行平稳控制。正常生产运行期间，按照设备维护保养，及时加注轴承润滑油。如遇设备噪声过大，或运行异常现象，立即进行停机检查和维修保养。

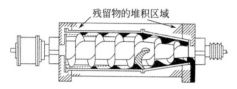

图 5-38 卧螺分离机的残渣堆积处
(Peri C. 2014)

（2）防止卧螺离心机残渣积累 卧螺离心机分离橄榄果浆时，如图 5-38 所示，一些固体和液体残留物积累到设备的边角，在合适的温度下，经一定的时间发酵，引起橄榄油氧化酸败，橄榄油有被污染造成感官缺陷的风险。

为防止生产后的卧螺离心机的外壳内壁边角处堆积残留物发酵，需要在停车时将这些物料仔细清洗。有的离心机设备上还安装了一套自动清洗装置，根据需要可以随时进行清洗，防止残存物料堆积发酵。

5.7.4 油橄榄果离心法制油工艺

油橄榄果离心法生产橄榄油的工业生产成套生产线如图 5-39 所示，主要由油橄榄果清洗、破碎、油橄榄果浆融合、橄榄油粗分离和橄榄油净化等主要工段组成。

油橄榄果在工业生产加工之前，根据油橄榄果的成熟度，用人工或机械方式适时采摘油橄榄果。采果时应避免鲜果与地面直接接触。除了按照 5.2.1 节中的油橄榄成熟度计算方法，科学采摘油橄榄果之外。有时用经验方式按青果与黑果最佳比例 75：25，实际生产中控制其比例为 50：50。人工或机械采集的鲜果应放入专用的油橄榄果筐中，再将盛油橄榄的筐堆放，运到加工厂，平铺在通风的储存室，避免鲜果过压、过热和碰伤，防止鲜果伤口脂肪酶促油脂氧化和油橄榄果肉浆发酵。采摘的新鲜油橄榄果中，夹带少量橄榄枝叶，采用风机分离橄榄枝叶，为了使油橄榄果子中不掺杂叶子，生产线中常配用功率合适的脱枝叶风机。

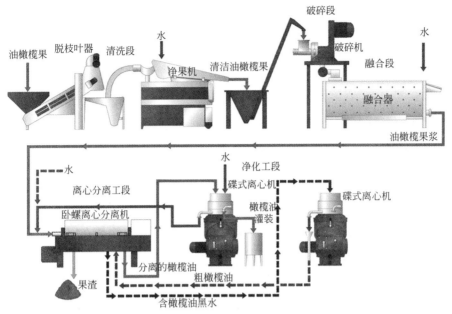

图 5-39　油橄榄果离心制油工艺图
（引自 http://www.alfalavl.com）

分析图 5-39 的离心法生产橄榄油工艺，当油橄榄果经风机脱除橄榄枝叶之后，用水清洗油橄榄果上的灰尘和少量的树叶。为减少清洗用水量，往往采用循环水清洗，一般用 2t 水清洗 5t 油橄榄果。清洗后的油橄榄果，由于含有坚硬的果核，采用锤式或带齿的盘式粉碎机破碎，粉碎机附带具有筛分功能的孔筛，筛孔大小和粉碎速度是关键，多数工厂控制筛孔大小为 6mm，最佳锤打速度为 2500~3000r/min，以保证橄榄油的酸度、过氧化物、UV 值、总酚类和甾醇等有较好的结果。

油橄榄果破碎后的果浆转移到融合器中，通过带式螺旋叶运动混合均匀，控制温度和混合时间。采用夹层通水保温，通常果浆温度不超过 30℃，最佳融合时间为 30min。融合好的油橄榄果浆大多采用三相卧螺分离机离心分离，根据生产需要也有采用两相卧螺离心分离机分离油橄榄果浆。三相卧螺离心分离机（图 5-39 加上虚线的工艺）需加入油橄榄果重量 40%~50% 的水，果渣含水较高，干基果渣残油率为 4%~6%；使用两相卧螺离心分离机分离油橄榄果浆（图 5-39 完全实线的工艺），不需额外加水，果渣含水较低，分离出来的橄榄油含水较高。无论三相或两相卧螺离心机分离出来的粗橄榄油，均含有一定量的水分，油色混浊，需要离心力更大的碟式离心分离机进一步分离。经碟式离心机进一步分离脱水和微量的杂质，橄榄油得到净化成为符合相应标准的成品橄榄油。达到橄榄油标准的橄榄油，泵入大的避光、隔氧或充氮的不锈钢储罐储存，或灌装在不同规格的小型容器中。储罐里的油也可通过板框过滤，进一步净化后分装成可做商品流通的小瓶。

成套的离心分离橄榄油生产工艺的设备安装和车间排布如图 5-40 所示。

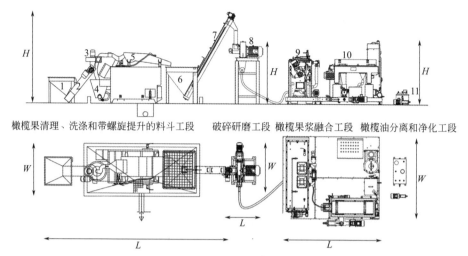

图 5-40　小型成套离心法生产橄榄油工艺设备布置图

（引自 Alfa laval "AlfaOliver 500 olive oil extraction plant with self-cleaning separator"）

1—橄榄果料斗；2—螺旋提升器；3—除枝叶风机；4—料斗；5—橄榄果洗涤机；

6—料斗；7—提升机；8—齿板破碎机；9—融合器；10—卧螺分离机；11—碟式分离机

5.8　橄榄油过滤

　　经过压榨，或离心分离制取的橄榄油中，仍然会有少量或微量的杂质，需要通过进一步过滤，将其脱除。过滤时的过滤面积、液体通过过滤介质的压力差和液体的黏度，是决定过滤器过滤效果的主要因素。良好的过滤装置，具有最适合的过滤介质、过滤设备、送料旋转压力泵和利用氮气加压的过滤系统。

5.8.1　简介

　　过滤是一种固液分离技术。一个混浊悬浮液通过一适当的压力差，被迫通过适当孔隙的过滤器滤材，固体颗粒被保留在过滤介质上，清液流出过滤器。穿过过滤介质的液体，称为滤液。过滤介质有过滤粗大粒子的粗孔隙介质和过滤微粒的细孔隙介质。在橄榄油过滤中，一是要保证过滤后清澈净化，二是要保证橄榄油包括风味的质量要求。

　　一些生产商认为，初榨橄榄油不需要过滤，也即过滤不利于油品质量。这种观念是错误的。由于初榨橄榄油来自于橄榄油生产的制取工段，即使使用最有效的离心方法，这些粗橄榄油中，仍然含有微细颗粒、水合生物酶，会影响油脂的稳定，降低感官评价。经过滤的橄榄油，有更好的外观和色泽，不会在成品油瓶底部有微量沉积物，更不会影响消费者感观。特别是特级初榨橄榄油，更需要清澈透明、油品稳定和引人注目。

　　如果油中悬浮颗粒不除去，灌装后的成品油流通和存放时，微粒杂质慢慢凝聚和絮凝,在储存容器底部沉积。这样的沉积絮凝物,有可能发生酶促劣变,使厌氧微生物进一步变质,成为潜在的卫生风险。因此,用油橄榄果浆制取油脂后的粗橄榄油,要尽快进行离心分离或过滤净化,防止油橄榄果浆渣微粒在油中酶促变质。

在现实油橄榄果加工生产中,过滤不能替代离心分离工艺。过滤能够清除比离心工艺更微细的机械杂质和交替微粒,过滤和离心分离是油脂净化互补的操作工艺。

过滤是根据粗橄榄油中悬浮颗粒和过滤介质孔径之间大小的差异,利用筛分分离装置,对橄榄油进行净化。相反,离心分离是基于液体和悬浮颗粒之间的密度差,以及混浊油中含有与水分相关的亲水组分细胞碎片。这些物质密度比油相更大,通过离心分离将其从油中分离出去。然而,离心分离效果,受液体中悬浮粒子大小的影响,离心卧螺分离速度与颗粒直径的平方成正比。从混浊油中离心分离大颗粒杂质是容易的,如果颗粒直径减小,离心分离效果变得越来越差。颗粒直径大于 0.1mm 的粒子,能够被有效分离。对于直径在 0.1~0.01mm,或更微小的粒子,无法保证能够完全被分离,只有用过滤方法才可以达到精滤的目的。

5.8.2 过滤原理

5.8.2.1 过滤机理

过滤机理一般可分为表面过滤和深层过滤两类。

表面过滤,是以滤布、滤网、烧结材料或粉体材料组成的薄片状滤材为过滤介质,悬浮液中的固体颗粒停留并堆积在过滤介质表面。过滤介质其孔隙尺寸未必要小于被截留的颗粒尺寸,在过滤操作开始阶段,可能有少量小颗粒穿过介质而混入原液之中,同时在网孔形成颗粒的架桥现象(图 5-41),并逐步堆积成滤饼过滤。对于表面过滤,滤饼才是真正有效的过滤介质。

表面过滤适用于过滤含固体量>1%的场合。

深层过滤,过滤介质由固体颗粒堆积成床层结构,或用短纤维多层绕制成管状滤芯。过滤介质的空隙形成许多曲折细长的通道,被过滤的颗粒比介质内部的孔隙小得多,过滤作用发生于介质的全部空隙体内,而不是介质的外表面(图 5-42)。悬浮体中的细小颗粒由于热运动和流体的动力作用走向通道的壁面,并借静电和表面力被截留。

图 5-41　表面过滤图示　　　　图 5-42　深层过滤图示

深层过滤适用于过滤含固体量很少(<0.1%)的悬浮液,以除去其中的细小颗粒。油脂行业的粗油过滤和脱色白土过滤一般含固体量>1%,因此其过滤机理主要为表面过滤。过滤效果的优劣,一般用两项指标度量,一是滤饼含湿率;二是固体颗粒截留量（或滤液中含杂量）。一般希望截留量（%）高（滤液中含杂量低），滤饼含湿率低。

5.8.2.2 过滤速率

过滤速率的定义为单位时间（θ）得到滤液的体积（V）。过滤速率，遵循泊肃叶定律关系：

$$\frac{1}{A}\frac{\mathrm{d}V}{\mathrm{d}\theta}=\frac{\Delta p}{\mu(\alpha wV/A+r)}$$

式中，$\mathrm{d}V/\mathrm{d}\theta$ 是单位时间过滤滤液的体积数量，称滤液过滤率；A 是过滤面积；Δp 是穿过过滤介质的过滤动力压力差；μ 是滤液的黏度；α 是滤液的流动的阻力；w 是滤液单位体积固体的重量；r 是流过清洁过滤介质的流动阻力。

过滤的驱动力，是液体穿过过滤介质的压力差 Δp。这样的压力差，可以是流体重力的静压力，或过滤介质上施加压力，或过滤介质下游施加真空诱导作用。

根据泊肃叶定律，过滤速率与 Δp 成正比，即压力的增加，导致过滤速率成比例地增加。由于固体的可压缩性，特级初榨橄榄油过滤时，最佳的压力差 Δp，为 0.02~0.05MPa。

过滤速度，与油的黏度 μ 成反比。因此，温度的升高会引起黏度的降低，过滤速率会成比例地增加。

特级初榨橄榄油的黏度，是温度的函数。在实际生产中，要避免高于 25℃ 温度，同时也要避免在低于 17℃ 的温度条件下过滤。

油在最终离心精加工的出口处，通常温度在 22~24℃，这也是一个优质橄榄油良好的过滤条件。生产中，油脂经离心处理后，立即进行过滤，随后冷却至约 16℃，然后转移到储存罐。

5.8.2.3 过滤周期

过滤时，随着时间延长，过滤面积（A）和单位时间过滤滤液体积（V）都会发生变化。经过一段时间的过滤，滤饼层增加，深层过滤的过滤介质孔隙减少，过滤压力差降低，过滤速率减小。当滤液速率下降到不能正常过滤时，需要停止过滤，拆卸和清洗过滤器，清除过滤介质上的滤饼，更换新的过滤介质，开始一个新的过滤周期。

5.8.2.4 过滤面积

通常的过滤装置，只要过滤面积增大，过滤率也会成比例增加。操作者可以增加过滤率适应过滤循环需要，调整板框过滤器过滤板框数量。实际生产中，待过滤介质表面沉积一定厚度的滤渣后，才能达到最佳过滤效果。

5.8.3 过滤介质

用于过滤特级初榨橄榄油的过滤介质，通常是加或不加硅藻土的纯纤维过滤纸板。孔的平均直径为 10~30μm，板厚 2~5mm。

过滤片的孔隙率，沿液体流动的方向逐渐缩小变细。这种方案，有利于根据颗粒大小差异，先保留较粗的颗粒。更细的颗粒，保留在滤液滤出的最后滤层中。这样因滤孔被堵塞降低过滤效率。因此，过滤器要保持通透作用，才能更好地提高过滤效率。安装所述板框过滤器，把过滤板粗面位置安在浑浊油的入口边，清澈滤液的出口处，装过滤板细面。否则，会导致过滤器表面非常快地堵塞。

其他过滤材料，特别是硬质多孔介质制成的不锈钢，或烧结瓷器。这些可用于通过过滤板将粗颗粒除去后的第二澄清过滤工序。

5.8.4 过滤设备

在特级初榨橄榄油的过滤中，最常用的过滤设备是"板框过滤器"（图5-43）。浑浊油液体从进液口进入过滤机的过滤框中，经压力通过滤板过滤介质，固体颗粒沉积在滤板上，清澈橄榄油汇集在一起，从板框净油出口排出。

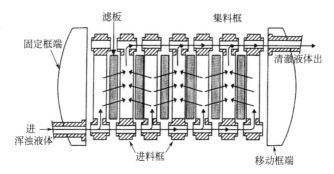

图5-43 板框过滤器的功能图

组装过滤器时，终端固定板、过滤框、过滤板和移动板，通过一个机械装置组装在一起。过滤板、过滤框和过滤介质，以及进浑浊油和排清澈油的管道，通过螺旋调节装置将它们紧密地连在一起，形成一套完整的板框过滤系统。

5.8.5 过滤系统

5.8.5.1 传统过滤装置

油橄榄果经粉碎碾磨、融合和离心分离，得到的浑浊橄榄油，在室温下被存储在一个缓冲罐中。此罐保持比大气压稍高的压力，缓冲罐底部呈锥形，较粗悬浮颗粒沉积，可以利用过滤方式将其排出。过滤开始时，储油罐阀打开，油泵将浑浊油泵入过滤器。泵油用适度压力，保持过滤器出口的油清澈。具体操作时，也可与惰性气体一起，将其输送到橄榄油储罐中。

图5-44是传统的橄榄油过滤系统装置。过滤器出口到旋转泵入口点划线的再循环回路，是防止过滤设备故障，或过滤板片装配不当，而设置的一个安全回路。操作过程中，通过在过滤器出口处的玻璃窗口，随时观察滤液清晰度进行监控，保

证滤液质量。

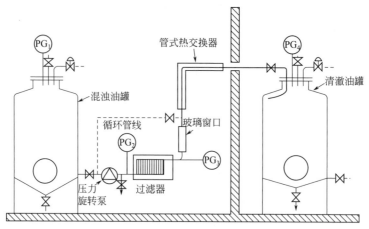

图 5-44 传统过滤器组装系统

在过滤油输送线上，有一个简单管状热交换器，用温度 15～16℃的普通自来水，对过滤后 22～24℃的橄榄油进行冷却，以备储藏。

图 5-44 的过滤系统中，各部位压力表上的压力，分别是 $PG_1 = 0.01MPa$，$PG_2 = 0.04MPa$，$PG_3 = 0.01MPa$，$PG_4 = 0.005MPa$。

5.8.5.2 利用静压无泵过滤装置

静压无泵过滤系统，如图 5-45 所示。主要是把橄榄油储存和橄榄油过滤放在不同的高位，以高位液体的静压力，或压缩氮气的压力作为过滤的驱动力，省去了油泵，降低了油对机械的剪切作用，节约了动力油泵的能量消耗。

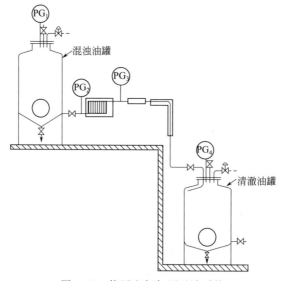

图 5-45 静压和氮气压过滤系统

图 5-45 过滤系统中，各部位压力表上的压力，分别是 $PG_1 = 0.01MPa$，$PG_2 = 0.05 \sim 0.02MPa$，$PG_3 = 0.01MPa$，$PG_4 = 0.001MPa$。

5.8.5.3　自然沉降棉纤维过滤器

手工生产橄榄油时，有一种小规模老式重力过滤器，是利用棉纤维、棉毡作过滤介质，过滤表面小，过滤时间长。暴露在空气中的橄榄油容易增加氧化劣变风险。但是，在该过滤器装置中，没有油泵，油也几乎不受剪切应力作用。如果保持 20～22℃ 的较低温度，过滤时间会很长。这种方法，可以用在小规模橄榄油过滤，对油的外观和稳定性都起到较大的改进。重力过滤器系统装置，如图 5-46 所示。

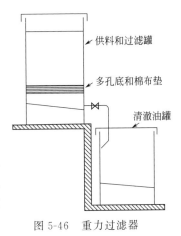

图 5-46　重力过滤器

（图中标注：供料和过滤罐、多孔底和棉布垫、清澈油罐）

5.8.6　优质橄榄油过滤操作要点

① 通过离心分离前处理工艺，有效地减少橄榄油中可能的悬浮物质。

② 离心分离后，尽快进行过滤。

③ 特级初榨橄榄油，最适过滤温度为 22～24℃。

④ 用适当的纯纤维素或纤维素硅藻土滤饼和 10～30μm 孔隙度的深床介质过滤。

⑤ 选择油在惰性氮气密封过滤条件下过滤。

⑥ 使用低转速、正压泵输送油脂，过滤器入口处的压力，不超过 0.05MPa（相对压力），调节泵速变速器，以满足这一条件。

⑦ 如果可能，用静压头和氮气压力，取消油泵。

⑧ 根据产品的特性和操作者的经验、设备的过滤面积和最佳过滤批次过滤液体积，保持过滤器能够有效过滤能力，过滤时间一般不超过 4h。过滤介质中残存的油脂能迅速劣变，如不及时清理，会污染下一批次的油脂。

⑨ 将过滤板和相关材料，放在清洁、干燥和安全的地方，防止过滤介质被昆虫损坏。过滤周期结束时，彻底拆卸、清洗和清洁过滤器。并保存在干燥、洁净的环境地方。

⑩ 装配过滤器时，要特别注意：粗糙表面安在进油口，过滤介质细面装在清澈橄榄油出口处。

5.9　成品橄榄油储存和流通

成品橄榄油在储存、流通，甚至在消费者食用之前，橄榄油质量劣变的主要原因是油脂氧化。橄榄油在食用消费之前，如何防止橄榄油氧化，成为加工、储运、商业流通和消费者共同关心的大事。

5.9.1 防止橄榄油氧化措施

良好的存储和商业流通条件，是维护橄榄油质量标准的关键因素。人们总是对橄榄油在储存、流通过程中容易变质的严重性认识不足。微生物促使油脂降解，甚至用瓶子灌装的橄榄油，在不良的温度条件下的餐馆中，与空气接触存放几天或几周，也会引起油脂氧化，降低橄榄油质量，发生感官评价缺陷和初榨橄榄油营养性能损失。如果特级初榨橄榄油，失去它们良好的特性，降低到一个普通的初榨的油等级，将失去特有的营养和经济价值。

油脂氧化劣变路径和产物，除受油脂自身饱和度影响外，还受温度、光、氧气、金属离子、水活度和抗氧化剂等影响。表5-14列出成品橄榄油储存和流通过程中的劣变现象和风险因子。

表 5-14　橄榄油的储存和流通时的劣变现象和风险因子

橄榄油储存和流通中的劣变现象	油脂劣变的风险因子
氧化降解：感官品质和抗氧化能力损失或下降	氧气浓度、温度和日光
酶降解：感官评价缺陷	水和固体残渣、温度和机械应力
挥发物污染：有毒物质，感官评价缺陷	挥发物（溶剂、大气污染、亲脂性烟雾成分和多环芳烃）
化学污染：有毒物质，感官评价缺陷	泵泄漏、塑料中的增塑剂、亲脂性烟雾成分、农药等
微粒污染：不符合卫生标准	如大环境、人、昆虫、啮齿动物、细颗粒烟尘、粉尘

分析表5-14，加热将降低氧化所需活化能，温度可改变氢过氧化物分解路径。单分子氢过氧化物裂解受温度影响较大，温度高于60℃时氢过氧化物分解迅速加快，氧化机制开始发生变化。光和氧的获得，不仅改变氧化路径，且已证明将提高氧化速率。过渡金属（铁、铜、钴等）显著缩短氧化诱导时间和促进氧化速率；因此要降低金属催化剂活性、灭活自由基、避免非酶褐变作用。

橄榄油约含有75%的油酸，多酚化合物含量较高，比其他植物油的稳定性要好。如果储存和运输流通过程中，能够在低温、避光、缺氧、无水和无金属离子条件下储存和流通，可以有效维持橄榄油的品质。

如果对储存期间油脂降解作用的时间低估，不像橄榄油生产过程只需几天，或几个小时。成品油存储的时间，可能会达数月，甚至数年。时间是确定油脂变质的程度的变量之一，温度少量增加，时间只是几小时或几天，油脂劣变影响可以忽略不计；如果在此温度下持续数周或数月，可能对质量造成严重影响。

油中残留微量水和油橄榄果渣，在不良的环境卫生条件存储，会促进油脂降解作用。

5.9.1.1 防止温度过高

产品从生产到消费的整个流通过程，应维持在适当温度范围内储存，避免过低和过高的温度。在一定的储存条件下，通常温度和时间的关系，是一个半对数曲线图，温度以线性横坐标标示，时间以对数刻度纵坐标标示。

图5-47是特级初榨橄榄油最佳储油时间-温度关系图。横坐标上的温度是10～25℃，而时间是在纵坐标上，以对数1天和1000天标示。两斜划线将图分为两个区域，下面的斜线的区域具有优良的储存条件和上方的区域是不相兼容的。所述两个倾斜线之间的间隔变化，取决于油脂的化学稳定性和它的抗氧化剂含量的范围。

图中未考虑温度高于25℃储存的数据，因为它们无法保证橄榄油良好存储。应避免在小于12℃的阴影区温度区域存放，因为此温度下，油脂结晶和甘油三酯开始凝固。

该曲线图，可在规划和控制存储橄榄油温度时参考。例如，特级初榨橄榄油在24～25℃条件下不超过2～3天。准备保存60天食用，温度不应高于18℃。它同样在14～15℃时，橄榄油可以安全地储存1～2年。

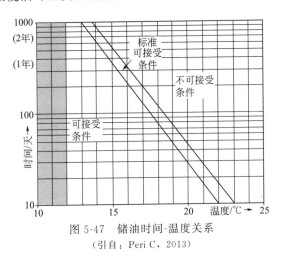

图5-47　储油时间-温度关系
（引自：Peri C，2013）

如果油被储存在散装的罐中，温度的控制是比较容易的。事实上，灌装在瓶子中之后，相比在罐中，具有高得多的表面积与质量比，瓶的温度变化速度远远超过大型容器中的温度变化速度。

5.9.1.2　用惰性气体隔绝空气（氧）

惰性气体保护，包括用惰性气体代替空气，存在于存储容器的顶部。"惰性气体"指的是包含很少或没有氧的非反应性气体。在特级初榨橄榄油存储时，氮气是最常用的惰性气体，有时也用氩气。在表5-15中列出氮气、氧气和氩气组分特性，并对空气中的这三个最丰富的气体进行了比较。值得强调的是，正常的氮气占空气的78%，而氩气小于1%。要考虑的最重要的参数里，对于空气，21℃时的相对密度等于1，氮气的密度稍低于空气，而氩气的密度高于空气。如果用惰性气体氮气，代替空气充入容器，残留少量空气可能会与油面接触。如果用惰性气体氩气充入容器内，将容器内油面的所有空气排出。尽管惰性氩气比氮气更好，由于氮气成本较低，充氮防止橄榄油氧化，被广泛地应用。

表 5-15　氧气和惰性气体的某些性质

气体	相对密度①	占空气体积比值(体积分数)/%
氮	0.972	78.08
氧	1.105	20.95
氩	1.377	0.93

① 在21℃空气中的相对密度。

使用惰性气体保护系统，需要三个设备来控制。用减压阀将高压气体源降低到可安全使用的压力，有利于将气体充入容器；容器内部的惰性气体压力应比大气压略高10～20mbar（1mbar＝100Pa）。设置一个氮封自动调节阀，当容器内的压力降至低于设定值时，阀门打开充入氮气。一旦压力达到设定值时，进气阀阀门关闭；当容器内的压力超过最大设定压力值时，打开排气孔，防止容器因高压涨破。

除用惰性气体隔绝空气防止油脂氧化方法之外，利用容器内的浮顶随油面升、降措施，可避免更多空气与油面接触。在这种容器中，浮顶与容器内油面滑动密封装置，能避免空气与油脂接触，防止油脂氧化。

5.9.1.3　避光防氧化

特级初榨橄榄油暴露于光线中，有利于油脂光促氧化。橄榄油中的光敏色素（如叶绿素）的存在，也可加速氧化的现象。短波紫外光辐照，大大加快了脂质氧化。

可以用棕色到深棕色，暗绿色到紫色的玻璃瓶盛装橄榄油，甚至将橄榄油储存在黑暗的地方，防止光促氧化。

5.9.1.4　防止油中水和有机残留物

水和悬浮物，可能会促进微生物和酶发生作用，使油脂变质。因此，离心精加工后，用纯纤维素垫或其他合适的材料对油过滤，这有利于橄榄油的保质储存。

5.9.1.5　防止恶劣环境污染橄榄油

初榨橄榄油必须保存在密封容器中，以防止来自环境或大气中的任何颗粒，或挥发性物污染物的污染。生产车间、灌装环境、灌装容器，要保持洁净卫生，避免大气污染物和有害生物对橄榄油的侵害。

5.9.1.6　防止机械应力作用

在橄榄油储存和流通期间，应避免对油脂的过度搅动（湍流）和剪切作用。防止空气进入油中加速油脂氧化。油中有微量的水和固体残余物，搅动和晃动橄榄油脂，有利于把这些成分更多地分散到油中。而且，搅动湍流和剪切应力会提高油黏度，不利于橄榄油输送。

5.9.2　输送泵、储存罐和管道设施

油脂的储存和商业流通期间，无论管道输送、混合、过滤和灌装，都需要用机

械油泵来完成。影响油泵机械输送相关机械应力的物理性质，是油脂的黏度。

黏度（符号：μ），是一种内摩擦引起阻碍液体流动的力，用"泊"表示，常用的单位是泊的百分之一，即 1mPa·s。并定义温度为 20℃ 时，水的黏度为 1mPa·s。

5.9.2.1 油脂黏度与温度的关系

20℃ 时，特级初榨橄榄油具有 84cP 的黏度，它比水更黏稠，在重力作用下，油流速远远慢于水。

用管道输送这种黏性的橄榄油，需要经过泵、管道和阀门，将它输送到目的地时，要尽量避免过度搅动湍流和震荡。不良的工艺操作，不仅会消耗大的能量，还可能吸收空气的氧和造成油脂乳化，特别是油中残留的水分和没有很好过滤除掉悬浮物的油，更容易影响橄榄油的稳定性和感官缺陷。

表 5-16 列出了橄榄油的黏度与温度的函数关系。很明显，在最佳储存温度（15℃），油的黏度较高，管道输送应特别小心。对于泵送特级初榨橄榄油，如果输送使油流动过快，会减小稳定性和增加质量劣变的风险。

表 5-16　橄榄油温度和黏度的关系

温度/℃	黏度/cP	温度/℃	黏度/cP
5	155	25	69
10	130	30	56
15	105	35	44
20	84	40	38

注：温度与黏度，成负相关关系，即温度越高，黏度越低。

5.9.2.2 泵的选择

选择合适的油脂输送泵，就能避免橄榄油在输送过程中的过度搅动湍流和机械剪切作用。

（1）离心泵　在橄榄油厂有许多离心泵，油橄榄果洗涤，物料加热和冷却水回路，以及设备和车间地面清洗、废水排放等等工序，都离不开离心泵。离心泵有设备简单、价格便宜、运行安静、占地面积小、流量均匀和维护成本低等优点。离心泵由旋转叶片的叶轮、进料口、出料口、机架和动力配置等部件组成。由于旋转叶片随叶轮旋转，叶轮的入口减压，液体泵入口处吸入，通过出口处经管道、阀门将油输送到目的地。离心泵中液体经离心作用，产生的离心力压送液体经蜗室、管道排出。图 5-48 为离心泵的结构和输送液体原理示意图。

在工业生产中离心泵要装在接近储料罐，便于对泵加注进料液体的在水平位置上，便于调节泵出口的调节阀，输送液体的压头损失，以及所需液体流率。在实际生产中，离心泵的安装位置如图 5-49 所示。

离心泵不适于黏性液体物质的输送，因为它会产生非常高的搅动湍流与机械剪应力，容易把空气混入油中造成乳化作用。原则上，离心泵不应该用于泵送特级初榨橄榄油。

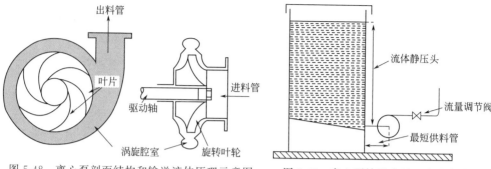

图 5-48　离心泵剖面结构和输送液体原理示意图　　　图 5-49　离心泵输送中的三个基本特点

（2）容积式回转泵　这种泵，适于输送特级初榨橄榄油，不仅能保证恒定的容积量输送和连续旋转式流动运送，同时能够最大限度地减少机械剪切作用。齿轮泵和凸轮泵输送油脂，能够避免出现使用离心泵的缺陷。

齿轮泵和叶状凸轮泵的结构和应用工作原理如图 5-50 所示。图 5-50（a）中的齿轮和图 5-50（b）中的凸轮，在动力带动旋转时，它们和壳体之间有非常小的间隙。液体从进口吸入，然后将液体从排出口排除。连续不断地吸入、排除，达到输送橄榄油脂的作用。

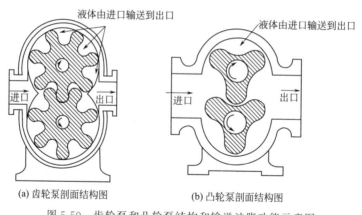

(a)齿轮泵剖面结构图　　　　　　(b)凸轮泵剖面结构图

图 5-50　齿轮泵和凸轮泵结构和输送油脂功能示意图

（3）螺杆泵　单转子螺杆泵，适于黏性流体橄榄油和半液体油橄榄果浆或果渣的浆料。图 5-51 为蠕动状螺旋叶轮，在弹性的固定套中旋转时，螺杆泵剖面输送物料的示意图。

液体从进口进入螺杆泵腔体内见图 5-51（a），随着螺旋转动 180°见图 5-51（b），吸入的料液 2 位置由（a）到（b），料液向右移动 0.5 个螺距。继续旋转，将吸入的料液从出料口位置 3 排出螺杆泵外。图 5-51（c）为进料和出料口，放在同一侧的螺杆泵横切面示意图。

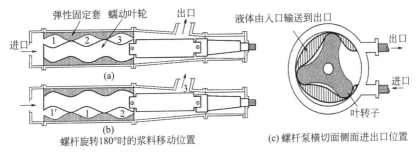

弹性固定套 蠕动叶轮   出口   液体由入口输送到出口

（a）

螺杆旋转180°时的浆料移动位置   （c）螺杆泵横切面侧面进出口位置

图 5-51   单螺杆泵剖面和连续输送物料原理的示意图

（4）离心泵和排液泵之间的区别   离心泵输送液体的流量，可以通过阀门进行调节；排液泵的流量是恒定的，流速不能通过使用一个阀门来调整泵出口流量。用螺杆泵输送，阀门几乎无法控制输送时的流量。若用控制阀控制，甚至会产生非常高的压力。为了防止这种危险，这种泵经常安装一个旁路管，允许流体通过可变量的以返回到入口的安全装置。或采用无级调速装置，根据橄榄油流量变化调节泵的旋转叶轮的转速，根据供料需要调节流速。

（5）储油罐和输送管道   特级初榨橄榄油储罐形态，通常是垂直和圆柱形，有固定的或浮动的罐顶。顶部有密闭装置，以防止油被不良环境污染。储油罐底部有的是平的，也有锥形的，或倾斜的底部。储油罐边壁与罐底部，或罐上部连接位置要做成圆角，方便清洁和承受所述液体的压力。储油罐上的进出油管道中，即使弯曲的管道也要做得平滑，以减少油体流动阻力。当排出油泵入油箱容器时，让油靠近罐壁流入，避免油落下时飞溅。

特级初榨橄榄油转运输送时的典型的管道与设备装置如图 5-52 所示。特别要

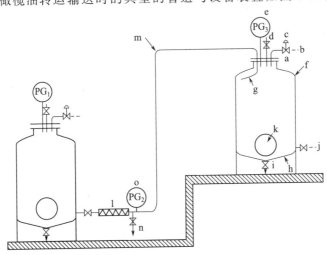

图 5-52   从一个储油罐将橄榄油输送到另一个油罐的设备安装图

a—密封法兰；b—惰性气体入口；c—自动调节惰性气体的压力阀；d—排气阀；e—压力表；f—圆角；
g—防油下落飞溅管；h—锥形底；i—储油罐总排空阀；j—油脂排放阀；k—维修保养人孔；
l—正向旋转低剪切泵；m—大半径弯曲平滑管线；n—油路最低位置总排空阀；o—自动调压器

提到的排空阀，要始终把它装在容器的最低点，有利于将最后残存的油脂，通过重力方式排出。当储油罐中的油脂排除之后，所有管道和阀门都应随设备清洁，一起清洗干净。

带有浮顶的油脂储罐容器，输送油脂时有一定优势。事实上，在输送过程中，由于顶部空间存在，有可能充满空气，这部分油脂与空气接触，不利于油脂储存。如果充惰性气体，就可降低油脂氧化的风险。

5.10　橄榄油包装

油橄榄果加工生产的橄榄油，特别是特级初榨橄榄油，需要将其灌装到一定的容器内，转运到消费者手中，供消费者食用。橄榄油因品种和等级差异，分别采用玻璃、金属和塑料容器包装。对包装材料的选择，主要考虑避光和防氧气，以及回收再利用、机械阻力和惰性气体保护、生产成本等因素。

5.10.1　包装基本要求

包装可以分为三种级别：与产品直接接触的主要包装，包含多个初级包装的次级包装，以及包含多个次级包装的第三级包装。

初级包装必须满足五项主要和相互关联的要素：能遏制不利因素影响，保护橄榄油的天然品质不变，便于消费者购买和应用，沟通方便和可持续性满足消费者使用需求。

人们往往关心的是包装的大小、重量和形状。事实上，对于每人每天消耗10～20mL的产品，在零售网点或超市销售对其包装大小，与在饭店餐饮行业使用是完全不同的。对于特级初榨橄榄油和普通橄榄油的包装，也是不同的。

根据餐馆和家庭的不同场合需要，应设计不同的橄榄油包装。考虑顾客购买的产品在每天的消耗数量，原则上是消费者在安全存放日期范围内消耗完为前提。对于特级初榨橄榄油，要求在商店销售过程中，一定保持在安全的储存条件下存放。根据消费者需求设置橄榄油包装，橄榄油包装的基本要求如以下四个方面：

（1）良好的防护作用　一般食用油，特别是特级初榨橄榄油，容器需要满足从仓储、运输、配送，以及最终销售和用户消费使用的每一个环节的保护作用。

第一，防止从环境，尤其水分、氧气、气味、烟雾、灰尘、微生物等物质的污染；第二，防止非极性、疏水的污染物如溶剂、添加剂的单体和降解产物，与橄榄油直接接触；第三，避光，防止加速光氧化作用；最后，容器必须具有防伪和防篡改证据功能，保证橄榄油的来源和真实性。

（2）方便　包装要有便于携带、打开，倒油时不往外滴油，重新关闭容易的包装"智能功能"。容器的体积大小，能满足消费者需要。

（3）沟通　具有独特品牌和标识的容器，在超市有利于顾客优先选择。在购买时，消费者能够方便索取和易于阅读商品营养、来源国（地区）、最佳消费保质日期、认证标志信息，以及供消费者选择的所有关注内容。商品的产品代码（俗称条码），能够通过零售扫描设备迅速读出，方便结账和查阅该橄榄油商品信息。

（4）可持续发展　包装的可持续发展，主要指包装对环境可能造成的不利影响小，是当今研究的一个热门话题。食品包装材料的对环境保护的影响，涉及到减少包装废物数量、回收旧包装材料，这都关系到未来社会发展。

5.10.2　包装工艺

包装工艺是一个比较复杂的包装过程，其优化准则不同于油橄榄果加工。涉及的材料和设备相对复杂，包装对橄榄油，特别是特级初榨橄榄油的营销成功，起一个关键作用。即便小规模的公司，生产相对少量的优质橄榄油，也有自己的灌装和包装设备。

橄榄油的包装工艺流程如图 5-53 所示。一个包装过程，是从一个客户的限定质量、数量和交货时间的订单开始，到符合法律和技术规定完成包装任务的完整过程。

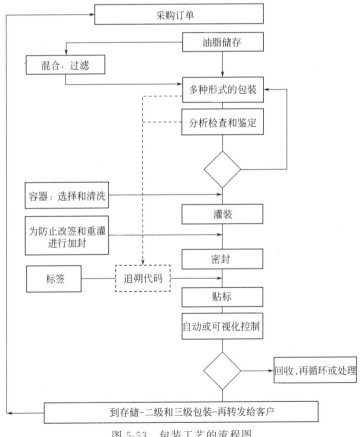

图 5-53　包装工艺的流程图

（引自 Peri C，2013）

根据商品油脂的采购订单，按照产品质量要求，从储存油罐中取出油脂，经混合、过滤和配比，用专用设备将其泵入多种形式需要的橄榄油暂存容器中，经分析检测达到规定的产品标准，通过微电脑控制的灌装设备，将油灌入清洗干净的容器中，加盖封装、贴标签、喷包括生产日期和有效安全使用的限定时间的码，以及在线监测，不符合包装要求的产品要回收处理。

油脂的混合是一个非常复杂的操作工序，对两种不同原料的不同比例配比，需要较高的技能要求。由于两种不同原料的成分配比，需要使用不同的方法，将橄榄油均匀配合在一起。有些原料的混合，需要借助计算机进行优化。一套优化算法会从不同批次存储油的质量状况，用符合客户要求的最低成本核算的数据分析来确定配比。有时利用高度熟练的专家品尝方式，利用感官分析，确定适用小规模生产特级初榨橄榄油的混合配比要求。

很多新的包装制成后，还经历了一个最终的和完整的评估方式，即物理化学质量指标分析和油的感官评价结果。如果评价结果符合产品质量要求，油被送到下一步的包装工序。一切包装的形成和产品特征，都要有完整、良好的记录，使其产品有可追溯性。便于不合格产品销售后的质量追索和对企业生产的监督，保证产品明确的特性和真实性。

橄榄油灌装、加盖、喷码打标后，封装好的橄榄油，再经自动或视觉控制，必须对包装容器完整性、标签的正确位置验证达到合格要求。不符合标准的包装，根据情况分别采取丢弃、回收或另外处置。

5.10.3　包装材料

包装材料，首先考虑与油接触，是否影响质量安全和流通存储货架期，这是主要因素。最合适的包装材料，还要考虑环境条件，以及满足保质期需要，和消费人群对包装材料的喜好程度。有人在意大利，对特级初榨橄榄油的包装容器喜好度做了调查。普通消费者，对包装的喜好和感觉，调查结果总结在表 5-17 中。

表 5-17　消费者对特级初榨橄榄油容器的偏好现象

容器材料	偏好度/%
深色玻璃	100
透明玻璃	40
金属	30
塑料	0.7

分析表 5-17 可知，100％的消费者喜欢深色玻璃瓶盛装特级初榨橄榄油。仅有40％的人偏好透明玻璃，30％的人喜欢用金属桶装初榨橄榄油，选用塑料瓶的仅有0.7％。几乎无人选用塑料包装材料，而100％的人优选暗玻璃材料包装瓶。

意大利的消费者给出评级包装材料的偏好现象。可能不同国家的偏好不完全一样，但在任何情况下，暗玻璃材料包装瓶对防止光氧化、塑料瓶增塑剂污染等都有好处。

5.10.3.1 玻璃瓶

玻璃能够阻挡潮湿水分和空气的氧气对油脂劣变的影响。但透明玻璃将油脂直接暴露于包括紫外光在内的光照下，容易导致光促进油脂氧化。

光照促进油脂氧化中，最有害光为紫外线，由于它能量高，光照可以分裂油脂中的某些化学键促进油脂氧化。

被溶解在油中的氧气，由高能紫外线照射，使其稳定的氧原子被激活，活性氧触发氧化链式反应，色素中的显色双键被氧化，导致油脂色泽变淡、酸败、产生异味和损失抗氧化剂功能等。一般油脂氧化，单线态氧可以直接攻击油脂双键，其与亚油酸反应比三线态氧快约 1450 倍。

许多生产商认为，玻璃色泽越深，防止光氧化越有效。这是不正确的，包装材料在紫外和可见光区域之间的光传输特性的区别，是确定对油正确防护的基本。具有在紫外线范围内的低透射比（高吸收）的玻璃，能够很好地防护油脂的自由基的氧化。因此，可以通过在玻璃制造中，添加特殊的添加剂制成防紫外线的玻璃瓶。橄榄油脂在零售阶段，尽管直接暴露在紫外线下的机会不多，但在销售商场的货物存放货架上，照明灯光中的微弱紫外线长时间照射，也会促进橄榄油氧化，损害油品质量。

不同玻璃透光率比较如图 5-54 所示。

图 5-54 为彩色和透明玻璃在不同波长下的透光率。通过观察光谱变化，蓝色和绿色玻璃，在紫外光 UVA 和 UVB 区与透明玻璃一样，过滤紫外线非常无效。深蓝色玻璃瓶在可见光区能有效地过滤，对油有较低保护作用。类似于橄榄绿色和深绿色的颜色，有一个类似蓝色，但略微好的性能。棕色琥珀色瓶有最好的防光效果。玻璃壁的厚度对防光保护影响较小。

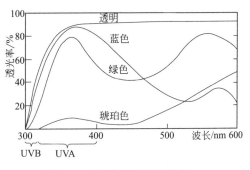

图 5-54　各种玻璃的透光率
［引自 Robertson G L.（1993）］

玻璃的缺点是有脆性和较高的密度，在搬运和携带它时存在问题。玻璃的脆性使得玻璃瓶破损时，橄榄油污染玻璃碎片。自动包装或目视检查时，其可作为一个关键控制点严格把关。

玻璃阻挡气体和氧气很好，但如何密闭和密封材料，也存在一定的氧气渗透风险。玻璃瓶作为盛油容器，对储存、运输和商业流通环节的温度控制有一定的要求。但从环保的角度看，玻璃瓶能回收妥善处理和再加工利用，玻璃容器近乎理想材料。

5.10.3.2　金属容器

金属容器重量轻，具有良好的机械强度，能阻挡光照和氧气等。由于钢铁工业的发展，可用镀锡板、铝，或铝合金板，以及用铬代替镀锡板制成包装容器。容器内涂布食品级瓷漆作防腐蚀保护层。

由生产金属容器厂供应的金属包装容器，上部设置一个能够封盖灌装油脂的口，其他部位全都封闭。待油脂按要求灌入容器后，进行机械或手动封盖。金属容器在灌装油脂之前，经过洁净处理，并保存在清洁的库房，避免受其他环境成分污染。

金属容器容量，通常使用的为1~20L的规格。然而，特殊的品牌，根据使用金属容器情况需要，也可设置小至0.1L的容器。金属容器虽可以回收，但由于内部涂层的腐蚀问题，限制其重复使用。

5.10.3.3　塑料容器

虽然塑料作为用于包装食用油相对较新的材料，具有价格低，重量轻和机械阻力较高、优于金属和玻璃容器的优点，但很少用于特级初榨橄榄油。一般的橄榄油，常使用聚对苯二甲酸乙二醇酯（PET）、高密度聚乙烯（HDPE）等材料。

聚对苯二甲酸乙二醇酯塑料容器，光亮透明，能直接观察到油的色泽。由于塑料容器没有像金属和玻璃材质的防光和阻氧作用，保质期与用金属或玻璃材质比，相对较低。塑料材质的主要缺点是易老化、塑化剂污染、透氧和透光问题。

塑料老化，油中挥发和不挥发化合物，被包装容器的与油接触的塑料表面吸收，损失或降低了理想风味物质。

添加增塑剂的塑料，在用作橄榄油包装容器时，无论是单体或低聚物在容器中迁移，可能污染橄榄油。这是一个严重的安全隐患。塑料容器的透氧性，也限制了其作为特级初榨橄榄油的包装应用。

塑料容器的光照透明性，成为用它作为油脂包装容器的弱点。如果在塑料瓶材料中，添加一些阻断紫外线的阻断剂，利于塑料油瓶的扩大应用。

塑料容器，可以直接在榨油工厂"吹瓶"制造，只是灌装前，用成套的预制加热和吹塑设备，现场进行吹瓶，成为油脂的塑料包装容器。废旧塑料油瓶，可以回收用作它用，而不能作橄榄油灌装包装容器重复使用。

5.10.3.4　盒中袋式包装容器

盒中袋的包装容器，是由高阻隔的柔韧内袋、功能性阀门和纸盒三位一体，组合而成的新型液体包装容器。根据对包装内容物和使用功能的不同，目前在全球食品行业使用中，基本可以分为以下两大类：18~25L的中间储运用的中型盒中袋和2~15L的作为终端消费用的小型盒中袋。

盒中袋有很多优点，由于它的一次性使用，杜绝了劣质油的掺假，质量安全得到保证，无需回收，使得流转方便，并且节省了堆放空桶所需的大量空间等，对油脂销售的市场细分起到了积极作用。随着国家对散装油流通的严格控制，此类包装已被国内油脂厂广泛关注和采用。

由于有些内袋具有可折叠特性，当油倒出后塑料袋收缩，避免顶部空间有空气存在。必须指出，由于氧气容易渗透过塑料，特级初榨橄榄油，不宜在盒中袋保存超过 3 个月。

这种包装容器的容量大小和出油阀门设置位置，根据方便消费者的原则，分别为餐馆和家庭应用设计。

不同材料包装容器的性能比较，列在表 5-18 中。

表 5-18　各种材料对特级初榨橄榄油包装性能比较

适宜包装材料性能	评级状况		
	玻璃容器	金属容器	塑料容器
消费者偏爱	高	中	低
经济（最低的成本）	低	中	高
避光性	中	高	低
防氧化性	高	高	低
回收/再利用可能性	高	中	中
抗机械性	低	中	高
重量轻便	低	高	高
惰性（金属或塑料成分最小释放量）	高	中	低
预防倒换	高	高	低
密闭性	高	高	高
容器的清洗性能	高	低	中
周转期的长度（包装到油脂应用平均时间）	高	高	低

总之，包装容器要根据客户需求，在利于储存和商业流通，保证不同橄榄油品质安全的前提下，设计制造不同材料规格、低廉价格的包装容器。

5.10.4　包装作业

包装作业，包括下面的一系列如去包装托盘、去外包装、清洗、灌装、封瓶盖、喷码、灌装检查、贴标签、最后检查、装箱和堆垛等工序。在高度机械化和精心设计编程的自动控制下，各种包装生产线机器顺利运作，保证在容器中精准地灌入橄榄油，按程序完成各项灌装作业，将包装好的产品，严格按规定，整齐地堆放起来。这些灌装作业，可根据企业的实际情况，选用手动、半自动或全自动生产线的工艺要求操作。

在高度机械化和自动化操作系统中，贴标签、最后的检查、装箱和垛垛作业要求，由精心设计的各种专用机器自动完成。

特级初榨橄榄油包装的重要要求有：①具有灵活性，适于不同规格容量大小的橄榄油容器的灌装需要；②具有预定重量或体积的精度的灌装设备，以免引发重量不符合产品规定的法律问题，以及因灌装过满造成的经济损失。

包装设备组成的设计的包装生产线，可成直线或转弯的布置。后者通常用于产量较大的生产线。

5.10.4.1 灌装

榨橄榄油生产中的灌装线，一般根据容器要求预先设定，是油脂包装作业中的一个关键步骤，既要避免灌装过满，又要防止灌装数量不足，使容器残留过量的空气，与油接触促进油脂氧化，进而引起油品质量下降。灌装过程中，要避免温度的热冷变化，引起黏度和膨胀系数波动变化，这一方面对产品质量不利，另一方面产品重量也会波动变化。包装灌装操作过程中的温度维持在（20±1）℃，桶装油存放在（15±2）℃的储藏室。

特级初榨橄榄油的灌装最常用的玻璃瓶，纯粹在恒定的重力和真空条件下灌装，如图5-55（a）所示。

弹簧加载套筒阀由两个同心管组成，外面一个用于从油供应罐，引油向下流动灌入油瓶，内管的作用为在灌装期间从瓶口排出空气。阀门打开时，瓶子被向上推入克服弹簧压力的密封位置，油向下流动，而不沿瓶壁搅动。当油位达到空气通风管时，流动停止，因为残余空气不能从容器中逸出，因此，液体不能进一步灌入容器。这时，包装容器下降，阀门脱开并自动关闭灌装油出口。无论是自动和手动的机器灌装，纯重力灌装易于清洁和操作，精度也非常准确。

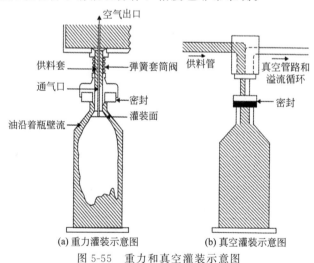

(a) 重力灌装示意图　　(b) 真空灌装示意图

图 5-55　重力和真空灌装示意图

在其他工厂中，液位传感灌装器触发一个控制系统，关闭在预订量的油流。在这种情况下，没有必要通过对灌装阀施压来密封容器。因此，该系统也可以用于塑料容器灌装。图5-55（b）为纯真空灌装示意图。

灌装阀对密封瓶子颈部所连接瓶的两条线：一条为大气压下来自供料箱的供油线，另一条线是通过真空室连接到真空泵的真空线。在瓶中的真空从供给罐抽油，直至油液面到达灌装阀的真空端口，也是油达到瓶规定的恒定位置。油的溢流进入真空室，再循环到供油箱。真空灌装比重力灌装速度快，要求不能有开裂或有缺陷的瓶子。这种真空灌装系统，不能用于塑料容器，因为它们没有足够的刚性和承受真空的机械强度。

5.10.4.2　瓶子封盖

油瓶加盖密封，要求对橄榄油瓶口有严密的封闭性能。特级初榨橄榄油瓶密封旋盖，还要具有包括防涌出和防拆封装置。

防拆封是一种让消费者容易发现，未经授权的油瓶或包装容器是否曾人为擅自打开的装置。为了保证特级初榨橄榄油的真实性，欧盟正在考虑要求在宾馆、餐厅和咖啡厅强制使用，增大特级初榨橄榄油的非重复灌装容器使用的可能性。

瓶装特级初榨橄榄油一般都用螺纹瓶盖。利用瓶口上瓶盖左右方向旋动方式，使其上下移动，将瓶盖取下和旋上。常见的特级初榨橄榄油玻璃瓶装的瓶盖，是带连续螺旋纹的瓶盖，其结构如图5-56所示。

螺旋盖通过其螺纹，与瓶子颈部的相应螺纹啮合，达到与瓶子密封的目的。金属包装容器的螺旋盖，由马口铁或无锡钢或铝材料制成；塑料包装瓶的瓶盖，往往是塑料材质。瓶盖的气密密封效果，是瓶盖和瓶口之间的接触关闭程度。在瓶盖与

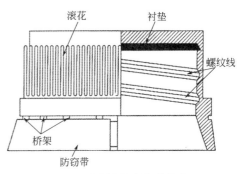

图 5-56　具螺旋纹的瓶盖结构
（引自 Lee D S et al, 2008）

瓶口之间，添加一个弹性衬垫封闭件，能够与瓶口通过瓶盖螺旋紧密压缩，提供安全的紧密固定作用。对于充惰性氮气的防氧化的生产工艺，在装油之前利用氮气清扫包装容器时，氮气赶走空气后留在容器中，随着橄榄油灌装，氮气在油层上面，当瓶盖封盖密闭后，氮气起到隔绝空气作用，有效地防止了油脂氧化。

盖裙下部的防窃装置，通过桥连接到瓶盖盖体上，如果打开瓶盖，必然使其与瓶盖分离。这种装置起到了防止产品非法被打开的作用。对于金属包装容器，采用专用的金属材质进行压轧成型，以达到紧密封闭的效果。

5.10.4.3　标签

我国对橄榄油的标签要求如下。产品符合 GB 7718—2001 的要求。名称按其分类要求的产品名称标注。生产日期：①特级初榨、中级初榨橄榄油和初榨橄榄灯油，应标示油橄榄果的年份；②各种橄榄油都要标识包装日期；③包装日期为保质期的起点日期，进口分装产品应再注明分装日期。应标注产品原产国。应标注反式脂肪酸含量。

欧洲根据欧盟委员会法规（EC）No 182/2009 修订法规的（EC）1019/2002 橄榄油营销标准和委员会实施条例（EU）的橄榄油营销标准 No 29/2012，做出一些有关橄榄油的规定，供世界各地参考。

欧盟把橄榄油标签内容，做了自愿信息和强制性信息两种规定。在标签上要求标示的强制性信息，有橄榄油的名称、净含量、最短保质日期、产品生产企业名称和生产商的地址、橄榄油的身份，以及可追溯性号码或代码等，并要求该油出售的名称、净含量和追踪代码应在相同标签位置注明。表 5-19 为特级初榨橄榄油的标示难度和解决方案例子。

表 5-19　特级初榨橄榄油的标示难度和解决方案例子

要求	可信度的注释
原产地	消费者对橄榄油的原产地资料，非常关注。原产地涉及传统、生物多样性、油和烹饪，以及特殊的感官特性。橄榄油的原产地，无法用油脂分析技术来判定，只能通过大量系统记录资料和每批油脂综合系统的分析指纹来识别。 欧盟对原产地名称，根据不同情况，对来自不同区域或地区、相同和不同的非欧盟国家的橄榄油，和调和橄榄油的保护，都做了非常详细的立法规定
栽培品种	原则上，欧盟的法律都没有严格规定任何品种，除非是原产地保护法规正式确定的品种。对消费者来说，这是现象与实际要求严重脱节。根据人们对生物多样性的关注，品种最有影响，但品种又不能通过油的分析来判定。只能通过大量系统的记录文献和大量油脂的分析指纹数据，综合系统材料来识别
感官特性	根据委员会 No 29/2012 实施条例规定，必须遵照法律评估规定，允许在特级初榨橄榄油标签上写明。涉及油脂感官特性的气味/滋味，按照法规格式认真填写。特级初榨橄榄油的感官评价，必须符合按照强制性的规定感官评审要求
化学标准	最大酸度的指示，可根据官方规定方法分析的数据要求，以相同大小的字体和在相同的视场，将过氧化值、蜡含量和紫外吸收测定，标注在标签上
收获日期	产品的新鲜度是油脂质量和性能良好的一个重要特征，但油橄榄果的收获期，没有要求标注。这是一个以避免欺骗消费者，剥夺了他/她们关注有用的信息的经典案例。产品的收获日期，无法用分析油脂方法来鉴定。只能通过大量文献记载和指纹图谱分析和很多资料组合系统来确定
冷榨	根据欧盟规定，所谓"冷榨"，专指在温度低于 27℃ 时获得的初榨橄榄油。首先，没有证据表明，27℃ 就优于 30℃ 或 32℃。这是生产者对试验进行优化的另一种限制。其次，没有办法让消费者的看到，27℃ 是"冷"，而 30℃ 是"太热"。第三，获得的油脂经由"冷榨提取"，导致消费者认为，必须有某种"热提取"，这实际上是不存在的。最后，控制设备使用正常的温度，符合这种要求认证的工艺，很困难或根本不可能
"未滤油"	虽然立法不反对这种说法，事实上，它会误导消费者。一方面它导致过滤不利于油品质量的认识，与事实正好相反。另一方面，如果油脂不过滤，会增加油脂的浑浊度
储存条件	这个油品质量关键信息，应该成为强制性规定，以便在标签上明确注明
良好的可读性	过多的信息数据列在标签上，可能误导消费者。信息太多，标签上没有足够的标注空间
营养信息	根据法律规定，应精确地给出有关营养含量和分布的信息。它可能涉及成分的活性、主要营养成分的单和多不饱和脂肪酸、维生素，以及 α-生育酚的含量。
其他资料	鉴于委员会实施 No 29/2012 的 12 号条例说，"出现在标签上的所有其他信息，应该以客观的要素，以确保消费者不被误导，并在有关油脂市场的竞争被证实不失真"。酚含量也许可以被视为符合这些要求

显然，前面列举的强制性信息，仅是有关产品的特点和性能的有限信息。如果生产商和零售商，往往想展示自己的工艺和产品的更多详细信息，有时会导致消费者无法科学选择该产品。过多不实的产品信息，很难产生良好的长期营销效果，标注的所谓有效成分，达不到分析检测数量，将有欺诈之嫌。

5.11　油橄榄果渣油制取和精炼工艺

根据欧洲 2007 年 10 月 22 日 1234 号文和 2013 年 1 月 26 日相关法规规定，精炼的橄榄油产品有：

（1）精炼橄榄油　是用不改变甘油酯结构的精炼方法，压榨橄榄灯油精炼制得的橄榄油。以油酸计，游离酸度不超过 0.3%。在今天的地中海地区生产的橄榄油，有很大比例是这一类。

（2）精炼油橄榄果渣油　是用溶剂从橄榄果渣中提取、精炼的油脂。以油酸计，游离酸度不超过 0.3%。精炼方法与精炼灯油相同。精炼橄榄油和精炼油橄榄果渣油是无味的，很多产品是与风味好的特级初榨，或初级橄榄油混合的产品。

（3）橄榄油　由精炼橄榄油和初榨橄榄油组成。这一类的橄榄油，由精炼橄榄油和特级初榨或初榨橄榄油混合，而其游离酸度超过 1.0%，在全球销售的橄榄油大多数属于这一类。以不同比例混合制成橄榄油，成为以不同的价格、不同的口味的，或多或少的特级初榨或初榨橄榄油名称销售。美国被称为"清"或"超清"橄榄油都属于这一类，而且有相当大的比例成品油都是这样生产的。

（4）油橄榄果渣油　是一种精炼油橄榄果渣油和初榨橄榄油混合而成的油脂，游离酸度不超过 1%。

5.11.1　油橄榄果渣制油工艺

果渣油精炼前加工，需要对果渣中的油脂进行溶剂萃取。油橄榄果渣根据加工工艺不同，压榨法榨取橄榄油后的橄榄饼渣，干基含油 9%～12%，离心法得到的果渣，干基含 6%～8% 的橄榄油。将湿橄榄饼和果渣干燥脱水，进行有机溶剂浸出，可以回收其油橄榄果渣油，俗称粗油橄榄果渣油。

压榨法制取的质量不符合初榨橄榄油的橄榄油，归为橄榄灯油。橄榄灯油和粗提取油橄榄果渣油的精炼工艺非常相似。

从压榨橄榄渣饼中制取油橄榄果渣油工艺，类似于离心法油橄榄果渣溶剂浸出制取油橄榄果渣油的方法。这里仅举离心法制取橄榄油的副产物说明：对油橄榄果渣干燥脱水，再用溶剂浸出制取油橄榄果渣油工艺，阐述油橄榄果渣油的制取方法。

用两相卧螺离心机分离出来的果渣，制取油橄榄果渣油的工艺如图 5-57 所示。分两步进行：第一步，基于融合和三相卧螺离心机分离，允许回收可萃取约 50% 的油脂；第二步，利用溶剂萃取，将剩余 50% 的油脂萃取回收。在第一步降低水含量，减少干燥成本，有利于溶剂浸出。从三相卧螺离心机排出的果渣，先干燥，再用溶剂浸出。

图5-57的主要工艺操作将在下面的章节中介绍。

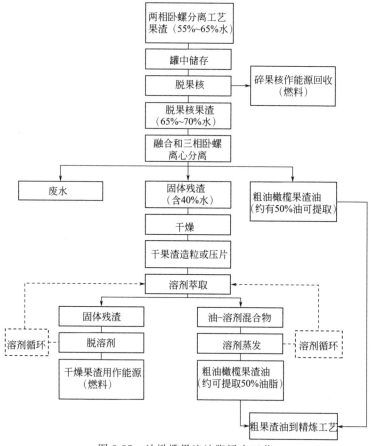

图5-57　油橄榄果渣油脂浸出工艺

(引自Peri C，2013)

5.11.1.1　果渣储存

两相卧螺离心机分离的油橄榄果渣，是一种半液态含有55％～65％的水和30％固体的浆状物，主要成分是油橄榄果皮、果肉、果核、果仁和可溶性物质，如盐、糖和一小部分酚类化合物。由于糖的存在，果渣容易发酵，但多酚对微生物生长有抑制效果。果渣有可能在储存罐中存储7～9个月，或将大量果渣存放在大池子中，而果渣的油脂萃取，必须根据工厂生产能力，设置适于生产配套的容积浸出设备进行生产。

5.11.1.2　果渣脱果核

果渣脱核工艺的第一步操作是，果渣在脱核设备中，软质的果肉通过脱核机中的过滤网，将果渣中的果核分离出去。果核会占果渣量13％～18％，由于果核为惰性木质材料，具有非常低的水含量，因此脱果核后的果渣相对增加5%～10%的水分。回收的油橄榄果核的碎片，是一个良好的燃烧材料，由于它们的高发热量和低灰分含量，在合适的燃烧条件下，可以产生高达800℃火焰。

5.11.1.3 果渣油脂制取

脱核果渣经融合到风味油聚结，随后到卧螺离心机离心分离。在这种情况下，使用三相卧螺离心机分离出植物水、油和固体浓缩淤浆。此操作的几个优点是：①两相卧螺离心机分离出来的果渣废水，酚类化合物的含量相当高，可用于提取用作抗氧化剂；②该工艺果渣中约有50%的油可被分离，而且此时温度低于40℃，对油的质量影响最小；③三相卧螺离心机分离系统，允许显著降低果渣的水含量，有利于对其干燥，且能量消耗显著降低。

5.11.1.4 果渣干燥

从开始，对两相或三相卧螺离心机分离果渣的加工方法，都是相同的。为有效使用溶剂，果渣需要干燥。果渣在连续滚筒干燥的风干设备中，水含量降低至6%～8%，被认为是最佳的溶剂萃取要求。干燥是一种能量密集的操作，不同的节能系统都可以使用。最常用的热干燥气体，可以通过燃烧油橄榄果核，与空气混合，或由燃烧油橄榄果核和干燥的橄榄渣得到的气体来达到。

在正常条件下干燥温度高达200～300℃，如果在这种条件下，油橄榄果渣中的油脂游离脂肪酸酸度、过氧化值、分光光度值和褐变化合物的显著增加，在精炼过程中会增加炼耗。如果温度超出400℃，会形成和增加多环芳烃（PAHs）有害成分。

5.11.1.5 干渣造粒和轧片

干燥的果渣，是含有不同颗粒的粉末状物料，不适合溶剂萃取工艺。该粉状材料倾向于结块和包在一起，从而阻碍固体和溶剂之间的紧密接触。因此，干燥果渣经蒸汽处理和通过挤压，制成粒料或薄片。与此同时，小型球状颗粒呈紧密的多孔状，并有一定的机械强度，有利于浸出溶剂渗透和充分浸渍它们。

5.11.1.6 溶剂浸出（萃取）

溶剂浸出是一种固体（果渣）和液体（溶剂）的混合和分离操作相之间的提取阶段。在操作工艺中发生以下步骤：①果渣颗粒和溶剂的混合；②该溶剂渗透和浸渍该固相；③溶解和扩散的现象让油从固体渗入溶剂相；④通过重力和机械装置，油-溶剂溶液从固相分离浸出。

浸出工艺是在半连续、逆流模式下进行的，用一系列浸出罐，其中新鲜溶剂被泵入最后的浸出罐，依次将固体果渣中的油脂浸出，含有油橄榄果渣油和微量水的溶剂，称为混合油，被泵入混合油精炼工段精炼，和脱溶剂、回收溶剂进入车间溶剂罐，作为浸出溶剂在车间循环使用。

通常使用的溶剂是正己烷，因为对油具有良好的选择性浸出性能，蒸发的沸点温度（60℃）和潜热比较低，对油质量没有影响。

5.11.1.7　混合油脱溶剂

湿溶剂渣粒料输送到加热的热交换脱溶剂器中，溶剂达到沸点后将溶剂蒸发。脱溶剂的热交换器中，通入直接蒸气加热和搅拌，被加热后的溶剂随蒸气进入冷凝器冷凝。脱溶剂后的固体果渣，在经搅拌并通过一螺旋输送器后从出料口排出。溶剂蒸气被冷凝、分水净化回溶剂罐再循环。将脱过溶剂和干燥的果渣，用作燃料能源，或作肥料用于农田。

含油和溶剂的混合油，经多效蒸发器蒸发浓缩，又在真空条件下蒸脱溶剂。溶剂蒸气被冷凝分水，溶剂再循环利用。脱溶剂的粗油橄榄果渣油，泵送到炼油工段炼油。

5.11.2　精炼工艺

油橄榄灯油和油橄榄果渣粗油，一定要精炼才能用作食用油。虽说两种油具体加工方法不完全一样，但其原理是相同的。在任何情况下，这两种油精炼工艺必须单独进行，因为最终产品必须符合国家标准定义要求。表 5-20 列出油橄榄灯油和粗橄榄果渣油中的有害物质和去除它们的操作方法。

表 5-20　在灯油、粗橄榄果渣油中有害物质及去除操作方法

有害物质	精炼操作
悬浮物	重力沉降或(很少)过滤
游离脂肪酸、单甘油酯和双甘油酯、胶质和磷脂	化学精炼中脱非水化磷脂和化学中和或物理精炼中的蒸汽蒸馏
天然色素、微量金属离子、果渣干燥时形成的多聚合芳香烃(PAHs)	用白土，或不加活性炭脱色
物理精炼过程中，产生的有异味，有游离脂肪酸生成	真空，用蒸汽蒸馏

油橄榄灯油和粗橄榄果渣油精炼工艺如图 5-58 所示。

5.11.2.1　重力沉降

粗油橄榄果渣油，是将油橄榄果渣中浸出的混合油，通过过滤方法净化制得的。油橄榄灯油，利用重力沉降（或过滤），避免最终产品浑浊和有沉淀物沉降。

5.11.2.2　化学中和

中和的目的，是为了消除油橄榄和橄榄油中内源或外源脂肪酶作用生成的游离脂肪酸、单酸甘油酯和甘油二酯。其工艺原理是，油在 65～90℃，加入氢氧化钠、钾或钙的碱液。碱液与游离脂肪酸的反应，形成可溶于水的肥皂，通过离心分离机将此产物除去。这些水溶性被分离的产物，不仅含有肥皂，还含有其他水溶性甘油单酯和甘油二酯、磷脂和甾醇等。这些被称为皂脚的分离物，作为重要的化工产品的原料，用来生产脂肪酸。从经济的观点分析，重要的中性油和游离脂肪酸的损失达到了最小化。

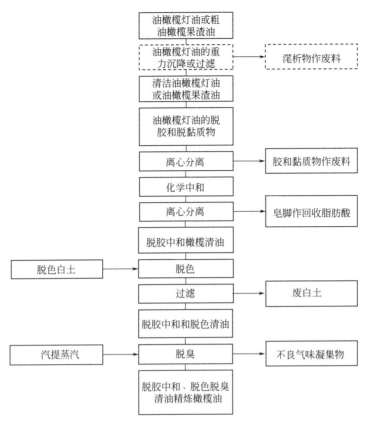

图 5-58　油橄榄灯油和粗油橄榄果渣油精炼工艺
(引自 Peri C, 2013)

如果在加碱液工艺之前，用磷酸或柠檬酸，对胶质、磷脂酸进行酸化处理，可以通过离心分离技术将其胶质预先去除。

5.11.2.3　脱色

脱色的目的，是消除所有具有色泽的化合物，从而使精炼橄榄油成为无色的。这个工艺，是通过添加具有高选择性吸附能力的矿物黏土（膨润土或蒙脱石），添加量为油重量的 0.5%～1.5%。这些天然色素化合物如胡萝卜素、叶黄素和叶绿素，是在油橄榄果渣脱溶剂和干燥时，作高温处理形成的棕色化合物。这些有色化合物，脱色时被活性白土颗粒表面吸附，随白土一起分离出去，达到脱色的目的。如果油中含有的多环芳香烃（PAHs），在此果渣干燥期间形成，用 5%～10% 的活性炭加到脱色土中，大大增加了混合脱色剂的吸附能力。实际上，活性炭极具多孔，巨大的表面积具有极大的吸附作用。

脱色是间歇的操作，一般在 90～110℃ 的温度和真空条件下，低速搅拌维持脱色土在悬浮液中脱色 20～30min。然后将悬浮液冷却到 70℃，油通过板框或叶片过滤器，过滤出脱色白土，油被称为脱色油脂。

5.11.2.4 脱臭

脱臭工艺的目的,是消除形成在精炼过程中的异味。脱臭是油脂精炼最后一道工艺,也是一个持续的真空蒸馏与挥发物汽提的过程。

5.11.3 精炼橄榄油的质量和用途

在深入讨论溶剂提取和精炼橄榄油工艺对各种成分的影响时,提几点关于精炼和初榨橄榄油之间的区别。

炼油工艺,除去大部分的抗氧化成分,中和和脱色过程中,除去了多酚,在脱臭工艺中脱除了维生素 E。目前的许多研究,正在开展提高精炼操作的同时如何保护甾醇、多酚和维生素 E 等有用的化合物不被损失的研究。

此外,油温超过烟点时,形成的反式脂肪酸,果渣烘干过程中形成的多环芳烃,都必须加以防范,尽量减少有害成分的形成。如果在生产工艺中产生了上述有害物质,必须选择有效的工艺方法将有害成分除去。

尽管某些限制,但精炼橄榄油产品仍被认为非常有价值的原因是:

(1) 精炼橄榄油,是橄榄种植者无法得到特级初榨橄榄油的情况下,唯一可能得到的产品。

① 如果油橄榄果遭受严重的果蝇侵扰。

② 如果因不利的气候原因(包括冰雹和霜冻)使油橄榄果受到损坏。

③ 在欠发达地区,机械化采摘较差,收获的油橄榄果实成熟度远远超越了最佳采摘期。

④ 在较发达地区,劳动力的供应稀缺,采摘成本太高,油橄榄果最佳成熟期不能及时采摘。

在这种情况下,橄榄种植者往往决定,获得高品质的特级初榨橄榄油,在最佳成熟期收获它们生产的只是一部分,在一个较高的价格出售。生产的其余部分的都是过了最佳收获期采摘的油橄榄果,只能用作生产精炼橄榄油,且以较低的价格出售。这种特级初榨和精炼橄榄油生产的组合,对许多橄榄种植者来说,能起到经济平衡作用。

(2) 橄榄油精炼工艺,类似于市场上人们喜欢的,通过溶剂萃取和精制的所有的其他食用植物油的生产工艺。这个工艺生产的产品都是绝对安全的,并已进行了几十年的研究、开发和现场试验的过程中,得到了很好的检验。

(3) 精炼橄榄油,是营养非常好的油。无法与特级初榨橄榄油相比的原因,是缺乏次要的抗氧化成分。然而,油酸的含量高,单不饱和与多不饱和脂肪酸的平衡良好,有效的脂溶性抗氧剂像角鲨烯,精炼橄榄油成为食物脂类的一个有效来源。

(4) 最后,精炼橄榄油,有一个平和的感官性质。与特级初榨橄榄油相比,虽没有丰富多彩、良好的风味感官特性,但可以作烹饪油使用。

尽管橄榄油种类很多,按制取和加工方式不同,可把它们归纳为表 5-21 所示的机械压榨或离心分离的初榨橄榄油和用物理化学方法浸出的橄榄油。初榨橄榄油又分特级初榨橄榄油、初榨橄榄油和油橄榄灯油；溶剂浸出的橄榄油，包括精炼橄榄油、橄榄油、粗油橄榄果渣油、精炼油橄榄果渣油和油橄榄果渣油等。

表 5-21　橄榄油的分类

机械制取（初榨油）	化学和物理浸出（精炼油）
特级初榨橄榄油	精炼橄榄油
初榨橄榄油	橄榄油（混合初榨油＋精炼油）
油橄榄灯油	粗油橄榄果渣油
	精炼油橄榄果渣油
	油橄榄果渣油

总之，特级初榨橄榄油，在橄榄油范围内，是顶级的橄榄油。但是，排在第二位，是"初榨"橄榄油，随之是精炼橄榄油，以及由精炼橄榄油和初榨橄榄油组成的橄榄油。各种等级橄榄油的特性数据，请参阅第四章橄榄油和油橄榄果渣油法规标准介绍。

5.12　橄榄油加工副产物利用

油橄榄加工厂除了生产橄榄油之外，还有固体残渣和橄榄加工废水等副产物。这些副产物中除了残渣中含有可供回收的油脂之外，废水中还含有酚类化合物、糖类、有机酸和矿物营养物等。如果将其回收可用作动物饲料、生物燃料、加工助剂、酶、聚合物等，起到企业增值作用，还减少对环境的污染。

5.12.1　油橄榄加工产物

从油橄榄果实中制取橄榄油的生产方法如图 5-59 所示。不论是传统榨油机间歇压榨制取法，或连续的两相或三相卧螺离心分离法，除了制取橄榄油脂之外，还产出压榨的果渣饼、三相卧螺离心分离的果渣和两相卧螺离心分离的俗称 TPOMW 的加工废料。

连续三相卧螺分离机在工艺中添加的温水为压榨工艺的 1.25～1.75 倍，会产生大量的油橄榄加工废水（80～120L/100kg 橄榄）。三相卧螺离心工艺分离出三个产物：固体残渣（橄榄饼）、液相油和油橄榄加工废水。三相卧螺分离的优点是完全工艺自动化，油的质量好，缺点是用水量多、能量消耗和油橄榄加工废水量大。在意大利、希腊和葡萄牙使用三相分离工艺。希腊约有 70％油橄榄加工厂使用三相离心工艺，剩余的继续使用传统压榨工艺。为减少油橄榄加工废水，20 世纪 90 年代开发了两相卧螺分离萃取技术。两相卧螺离心分离工艺，将融合好的油橄榄果浆分成橄榄油和湿果渣。这种湿果渣俗称 TPOMW，它是油橄榄果渣和油橄榄加工废

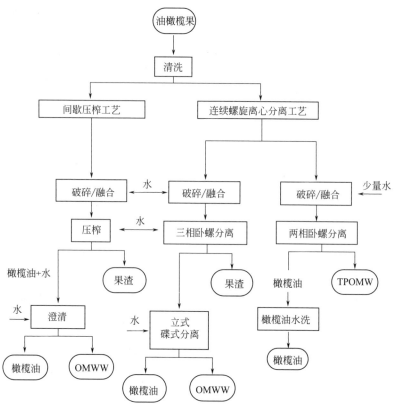

图 5-59　油橄榄加工不同工艺的副产物

(引自 Dermechea S，2013)

注：OMWW 为油橄榄加工废水；TPOWM 为两相卧螺离心分离废渣。

水的混合物。在西班牙约有 90% 的油橄榄厂在使用这种两相卧螺离心分离系统的加工技术。

分析图 5-59 中不同油橄榄加工工艺看到，不论是传统间歇的压榨法，或连续的三相卧螺离心分离法的油橄榄加工工艺，产物分成橄榄油、果渣（饼）和废水。两相卧螺离心分离工艺，将融合好的油橄榄果浆分成橄榄油和含果渣的浆液。

传统压榨法和三相卧螺、两相卧螺离心法三种工艺，每加工 1000kg 油橄榄果，获得的橄榄油、废水和果渣数量如表 5-22 所示。

表 5-22　加工 1000kg 油橄榄果的产物数量

(引自 Israilides C)

单位：kg

产物	压榨法	三相卧螺离心法	两相卧螺离心法
橄榄油	214	212	200
湿渣（饼）	323	462	800

产物	压榨法	三相卧螺离心法	两相卧螺离心法
废水	920	1670	

分析表 5-22 看出，加工 1t 油橄榄果，用压榨法可产生 214kg 橄榄油、323kg 压榨饼和 920kg 废水，三相卧螺离心法可产生 212kg 橄榄油、462kg 的果渣和 1670kg 废水，两相卧螺离心法产生 200kg 橄榄油和 800kg 的果渣。压榨法油脂得率最高，果渣饼量最少，而两相卧螺离心法油脂得率低，没有单一的加工废水，相对湿果渣数量最高，三相卧螺离心法油脂和湿渣量居中、产生的废水最高，达到 1670kg。

5.12.2 油橄榄加工的果渣

油橄榄加工生产橄榄油后的果渣副产物，分别是压榨饼渣、三相卧螺离心分离和两相卧螺离心分离的果渣成分，数据列于表 5-23 中。

表 5-23 橄榄油加工果副产物（饼）渣特性

（引自 Israilides C）

参数	压榨法	三相卧螺离心法	两相卧螺离心法
水分/%	27.21	50.23	56.80
脂肪/%	8.72	3.89	4.65
蛋白质/%	4.77	3.43	2.87
总糖/%	1.38	0.99	0.83
纤维素/%	24.14	17.37	14.54
半纤维素/%	11.00	7.92	6.63
灰分/%	2.36	1.70	1.42
木酚素/%	14.18	10.21	8.54
氮凯氏定氮/%	0.71	0.51	0.43
磷（以 P_2O_5）/%	0.07	0.05	0.04
酚类化合物/%	1.146	0.326	2.43
钾（以 K_2O）/%	0.54	0.39	0.32
钙（以 CaO）/%	0.61	0.44	0.37
总碳/%	42.90	29.03	25.37
碳氮比	60.79	57.17	59.68
碳磷比	588.0	552.9	577.2

比较表 5-23 中各成分的数据，压榨法、三相离心法和两相离心法的果渣中油

脂含量分别为 8.72%、3.89% 和 4.65%，蛋白质含量分别为 4.77%、3.43% 和 2.87%，水分含量分别为 27.21%、50.23% 和 56.80%。对于果渣干燥、溶剂萃取回收油橄榄果渣油，压榨法的橄榄饼的加工干燥成本比离心法低，大工业油橄榄加工生产的副产物湿果渣、果渣烘干和浸出回收油橄榄果渣油已在本章 5.11.1 油橄榄果渣粗油制取工艺中有过介绍，利用果渣油脂生产生物柴油等技术不在此处叙述。

5.12.3 油橄榄加工废水处理

通常两相卧螺离心机离心的油橄榄加工工艺不产生单独的加工废水，对压榨法和三相卧螺离心分离的加工废水的物料特性分析数据列于表 5-24 中。

表 5-24 油橄榄加工废水特性

（引自 Israilides C）

序号	参数	压榨法	三相卧螺离心法
1	总固形物(TS)/(g/L)	99.70	63.5
2	总悬浮固形物(TSS)/(g/L)	4.51	2.8
3	总挥发固形物(TVS)/(g/L)	87.20	57.37
4	灰分/(g/L)	9.69	6.13
5	总有机碳(TOC)/(g/L)	64.11	39.82
6	总凯氏氮(TKN)/(g/L)	1.15	0.76
7	总磷(P_2O_5)/(g/L)	0.87	0.53
8	pH	4.50	4.8
9	BOD_5/(g/L)	68.71	45.5
10	COD/(g/L)	158.18	92.5
11	密度/(g/cm³)	1.05	1.048
12	电导率/(mmhos/cm)	18.00	12
13	总糖/(g/L)	25.86	16.06
14	脂肪/(g/L)	2.80	1.64
18	有机酸/(g/L)	4.88	3.21
20	总酚类化合物/(g/L)	17.15	10.65
22	单宁/(g/L)	6.74	4.01
23	果胶/(g/L)	3.25	2.15
24	钾(以 K_2O 计)/(g/L)	3.77	2.37
25	钠(以 Na_2O 计)/(mg/L)	405.81	243
26	钙(以 CaO 计)/(mg/L)	382.11	271
27	铁(以 FeO 计)/(mg/L)	48.32	32

序号	参数	压榨法	三相卧螺离心法
28	镁(以 MgO 计)/(mg/L)	74.00	50
29	硅(以 SiO$_2$ 计)/(mg/L)	28.62	18
30	总硫/(mg/L)	101.43	63
31	总氯/(mg/L)	219.48	124
32	锰/(mg/L)	18.24	12
33	锌/(mg/L)	19.68	12
34	铜/(mg/L)	10.50	6

压榨法和三相离心分离法产生的油橄榄加工废水中，总固形物每升分别高达 99.7g 和 63.5g，总有机碳每升高达 64.1g 和 39.8g，化学耗氧量 COD 每升分别为 158.1g 和 92.5g，总酚类化合物每升分别高达 17.15g 和 10.65g。

压榨法和三相离心分离法产生的油橄榄加工废水的参数，以欧盟的希腊的环保要求为例，排往公共下水道网、江河和湖泊、海洋和陆地的排放标准要求比较见表 5-24。表中所列油橄榄加工废水的 pH 值、生物耗氧量、化学耗氧量、悬浮物、脂肪、总氮、磷和总溶解物数据，未经处理没有一项符合环境排放标准。油橄榄加工厂产生的废水与欧盟的希腊规定环境排放标准数据列于表 5-25 中。

表 5-25　希腊废水排放的国家标准与油橄榄加工废水相关参数比较

(表中数据引自 Israilides C)

参数	公共下水道网	湖泊河流	海洋	陆地	油橄榄加工废水	
					压榨法	三相离心法
pH	6～9	6～9	6～9	6～9	4.50	4.8
温度/℃	35	28	35	35		
溶解氧/(mg/L)	—	3	—	3		
BOD$_5$/(mg/L)	500	20	40	40	68710	45500
COD/(mg/L)	1000	120	150	120	158180	92500
悬浮物/(mg/L)	500	50	40	40	4510	2800
脂肪/(mg/L)	40	5	20	2	2800	1640
总凯氏氮/(mg/L)	25	10	15	7	1150	760
硝酸盐/(mg/L)	20	4	20	5		
磷/(mg/L)	10	0.2	2	2	870	530
总溶解物/(mg/L)	3000	1000	1500	3000		

分析对比表 5-25 中的相关数据发现，油橄榄加工废水的 pH 呈酸性，BOD 分

别超 137 倍和 91 倍，COD 分别超 158 倍和 92 倍，总磷分别超 87 和 53 倍。表 5-24 中压榨法和三相卧螺离心分离法产生的废水的酚类化合物每升含量分别高达 17150mg 和 10650mg，由于它在土壤中不容易降解，大量废水用作灌溉会对土壤有害。

我国油橄榄加工企业多为小规模生产，往往将油橄榄加工废水置于蒸发池中或直接排放至排水沟中。油橄榄加工废水中含高浓度的 COD 和酚类化合物，未经处理的油橄榄加工废水直接排放，会严重污染环境。

随着我国油橄榄种植和加工业扩大，为防止油橄榄加工废水对环境的污染，有必要借鉴国际上油橄榄加工废水治理经验，完善油橄榄加工废水处理工程，这里介绍物理法、物理化学法、化学法、生物法等废水治理方法。

5.12.3.1 物理法

利用蒸发方式可将油橄榄加工废水浓缩，同时将废水中的液体和固体有效分开。通常油橄榄加工废水放入室外的蒸发池中，利用太阳能加热对油橄榄加工废水进行浓缩，资料报道，静置 9 天后，经太阳能加热处理的油橄榄加工废水，固体残渣的含水率降低到 15%。利用这种方法大大地降低了废水浓缩的能量消耗，是一种经济高效的油橄榄加工废水的处理方法。或用生石灰中和油橄榄废水，再将其置于蒸发池进行曝气处理装置。这是种包括添加生石灰与废水接触中和反应、物料输送装置和蒸发池的处理装置等的处理方法。具体先按每吨橄榄果用 2%CaO 约 5kg 计算，添加到废水池中与其中和到 pH 值为 7，由于处理浓缩时产生臭味，蒸发池通常远离工厂和住宅区。池中废水经 3~5 个月的蒸发浓缩处理，再将固体物收集起来，用作肥料。该方法的最大优点是方法简单、固定投资和运营成本低。缺点有：①需要场地面积大（每 2.5m³ 废水需要 1m² 场地）；②曝气池需要距生活区至少 2km；③废水渗漏时有害成分会对土壤和地下水造成威胁；④产生不良气味，对周围环境有影响。

5.12.3.2 重力分离法

该方法用混凝土隔墙、开放式土沟和沉淀泥浆的混凝土平台组合而成。油橄榄加工废水经土壤过滤后剩余液液在池中储存曝晒。收集污泥用作肥料，一部分含油浮层产物产生恶臭气味，需要及时收集单独处理。同样用分离因数更高的卧螺离心机对油橄榄加工废水离心分离，先回收固形物残渣进行堆肥，再对分离的低浓度废水曝晒蒸发浓缩处理。

5.12.3.3 物理化学分离法

有机废水处理的物理化学方法，通常有吸附、絮凝两种方法。

（1）吸附 在废水处理中，经常采用具有多孔性结构的固体物质作为吸附剂，利用其自身巨大的表面积可以产生吸附力的特点，达到去除水中污染物的目的。常用的吸附剂有活性炭、天然黏土等。将油橄榄果核烧制成活性炭吸附剂，可用于处理橄榄油废水。活性炭经 110℃ 干燥后用于橄榄油废水的吸附实验，整个实验过程中，橄榄油废水的pH值保持在5.2～5.9。实验结果显示，该活性炭吸附剂对橄榄油废水中的酚类化合物及COD有一定的处理效果，两者的最高去除率分别能达到73%和33%。活性黏土（膨润土）对橄榄油废水中酚类化合物也有一定的去除效果。活性黏土经四甲基氯化铵、去离子水浸泡、蒸馏水过滤、洗涤、马弗炉高温焙烧后，用于橄榄油废水的吸附研究。结果显示，吸附平衡在4h内达到，酚类化合物的最大去除率约为81%。

（2）絮凝　将油橄榄加工废水先用硫酸酸化后，分别加入硫酸铝[$Al_2(SO_4)_3 \cdot 18H_2O$]和氯化铁（$FeCl_3 \cdot 6H_2O$），以去除废水中的COD及总酚。实验结果显示，废水溶液的pH值为8.0时，硫酸铝和氯化铁均达到最佳的絮凝效果。在该pH条件下，氯化铁的加入量为3g/L时，COD和总酚的去除率分别达到95%和90%；硫酸铝的加入量为6g/L时，COD和总酚的去除率分别达到94%和91%。无机絮凝剂的优点在于价格低廉，缺点在于使用过程中往往需要调节原废水的pH，以便获得最佳絮凝pH范围。使用无机絮凝剂处理废水的过程中，易产生大量絮体。

5.12.3.4　化学法

化学处理油橄榄加工废水有电絮凝、电化学氧化、Fenton和湿式氧化等方法。

（1）电絮凝　电絮凝的反应原理是以铝、铁等金属为阳极，在直流电的作用下，阳极被溶蚀，产生Al^{3+}、Fe^{2+}等离子，经一系列水解、聚合及亚铁的氧化过程，发展成为各种羟基络合物、多核羟基络合物以至氢氧化物，从而使废水中的胶态杂质、悬浮杂质凝聚沉淀而分离。在pH值为4～6时，当电流密度达到75mA/cm²时，反应25min即可使废水中COD的去除率达到76%，同时总酚的去除率也相应地达到91%。

（2）电化学氧化　由于油橄榄废水具有良好的导电性，且富含氯离子，因此，可采用电化学方法，将废水中的有机物以直接氧化或间接氧化的方式除去。用钛和氧化钌作阳极，不锈钢作阴极，在研究电化学法处理油橄榄废水的实验中发现，油橄榄废水中的COD和芳香族化合物几乎被完全去除，废水中的色度也被有效地降低了。

（3）Fenton氧化　Fenton法是一种利用催化剂、光辐射或电化学的综合作用，通过H_2O_2产生羟基自由基（·OH）来处理有机物的技术。使用零价铁/过氧化氢作为Fenton试剂，处理油橄榄废水中的酚类化合物和COD，获得了较高的去除率。实验显示，去除效果随溶液pH值的提高而提高。在pH值为1的条件下，反应1h后，COD的去除率达到78%。若将pH值提高到2～4，COD的最高去除率可达92%。在此过程中，废水中的酚类化合物被完全去除。

（4）湿式氧化　湿式氧化法是对液体中悬浮或溶解状有机物进行高温高压氧化处理的方法。以空气作为氧气源，在0.6L的高温灭菌锅中进行油橄榄废水的湿式氧化实验。在温度为180℃、压力为7.0MPa的条件下，反应6h后，废水中COD

的去除率达到 52%，酚类化合物的去除率达到 83%。湿式氧化技术在实际应用上还存在一定的局限性，由于该技术需要在高温高压的条件下进行，故要求反应器材耐高温高压、耐腐蚀，因此设备费用大，投资大。

5.12.3.5 生物法

生物法是利用微生物降解代谢有机物为无机物来处理废水的，因其具备效率高、无二次污染、成本低等特点，广泛应用于污水处理中。由于油橄榄加工废水中有高浓度的酚和长链脂肪酸，具有抑制微生物活性的特点，因此选择适宜的微生物便成为生物法处理油橄榄废水的关键。生物法分为厌氧降解和好氧降解两种。

（1）厌氧降解　厌氧降解主要包括水解、酸化、产甲烷等步骤，其中产甲烷是整个厌氧降解过程中最重要的步骤。在实验室规模的升流式厌氧污泥床反应器中，发酵时间为 2~5 天，对于初始 COD 为 22.6~97g/L 的油橄榄废水，COD 的去除率能够达到 70%~80%。若将发酵时间提高到 25 天，COD 的去除率能够达到 87.9%。研究发现，去除 1kg 的 COD 将产生 0.3~0.35m³ 的甲烷气体。在使用厌氧降解法处理油橄榄废水时，废水在进入反应器前，需要先稀释，并需向废水中添加营养物质，同时还要添加碱性物质调节废水的 pH。

（2）好氧降解　好氧降解的主要作用在于通过减少废水中酚类化合物的含量来降低废水的毒性，从而使后续的废水处理过程更加有效。曲霉素真菌、褐球固氮菌、白地霉能够有效地去除油橄榄废水中的酚类化合物，最高去除率分别能够达到 75%、95% 和 87%。在好氧条件下，白腐真菌经 21 天处理后，去除了 65% 的酚类化合物，且去除了足够多的抑制产甲烷细菌。使用生物法处理油橄榄废水之前，通常需要将废水稀释 70~100 倍，这在一定程度上也增加了废水的处理加工成本。

5.12.3.6 植物肥料

用油橄榄加工废水灌溉是为土壤提供养分和水分的方法。废水渗透土壤，作为天然生物清洁方法，以达到处理废水中存在的有机物质的目的。利用废水作为液体肥料，帮助土壤发展有利于固氮的微生物群落，提高土壤的物理化学特性，提高了水分和矿物质的储存能力，可促进作物生长。实施废水灌溉先要进行土壤分析以确定土壤的物理和化学特性，及是否需要利用废水灌溉；为避免废水中酚类化合物和渗透压变化对植物的毒性作用，要尽量避免在播种之前一个月灌溉，每年每公顷的灌溉废水数量控制在 30m³。由于油橄榄加工废水呈酸性，可先用生石灰来中和废水中的有机酸。这种方法虽在单一的油橄榄加工厂规模，以及局部的区域范围的应用，是可行的。其优点是废水处理设备简单和操作成本低，但有可能对地下水和土壤造成污染，夏季会伴生不良气味。

用油橄榄加工中分离的油橄榄果核废渣和油橄榄加工废水一起堆积发酵制肥料。控制堆肥反应器中连续混合温度和湿度进行发酵，经 1~2 个月的发酵将油橄榄果核和废渣分解，能将废物转化为良好的土壤调理剂。

5.12.3.7 混合工艺处理

组合生物法、臭氧氧化法对油橄榄废水的处理，能达到降低和去除废水中的

COD 及酚类化合物的目的，废水中的 COD 去除率可提高到 82.5%。对于含高浓度 COD 和酚类化合物的油橄榄加工废水处理，物理法、物理化学法、化学法及生物法均能获得不同程度的处理效果。但是，也应该清醒地看到，某些处理技术如果考虑到加工处理成本，这些技术就无法达到理想的去除效果，也不能满足实际处理的需要。

开发一种高效、经济、环境友好型的橄榄油废水处理技术，显得非常重要。研究油橄榄加工废水处理工艺，尤其是研发以高级氧化、生物法为基础的混合处理工艺，将会成为未来油橄榄废水处理工艺的最佳选择。

参 考 文 献

[1] 安平，廖彩芳．油橄榄的采摘及加工工艺［J］．福建林业科技，1990，(2)：40-42.

[2] 柏方敏．油橄榄产业考察报告［J］．湖南林业科技，2008，35 (1)：36-38.

[3] 崔大同，赵素娥．橄榄油榨油工艺的研究［J］．中国食品工业，1995，(7)：32-34.

[4] 程子彰，贺靖舒，占明明，等．油橄榄果生长与成熟过程中油脂的合成［J］．林业科学，2014，50 (5)：123-131.

[5] 邓煜．从油橄榄引种看我国木本食用油料产业的发展［J］．经济林研究，2010，28 (4)：119-124.

[6] 邓煜．甘肃陇南油橄榄优良株系选择［J］．经济林研究，2013，31 (3)：88-92.

[7] 邓煜，刘婷，梁芳．中国油橄榄产业发展现状与对策［J］．经济林研究，2015，33 (2)：172-174.

[8] 邓迪，翁梓聪，陈慧媛．橄榄的加工现状及其发展对策［J］．中国中医药，2014，12 (1)：101-102.

[9] 耿树香，宁德鲁，李勇杰．微波辅助提取不同品种油橄榄叶及果渣多酚物质［J］．西部林业科学，2014，43 (4)：27-30.

[10] 江西省赣州地区林科所．油橄榄引种试验初报［J］．林业科技，1973，(2)：8-11.

[11] 江西省林业厅赴希腊考察培训团．希腊油橄榄产业发展培训考察报告．江西林业科技，2008 (4)：1-5.

[12] 孔维宝，李阳，白万明．微波辅助提取油橄榄果渣多酚［J］．食品与发酵工业，2011，37 (4)：233-237.

[13] 孔维宝，张锋，杨晓龙．油橄榄果渣油的提取工艺及其脂肪酸组成研究［J］．中国油脂，2011，36 (10)：12-15.

[14] 林远辉，高蓓，李玉玉．橄榄油掺假鉴别技术研究进展［J］．食品科学，2013，34 (5)：279-283.

[15] 粮食部湖化科研设计所．国内外油橄榄制油技术［J］．优质科技，1981 (1)：89-99.

[16] 江西省林业厅赴希腊考察培训团．希腊油橄榄产业发展培训考察报告［J］．江西林业科技，2008 (4)：1-6.

[17] 黎先进．意大利油橄榄生产现况及栽培技术特点［J］．经济林研究，1984，2 (2)：103-108.

[18] 刘大川．油橄榄的加工［J］．陕西粮油科技，1983 (4)：55-58.

[19] 李龙山，章树文，吕平会．油橄榄果实加工技术介绍［J］．陕西粮油科技，1985 (2)：58-59.

[20] 李秋庭，崔大同，赵素娥．橄榄油加工工艺及品质控制的探讨［J］．食品与发酵工业，2002，28 (7)：42-45.

[21] 邱奕洲．浅谈油橄榄榨油技术［J］．陕西粮油科技，1981 (1)：11-17.

[22] 王成章，高彩霞，姜成英．油橄榄的化学组成和加工利用［J］．林业科技开发，2006 (6)：1-4.

[23] 王成章．希腊橄榄油的加工技术［J］．林产化工通讯，2004，38 (1)：36-40.

[24] 王贵德，邓煜，张正武．甘肃陇南油橄榄主栽品种含油率的测定与分析，2012，30 (3)：87-90.

[25] 王贵德，邓煜，张正武．油橄榄最适采摘期的研究［J］．中国果树，2013 (3)：30-34.

[26] 王贵德，邓煜，於勇，等.甘肃陇南油橄榄产量产能调查分析［J］.甘肃林业科技，2011，36（3）：58-61.

[27] 王贵禧，俞宁，邓明全，等.中国油橄榄发展概况［J］.林业科技通信，2000（1）：18-19.

[28] 史芳志.油橄榄加工工艺流程和技术特征的探讨［J］.机械研究与应用，2011：169-171.

[29] 施宗明.意大利油橄榄考察记要及云南油橄榄发展途径［J］.云南林业科技，1987（4）：31-36.

[30] 施宗明，严绍会.甘肃陇南油橄榄考察［J］.云南林业，2010，31（6）：23.

[31] 施宗明，孙卫邦，祁治林.中国油橄榄适生区研究［J］.植物分类与资源学报，2011，33（5）：571-579.

[32] 袁惠新，王飞，付双成，等.碟式离心机分离性能的研究［J］.化工机械，2011，38（2）：157-159.

[33] 于长青，赵煜，陈韶华，等.亚临界萃取回收橄榄果渣油的工艺研究［J］.现代食品科技，2011，27（12）：1457-1460.

[34] 尤焕星.我国的油橄榄制油设备［J］.粮食工业，1981（4）：36-47；张崇礼.发展油橄榄产业势在必行［J］.中国农业科技导报，2007，9（2）：85-88.

[35] 钟海雁，李江，谭晓风.关于澳大利亚和新西兰油橄榄产业发展情况的考察报告［J］.经济林研究，2012，30（2）：144-146.

[36] 朱广飞，阳孝东，李子勇，等.油橄榄粉碎融合关键技术的研究［J］.粮油加工，2015（5）：33-35.

[37] 中国产业信息.http://www.chyxx.com/data/jinchukou/201604/407644.htm.

[38] 赵强宏，邓煜，张正武，王贵德.中国西部油橄榄产业发展的启示和对策.中国林副特产，2013，127（6）：87-89.

[39] 周瑞宝.特种植物油料加工工艺.北京：化学工业出版社，2010.

[40] 邹光友.油橄榄加工副产物的综合开发利用.广州食品工业科技，1989（4）：12-15.

[41] Alburquerque J A, Gonzalvez J, Garc'ia, et al. Agrochemical characterisation of "alperujo" a solid by-product of the two phase centrifugation method for olive oil extraction. Bioresource Technol，2004，92：195-200.

[42] Alfa Oliver 500 olive oil extraction plant with self-cleaning separator. www.alfalaval.com.

[43] Al-Otoom A，Al-Asheh S，Allawzi M. Extraction of oil from uncrushed olives using supercritical fluid extraction method［J］. Supercritical Fluids，2014，95：512-518.

[44] Altieri G，Genovese F. Antonella Tauriello. Innovative plant for the separation of high quality virgin olive oil (VOO) at industrial scale［J］. Food Engineering，2015，166：325-334.

[45] Altieri G，Di Renzo G C，Genovese F. Horizontal centrifuge with screw conveyor (decanter)：Optimization of oil/water levels and differential speed during olive oil extraction［J］. Journal of Food Engineering，2013，119：561-572.

[46] Amirante P，Clodoveo ML，Dugo G，et al. Advance technology in virgin olive oil production from traditional and de-stoned pastes：influence of the introduction of a heat exchanger on oil quality［J］. Food Chemistry，2006，98：797-805.

[47] Antonopoulos K，Valet N，Spiratos D，and Siragakis G. Olive oil and pomace oil processing. Grasas y Aceites，2006，57（1）：56-67.

[48] Auat Cheein F A，Scaglia G，Torres-Torriti M. Algebraic path tracking to aid the manual harvesting of olives using an automated service unit［J］. Biosystems Engineering，2016，142：117-132.

[49] Bouchaala F C，Lazzez A，Jabeur H. Physicochemical characteristics of extra virgin olive oil in functionof tree age and harvesting period using chemometric analysis［J］. Scientia Horticulturae，2014，180：52-58.

[50] Carlos C，Serge D，Hernbni G. Physiological，biochemical and molecular changes occurring during olive

development and ripening. Journal of Plant Physiology [J] . 2008，165（2）：1545-1562.

[51] Clodoveo M L，Clodoveo M L，Hbaie R H. Beyond the traditional virgin olive oil extraction systems Searching innovative and sustainable plant engineering solutions [J] . Food Research International，2013（54）：1926-1933.

[52] Clodoveo M L. Malaxation：Influence on virgin olive oil quality. Past，present and future [J] . Trends in Food Science & Technology，2012，25：13-23.

[53] Clodoveo M L，Durante V，Notte D L. Working towards the development of innovative ultrasound equipment for the extraction of virgin olive oil [J] . Ultrasonics Sonochemistry，2013，20：1261-1270.

[54] Clodoveo M L，Hbaie R H. Beyond the traditional virgin olive oil extraction systems：Searching innovative and sustainable plant engineering solutions [J] . Food Research International，2013，54：1926-1933.

[55] Dag A，Kerem Z，Yogev N，et al. Influence of time of harvest and maturity index on olive oil yield and quality [J] . Scientia Horticulturae，2011，127：358-366.

[56] Deboli R，Calvo A，Preti C. Vibration and impulsivity analysis of hand held olive beaters [J] . Applied Ergonomics，2016，55：258-267.

[57] Dermechea S，Nadoura M，Larroche C，et al. Olive mill wastes：Biochemical characterizations and valorization strategies [J] . Process Biochemistry，2013，48：1532-1552.

[58] Eliche-Quesada D，Leite-Costa J. Use of bottom ash from olive pomace combustion in the production of eco-friendly fired clay bricks [J] . Waste Management，2016，48：323-333.

[59] Esposto S，Veneziani G，Taticchi A. Flash Thermal Conditioning of Olive Pastes during the Olive Oil Mechanical Extraction Process [J] . Agric. Food Chem，2013，61：4953-4960.

[60] GEA，Olive Oil Recovery "Machines and process lines from GEA Westfalia Separator" GEA Westfalia Separator Group GmbH，http：//www. gea. com.

[61] http：//onlinelibrary，wiley，com/journal/10. 1002/% 28ISSN% 291099-1522/earlyview（accessed 11 October 2013）.

[62] IsrailidesC，Vlyssides A，Galiatsatou P，et al. Methods of Integrated Management of Oive Oil Mill Wastewater（OMW）In The Framework of The EUEnvironmental Quality Standards（EQS）.

[63] International Olive Council，Trade Stansard Applying to Olive Oils and Olive-Pomace Oils，COI/T. 15/NC No 3/Rev. 8 February 2015.

[64] International Olive Council，Quality Management Guide For The Olive Oil Industry：Olive Mills. T. 33/Doc. no. 2-4 2006.

[65] Kalua C M，Bedgood D R，Jr Bishop A G，et al. Changes in volatile and phenolic compounds with malaxation time and temperature during virgin olive oil production [J] . Agricultural and Food Chemistry，2006，54（20）：7641-7651.

[66] Kazan A，Celiktas M S，Sargin S. Bio-based fractions by hydrothermal treatment of olive pomace：Process optimization and evaluation [J] . Energy Conversion and Management，2015，103：366-373.

[67] Lafka T-I，Lazou A E.，Sinanoglou V J，et al. Phenolic and antioxidant potential of olive oil mill wastes [J] . Food Chemistry，2011，125：92-98.

[68] Lanza B，DiSeri M G. SEM characterization of olive（Olea europaea L.）fruit epicuticular waxes and epicarp [J] . Scientia Horticulturae，2015，191：49-56.

[69] Leone A，Tamborrino A，Romaniello R. Specification and implementation of a continuous microwave-assisted system for paste malaxation in an olive oil extraction plant [J] . Biosystems Engineering，2014，125：24-35.

[70] Leone A，Tamborrino A，Zagaria R. Plant innovation in the olive oil extraction process [J] . Journal of

Food Engineering, 2015, 146 : 44-52.

[71]　María Gómez-del-Campoa, María Ángeles Pérez-Expósitob, Sofiene BM Hammamib et al. Effect of varied summer deficit irrigation on components of olive fruitgrowth and development Agricultural Water Management, 2014, 137 : 84-91.

[72]　Mazzuca S, Spadafora A, Innocenti AM. Cell and tissue localization of β-glucosidase during the ripening of olive fruit (Olea europaea) by in situ activity assay. Plant Science, 2006, 171 (6): 726-733.

[73]　Mendez A I, Falque E. Effect of storage time and container type on the quality of extra-virgin olive oil. Food Control, 2007, 18 (5): 521-529.

[74]　Peri C. The Extra-Virgin Olive Oil Handbook. WILEY Blackwell, 2014.

[75]　Piergiovanni L, Limbo S. Packaging and shelf life of vegetable oils, in Food Packaging and Shelf Life-A Practical Guide (ed G L Robertson). CRC Press, Boca Raton, FL, 2010.

[76]　Pistouri G, Badeka A, Coutominas MG. Effect of packaging material headspace, oxygen and light transmission, temperature and storage time on quality characteristics of extra virgin olive oil. Food Control, 2010, 21: 412-418.

[77]　Reboredo-Rodríguez P, González-Barreiro C, Cancho-Grande B, et al. Improvements in the malaxation process to enhance the aroma quality of extra virgin olive oils [J]. Food Chemistry, 2014, 158: 534-545.

[78]　Rizzo V, Torri L, Licciardello F, et al. Quality changes in extra virgin olive oil packaged in coloured PET bottles stored under different lighting conditions. Packaging Technology and Science, 2013.

[79]　RoigA, Cayuela ML, Sa′nchez-MonederoM A. An overview on olive mill wastes and their valorisation methods [J]. Waste Management, 2006, 26: 960-969.

[80]　Saglama C, Tun Y T, Gecgel U, Atar E S. Effects of Olive Harvesting Methods on Oil Quality [M]. APCBEE Procedia, 2014, 8: 334-342.

[81]　Sanchez Moral, P Ruiz Mbndez, MV. Production of pomace oil. Grasas y Aceites, 2006, 57 (1): 47-55.

[82]　Scott JH, Porter S E G. Heat induced cis/trans isomerisation in vegetable oils and oleic acide. Journal of Undergraduate Scholarshiup, 2012.

[83]　Servili M, Selvaggini R, Taticchi A, et al. Volatile compounds and phe nolic composition of virgin olive oil: optimization of temperature and time of exposure of olive pastes to air contact during the mechanical extraction process [J]. Agricultural and Food Chemistry, 2003, 51: 7980-7988.

[84]　Servili M, Taticchi A, Esposto S, et al. Influence of the decrease in oxygen during malaxation of olive paste on the composition of volatiles and phenolic compounds in virgin olive oil [J]. Agricultural and Food Chemistry, 2008, 56 (21): 10048-10055.

[85]　Sola-Guirado R R, Castro-Garcı′a S, Blanco-Rolda′n G L, et al. Traditional olive tree response to oil olive harvesting technologies [J]. Biosystems Engineering, 2014, 118 : 186-193.

[86]　Soni M G, Burdock G A, Christian M S, et al. Safety assessment of aqueous olive pulp extract as an antioxidant or antimicrobial agent in foods [J]. Food and Chemical Toxicology, 2006, 44: 903-915.

[87]　Stefanoudaki E, Koutsaftakis A, Harwood J L. Influence of malaxation conditions on characteristic qualities of olive oil [J]. Food Chemistry, 2011, 127: 1481-1486.

[88]　Thron M, Eichner K, Ziegleder G. The influence of light of different wavelengths on chlorophyll-containing foods. Lebensmittel-Wissenschafi und Technologie, 2001, 34: 542-546.

[89]　Tous J. Olive production systems and mechanization [J]. Acta Horticulturae, 2012, 924: 169-184.

[90]　Veillet S, Tomao V, Bomard I, et al. Chemical changes in virgin olive oils as a function of milling systems: Stone mill and hammer crusher [J]. Cornptes Rendus Chimie, 2009, 12 (8): 895-904.

6 橄榄油的应用

张 坚 王 蕾 许 旸 许继春 周盛敏 张余权

从 2005 年起，中国成为全球食用油消费量最多的国家，且每年保持 10% 的增长速度，到 2012 年食用油消费总量已经达到 3000 万吨。豆油和棕榈油是最主要的进口食用油，橄榄油进口量的增速也非常快。

6.1 中国消费者对橄榄油的认知现状

6.1.1 中国橄榄油消费状况与市场需求

根据国际橄榄理事会（International Olive Council，IOC）官方发布的数据，2011～2012 年全球橄榄油的产量为 341 万吨，其中中国的进口量如图 6-1 所示，约为 4 万吨。与作为橄榄主产区的地中海国家相比较，我国的橄榄油消费量（消费量＝进口量）比较小，但是中国市场橄榄油的消费量增长非常快。

橄榄油目前已成为油脂行业中的贵族，其身价相当于我国市场中端食用油价格的 5～10 倍，多在 60～180 元/L。中国市场有 50 多个橄榄油品牌，主要从西班牙、希腊、意大利、土耳其、突尼斯、葡萄牙、约旦、澳大利亚等国进口。国内橄榄油消费区主要在北京、上海、深圳、广州、天津等大中城市。

由于橄榄油属于舶来品，在中国的消费历史非常短，所以中国的橄榄油市场并不规范，橄榄油质量参差不齐。普通消费者对橄榄油缺乏足够的理解和认知，主要体现在如下方面：

① 营养价值：橄榄油虽然贵为"液体黄金"，但是大部分消费者并不懂得橄榄油真正的营养价值所在。

② 使用方式：大部分消费者不清楚如何使用橄榄油，有些人认为只适合做凉拌菜肴。

③ 品质特性：中国橄榄油标准参照国际标准制定，产品分类多，名称也各不一

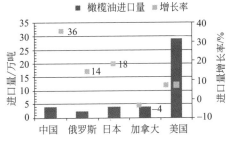

图 6-1 2011～2012 年全球橄榄油进口情况（5 个主要橄榄油进口国）

样，消费者体验和教育程度不够，导致消费者在购买时无从选择。

随着我国社会经济的快速发展，居民的营养和健康状况发生了很大的变迁。为及时掌握我国居民的营养与健康状况，为政府制订国家健康服务政策提供科学依据，中国疾病预防控制中心营养与食品安全所（简称 CDC-INFS）开展了 2010～2012 年中国居民营养与健康状况监测。这次监测是自 1959 年以来第五次大型人群营养与健康状况监测工作，覆盖 31 个省、自治区、直辖市的 150 个调查点，约 20 万人，主要包括了居民膳食状况调查、身体活动状况、主要慢性疾病及危险因素检测等多方面内容。通过现况分析和与以往全国营养与健康状况、慢性疾病危险因素调查结果的比对及进一步地深入分析，对我国不同地区、不同年龄组居民的营养健康状况，以及主要食物消费在慢性疾病预防控制中的作用有了更为深入的了解。

为了深入了解中国公众对橄榄油的认知状况与消费需求，推动中国市场橄榄油在品质、技术、营养、安全以及消费者使用需求方面的研究，促进我国居民对橄榄油的科学认识，倡导健康的膳食营养理念，中国疾病预防控制中心营养与食品安全所和国际橄榄理事会 IOC 认证实验室共同合作开展了"中国市场橄榄油消费者健康及使用需求联合调研"和"橄榄油营养与健康推动"合作项目，以促进橄榄油在中国居民日常生活中的科学应用，更好地服务于居民健康。

此次调研的重点是考察消费者对橄榄油品质、挑选、使用的认知情况。在北京、上海、天津、广州、武汉、杭州、南京、南宁、石家庄共 9 个直辖市和省会城市开展了随机抽样问卷调查，获得有效问卷 1023 份。就消费者对国内橄榄油健康知识认识、购买意愿、消费影响因素、品质识别等方面进行了调查研究。

6.1.2 认知现状

6.1.2.1 购买经历

在收到的 1023 份问卷中，超过一半的受访者有橄榄油的购买经历（图 6-2）；其中上海、北京等一线大城市购买经历比例更高，达到 70％以上，这与当地的经济状况密不可分。

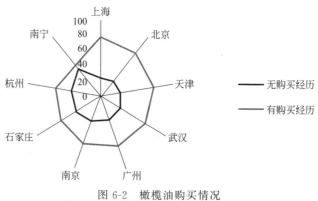

图 6-2　橄榄油购买情况

6.1.2.2 购买因素

影响橄榄油购买的主要因素中，品牌知名度和产品价格是最受关注的两个因素。在上海、广州、杭州、武汉等城市，品牌知名度是影响购买的最主要因素；而在北京、天津、南宁、石家庄，更多人关注橄榄油的价格；对于南京的受访者，产品价格和品牌知名度的受关注程度相同。此外，橄榄油是否有营养健康价值、是否有专业认证、是否为天然有机产品等因素也具有一定的影响力（图6-3）。总之，消费者在购买橄榄油时更倾向于购买大品牌、价格合理的产品。

如果购买橄榄油，多个城市受访者中的多数人认为无所谓原装进口还是国内分装，产品质量安全有保障即可。但在一些城市，如上海，更多的受访者更看重原装进口产品，如图6-4所示。

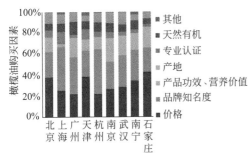

图6-3 影响消费者购买橄榄油的因素

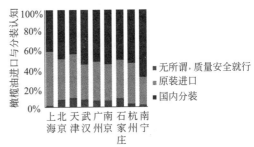

图6-4 消费者对橄榄油进口与分装的认知

大多数地区的受访者表示自己对酸度值与橄榄油品质的关系不了解，如在南京、南宁，这一比例超过60%；在北京、广州、杭州，这一比例超过50%。认为酸度值越低越好的受访者人数有限，比例最高的天津，仅为25.5%（图6-5）。事实上，国际标准规定特级橄榄油酸度≤0.8%，但是并非酸度越低越好。过低的酸度，反而有掺入精炼橄榄油或者精炼果渣油的嫌疑。

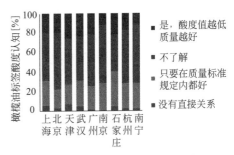

图6-5 消费者对橄榄油酸度的认知

当受访者被问及是否对橄榄油中的营养物质有所了解的时候，超过一半的受访者都表示"不知道，不了解"。即使是在橄榄油了解程度最高的杭州，对橄榄油中最重要的营养物质——橄榄多酚的了解程度也只有8%；另外有49%的受访者表示"听说过，但是不了解"（图6-6）。从此可以看出，大多数的普通消费者对橄榄油的认知，特别是橄榄油中的营养成分、微量活性物质的认知程度都比较低。

6.1.2.3 使用习惯

调研结果显示：绝大多数受访者认为橄榄油适合制作凉菜或沙拉，这一比例从57.5%～88.9%不等。有40%左右的受访者认为橄榄油适合调节食物口味。对于橄

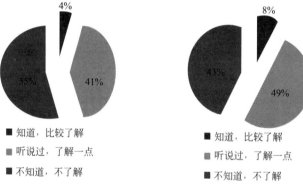

图 6-6　消费者对橄榄油的营养认知（多酚营养）（左边是平均值，右边是杭州的调查情况）

榄油是否适合用于炒菜，不同地方受访者的看法有一定差异，如在北京、上海、天津，这一比例小于 30％；而在广州、南京、石家庄，超过 45％ 的受访者认为橄榄油适于炒菜。

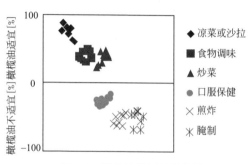

图 6-7　橄榄油使用习惯统计

对于橄榄油不适宜的用途，多数选择煎炸和腌制，但不同地方受访者对这个问题的认识存在较大差异。石家庄的受访者中仅有 30.7％ 的人认为橄榄油不宜用于煎炸，而在南京和广州这一比例则分别为 64.8％ 和 63.3％，如图 6-7 所示。

通过调研结果可以看出，消费者对橄榄油的使用（或者食用）存在一定的误区。市面上消费者可以选购的橄榄油基本有两类：初榨橄榄油和精炼橄榄油。因为两类橄榄油组成和性质有差异，且风味差异大——特级初榨橄榄油具有特殊的水果风味（包括青草味、苹果味、番茄味等）和苦、辣的口感；精炼橄榄油的风味比特级初榨橄榄油清淡，具有细微的水果味，几乎没有苦、辣的口感，所以对于橄榄油的使用应该分类讨论，不能一概而论。

6.1.2.4　不愿购买的因素

调研结果显示：不愿购买橄榄油的原因中，价格偏高排在第一位；特别是老年受访者较多的北京，有 60.1％ 的人不购买橄榄油是因为价格过高。对橄榄油的特性不了解也是一个重要原因；在上海、武汉、南宁、石家庄，超过 20％ 的人因对橄榄油不了解而不愿意购买。不习惯橄榄油口味也是一个主要原因；如在广州，有 19.3％ 的受访者表示不购买是因为不习惯其特殊风味。此外，不知道如何挑选也是影响购买的因素；在广州、天津、杭州，超过 10％ 的受访者因不会挑选而不购买，如图 6-8 所示。

总而言之，消费者普遍对橄榄油认识不多。除了感性地认为橄榄油价格偏高之外，对如何挑选橄榄油、如何使用橄榄油缺乏足够的了解。大多数的居民都有橄榄油的消费经历，特别是一线的大城市居民购买经历更多，这说明随着居民消费水平的升高，人们越来越关注饮食健康，关注油脂营养。消费者，特别是一线大城市的一部分消费人群，愿意购买价格较高的橄榄油作为餐用食用

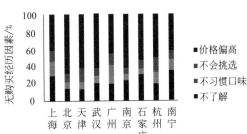

图 6-8　不同地区消费者不愿购买橄榄油的原因

油。消费者在购买橄榄油的时候，影响购买的主要因素是品牌知名度和商品价格，只有少部分的消费者会比较关注专业认证、橄榄油的产品产地和产品的营养，这说明消费者在购买的时候对橄榄油的认知不是全面的、科学的，只是通过品牌和价格这种比较快速、简单直接的方式来甄选橄榄油产品，不能准确地明白橄榄油标签上所标注的特征指标的准确意义，容易对产品质量的好坏造成误解。此外，消费者对橄榄油的使用方法也存在一定误区，不同分类的橄榄油营养成分和食用特性都是不一样的，不能笼统地一概而论，科学健康的橄榄油食用方法应该按照不同橄榄油的类别进行不一样的处理。

6.1.3　关于食用橄榄油的推荐

橄榄油的健康作用已得到越来越多的认同。控制食用植物油摄入量的快速增长，积极调整、增加食用油消费种类，从而改善膳食脂肪酸摄入状况，是今后我国居民膳食改善、健康促进工作的重要内容。美国食品药品管理局（FDA）曾在其发布的文件中指出每日食用 2 勺橄榄油（约 23g）替代膳食中的饱和脂肪可能会减少发生心血管疾病的危险。

欧洲食品安全局对橄榄油中的橄榄多酚也有官方推荐：Reg（EU）432-2012 已将橄榄多酚列入到允许的宣称清单中，即当 20g 橄榄油中含有 5mg 羟基酪醇及其衍生物时，可宣称每天摄入 20g 橄榄油，其橄榄多酚有助于保护血脂以及低密度脂蛋白不被氧化。原文如下：The European Food Safety Authority（EFSA）and European Commission stated that "Olive oil polyphenols contribute to the protection of blood lipids and LDL cholesterol from oxidative stress". "The claim may be used only for olive oil which contains at least 5 mg of hydroxytyrosol and its derivatives（eg. oleuropein and tyrosol）per 20g of olive oil. In order to bear the claim，information shall be given to the consumer that the beneficial effect is obtained with a daily intake of 20 g of olive oil".

对于我国居民，特别是城市居民，适量增加橄榄油摄入量，替换部分日常的食

用油，这一方面有利于植物油消费多样化，有助于控制饱和脂肪酸的摄入和适量减少 *n*-6 系列多不饱和脂肪酸的摄入，促进膳食脂肪酸摄入平衡；另一方面有益于增加橄榄多酚等活性物质的摄入，减少过度氧化应激带来的损伤。

联合调研报告中指出：初榨橄榄油（或者特级初榨橄榄油）含有大量生物活性物质，不适合进行高温长时的烹饪，推荐用于低温冷烹，如凉拌菜、蘸面包直接食用，以及温度高、时间短的烹饪方式；精炼橄榄油性质稳定，烟点高，耐煎炸，煎炸过程中有害物质生成速度慢，特别适合各类高温中式烹饪。

6.2 橄榄油选购

6.2.1 产品名称

一般的消费者在商场、超市、卖场或者粮油店，甚至是网络购物时，会选择橄榄油进行购买。其实橄榄油的名称五花八门，甚至有些名称具有很强的迷惑性，比如"超级纯质橄榄油""原生橄榄油""橄榄葵花油""烹调橄榄油"，这些橄榄油的名称都是我们在超市里经常见到的。事实上，这些五花八门的叫法都不符合橄榄油标准的统一规范。按照国际橄榄理事会对橄榄油的分类要求，橄榄油分为初榨橄榄油（virgin olive oil）、精炼橄榄油（refined olive oil）和橄榄油（olive oil）三大类。其中橄榄油（olive oil）是由初榨橄榄油（virgin olive oil）和精炼橄榄油（refined olive oil）组成的。所以，在商标中标注"橄榄油"的其实是初榨橄榄油（virgin olive oil）和精炼橄榄油（refined olive oil）的混合油。

初榨橄榄油是直接从新鲜的橄榄果实中采取机械冷榨的方法榨取、经过过滤等处理后得到的油脂，加工过程中完全不经化学处理。也就是说，橄榄油相当于鲜榨果汁，这是它和普通油脂的最大区别，也是它可以直接饮用的原因。另外，初榨橄榄油又分为可食用的和不可食用的两大类。可食用的初榨橄榄油包括特级初榨橄榄油（extra virgin olive oil）、初榨橄榄油（virgin olive oil）和普通初榨橄榄油（ordinary virgin olive oil）；不可食用的初榨橄榄油包括初榨橄榄油灯油（lampante virgin olive oil），虽然也叫作橄榄油，也有"初榨"两个字的标示，但是初榨橄榄油灯油（lampante virgin olive oil）在国际橄榄理事会 IOC 的标准当中，是不可以被食用的。

油橄榄果渣油与橄榄油是完全不同的两种油脂，尽管它们都来源于橄榄果，但是在任何情况下，油橄榄果渣油都不能被称作是橄榄油。进口油脂的原标签上大部分用的是英文，很多国内消费者无法看懂，某些厂家就利用这一点在名称的翻译上做起了文章，将橄榄油鱼目混珠，以次充好。比如，某超市出售的"××普通橄榄油"，英文标签上其实写的是"POMACE OLIVE OIL"，也就是"油橄榄果渣油"。油橄榄果渣油的成本远远低于橄榄油，这是因为油橄榄果渣油是将油橄榄果渣进行溶剂萃取，然后再经其他精炼工艺而得到的油脂，基本上，橄榄当中微量营养成分（油脂伴随物）的含量非常低，也没有橄榄所特有的风味和香气。不法商家用油橄榄果渣油混合橄榄油，或者是直接把油橄榄果渣油当作橄榄油卖给消费者，牟取暴利。其实，消费者通过一些简单方便的手段也可以进行辨识，比如查看配料表当中是否含有"油橄榄果渣油"或者"果渣油"的字样；还有对标签上出现的"pomace""orujo（西班牙语）""sansa（意大利语）""Πυρηνελαιο（希腊语）"都要提高警惕，因为这些单词都是"果渣"的意思。

6.2.2　酸值和过氧化值

酸值就是中和 1g 油脂中的游离脂肪酸所需要的氢氧化钾的毫克数，单位为 mgKOH/g 油。油脂中常常含有一定数量的游离脂肪酸，其含量与存储时间、保存方法、去杂程度等因素有关。因此测定酸值可用于评定储存方法是否得当及油脂品质的好坏。

过氧化值的定义是 1kg 油脂中所含氢过氧化物的物质的量，单位为 mmol/kg。过氧化值表示油脂内所含氢过氧化物的量，氢过氧化物是油脂氧化过程中的不稳定中间产物，因此检验油脂的过氧化值，就可以判断油脂的氧化程度。过氧化值可以衡量油脂氧化酸败程度，一般来说过氧化值越高其氧化酸败程度就越厉害。因为油脂氧化酸败产生的一些小分子物质在体内会对人体产生不良的影响，如产生自由基，所以过氧化值太高的油对身体不好。国际橄榄理事会规定特级初榨橄榄油的过氧化值应不大于 10mmol/kg。

6.2.3　生产日期

生产日期是指商品在生产线上完成所有工序，经过检验并包装成为可在市场上销售的成品时的日期。橄榄油标签上的日期有三个详细标注，分别是橄榄油果实年份、橄榄油包装日期和橄榄油分装日期，一般在瓶颈或者油桶上面可以看到 BZ 和 FZ 的字样，BZ 是在原产地的包装日期，FZ 是到国内的分装日期。国家标准对生产日期要进行严格标注，其中保质期起点日期，以"包装日期"为准，计算保质期应该从 BZ 开始。橄榄油果实年份：就是橄榄果采摘的时间，橄榄果的采摘时间从每年的 9 月份一直会持续到来年的 4 月份，由于油橄榄果成熟的时间有一定的区别，所以对油的品质有影响，在工厂也有一道筛选橄榄油的加工工序。橄榄油包装日期：就是橄榄油被压榨之后装入容器的日期。橄榄油分装日期：这一点要强调的是现在国内很多品牌从国外进口原油，然后在国内工厂分装入容器的日期。这个时间和橄榄油的包装日期有一定的差异，主要是从国外运输到国内、港口转口到工厂都需要时间。有些橄榄油瓶身上标注着"原瓶进口"字样，则表示其没有在国内进行分装，而是直接从原产国运抵中国市场进行销售，那就只需标明果实年份和包装日期即可。

6.2.4　前缀码

目前，国际上商品条码普遍采用 EAN/UPC 系统，全球采用 EAN/UPC 系统的厂家已经超过80万家。我国目前所使用的EAN/UPC系统前缀码有六个：中国，690、691、692；台湾，471；香港，489；澳门，958（表6-1）。商品条码的前缀码只表示商品条码的注册地，不表示产品的产地。

表6-1　EAN/UPC系统前缀码及其对应国家/应用领域

前缀码	编码组织所在国家（或地区）/应用领域	前缀码	编码组织所在国家（或地区）/应用领域	前缀码	编码组织所在国家（或地区）/应用领域
000～019	美国	482	乌克兰	611	摩洛哥
030～039		484	摩尔多瓦	613	阿尔及利亚
060～139		485	亚美尼亚	615	尼日利亚
020～029	店内码	486	格鲁吉亚	616	肯尼亚
040～049		487	哈萨克斯坦	618	象牙海岸
200～299		488	塔吉克斯坦	619	突尼斯
050～059	优惠券	489	中国香港	621	叙利亚
300～379	法国	500～509	英国	622	埃及
380	保加利亚	520～521	希腊	624	利比亚
383	斯洛文尼亚	528	黎巴嫩	625	约旦
385	克罗地亚	529	塞浦路斯	626	伊朗
387	波黑	530	阿尔巴尼亚	627	科威特
389	黑山共和国	531	马其顿	628	沙特阿拉伯
400～440	德国	535	马耳他	629	阿拉伯联合酋长国
450～459	日本	539	爱尔兰	640～649	芬兰
490～499		540～549	比利时和卢森堡	690～692	中国
460～469	俄罗斯	560	葡萄牙	700～709	挪威
470	吉尔吉斯斯坦	569	冰岛	729	以色列
471	中国台湾	570～579	丹麦	730～739	瑞典
474	爱沙尼亚	590	波兰	740	危地马拉
475	拉脱维亚	594	罗马尼亚	741	萨尔瓦多
476	阿塞拜疆	599	匈牙利	742	洪都拉斯
477	立陶宛	600～601	南非	743	尼加拉瓜
478	乌兹别克斯坦	603	加纳	744	哥斯达黎加
479	斯里兰卡	604	塞内加尔	745	巴拿马
480	菲律宾	608	巴林	746	多米尼加
481	白俄罗斯	609	毛里求斯	750	墨西哥

前缀码	编码组织所在国家 (或地区)/应用领域	前缀码	编码组织所在国家 (或地区)/应用领域	前缀码	编码组织所在国家 (或地区)/应用领域
754~755	加拿大	858	斯洛伐克	900~919	奥地利
759	委内瑞拉	859	捷克	930~939	澳大利亚
760~769	瑞士	860	南斯拉夫	940~949	新西兰
770~771	哥伦比亚	865	蒙古	950	GS1 总部
773	乌拉圭	867	朝鲜	951	GS1 总部
775	秘鲁	868~869	土耳其	960~969	GS1 总部
777	玻利维亚	870~879	荷兰	955	马来西亚
778~779	阿根廷	880	韩国	958	中国澳门
780	智利	884	柬埔寨	977	连续出版物
784	巴拉圭	885	泰国	978~979	图书
786	厄瓜多尔	888	新加坡	980	应收票据
789~790	巴西	890	印度	981~983	普通流通券
800~839	意大利	893	越南	990~999	优惠券
840~849	西班牙	896	巴基斯坦		
850	古巴	899	印度尼西亚		

6.2.5 资质标签

在欧盟的标准中,三个特殊的名词是与促进和保护农产品和食品的质量息息相关的:原产地名称保护(protected designation of origin,PDO)、产品地理标志(protected geographical indication,PGI)和传统特产保证(traditional speciality guaranteed,TSG)。这三个专有名词对应的一系列规章制度说明欧盟积极鼓励农业生产的多样化,防止产品名称的滥用和模仿,普及产品信息,帮助消费者了解产品的特点。

除此之外,欧盟中另外一类比较特殊的橄榄油也非常重要:有机产品。有机产品与PDO、PGI和TSG完全不同。欧盟对有机橄榄油的要求是:有机橄榄油应符合EC Regulation 834/07中规定的生产方法,EC Regulation 834/07中认证和监控了食品生产的所有阶段。特别对有机农业提出了严格的要求:养殖种植过程中不使用人工合成的化学物质(包括人造化学物质和实验室合成的化学物质);不能使用GMO(基因改造生物);通过生物轮作保护、预防害虫、疾病、杂草;土壤施肥只能是天然有机肥和天然有机矿物质。

6.2.5.1 原产地名称保护(PDO)

原产地保护的全称是protected designation of origin,简写成PDO,其定义是:

在一个特定的地理区域内，使用认可的技术，进行生产、加工和制备的农产品和食品。具体来讲，PDO是一种欧洲的认证，认证的对象是在特定区域完成整合生产周期（从原材料到成品，包括加工和包装）的食品或者农产品。由于特殊的自然条件（如原材料、环境和地理位置）和人类的影响（如生产方式和传统工艺），使得这一类产品比较特别并且无法复制。以上这些严格的生产规则是为了更严格地确保最高的质量，故凡标有PDO标志的特级初榨橄榄油，在市场上售价要比非PDO产品高出50%～100%。获得PDO的产品会带有PDO产品商标（彩图20）。

6.2.5.2　产品地理标志（PGI）

产品地理标志的全称是protected geographical indication，简写为PGI，其定义是：与某一个特定的地理区域紧密相关的农产品和食品，也就是说生产、加工和制备当中的一个或者多个工段是在此地理区域内完成的。具体来讲，PGI也是一种欧洲的认证，认证的对象是在特定区域完成某个或者多个生产周期（从原材料到成品，包括加工和包装）的食品或者农产品。这些产品满足一系列严格的生产规则，比如产品的特点、地理区域、种植和加工的方法和橄榄的种类。这是一种自我监管的准则，通常情况下由第三方认可的主管机关随机监测。获得PGI的产品会带有PGI产品商标（彩图21）。

6.2.5.3　传统特产保证（TSG）

传统特产保证的全称是traditional speciality guaranteed，简写成TSG，需要在成分或生产中突出传统角色的重要性。获得TSG的产品会带有TSG产品商标（彩图22）。

在地中海国家的橄榄油有以下几种资质标签："有机""PDO""PGI"。PDO是英文Protected Designation of Origin的首字母的缩写，意思是"受保护的原产地名称"。它是欧盟根据欧盟法确定的意在保护成员国优质食品和农产品的原产地名称。PDO标志可以保证产品全部在其原产地生产，并且符合严格的质量标准。只有获得注册的产品才有资格标明PDO标志。PDO产品的共同特点是优越的地理环境，没有任何工业污染的地区，果树绝不施用化肥，也从不使用化学除虫剂，一律选取成熟期的果实人工摘取，其酸度较低，有极好的口感和果香味。获得PDO品质认证的产品，从土壤、种子及其收获的橄榄果，加工工艺、工序、罐装条件等全过程均严格按欧盟相关标准监控并经每批严格检验。在欧盟原产油国中也只有极个别的农庄获得此标志认证。故凡标有PDO标志的特级初榨橄榄油，在市场上售价要比非PDO产品高出50%～100%。

6.2.6　看一看、闻一闻、尝一尝

观：油体透亮，呈黄绿色。在国际橄榄理事会的感官评价标准中规定，橄榄油的颜色不是评价橄榄油质量的标准，也就是说，并非越"绿"的橄榄油质量越好、越新鲜。橄榄油的颜色与油脂当中的色素有很大关系。

闻：有果香味，不同的树种有不同的果味，令人愉悦的果味包括：西红柿味、洋蓟味、杏仁味、青草味、青苹果味等等，没有哈喇味、泥土味、霉味、铁锈味、木头味或者其他腐败变质的味道。

尝：口感爽滑，没有油腻感，有淡淡的苦味，及辛辣味，辛辣味指喉咙的后部有明显的感觉，辣味感觉比较滞后。

6.3 橄榄油的烹饪应用

6.3.1 橄榄油在地中海国家中的应用

世界上四大类饮食结构（以欧美发达国家为代表的以动物性食物为主的膳食结构；以印度、巴基斯坦等发展中国家为代表的以植物性食物为主的膳食结构；以日本为代表的少油、多水产品的膳食结构；以意大利、希腊为代表的地中海式膳食结构）中，地中海饮食受到大多数营养学家的赞赏。

橄榄油的广泛使用是"地中海饮食"最为突出的特点。在地中海国家居民的餐桌上，几乎都会放一瓶色泽青绿的初榨橄榄油。人们用它做菜、拌沙拉、做糕点、用面包蘸橄榄油。比如希腊的一道菜肴夏季沙拉就是用切成小块的西红柿、洋葱、黄瓜、青椒和特级初榨橄榄油、醋、奶酪、橄榄果、香草碎混合，再加上少量的盐和黑胡椒制作而成的。橄榄油的烹饪特点是在高温时化学结构仍能保持稳定，从而可在食物表面形成一层保护膜，保护食物的营养成分免遭破坏，防止食物吸收过多脂肪，是最适合高温煎炸烹煮的油类。

在地中海地区，精炼橄榄油通常用来加热烹饪，比如煸、炒、油炸、腌制，也可以做蛋黄酱，或者直接浇在各种菜肴上；初榨橄榄油适用于任何烹饪方式，但是要享用其特殊的风味和天然活性物质的话最好直接食用，比如蘸面包或者和大蒜粉一起涂在吐司上面。

地中海地区的人往往会将特级初榨橄榄油与葡萄酒联系在一起，特别是食用方式。不同的特级初榨橄榄油有不同的用处：风味强烈的可以用来烹制鱼、肉、卤汁，或者烧热后淋在菜肴上面加强胡椒和大蒜与食物风味的融合程度；风味中等的特级初榨橄榄油适用于蘸面包，或者是与甜辣酱一起淋在蒸熟的蔬菜和烤土豆上面增加香气；柔和风味（晚熟）的特级初榨橄榄油可以在烘烤蛋糕或蛋黄酱中使用。

精炼橄榄油和初榨橄榄油适合搭配使用。加热橄榄油会令醇类和酯类蒸发，形成细腻的口感和香味。从经济的角度考虑，当地居民一般使用精炼橄榄油进行蒸炒、煎炸，烹调后再在菜肴上面滴加特级初榨橄榄油增加橄榄风味。

橄榄油在地中海饮食中的食用历史非常悠久，使用经验也非常丰富；但是橄榄油在中式烹饪中的研究及相关报道还较少，下文将对橄榄油在中式点心、烹调煎炸、凉拌菜以及复合调味油中的应用进行讨论，目的是把健康用油的理念跟中式烹饪的特点结合起来，让更多的消费者体验橄榄油烹制食品的美味和魅力。

6.3.2 橄榄油在中式烹饪中的应用

油脂的稳定性是一个非常重要的烹饪条件，稳定性好的油脂在烹饪过程中不易产生氧化热分解、热聚合反应。不饱和脂肪所含双键是引起油脂氧化的关键，尤其是不饱和键与氧化速率之间的关系已有不少报道，不饱和脂肪自动氧化反应速率随其不饱和度的增加而提高。油脂含不饱和脂肪酸比例越大，越容易氧化。另外，油脂中的抗氧化剂也能起到有效防止油脂变质的作用。

采用 Rancimat 法测定油脂的稳定性。其基本原理为：在恒温下，向油脂中以恒定速率通入干燥空气，油脂中易氧化的物质被氧化成小分子易挥发的酸，挥发的酸被空气带入盛水的电导率蒸馏水瓶中，在线测试测量池中的电导率，记录电导率对反应时间的氧化曲线，对曲线求二阶导数，从而测出样品的诱导时间。诱导时间越长，表明油样抗氧化稳定性越强，储存时间越长。具体实验条件为：油脂氧化稳定仪瑞士万通 743 型，称取油脂样品 2.50g 置于样品管中；恒定温度 110℃，空气流速为 20L/h。测定结果如下。

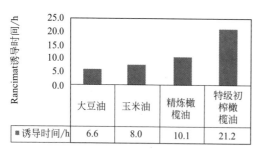

图 6-9　不同油脂在 Rancimat 中的诱导时间

从图 6-9 的数据可以看出，油脂的稳定性排序为：特级初榨橄榄油＞精炼橄榄油＞玉米油＞大豆油，也就是说特级初榨橄榄油和精炼橄榄油在高温下更能保持其稳定的性质。与其他植物油相比，橄榄油的稳定性得益于所含有的油酸成分，在高温下只会发生较小的性质变化。因此，橄榄油在高温时形成热氧化物的可能性更小（热氧化物是一种潜在的有毒物），所以使用橄榄油来高温烹调食物，可以减少食物吸附这些有害物质的可能性，从而更好地促进食物中的有益成分被人体吸收。因此，橄榄油是一种高稳定性的油种，特别适宜制作油炸食品，可重复使用。

6.3.2.1　特级初榨橄榄油在中式烹饪中的应用研究

（1）初榨橄榄油最适合低温食用　不经加热、直接食用初榨橄榄油可以保证人体最大程度地摄入生物活性物质。初榨橄榄油，特别是特级初榨橄榄油是在 24h 内"物理冷榨"制成的，其中富含多种活性营养成分。凉拌食用可以充分摄入特级初榨橄榄油中的营养和活性成分，令菜肴清新可口、滋味丰富。除此之外，初榨橄榄油营养丰富，口感好，没有其他油脂的油腻感；可以凉拌也可直接口服，或者代替黄油涂抹面包食用。

在地中海饮食中，通常利用特级初榨橄榄油的蔬果香味、辛辣和略带苦涩的口感使菜肴的品尝更丰富、滋味更美妙。比如将特级初榨橄榄油和高酸度的食物（例如柠檬汁、番茄）配合食用，令菜肴滋味更和谐。

在中国人的饮食方式中，人们并不太习惯特级初榨橄榄油的风味，故将特级初榨橄榄油与芝麻油进行调配，再配合凉拌菜进行感官评价（单项满分 20 分），结果见表 6-2。

表 6-2　特级初榨橄榄油与芝麻油混合后的凉拌菜风味品评

特级初榨橄榄油：芝麻油	颜色	亮度	香味	口感	总分
2：1	15	15	10	15	55
1：1	15	15	15	10	55
1：2	15	15	18	18	66
1：3	15	15	20	20	70

通过专业厨师评价，当特级初榨橄榄油与芝麻油配比为 1：3 时，综合分值最高，非常适合做凉拌食用（彩图 23），凉拌不破坏初榨橄榄油营养成分，最大限度的让人体吸收。

（2）初榨橄榄油适合高温短时烹饪　初榨橄榄油的性质是稳定的；但是在高温烹饪时，活性成分的变化情况也非常值得关注，特别是不同时间下的高温烹饪对活性物质的影响。

图 6-10 为意大利学者进行的将特级初榨橄榄油和混合橄榄油在 2450Hz（720W）微波炉中进行加热，测试不同加热时间后橄榄多酚的含量。在加热时间为 1.5min、温度到达 146℃ 时，特级初榨橄榄油的橄榄多酚损失很少（10% 左右）；在加热时间为 3～6min、温度到达 181～260℃ 时，特级初榨橄榄油中橄榄多酚的损失约 30%。与此同时，油脂的一些常规质量参数（FA 为游离脂肪酸；POV 为一级氧化产物）基本都在正常范围内（图 6-11），说明特级初榨橄榄油的品质在 6min 内微波加热过程中没有发生显著变化。

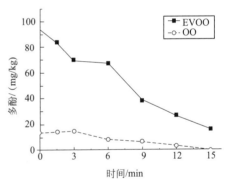

图 6-10　微波加热后不同油脂中的多酚含量（EVOO 表示特级初榨橄榄油，OO 表示橄榄油）
（引自 Cerretani L，et al. Food Chemistry，2009，115：1381-1388）

炒青菜是一种典型的高温短时中式烹饪。将特级初榨橄榄油按照普通的家庭烹饪方法进行清炒青菜，并与其他食用油进行对比。在实验中发现，用普通食用油炒菜闻起来有明显的油脂味，入锅后有少许青烟；用橄榄油时颜色黄中带绿，闻着有股诱人的清香味，一种蔬果味贯穿炒菜全过程。表 6-3 为应用特级初榨橄榄油进行清炒青菜时的质量检测结果和风味品评。一系列常规指标（AV 指酸价；PV 指过氧化值；PC 指极性化合物）的检测结果说明特级初榨橄榄油完全适用于中式炒菜；尽管一些微量营养成分（维生素 E 和多酚）会有损失，但是这种营养损失是共性

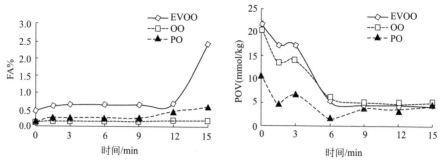

图 6-11　微波加热后油脂中 FA（左）和 POV（右）的变化
（EVOO 表示特级初榨橄榄油，OO 表示橄榄油，PO 表示油橄榄果渣油）
（引自 Cerretani L，et al. Food Chemistry，2009，115：1381-1388）

的；值得一提的是，用特级初榨橄榄油炒青菜时，烹饪导致的有害成分如聚合物和
3-MCPD（中文名：三氯丙醇）都未检出（ND）。

表 6-3　特级初榨橄榄油炒青菜的质量检测

检测指标	AV(KOH)/(mg/g)	PC/%	维生素 E/(mg/kg)	聚合物/%	3-MCPD/(mg/kg)
原料油脂					
豆油	0.2	6.0	1113	ND	0.73
特级初榨橄榄油	0.7	0.5	230	ND	ND
浓香菜籽油	1.3	6.0	702	ND	ND
清炒青菜后的油脂					
豆油	0.2	7.5	953	ND	0.49
特级初榨橄榄油	0.7	1.0	144	ND	ND
浓香菜籽油	1.3	6.0	604	ND	0.21

　　不同食用油烹制的炒青菜风味品评如表 6-4 所示。特级初榨橄榄油与其他油脂
相比还有具有一定的优势，特别是菜品的滋味，更清香醇厚。

表 6-4　特级初榨橄榄油炒青菜的风味品评

油种	烹饪评价
特级初榨橄榄油	突出青菜香味，滋味更清香醇厚
大豆油	色泽与香味滋味整体感觉好
浓香菜籽油	色泽较深，菜籽味较重，不适合炒制清淡类蔬菜

　　以上实验结果和文献报道的结论均可以说明：特级初榨橄榄油在短时加热过程
中性质比较稳定，保留大部分的生物活性物质（微量营养群），烹饪后的菜品风味
更好，因此，特级初榨橄榄油适合温度较高但时间较短类型的中式烹饪。

（3）不推荐初榨橄榄油用于高温长时烹饪　图 6-12 中欧洲学者的实验数据显示，将多酚含量较高的特级初榨橄榄油在 180℃下加热 60min：在不加入食物的情况下加热，橄榄多酚损失 30%；如果加入土豆或者牛肉这样的食物，橄榄多酚的损失可以高达 50%以上。在相同的实验条件下，将特级初榨橄榄油换成初榨橄榄油，实验结果类似。

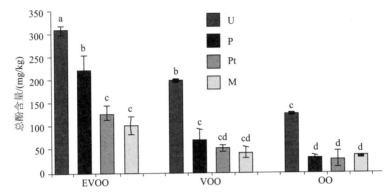

图 6-12　180℃加热橄榄油后的多酚含量（U 表示未加热的油，P 表示无食物加热，Pt 表示和土豆一起加热，M 表示和肉一起加热，EVOO 表示特级初榨橄榄油，OO 表示橄榄油，PO 表示橄榄果渣油）

（引自 Silva L，et al. Food Chemistry，2010，121：1177-1187）

以上文献报道的数据可以说明：特级初榨橄榄油中的微量营养群（特别是橄榄多酚）在长时间的高温条件下不稳定，容易被破坏；因此，不建议用特级初榨橄榄油进行长时间的高温烹饪。

以上论述和实验结果可以看出：不经加热直接食用特级初榨橄榄油是最传统的，也是科学、营养、有益于人体健康的。初榨橄榄油的风味与芝麻油调配后，更容易被接受；特级初榨橄榄油最适合低温加工后食用（例如凉拌、蘸面包、调味食用）。此外，特级初榨橄榄油也适合用在高温短时类的中式烹饪，比如炒蔬菜等。为保留更多的活性营养物质，最好不要在高温下长时间使用。

6.3.2.2　精炼橄榄油在中式烹饪中的应用研究

（1）精炼橄榄油适合高温长时烹饪　高温中式烹饪有其自身的特点。比如，有些人在炒菜的时候喜欢高温爆炒，要等到锅里的油冒烟了才放菜。油脂加热到表面明显冒出青烟时的最低温度就是油脂的发烟点；油脂的发烟是由油脂中的挥发物质、油脂的分解物和其他杂质引起的。不仅仅是炒菜，在煎炸过程中油脂的烟点也非常重要。油脂在使用时超过了其发烟点，油脂中的小分子物质、不稳定的脂肪酸等发生分解，会产生对人体有害的物质。国际橄榄理事会官网报道橄榄油的烟点是 210℃，属于高烟点的食用油脂，适合中式的高温烹饪。在常见的高温中式烹饪中，按照时间长短可分类：高温长时和高温短时。下面分别论述其在中式烹饪中的应用。

煎炸是典型的高温长时烹饪。葡萄牙学者进行了精炼橄榄油与葵花籽油的对比煎炸实验：在 1.5L 的炸锅内放入 300g 土豆条进行煎炸实验。实验温度为 170℃，每小时炸一锅每天实验 9h，每隔 3h 取油样 30mL 进行检测分析。按照葡萄牙当地的法律 TPC 含量高于 25% 即为不符合国家标准。各个时间点的检测结果如表 6-5 所示，尽管葵花籽油中的维生素 E 含量（474×10^{-6}）远远高于精炼橄榄油中的维生素 E 含量（165×10^{-6}），但是精炼橄榄油的煎炸性能更好，可以连续煎炸 27h，葵花籽油只能煎炸 15h。

表 6-5　不同油脂在煎炸过程中指标变化

[引自 Casal S. et al，Food and Chemical Toxicology 48（2010）2972-2979]

煎炸时间/h	TPC/%	FFA	PV	p-AV	煎炸时间/h	TPC/%	FFA	PV	p-AV
精炼橄榄油					葵花籽油				
0	6.0	0.3	12	6	0	13.5	0.1	7	10
3	8.0	0.3	11	31	3	17.5	0.1	28	58
6	9.5	0.3	10	44	6	18.0	0.1	23	92
9	12.5	0.5	10	49	9	20.5	0.1	21	116
12	14.5	0.5	11	50	12	23.5	0.1	21	144
15	16.5	0.5	10	55	15	27.0	0.2	15	167
18	19.0	0.5	11	56					
21	21.5	0.5	10	55					
24	23.0	0.7	9	61					
27	26.0	0.7	9	58					

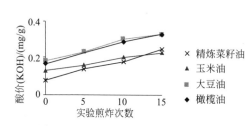

图 6-13　不同油脂煎炸过程中酸价变化

葡萄牙学者的实验是从产业应用的角度，观察出橄榄油的煎炸性能优于葵花籽油。图 6-13 是模拟消费者在家庭中进行煎炸实验的结果，炸鸡翅，并与其他食用油进行对比。将四种常见的食用油脂：菜籽油、玉米油、大豆油和精炼橄榄油进行炸鸡翅，检测酸价的变化，四种油脂酸价的变化趋势均是上升，并且上升速率相近。

如图 6-14 所示，用来炸鸡翅的精炼橄榄油中聚合物含量上升最慢。聚合物是油脂发生氧化聚合和热聚合反应形成的一系列物质的总称，其中具有代表性的丙烯酰胺和苯并芘均是致癌物。图 6-15 标明了煎炸过程中 3-MCPD 的变化：精炼橄榄油和玉米油的 3-MCPD 的含量基本保持稳定，而其他油脂在煎炸过程中，含量一直上升；精炼橄榄油的 3-MCPD 含量在煎炸实验中一直小于玉米油，是几个油脂中最低的。

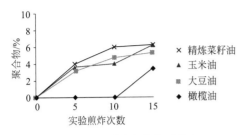

图 6-14　不同油脂煎炸过程中
有害物质的变化（聚合物）

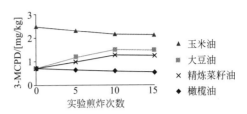

图 6-15　不同油脂煎炸过程中
有害物质的变化（3-MCPD）

煎炸鸡翅的风味品评：精炼橄榄油煎炸出的鸡翅肉质更嫩、香味清爽。大豆油煎炸的鸡翅香味更浓郁，肉质次之。精炼橄榄油自身的青果香味可帮助减少食物的油腻感，感官评价的最高分也说明了这一点（单项满分 10 分），如表 6-6 所示。

表 6-6　不同油脂煎炸后食物的风味品评

油种	色	香	滋味	总分	烹饪优势
精炼橄榄油	8	8	10	26	耐高温、耐煎炸、传热快、烟点高
大豆油	9	9	8	26	香味突出，烟点稍高
浓香菜籽油	5	7	8	20	色深、容易产生黑色沉淀物、烟点低
精炼菜籽油	8	8	7	23	耐煎炸，烟点高
玉米油	7	7	8	22	稍耐煎炸，烟点与精炼菜籽油无异

以上实验结果和文献报道的数据均可以说明：精炼橄榄油耐煎炸；煎炸性质更稳定；有毒有害物质（3-MCPD 和聚合物）含量远远少于其他油脂；风味品评滋味好。所以精炼橄榄油是煎炸油的上佳选择，特别适合高温长时的中式烹饪。

（2）精炼橄榄油适合高温短时烹饪　炒土豆丝是一种典型的高温短时中式烹饪。将精炼橄榄油按照普通的家庭烹饪方法进行清炒土豆丝，并与其他食用油进行对比。表 6-7 为质量检测结果。常规指标（AV 指酸价；PV 指过氧化值；PC 指极性化合物）的检测结果基本上与特级初榨橄榄油（清炒青菜）相似，尽管有一些微量营养群（维生素 E 和多酚）的损失，但是完全可以像豆油一样用于中式炒菜。

表 6-7　特级初榨橄榄油炒土豆丝的质量检测

检测指标	AV(KOH)/(mg/g)	PC/%	维生素 E/(mg/kg)	聚合物/%	3-MCPD/(mg/kg)	多酚/(mg/kg)
原料油脂						
豆油	0.2	6.0	1113	ND	0.73	ND
精炼橄榄油	0.2	2.5	171	ND	0.74	76.4
浓香菜籽油	1.3	6.0	702	ND	ND	ND

检测指标	AV(KOH)/(mg/g)	PC/%	维生素 E/(mg/kg)	聚合物/%	3-MCPD/(mg/kg)	多酚/(mg/kg)
清炒土豆丝后的油脂						
豆油	0.2	7.0	1009	ND	ND	ND
精炼橄榄油	0.2	2.5	127	ND	0.90	47.5
浓香菜籽油	1.3	6.0	673	ND	ND	ND

清炒土豆丝的感官评价结果如表 6-8 所示：精炼橄榄油炒土豆丝用油健康，而且有清香滋味。

表 6-8　特级初榨橄榄油炒土豆丝的风味品评

油种	烹饪评价
精炼橄榄油	口感良好，有清香味
大豆油	整体口感较好，油腻感较好，香味浓郁
浓香菜籽油	色泽较深，不适合炒制浅色蔬菜

从以上实验结果可以看出：精炼橄榄油的性质符合中式烹饪对油脂的要求，基本性质稳定；口感清香不油腻。因此，精炼橄榄油适合此类型的烹饪。

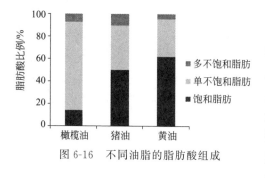

图 6-16　不同油脂的脂肪酸组成

（3）精炼橄榄油适合制作中式糕点

精炼橄榄油制作中式糕点是一种以健康为理念的创新。传统意义上，高凝固点的油脂（如猪油、黄油）适宜制作糕点，但是高凝固点油脂的饱和脂肪酸含量比较高（图 6-16），长期食用不利于人体健康。一直以来，地中海地区就有使用橄榄油进行烘焙的历史。目前，越来越多的人认识到用植物油脂替代动物油脂进行糕点烘焙的好处，而橄榄油就是一种用来替代猪油等动物油脂的绝佳选择。橄榄油加热容易膨胀的性质，可以使酥类点心更加酥松；橄榄油用于焙烘面包和甜点，远比奶油的味道清爽；在制作烘焙品时适度添加橄榄油，更能吃出别样的健康时尚。

用精炼橄榄油按照一般常规的方法制作烘烤类糕点：桃酥，并与猪油进行对比。通过两种油在桃酥制作工艺中的运用可以发现，精炼橄榄油制作的桃酥在色、香、味、形与传统猪油之间并无明显差异，只在香味上略逊于猪油（单项满分 10 分），见表 6-9，但是，因为精炼橄榄油是液体油，用油量少于猪油。此外，精炼橄榄油赋予了桃酥特殊的清香味，而这种清香味与猪油的香味是不一样的。在货架期实验中，精炼橄榄油桃酥的货架期长于猪油桃酥，不容易变质（图 6-17）。

表 6-9　中式糕点桃酥的风味品评

油种	色	香	形	滋味	总分	烹饪优势
纯橄榄油桃酥	9	8	10	10	37	货架期长、用油量较少
猪油桃酥	9	9	10	10	38	货架期短

　　将精炼橄榄油按照一般常规的方法制作煎炸类糕点：丝酥，并与黄油进行对比。面粉与人造黄油的比例是100：50，而用橄榄油调制酥心，面粉与橄榄油的比例可以降低至100：44，且成品口感酥脆、香味怡人、层次清晰、造型美观（彩图24）。

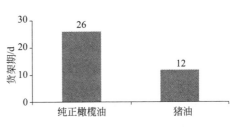

图 6-17　糕点的货架稳定实验

　　使用精炼橄榄油制作黄桥烧饼面坯，添加三种不同比例的橄榄油进行优化实验，通过感官评价，得出面皮中100克面粉的最佳橄榄油添加量为62.5g，成品口感酥脆、咸鲜适口。

　　以上实验结果和文献报道均可以说明：在中式糕点的制作中引入精炼橄榄油，是一种健康的烹饪变革。橄榄油制作的糕点的口感可以与猪油、黄油相媲美，而且有其特殊的优势：用油少、风味清新。

　　（4）精炼橄榄油适合制作调味油　精炼橄榄油能够满足调味油的用油需求。在地中海饮食中，橄榄油里面可以直接加入香料物质（如罗勒、大蒜粉、柠檬），从而得到类似中国调味油的风味橄榄油（将在6.3.4中详细介绍）。但是，中式的调味油种类更广泛、工艺更复杂，其中人们熟知的包括红油和葱油。将精炼橄榄油按照常规的烹饪步骤制作红油调味油，并应用红油调味油制作凉拌菜，同时与其他食用油进行对比（单项满分10分）。表6-10为不同油脂制作的三种红油调味油的特征性指标：从工艺上看，三者的差异性不大；但存在一些细微的感官差异，主要表现在色泽、香味、滋味方面，精炼橄榄油制作的红油，具有不易起烟、色泽清亮、味香浓郁、滋味清爽等优点；大豆油制作的红油次之；菜籽油红油的油味感不强、菜籽味比较突出，红油香味不突出。

表 6-10　不同油脂制作红油调味油的比较

油种	色	香	滋味	总分	烹饪优势
橄榄红油	8 色泽清亮	8 橄榄味重、清香	9 滋味浓香、口感清爽	25	不易起烟、色泽清亮
大豆红油	9 较浓	8 大豆味突出	8	25	色泽明亮、香味突出
菜籽红油	7 色泽深暗	6 菜籽味重	7 香味不浓	23	易发烟、容易形成沉淀物

通过三种红油凉拌菜的感官品评（单项满分 10 分）可以发现，橄榄红油凉拌的菜肴香味浓郁、口感清爽，综合滋味非常好，与大豆油和浓香菜籽油相比，非常适合凉拌菜肴的制作。大豆红油的香味也比较突出，并且大豆红油在辣香味上更辣一些，但滋味不如橄榄红油。

表 6-11 调味油凉拌菜的风味品评

油种	色泽	口感	滋味	总分
橄榄红油凉拌菜	8	9	10	27
大豆红油凉拌菜	8	8	8	24
菜籽红油凉拌菜	8	7	5	20

将表 6-11 中评分较高的两种调味油进行质量检测分析，详见表 6-12。橄榄红油的黏度远远高于大豆红油，说明橄榄红油对菜品的黏附性更好；两者的红度类似；橄榄红油的质量指标比大豆红油略佳。

表 6-12 两种红油调味油的质量检测

油种	黏度/(mm^2/s)	红度	酸价(KOH)/(mg/g)	过氧化值/(mmol/kg)
橄榄红油	72	20	0.95	4.5
大豆红油	57	20	1.00	5.3

根据以上的讨论，精炼橄榄油制作的调味油不仅具有烹饪优势，不易起烟、色泽清亮；而且具有风味优势，滋味浓香、口感清爽。橄榄调味油非常适合凉拌菜肴，有广阔的发展前景。

精炼橄榄油符合高温烹饪对油脂的要求：性质稳定，营养安全。此外，精炼橄榄油制作的糕点新颖又健康，满足消费者对烘焙油脂的追求。精炼橄榄油调味油口味清爽、滋味醇香，又具有烹饪优势。除了风味比初榨橄榄油清淡外，精炼橄榄油适合各式中式烹饪。

6.3.2.3 橄榄油使用的建议

初榨橄榄油（或者特级初榨橄榄油）含有大量生物活性物质，不适合进行高温长时的烹饪，推荐用于低温冷烹，如凉拌菜、蘸面包直接食用，以及温度高、时间短的烹饪方式。

精炼橄榄油性质稳定，烟点高，耐煎炸，煎炸过程中有害物质生成速度慢，特别适合各类中式烹饪；橄榄油制作糕点符合当代健康饮食的潮流；橄榄油调味油风味佳口感好。推荐精炼橄榄油广泛地用于各种高温中式烹饪。

6.3.3 橄榄油创意菜

橄榄油作为一种天然健康的果汁油，跟当前的创意菜主题非常契合，目前也非常广泛地被应用于中国创意菜的菜肴中，主要体现在健康营养的理念、时尚美观的装盘和丰富多样的口感等方面。

6.3.3.1　中国创意菜

中国创意菜是指以现代中国烹饪流派中的传统饮食文化和世界多元文化合理结合的创意菜。中国较为知名的创意菜餐厅有大董、梧桐餐厅等。根据以上知名餐厅的解读，创意菜应该以以下几个要素为前提：以味为中心（食材本身的真味、本味），以养为目的（中医四季养理论）；古为今用（五千年的饮食文化，烹调技法，国粹艺术），洋为中用（外国先进的科学技术、特有食材、科学的烹调方法），来创作新时代菜品。菜品以健康、时尚、好看、好吃、民族文化为主题。下面几款菜肴就是橄榄油在创意菜中的应用。

淮扬五香熏鱼（彩图 25），是在传统的糖醋汁中加入橄榄油，一般在糖醋汁出锅前淋入，属于短时瞬间加热（温度 200℃ 左右，时间 30s 左右），橄榄多酚的损失很少，营养成分得以保留，同时又可以增加清香和光泽度。

南瓜鱼蓉蛋（彩图 26），是在制作鱼蓉时加入特级初榨橄榄油（10%），可以增加溶胶嫩度，光亮度、光滑度，使菜品口感丰富，香味浓郁、持久。同时，制作鱼圆时为冷水下锅，小火加热，且不能沸腾，时间一般不超过 30min，可以很好地保留多酚等营养物质。

橄榄油金瓜丝（彩图 27），是在芥末汁中加入特级初榨橄榄油，调成混合调味汁，一方面，橄榄油黏性强，可以增强调味汁与菜肴的附着力，菜肴更易入味均匀；另一方面，菜肴表面更加油亮，色香味均得到提升。

6.3.3.2　橄榄油特有菜肴

2014 年 4 月 18 日，在京举办的第二届国际橄榄油高峰论坛上，我国首个《中国市场橄榄油与消费者健康及使用需求联合调研报告》发布。报告根据多个城市实地调研及分析结果，建议国人适量增加橄榄油摄入，替换部分日常其他食用油。为让更多的消费者体验橄榄油烹制食品的美味和魅力，促进国人膳食健康，欧丽薇兰积极发挥品牌使命，联合中国烹饪大师、扬州大学旅游烹饪学院、金龙鱼国际烹饪研究院院长周晓燕教授，将橄榄油营养优势和中式烹饪的特点充分融合，研发了三道用特级初榨橄榄油烹制的经典佳肴，呈现给消费者色香味俱全的美食。

（1）橄榄油红茶鸭（彩图 28）　烹饪优势：鸭子卤制成熟，出锅时立即刷上特级初榨橄榄油，以使鸭皮更加红亮，同时保持鸭肉水分不容易挥发，肉质更嫩滑。亦可减少其油腻感，并能起到增香效果。

口感优势：橄榄油特殊的香味可与鸭子香味、茶香、葱香及甘蔗香味相互补充，使香味更加浓郁、丰富；配以橄榄油、葱油、鲜甘蔗等调配的复合调料，蘸食口感更突出。

营养解析：烹饪荤菜时，难免会遇到含胆固醇偏高的动物性食物，世界健康组织建议每人每天摄取胆固醇量不超过 300mg。既想要享受美味，又不想有损健康，该如何解决？橄榄油搭配红茶鸭，能够发挥橄榄油中富含的单不饱和脂肪酸的作用——降低低密度脂蛋白，同时能够保持甚至提高高密度脂蛋白，从而减少胆固醇在血液中的堆积，对心脑血管疾病起到预防的作用（以鸭中胆固醇含量94mg/100g计算，建议一天内食用量控制在320g，就能达到在享受美味的同时享受健康）。

(2) 橄榄油清蒸鲈鱼（彩图 29）　烹饪优势：相比豆油等其他油种，橄榄油清蒸鲈鱼具有极大的烹饪优势。蒸前用橄榄油涂抹，可以有效去除鱼的腥味（去腥能力更强），并在成熟后提升鱼肉嫩度和外表光泽度；蒸后将热橄榄油淋上，橄榄油特有的清香味与葱香极为协调，香气怡人，并能很好地入味。

口感优势：刷上橄榄油后可以使鱼肉鲜嫩爽滑，富有弹性，回味鲜香。

营养解析：采用清蒸的烹饪方式，减少了吸入油烟的可能。橄榄油尝试淋油工艺，短时间加热对营养成分的破坏并不会很大。

(3) 橄榄油八宝饭（彩图 30）　烹饪优势：特级初榨橄榄油加热时间不宜过长，操作中应在八宝饭成熟后，将橄榄油与其混合最为适宜，既不丢失营养成分，又可保留橄榄油的特殊香味。相对于传统的猪油，橄榄油可大大降低八宝饭的油腻感和腥膻味。

口感优势：桂花、蜂蜜能够减弱橄榄油的苦味，协调了多种香味后，更能凸显出橄榄油的清香。

营养解析：橄榄油代替猪油作为提供细腻口感和香味的物质，能够平衡现代人饱和油脂摄入水平普遍偏高的现状，对于心脑血管疾病患者，新式八宝饭可以照吃不误。同时，小米搭配薏米和糯米，这样的粗细搭配，有利于避免肥胖和糖尿病等慢性疾病的发生。

6.3.4　风味橄榄油

在地中海饮食中，向橄榄油加入香料物质（如罗勒、大蒜粉、柠檬）从而得到风味橄榄油的这种使用方式，已经有着古老的历史。最初是农人们为了保存蔬菜或香草料而将其干燥后放入橄榄油里，通过这种方法获得的橄榄油便带有了独特的蔬果香，被作为意面、沙拉的拌酱或者面包的蘸料。此外，随着风味橄榄油的日渐流行，它也被更广泛地应用到了肉禽类的料理与坚果小食类的制作中，其风味品种也更加丰富，大致可分为蔬菜类（如大蒜、洋葱、辣椒等）、香草类（如迷迭香、牛至叶、罗勒等）、香料类（如丁香、肉豆蔻、姜等）、菌菇类（如松露等）、水果类（如柠檬、橙子、橘子等）以及坚果类（杏仁、榛子、松子等）等。除了提高风味以外，风味橄榄油也因香草料的加入而满足了提高营养价值和延长货架期的诉求。此外，在地中海以外的地区，有越来越多的消费者开始食用橄榄油，但这些潜在的消费者对橄榄油的应用还比较陌生，且对特级初榨橄榄油特有的浓郁风味接受度仍不是很高，鉴于此，他们可能也更愿意购买由香料、精油等调味后的风味橄榄油。

6.3.4.1　风味橄榄油的制作方法

风味橄榄油的制作方法有香草料浸制、超声波萃取、精油添加等。这些方法的差异对最后成品在风味和氧化稳定性上都有不同程度的影响。

最传统且最常见的制作方法是浸提（infusion/maceration），一般是将香草料碾碎之后加入橄榄油中，将混合物放置于常温下储存，并定期摇晃使之混合均匀来更好地提取香草料中的风味物质和营养物质。在一定时间后可将混合物过滤得到澄清的风味橄榄油。但是，这种方法比较耗时，在工业生产上时间成本太高。鉴于此，Veillet 等考察了超声波协助橄榄油浸提新鲜罗勒叶中挥发性物质的效果，实验结果表明，超声波浸提法和传统浸提法相比效率大大提高，能将数小时甚至数日的浸提周期缩短到几分钟。但需要指出的是，一些研究表明超声波的使用会对油的品质造成一定程度的负面影响，如风味衰减和加速氧化等，所以在使用时间上需要加以控制。

此外，较常见的方法是直接在橄榄油中添加一定浓度的香草精油或天然提取物，此种方法可以得到稳定的风味，且避免了香草料实物可能带来的除风味物质外的杂质。但这种方法需要额外的设备进行精油的提取，会造成成本升高，且常见的提取工艺会使用到有机溶剂，与特级初榨橄榄油的绿色健康概念不符。

较新的风味橄榄油制作方法是在橄榄油榨取工艺阶段便将香草料加入油橄榄果浆中进行融合（malaxation），这种方法简单、省时且绿色环保。Caponio 等考察了此种方法与传统浸提方法制得的风味橄榄油在化学以及感官品质上的区别，使用的香草料为干罗勒、干辣椒以及干辣椒和干大蒜的混合料。实验结果表明，融合法提取酚类物质的效率更高，其裂环烯醚萜（secoiridoids）的水解程度显著低于浸提法。因此，融合法制得的风味橄榄油抗氧化能力显著高于浸提法。除了硫化物在融合法制得的油中含量较高之外，其余挥发性化合物含量没有受到制作方法的影响。感官评价方面，浸提法制得的风味橄榄油苦味和辛辣味都更强烈。此外，Clodoveo 等使用干百里香和牛至叶对浸提法、融合法以及融合法中加入超声波技术进行了考察。实验结果表明，后两种方法制得的风味橄榄油在酚类物质含量以及自由基清除活性上都有显著的提高，且牛至叶配制的比百里香提得更多。同时，超声波能够抑制多酚氧化酶的活性，从而减少酚类物质的氧化。

6.3.4.2 风味橄榄油的品质研究

不同香草料的加入对橄榄油的风味、抗氧化性、货架期等都会产生不同影响。以下简单介绍有关这些影响的研究进展。

Antoun 等采用浸制 2% 干牛至叶、2% 干迷迭香以及 100g/500mL 大蒜瓣的方法配制了三种风味橄榄油，这些产品与对照组在 37℃ 下被保存于玻璃瓶中，结果显示当对照组的过氧化值达到 70mmol/kg 时，牛至橄榄油和迷迭香橄榄油的过氧化值分别比对照组低 4 倍与 9 倍，但是大蒜橄榄油与对照组相比在氧化稳定性上没有显著区别。此外，在感官评价方面，评价员都来自于地中海地区（希腊、突尼斯），大部分对于三种样品在气滋味上的接受度都处于中强和强水平。同时，评价员对不同浓度（1%，2%，5%）的牛至橄榄油也进行了喜好度评价，结果表明，评价员能够区分不同浓度且更喜欢较弱或较温和的气滋味。

　　Gambacorta 等采用浸提的方法制备了三种不同浓度的辣椒、大蒜、牛至和迷迭香橄榄油，与对照组进行了 7 个月的货架期试验，考察了酸价、过氧化值、K232、K270、己烯醛/己醛比以及感官评价。实验结果表明，所有风味橄榄油样品在 7 个月后的过氧化值和 K232 值都低于对照组，而酸价、K270 和己烯醛/己醛比都没有显著性差异，即香草料的添加一定程度上提高了橄榄油的抗氧化稳定性，且牛至和迷迭香的抗氧化能力高于辣椒和大蒜。感官评价方面，实验初期评价员更喜欢对照组，但是 210 天之后所有风味橄榄油样品（大蒜风味最高浓度 40g/L 除外）的喜好度都高于对照组，且迷迭香＞辣椒＞牛至＞大蒜。

　　Ayadi 等使用了浸提法，将突尼斯产新鲜迷迭香、薰衣草、鼠尾草、薄荷、罗勒、柠檬和百里香在 40℃下烘干，碾碎后以 5％的比例加入橄榄油中，15 天后过滤制成相应的风味橄榄油，并检测了样品与对照组的酸价、黏度、密度和颜色。实验结果显示，香草料的加入会略微提高橄榄油的酸价（迷迭香、鼠尾草、柠檬和百里香有显著性差异）和黏度（除罗勒和百里香之外都有显著性差异），而百里香的加入对橄榄油的颜色影响非常大。之后研究组通过品评人数为 200 人的感官评价试验确定了喜好度较高的四种风味：罗勒、迷迭香、柠檬和百里香，并将选出的风味橄榄油与对照组装入玻璃瓶中，分别在 60℃和 130℃环境中加热 55 天和 6h，检测了过氧化值、K232 和 K270 值以及叶绿素、胡萝卜素和多酚类含量的变化。加热实验结果表明，迷迭香的加入对橄榄油的抗氧化能力提升最大；其次是百里香和柠檬，而罗勒风味橄榄油与对照组相比没有显著性差异，虽然所有风味橄榄油的总酚含量在初始阶段与对照组相比都有提高，且罗勒风味的总酚含量最高。

　　Baiano 等采用融合法制取了大蒜、柠檬、牛至、辣椒和迷迭香风味的橄榄油，与对照组一同室温下保存在深色玻璃瓶中，并分别在初始、6 个月和 9 个月货架期时考察了化学常规指标（酸价、过氧化值、K232 和 K270 值）、酚类物质含量和抗氧化能力等。实验结果表明，在 9 个月的货架期中，只有对照组和大蒜风味橄榄油的化学常规指标全部符合了特级初榨橄榄油的标准。酚类物质含量方面，香草料的加入反而降低了产品的总酚含量，与其他一些研究的结果有所出入。可能的解释原因是：在融合阶段，橄榄油中的酚类物质与香草料中的某些成分容易成键，并且在离心和水油分离阶段有更多的酚类物质被水相带走。但是，由于只有特定的酚类物质具有抗氧化性，且香草料中有其余抗氧化物质的存在，通过 β-胡萝卜素漂白法测定得出的结果显示，迷迭香风味橄榄油在货架期间具有最高的抗氧化性能，其次是辣椒风味、柠檬风味、牛至风味、对照组和大蒜风味，这与其他文献结果相符。

　　Akçar 等对一系列由香草料提取物或天然香精配制的风味橄榄油进行了感官分析（排序检验法和成对比较检验法），考察了"最喜欢"的浓度（土耳其消费者）。实验结果显示，天然香精最适宜的浓度为 0.05％（牛至）和 0.07％（罗勒、迷迭香和苦橙），而香草料提取物喜好度最高的浓度为 20％（牛至）和 40％（罗勒、辣椒）。通过排序检验法得出，现有产品中风味喜好度的排列为牛至＞罗勒＞迷迭香＞苦橙＞大蒜。此外，成对比较检验法显示 0.05％牛至天然香精和 20％牛至提取物配制的风味橄榄油在感官上没有显著性差异。

Caporaso 等考察了使用干辣椒浸提法配制风味橄榄油的辣椒素含量、抗氧化能力以及挥发性成分等指标。他们配制了 10％和 20％的样品避光储藏在室温（20℃±2℃）下并每天摇晃。实验结果表明，两种样品的辣椒素含量在 7 天时都达到了最大值，更长的浸提时间对其没有显著性的提高。此外，干辣椒的浓度越高，风味橄榄油中的挥发性成分含量也越高，且抗氧化能力也更强，但是在 7 天后也不再有显著性的增加。此研究给出了常温浸提法的优选周期，即 1 周时间。

Sousa 等采用浸提法（常温三个月）配制了大蒜、辣椒、月桂、牛至和胡椒风味的橄榄油，并考察了化学常规指标（酸价、过氧化值、K232 和 K270 值）、脂肪酸组成、生育酚和生育三烯酚组成、抗自由基能力、总酚含量和氧化稳定性等。实验结果表明，在化学常规指标方面，大蒜的添加提高了酸价，但其余指标没有负面影响。所有样品的脂肪酸组成都有变化但都在特级初榨橄榄油的标准范围里。所有样品的维生素 E 都有所增加，尤其是辣椒风味的提高比较多（198.6×10^6）。与Baiano 等的研究相似，此研究中配制的风味橄榄油总酚含量与对照组相比都有下降，但除了月桂外，香草料的加入都提高了橄榄油的氧化稳定性。

6.3.4.3 小结

综上所述，在风味橄榄油生产工艺方面，新兴的融合法较其他传统方法具有高效且绿色环保兼得的优势。而传统的浸提法由于对制备条件要求不高，在家庭 DIY领域还是比较流行的。

此外，香草料的加入可能会对化学常规指标造成影响，由于宣称的原因，需要注意将这些指标控制在"特级初榨橄榄油"的标准之内。同时，可能由于原料和工艺的不同，导致风味橄榄油的多酚含量有升高，也有降低，但总体上营养物质（如生育酚等）有所增加，其抗氧化能力也有一定程度的提高，有助于宣称的背书。

参 考 文 献

[1] 于长青. 橄榄油的化学组成及对人体的营养价值 [J]. 食品科技，2000（2）：59-60.

[2] 中国疾病预防控制中心营养与食品安全所. 中国市场橄榄油与消费者健康及使用需求联合调研报告. 北京，2014.

[3] Antoun N，Tsimidou M. Gourmet olive oils：Stability and consumer acceptability studies [J]. Food Research International，1997，30（2）：131-136.

[4] Ayadi M A，Grati-Kamoun N，Attia H. Physico-chemical change and heat stability of extra virgin olive oils flavoured by selected Tunisian aromatic plants [J]. Food and chemical toxicology：an international journal published for the British Industrial Biological Research Association，2009，47（10）：2613-2619.

[5] Baiano A，Gambacorta G，La Notte E. Aromatization of olive oil [M]，Kerala：Transworld Research Network，2010.

[6] Baiano A，Terracone C，Gambacorta G，et al. Changes in Quality Indices，Phenolic Content and Antioxidant

Activity of Flavored Olive Oils during Storage [J] . Journal of the American Oil Chemists'Society, 2009, 86 (11): 1083-1092.

[7] Caponio F, Durante V, Varva G, et al. Effect of infusion of spices into the oil vs. combined malaxation of olive paste and spices on quality of naturally flavoured virgin olive oils [J] . Food chemistry, 2016, 202: 221-228.

[8] Caporaso N, Paduano A, Nicoletti G, et al. Capsaicinoids, antioxidant activity, and volatile compounds in olive oil flavored with dried chili pepper (Capsicum annuum) [J] . European Journal of Lipid Science and Technology, 2013, 115 (12): 1434-1442.

[9] Casal S, Malheiro R, Sendas A, et al. Olive oil stability under deep-frying conditions [J] . Food and chemical toxicology: an international journal published for the British Industrial Biological Research Association, 2010, 48 (10): 2972-2979.

[10] Cerretani L, Bendini A, Rodriguez-Estrada M T, et al. Microwave heating of different commercial categories of olive oil: Part I. Effect on chemical oxidative stability indices and phenolic compounds [J] . Food chemistry, 2009, 115 (4): 1381-1388.

[11] Chemat F. Deterioration of edible oils during food processing by ultrasound [J] . Ultrasonics Sonochemistry, 2004, 11 (1): 13-15.

[12] Clodoveo M L, Dipalmo T, Crupi P, et al. Comparison Between Different Flavored Olive Oil Production Techniques: Healthy Value and Process Efficiency [J] . Plant foods for human nutrition (Dordrecht, Netherlands), 2016, 71 (1): 81-87.

[13] Commission Regulation (EU) No 432/2012 of 16 May 2012 establishing a list of permitted health claims made on foods, other than those referring to the reduction of disease risk and to children's development and healthText with EEA relevance [M], 2012.

[14] Gambacorta G, Faccia M, Pati S, et al. Changes in the chemical and sensorial profile of extra virgin olive oils flavored with herbs and spices during storage [J] . Journal of Food Lipids, 2007, 14 (2): 202-215.

[15] Akçar H H, GümüşkesenA S. Sensory Evaluation of Flavored Extra Virgin Olive Oil [J] . GIDA, 2011, 36 (5): 249-253.

[16] Schneider Y, Zahn S, Hofmann J, et al. Acoustic cavitation induced by ultrasonic cutting devices: a preliminary study [J] . Ultrasonics Sonochemistry, 2006, 13 (2): 117-120.

[17] Sousa A, Casal S, Malheiro R, et al. Aromatized olive oils: Influence of flavouring in quality, composition, stability, antioxidants, and antiradical potential [J] . LWT-Food Science and Technology, 2015, 60 (1): 22-28.

[18] Veillet S, Tomao V, Chemat F. Ultrasound assisted maceration: An original procedure for direct aromatisation of olive oil with basil [J] . Food chemistry, 2010, 123 (3): 905-911.

7 橄榄油分析

刘 流 童佩瑾 王 婧 张明明 顾 敏

橄榄油分析的目的是考察其食用特性，其营养价值及有毒、有害物质含量，真实性与掺伪情况等，以鉴定其质量，决定其用途、价格，保证消费者利益及身体健康。

目前橄榄油成分分析的方法，主要是光谱法、气相色谱和液相色谱法。这些方法相对比较成熟，稳定性好，灵敏度高，但从橄榄油的整体检测水平来看，还需要深入探讨。

橄榄油成分比较复杂，各类化合物之间差异较大，往往需要在分析之前进行必要的纯化和分离，样品的前处理相对复杂，检测时间较长。所以发展更简单、更快、更灵敏、选择性更好、操作更方便的分析方法，成为橄榄油分析的发展方向。色谱-质谱联用检测方法则是橄榄油分析中最具发展潜力的方法，该法不仅结合了色谱长于分离、质谱专于物质化学结构鉴定和确认的优势，而且减少了前处理操作的烦琐步骤，为深入研究橄榄油提供了强有力的技术手段。

本章重点讲述橄榄油的成分分析方法，风味特征及真实性、掺伪的检验。

7.1 橄榄油的理化分析

7.1.1 橄榄油中脂肪酸分析

橄榄油中脂肪酸组成（fatty acid composition，FAC）是橄榄油的一项最重要的理化指标，反映了橄榄油的真伪和橄榄油的营养价值。

橄榄油与传统食用植物油脂中的油酸含量最高，约占脂肪酸总量的 55%～83%，其他的橄榄油多不饱和脂肪酸包括亚油酸（C18：2）即 ω-6 脂肪酸和亚麻酸（C18：3）即 ω-3 脂肪酸等成分。橄榄油和油橄榄果渣油脂肪酸组成如表 7-1 所示。

表 7-1 橄榄油和油橄榄果渣油脂肪酸组成（引自 GB/T 23347—2009）

十七碳一烯酸(C17：1)[①]	≤	0.3
硬脂酸(C18：0)		0.5～5.0
油酸(C18：1)		55.0～83.0

亚油酸(C18：2)		3.5～21.0
亚麻酸(C18：3)	≤	1.0
花生酸(C20：0)	≤	0.6
二十碳烯酸(C20：1)	≤	0.4
山嵛酸(C22：0)	≤	0.2①
二十四烷酸(C24：0)	≤	0.2

① 油橄榄果渣油≤0.3。

从表 7-1 可以看出，橄榄油中最重要的六种脂肪酸分别是油酸、亚油酸、亚麻酸、棕榈油酸、棕榈酸和硬脂酸，其中油酸的含量是最高的。质检报告中这一项指标的高低意味着产品的真伪和品质的高低。

此外，脂肪酸组成中的脂肪酸比例也是一个重要的特征指标。通常来说，橄榄油的饱和、单不饱和、多不饱和脂肪酸的比例接近国际营养学家提出的理想比例 1：6：1。研究表明，ω-6 脂肪酸与 ω-3 脂肪酸的理想比值接近 4：1，这是有益于保障人体健康的脂肪酸平衡模式，而橄榄油中 ω-6 脂肪酸和 ω-3 脂肪酸比例恰好符合营养学家所提出的理想比例。从理论上讲，橄榄油中该比例可以达到最理想的 4：1，实际上，能达到这种比例的橄榄油非常罕见，能达到 6：1～12：1 就是品质很好的橄榄油了。

天然植物油中脂肪酸为顺式结构，如果经高温诸如精炼、氢化等加工工艺处理发生的分子异构现象，油脂中顺式脂肪酸就有可能变成了高熔点的反式脂肪酸。反式脂肪酸摄入过多对成年人主要有两大危害，一是促进动脉硬化，二是增加血液黏稠度和凝聚力，导致血栓形成。反式脂肪酸还能影响胎儿、婴幼儿生长发育，对中枢神经系统发育产生不良影响，世界各国先后针对反式脂肪酸的出台禁令。

油橄榄鲜果加工生产的初榨橄榄油，是在温度不超过 30℃ 的低温条件下制成的，经过高温精炼或果渣热加工制得的精炼橄榄油和油橄榄果渣油中，反式脂肪酸含量有所提高。不同橄榄油中反式脂肪酸允许含量列在表 7-2 中。

表 7-2　橄榄油和油橄榄果渣油反式脂肪酸量（引自 GB/T 23347—2009）

反式脂肪酸种类	初榨橄榄油	精炼橄榄油	油橄榄果渣油
C18：1 T	≤0.05	≤0.20	≤0.40
C18：2 T＋C18：3 T	≤0.05	≤0.30	≤0.35

注：混合型油品不要求。

反式脂肪酸含量，被认为是辨别橄榄油品质的重要依据，从其含量就可大致判断出究竟是特级初榨橄榄油，还是掺加精炼橄榄油的产品。精炼橄榄油的反式脂肪酸含量，一般是初榨橄榄油的数倍之多。需要强调的是验证橄榄油是否优质，还需要关注酸值等其他多项质量品质指标。

7.1.1.1 橄榄油脂肪酸组成的检测

气相色谱法检测脂肪酸组成的原理是，样品中的脂肪酸（甘油酯）经过适当的前处理（甲酯化）后进样，样品在汽化室被汽化，在一定的温度下，汽化的样品随载气通过色谱柱，由于样品中组分与固定相间相互作用的强弱不同，组分被逐一分离，分离后的组分，到达检测器（detecter），经检测器检测（如 FID 的火焰离子化），产生可检测的信号——色谱峰。根据色谱峰的保留时间定性、归一化法确定不同脂肪酸的相对百分含量。

针对不同基质的橄榄油，相应的前处理过程有所区别，主要分为酯交换法和先皂化后甲酯化两种方式。对于游离脂肪酸低于 3.3% 的初榨橄榄油，推荐采用冷氢氧化钾甲醇溶液酯化法。此方法原理比较简单（将油脂溶解在正庚烷或异辛烷中，加入氢氧化钾甲醇溶液，通过酯交换甲酯化，反应完全后，用硫酸氢钠中和剩余氢氧化钾，以避免甲酯皂化），试剂易于配制，反应过程中游离脂肪酸及其盐不会在氢氧化钾的作用下发生甲酯化，所以样品中甘油酯只有部分被甲酯化，色谱图如图 7-1 所示。对于游离脂肪酸高于 3.3% 的橄榄油和橄榄果渣油，多推荐使用酸性介质加热酯化法，常用方法为三氟化硼法，此方法适用于大多数油脂及衍生物（脂肪酸、脂肪酸盐）。

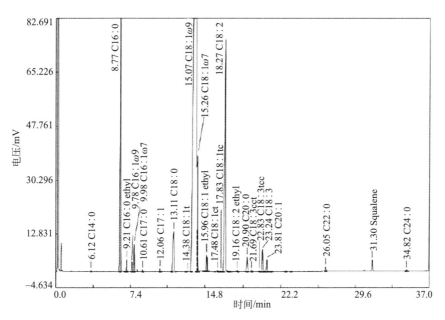

图 7-1　冷氢氧化钾甲醇溶液酯化法所得橄榄油脂肪酸组成 FID 谱图
(引自 COI/T. 20/Doc. No. 24/Rev. 1)

7.1.1.2 橄榄油脂肪酸组成

目前，世界市场上的橄榄油价格是普通植物油的 3～5 倍。受经济利益驱使，一些不法商人在橄榄油中掺入廉价植物油，作为纯橄榄油出售。这不仅会导致消费者经济损失，还会对消费者的身体健康造成损害。目前市面上橄榄油掺伪的主要手段有：用廉价的传统油脂如大豆油、菜籽油等掺入或直接勾兑；将精炼橄榄油和一定含量的初榨橄榄油进行混合等。精炼橄榄油是油橄榄果渣油或初榨橄榄油经过精炼工艺制成的无香、无色、无味的可以食用的油，精炼过程破坏了橄榄油的口感和基本的多酚抗氧化物，其营养价值和口味与真正的橄榄油也相去甚远。由于掺入植物油的脂肪酸组成和橄榄油较为接近，识别困难，因此橄榄油的掺伪识别一直是国内外学术界的研究热点，掺伪分析将在 7.3 节将具体叙述。

研究脂肪酸在甘油三酯不同键位的分布、橄榄油甘三酯的特性十分重要，因为脂肪酸在甘油分子骨架中的酯化位置不是随机的。一般不饱和脂肪酸（碳链不超过 18碳）倾向于占据 sn-2 位置，而饱和脂肪酸倾向于占据 sn-1，3 位，脂肪酸在甘油三酯中立体位置与油脂的晶体结构和熔点等生理、物理性质有着密切关系。早在 1991 年，欧洲委员会（EC）就开始利用三亚油酸甘油酯（LLL＜0.5％）的含量来辨别特级初榨橄榄油，发展到 1997 年，欧洲委员会改用 ΔECN 42（ECN：等效碳数，等效碳数定义为 ECN＝CN－2n，其中 CN 为碳数，n 为双键数。ΔECN 42：由高效液相色谱测得的实际 ECN42 甘三酯含量与由气相测得脂肪酸组成计算得到的理论 ECN42 甘三酯含量差值）来判别橄榄油的级别，包含一系列代数演算法和一个特殊的推算流程图（http://www.internationaloliveoil.org，file name testing7eng _ computerprogram），这个参数可以鉴别出掺伪含量低至 1％～3％植物种子油的橄榄油（表 7-3 为不同级别橄榄油，实际 ECN42 含量与理论 ECN42 含量的最大差值），但针对榛子油掺伪，鉴别含量要高于 20％。在 2000 年，Cert 和 Moreda 进一步研究了 ΔECN 44 和ΔECN46，这个方法称为通用方法（global method for the detection of extraneous oils in olive oils），包含一系列代数演算法和一个特殊的推算流程图（file name 25AVELL _ computerprogram rev 5），计算结果直接给出"correct（正确）"或"not correct（不正确）"，这种改进的方法经过大量验证工作后已趋于成熟，近来已被国际橄榄理事会正式采用。

表 7-3　针对不同级别橄榄油，实际 ECN 42 含量与理论 ECN 42 含量最大差值

（引自 GB/T 23347—2009）

橄榄油级别	ΔECN 42 最大值
特级初榨橄榄油	0.2
精炼橄榄油	0.3
混合橄榄油	0.3
油橄榄果渣油	0.5

7.1.2　橄榄油重要质量指标分析

橄榄油的质量指标见表 7-4，油脂色泽是油脂重要的感官指标，测定色泽可以

了解油脂的组成是否正常、有无掺杂等。油脂酸价的测定是油脂酸败定性和定量检验的参考，是鉴定油脂品质优劣的重要依据。过氧化值是表示油脂和脂肪酸等被氧化的一种指标，用来衡量油脂的酸败程度。过氧化值超标，油的味道会不好，甚至产生异味，对人体产生不利影响。

橄榄油的紫外光谱测定对于了解橄榄油的品质、储存状态和变化很有帮助，它通常能反映橄榄油的级别和保鲜能力。

表 7-4　橄榄油的质量指标（引自 GB/T 23347—2009）

项目		质量指标				
		特级初榨橄榄油	中级初榨橄榄油	初榨油橄榄灯油	精炼橄榄油	混合橄榄油
气味与滋味	感官评判	具有橄榄油固有的气味和滋味，正常		—	正常	正常
	缺陷中位值[①]（Me）	0	0＜Me≤2.5	Me＞2.5	—	—
	果味特征中位值[②]（Me）	Me＞0	Me＞0	—	—	—
色泽		—			淡黄色	淡黄到淡绿
透明度(20℃,24h)		清澈		—	清澈	
酸值(以氢氧化钾计)/(mg/g)		≤1.6	≤4.0	＞4.0	≤0.6	≤2.0
过氧化值[③]/(mmol/kg)　≤		10	10	—	2.5	7.5
溶剂残留量/(mg/kg)		—			不得检出	
紫外吸光度（$K^{1\%}_{1cm}$）	270nm　≤	0.22	0.25		1.10	0.90
	ΔK　≤	0.01	0.01		0.16	0.15
	232nm[④]	2.5	2.6			
水分及挥发物/%　≤		0.2		0.3	0.1	0.1
不溶性杂质/%　≤		0.1		0.2	0.05	0.05
金属含量/(mg/kg)	铁　≤	3.0				
	铜　≤	0.1				

① 国际橄榄理事会设定的评价橄榄油风味缺陷指标。
② 国标橄榄理事会设定的评价橄榄油风味特征指标。
③ 过氧化值的单位换算：当以 g/100g 表示时，如，5.0mmol/kg＝5.0/39.4≈0.13g/100g。
④ 此项检测只作为商业伙伴在自愿的基础上实施的剂限量。
注：1. 划有"—"者不做检测。当溶剂残留量检出值小于 10mg/kg 时，视为未检出。
2. 黑体部分指标强制。

7.1.2.1　色泽

纯正的橄榄油油体透亮，浓，呈浅黄、黄绿、浅黄色或琥珀色，透明无杂质。质量差的橄榄油油体混，缺乏透亮的光泽，说明放置时间长，开始氧化。色泽深的橄榄油酸值高，品质较差。颜色浅，感觉很稀，不浓的橄榄油可能是精炼油（精炼的橄榄油中色素及其他营养成分被破坏）或勾兑油。并不是绿色橄榄油比黄色橄榄油更好，事实上专业品油员用来区分橄榄油的杯子是蓝色的，以避免油的颜色影响他们的判定。

一般来说，橄榄油的颜色更偏绿只是说明用的是属于"最初收获季"的油橄榄果，也就是说，油橄榄果处在成熟期的初级阶段，而更偏黄的橄榄油说明用的是在收获季末期的油橄榄果。一般偏绿的橄榄油果感更强烈（更苦），而偏黄的橄榄油相对更甜。油橄榄果的品种也会影响油的颜色，皮瓜尔类的更偏绿，阿尔贝戈娜类的更偏黄。

色泽测定的常用仪器为罗维朋比色计，主要由光源、碳酸镁反光片、灯泡、标准色玻璃片、观察管和玻璃比色槽等构成。

7.1.2.2 酸值

酸值是指植物油中游离脂肪酸的含量，以每克油中和氢氧化钾的毫克数（mg/g）表示。检测酸值可反映油脂是否酸败及酸败的程度。脂肪在长期保藏过程中，由于微生物、酶和热的作用发生缓慢水解，会产生游离脂肪酸。

在油脂生产的条件下，酸值可作为水解程度的指标，在其保藏的条件下，则可作为酸败的指标。特级初榨橄榄油、中级初榨橄榄油的酸值是天然酸值，橄榄油的品质，从天然酸度的角度来说是越低越好。因为酸值过高容易氧化，容易导致油脂酸败。但实际上，精炼橄榄油的酸值比特级初榨橄榄油还要低，但属于人工干预酸值，所以不能仅凭酸值就判定产品品质。

酸值测定时常加入乙醇溶液，因为乙醇可以使碱中和游离脂肪酸的反应在均匀状态下进行，以防止反应生成的脂肪酸钾盐离解。用氢氧化钾-乙醇溶液滴定，终点更为清晰。滴定所用氢氧化钾溶液的量应为乙醇量的 1/5，以免皂化水解，如过量则有浑浊沉淀，造成结果偏低。

7.1.2.3 过氧化值

油脂氧化过程中产生的过氧化物量以每千克毫摩尔（mmol/kg）或百分含量（g/100g）表示。

过氧化值升高是油脂酸败的早期指标。油脂在败坏的过程中，不饱和脂肪酸被氧化，形成活性很强的过氧化物，进而聚合或分解，产生醛、酮和低分子量的有机酸类。油脂中过氧化物含量的多少与酸败的程度成正比，因此，过氧化值的测定是判断油脂酸败程度的一项重要指标。过氧化值随油脂的酸败而增加这一趋势是有一定极限的，超过某一极限反而下降。严重败坏的油脂中过氧化值反而较低。其原因是当油脂严重酸败时，过氧化物分解的速度大于它产生的速度。

过氧化值测定的原理，是油脂氧化过程中产生的过氧化物与碘化钾作用，生成游离碘，以硫代硫酸钠溶液滴定，计算含量。

7.1.2.4 紫外吸光度

油脂紫外吸光度（absorbency in ultra-violet），是指油脂在不同波长的紫外光照射下的光谱数值。油脂的紫外吸收主要由油脂中共轭二烯和三烯的特定化学结构产生。

橄榄油的紫外光谱测定对于了解橄榄油的品质、储存状态和变化很有帮助。通过检测橄榄油紫外吸光度，可以有效区分初榨橄榄油、精炼橄榄油、油橄榄果渣油，对橄榄油掺伪鉴别具有重要意义。

橄榄油的级别意味着橄榄油的品质优次，通过测定橄榄油产品的紫外吸光度可以判定该产品的级别。国家标准规定了橄榄油紫外吸光度的标准（表7-4）。例如，精炼橄榄油经过加热、加酸和加碱等精炼工序处理，其脂肪酸双键间有共轭体系形成，使紫外吸收值明显升高，即可推测该产品的级别。

橄榄油紫外吸光度测定的方法：待测的样品溶解在规定的溶剂中，以纯溶剂作为参照，在特定波长下测定吸光度。

7.1.3 橄榄油重要特征指标分析

橄榄油是所有油类中唯一可以不经提炼，直接以初榨液态形式食用的油脂，能保持其最初的化学结构和天然营养成分。高质量的特级初榨橄榄油含有大量的类黄酮、甾醇、多酚和角鲨烯等物质，这些功效成分可降低胆固醇，降低血压，抑制血小板凝聚，减少低密度胆固醇的氧化，防止心脏病的发作和预防乳腺癌等，具有极好的健康保健功效。

近年来，橄榄油作为健康饮食的代名词已逐步得到中国消费者的认可和青睐。国外橄榄油厂家瞄准这个潮流，纷纷进军中国市场，不同种类、不同品牌的橄榄油从全国各个口岸涌入国内市场，市场上也出现不少掺伪的橄榄油。因此，关于橄榄油的真实性鉴别以及掺伪检验就显得非常重要。

目前，以橄榄油特征指标为切入点，开发橄榄油特征指标检验工作已取得长足进展。其中，通过橄榄油特征指标分析来实现橄榄油掺伪鉴别是一项重要工作，也是一项国际性难题，因为其特征指标多，检测难度大，并且需要多个特征指标综合判断。其中脂肪酸成分分析（14项指标）、反式脂肪酸（3项指标）、橄榄多酚、角鲨烯、甾醇（16项指标）、三萜烯二醇（2项指标）、蜡含量等橄榄油特征指标检测项目尤为重要。

7.1.3.1 橄榄油中甾醇、三萜烯醇、豆甾二烯

甾醇是油脂不皂化物中的主要成分之一。植物甾醇具有良好的生理效能，对人体具有较强的抗炎作用，可用于预防和治疗冠状动脉粥样硬化类的心脏病；对治疗溃疡、宫颈癌等有明显的疗效；具有能够抑制人体对胆固醇的吸收、促进胆固醇的降解代谢、抑制胆固醇的生化合成等作用，并且具有较高的生物安全性。

不同的植物油中甾醇组成差异较大，同时不同等级的橄榄油及油橄榄果渣油中，甾醇总量也存在差异，如初榨橄榄油、精炼橄榄油和混合橄榄油不小于1000mg/kg，粗提油橄榄果渣油不小于2500mg/kg，精炼油橄榄果渣油不小于

1800mg/kg，混合油橄榄果渣油不小于1600mg/kg。因此，测定甾醇组成可用于鉴别橄榄油，测定甾醇总量，可初步评判橄榄油及油橄榄果渣油的等级。

在鉴定橄榄油掺伪时，仅依据甘三酯和脂肪酸组成的分析已不能满足日益增多的掺伪油脂鉴定，而同时结合对甾醇等内源性微量成分的分析，则可起到了较好的效果，因此，甾醇组成及总量这个参数和限量值在橄榄油评价中发挥着重要的作用，表7-5为橄榄油和油橄榄果渣油中的甾醇组成。橄榄油中三萜烯醇主要包含高根二醇和熊果醇，两者主要存在于橄榄的外果皮中且含量随着果实的成熟而不断升高。三萜烯醇具有抗菌、抗炎、抗病毒和降低胆固醇等生理活性，根据国标 GB/T 23347—2009 中规定，橄榄油中高根二醇和熊果醇含量占甾醇总含量的百分数不超过 4.5%，目前，三萜烯醇的分析可以和甾醇分析一起通过气相色谱法实现。

表 7-5　橄榄油和油橄榄果渣油中甾醇组成（引自 GB/T 23347—2009）

甾醇组成		占甾醇总含量的百分数/%
胆甾醇	≤	0.5
菜籽甾醇	≤	0.2(适用于油橄榄果渣油) 0.1(适用于其他等级)
菜油甾醇	≤	4.0
豆甾醇	≤	菜油甾醇
δ-7-豆甾烯醇	≤	0.5
β-谷甾醇+δ-5-燕麦甾烯醇+δ-5-23-豆甾二烯醇+赤桐甾醇+谷甾烷醇+δ-5-24-豆甾二烯醇的总和	≥	93.0

目前，橄榄油中甾醇、三萜烯醇检测所引用的标准主要有 3 种。①橄榄油理事会制定标准：COI/T. 20/Doc. No 30/Rev. 1《甾醇和三萜烯醇组成及含量的测定-气相色谱法》。②美国标准：AOCS Ch6—91《薄层色谱和气相色谱法测定动植物油脂中甾醇组成》。③中国国标采用：ISO 12228—1999《动植物油脂单独或总甾醇含量的测定-气相色谱法》。这 3 种甾醇检测方法操作步骤和检测方法原理基本相同，过程大致可分为 4 步：第一步，油脂皂化，不皂化物提取；第二步，甾醇组分的净化操作；第三步，甾醇组分衍生化；第四步，气相色谱分析。每种方法各自存在优缺点，例如 ISO 方法具有用样量少、不皂化物提取耗费溶剂量少、省时、分析速度快等优点，但同时也有薄板谱带不清晰、不利于刮板等问题；AOCS 方法具有硅烷化耗时短等优点，但由于方法不加内标，所以无法测定甾醇的总量；COI 方法硅烷化简单，薄板谱带清晰，有利于刮板，但皂化物提取需要耗费大量的乙醚，易出现乳化等现象。

甾醇检测前处理过程比较繁琐，其中有两个关键步骤，一是甾醇组分分离（薄层色谱法）；二是甾醇组分衍生化反应（使用硅烷化试剂）。薄层色谱分离将不皂化物中的甾醇和三萜烯醇与烃类、脂肪醇、烷基酯等分开，分离效果直接影响到甾醇组分分析结果的准确性，因为橄榄油中甾醇种类有 16 种，有的甾醇例如胆甾醇、菜籽甾醇等含量≤0.5%，极易受到干扰。甾醇及三萜烯醇衍生化反应过程原理是各组分的活性氢原子被硅烷基所取代，使其极性下降，衍生产物更易挥发，同时检测灵敏度也有所提高。硅烷化过程重点注意的是硅烷化试剂保存问题，配制好的硅烷化试剂一定要做好密封防潮工作，若未做好防潮工作，样品硅烷化后进行色谱分析，色谱峰可能会出现分裂现象，造成结果难以判断和偏差。图 7-2 为橄榄油甾醇和三萜烯醇的气相色谱图（添加内标胆甾烷醇），表 7-6 为色谱图中各峰对应甾醇组分信息。

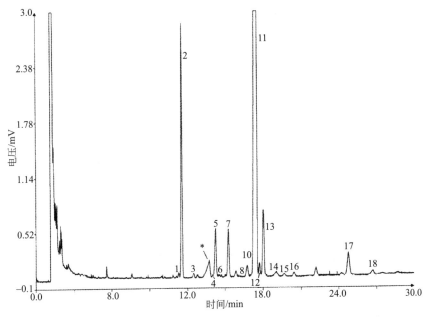

图 7-2　橄榄油甾醇和三萜烯醇的气相色谱图（添加内标胆甾烷醇）
(引自 COI/T. 20/Doc. No. 30/Rev. 1)

表 7-6　图 7-2 中各色谱峰对应甾醇组分（引自 COI/T. 20/Doc. No. 30/Rev. 1)

峰号	中文名	英文名
1	胆甾醇	Δ-5-cholesten-3β-ol
2	胆甾烷醇	5α-cholestan-3β-ol
3	菜籽甾醇	[24S]-24-methyl-Δ-5,22-cholestadien-3β-ol
*	麦角甾醇	[24S] 24 methyΔ5-7-22 cholestatrien 3β-ol
4	24-亚甲基胆甾醇	24-methylene-Δ-5,24-cholestadien-3β-ol
5	菜油甾醇(芸苔甾醇)	(24R)-24-methyl-Δ-5-cholesten-3β-ol

峰号	中文名	英文名
6	菜油甾烷醇(芸苔甾烷醇)	(24R)-24-methyl-cholestan-3β-ol
7	豆甾醇	(24S)-24-ethyl-Δ-5,22-cholestadien-3β-ol
8	Δ7-芸苔甾烯醇	(24R)-24-methyl-Δ-7-cholesten-3β-ol
9	Δ5,23-豆甾二烯醇	(24R,S)-24-ethyl-Δ-5,23-cholestadien-3β-ol
10	赤桐甾醇	(24S)-24-ethyl-Δ-5,25-cholestadien-3β-ol
11	β-谷甾醇	(24R)-24-ethyl-Δ-5-cholesten-3β-ol
12	谷甾烷醇	24-ethyl-cholestan-3β-ol
13	Δ5-燕麦甾烯醇	(24Z)-24-ethylidene-Δ-cholesten-3β-ol
14	Δ5,24-豆甾二烯醇	(24R,S)-24-ethyl-Δ-5,24-cholestadien-3β-ol
15	Δ7-豆甾烯醇	(24R,S)-24-ethyl-Δ-7-cholesten-3β-ol
16	Δ7-燕麦甾烯醇	(24Z)-24-ethylidene-Δ-7-cholesten-3β-ol
17	高根二醇	5α-olean-12en-3β-28 diol
18	熊果醇	Δ12-ursen-3β-28 diol

VOO（初榨橄榄油）具有较高含量的 β-谷甾醇（β-sitostrol），油脂精炼过程使得 β-谷甾醇脱氢生成 3,5-豆甾二烯（3,5-豆甾二烯属于甾醇烯类物质，甾醇烯类物质是油脂在脱色、水蒸气洗涤以及除臭等精炼过程中由油脂中的甾醇发生脱水反应，产生烯键，形成的具有共轭双键的物质），因此，当 VOO 中参与精炼橄榄油时，3,5-豆甾二烯含量可作为强有力的标记物鉴别 VOO 中是否掺伪。

表 7-7 是常见植物油中豆甾二烯含量对比数据的相关报道，可以发现，不同种类植物油 3,5-豆甾二烯含量相差较大，特级初榨橄榄油与其他种类植物油中 3,5-豆甾二烯存在巨大差异。虽然我国 GB/T 23347—2009《橄榄油、油橄榄果渣油》中规定初榨橄榄油中 3,5-豆甾二烯限量标准为≤0.15mg/kg，但其在特级初榨橄榄油中几乎检测不到。除特级初榨橄榄油、冷榨的葵花籽油和花生油以外，其他经过热处理生产的植物油中 3,5-豆甾二烯含量都较高，其中玉米油和米糠油都含有很高的 3,5-豆甾二烯，除了与加工方式相关外，其本身含有的大量植物甾醇也是其 3,5-豆甾二烯含量高的原因。通过以上数据比较可发现，3,5-豆甾二烯可作为特级初榨橄榄油掺伪鉴别的重要指标，所以豆甾二烯的检测变得十分重要，目前国际橄榄理事会官方推荐了一种气相色谱检测 3,5-豆甾二烯的方法（COI/T.20/Doc. no. 16/Rev. 1），该方法使用 3,5-胆甾二烯为内标，采用硝酸银饱和的硅胶柱分离净化油样，气相色谱分析检测。该方法精准可靠、重复性好，可用作橄榄油中豆甾二烯检测的有效方法。

表 7-7　常见植物食用油中 3,5-豆甾二烯含量的数据对比情况

(引自张欣，等 . 食品工业科技，2014，18)

品名	3,5-豆甾二烯含量/(mg/kg)	品名	3,5-豆甾二烯含量/(mg/kg)
特级初榨橄榄油	未检出	玉米油	75.9±22.5
油橄榄果渣油	59.4±12.6	花生油(冷榨)	13.6±3.5
榛子油	34.6±3.8	米糠油	98.4±20.3
葵花籽油(冷榨)	4.9±2.1	棕榈油	19.4±10.7
大豆油	43.2±17.9	核桃油	19.8±5.8

7.1.3.2　橄榄油中多酚化合物

多酚类化合物是指含有一个或多个羟基、拥有一个共同芳香环的植物成分的总称，广泛存在于许多植物中。多酚类物质是橄榄中的重要功效成分，橄榄的许多药理作用及苦涩味都与其有关，具有抗癌、抗氧化、抗辐射、抑菌以及清除自由基的作用。初榨橄榄油是食用植物油中少有的未经提炼的，其含有的多酚类生物活性物质十分丰富，已得到愈来愈多的研究。

橄榄油中的多酚类化合物大致可分为 5 类：①酚酸类，例如，香草酸、丁香酸等；②酚醇类，例如，羟基酪醇、对羟苯基乙醇等；③环烯醚帖苷类，例如，橄榄苦苷苷元、女贞苷苷元等；④木酚素类，例如，乙酰氧基松脂醇；⑤黄酮类，例如，芹菜素、木犀草素等。

橄榄油中多酚的含量受诸多因素的影响。不同地域、树龄、品种以及原料预处理方式都会影响多酚的含量。不同地域的光照、温度、水分等气象因子会影响植物的生长发育和果实中多酚类物质的积累。树龄对果实中多酚含量有影响。幼龄植株生长旺盛，合成代谢大于分解代谢，而老树龄的刚好相反，幼龄植株的多酚含量比老树龄的高。

由于多酚类物质在植物体中的合成受遗传因素的影响，不同品种油橄榄果中多酚含量差异很大。新鲜油橄榄果榨油后，多酚原有的存在微环境被破坏，油中含有的多酚与空气接触很快被氧化，若不立即进行包装处理，其含量将会产生变化。因此，原料预处理方式对多酚含量也有影响。

橄榄油中的多酚组成有着重要的商业价值，不仅影响着橄榄油独特的味道和香味，还影响着橄榄油储存期间的稳定性。

橄榄油中的多酚还有着多种生物活性功能，例如，有利于消除氧化态的低脂蛋白、增加血浆的抗氧化功能和抗炎功能等。

基于大量的有关橄榄多酚作用方面的研究，欧洲食品安全权威机构（European Food Safety Authority，EFSA）公布了关于特级初榨橄榄油健康使用的有关数据：①每 20g 特级初榨橄榄油中必须含有 5mg 的羟基酪醇及其衍生物（橄榄苦苷和对羟苯基乙醇等），大约 250mg/kg；②针对上述橄榄油，健康使用的建议是每人每天摄取不少于20g，因此能够精确地检测橄榄油中多酚的含量是橄榄油营养和健康质量认证中的关键点。相对于传统商业指标，多酚含量指标对橄榄油生产者来说也是有巨大利益的。

目前测定多酚含量的方法主要有光谱法和高效液相色谱法。光谱法测定多酚含量有 Folin-Ciocalteu 法（福林酚试剂法）、酒石酸铁法和紫外分光光度法。

（1）Folin-Ciocalteu 法　　Folin-Ciocalteu 比色法是 Folin-Denis 法的改进方法，Folin-Ciocalteu 试剂中的钨钼酸可以将多酚类化合物定量氧化，自身被还原（使 W^{6+} 变为 W^{5+}）生成蓝色的化合物，颜色的深浅跟多酚含量成正相关，因此可以通过在 765nm 处测定吸光值来对多酚进行定量。

（2）酒石酸铁法　　酒石酸铁法是测多酚类物质的总含量，是利用 Fe^{2+} 与多酚类物质络合形成蓝色物质，在 540nm 波长处有最大吸收峰。

（3）紫外分光光度法　　紫外分光光度法是根据酚类物质在紫外区有吸收光谱的原理，直接通过光谱扫描测定多酚含量。

这3种检测方法由于反应原理不同，当采用相同的提取方法所测得的多酚含量也有所差异，这可能是以下原因造成的：橄榄油中多酚类化合物组成的多样性和特异性，每种酚类的特征吸收波长都有一定差异，三种光谱法检测的波长不一样。其中，紫外分光光度法测定的不仅是所有酚类物质的含量，还包括带有酚羟基基团的物质；福林酚试剂法测得的除了多酚类物质，也包括含有酚羟基基团的物质及具有还原能力的抗坏血酸等；酒石酸铁法测得的仅是多酚类物质，但由于不同多酚类化合物对酒石酸铁的呈色能力不同（例如酒石酸铁与酯型儿茶素呈色较强，与非酯型儿茶素呈色较弱），橄榄油中多酚类化合物多样且不同多酚化合物间含量差异较大，因此测得的结果会有所偏差，使酒石酸法测得的结果低于其他2种方法。

综合比较3种方法，3种方法检出限及定量限的顺序为：紫外分光光度法＜福林酚试剂法＜酒石酸铁法，且三者存在显著性差异；3种方法回收率顺序为：酒石酸铁法＞福林酚试剂法＞紫外分光光度法，但差异不显著；这3种方法都具有良好的重复性。利用福林酚试剂法与紫外分光光度法测得的多酚含量显著高于酒石酸铁法，其中福林酚试剂法测得的多酚含量略高于紫外分光光度法，但差异不显著。

光谱法虽简单快速，但方法专属性较差，无法对橄榄油中多酚进行定性和精确含量测定。为了解决这一问题，国际橄榄理事会推荐了一种用高效液相色谱检测橄榄油中橄榄多酚的方法。该法使用甲醇溶液直接从橄榄油中萃取多酚类极性化合物；液相体系包括三路流动相梯度洗脱、紫外检测器 280nm 等；丁香酸为内标，橄榄多酚类相对响应系数以对羟苯基乙醇计算。该方法相对光谱法具有灵敏度高、稳定性好、专属性强等特点，可作为不同橄榄油中橄榄多酚检测的国际通用方法（特级初榨橄榄油中橄榄多酚色谱图见图 7-3，表 7-8 是色谱图中各峰对应多酚组分信息，各峰信息通过 LC-MS 定性识别）。

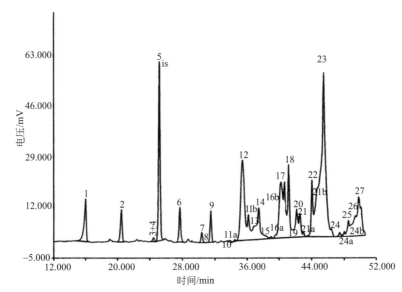

图 7-3　特级初榨橄榄油中生物多酚色谱图（280nm）

（引自 COI/T. 20/Doc. No. 29）

表 7-8　图 7-3 中各色谱峰对应多酚组分信息（引自 COI/T. 20/Doc. No. 29）

峰号	中文名	英文名
1	羟基酪醇	hydroxytyrosol
2	对羟苯基乙醇	tyrosol
3	香草酸	vanillic acid
4	咖啡酸	caffeic acid
5	丁香酸(内标)	syringic acid (internal standard)
6	香草醛(香兰素)	vanillin
7	对香豆酸	para-coumaric acid
8	羟基酪醇乙酸酯	hydroxytyrosyl acetate
9	阿魏酸	ferulic acid
10	邻香豆酸	ortho-coumaric acid
11；11a	脱酸甲基橄榄苦苷苷元，氧化二醛式	decarboxymethyl oleuropein aglycone，oxidised dialdehyde form
12	脱酸甲基橄榄苦苷苷元，二醛式	decarboxymethyl oleuropein aglycone，dialdehyde form
13	橄榄苦苷	oleuropein
14	橄榄苦苷苷元，二醛式	oleuropein aglycone，dialdehyde form
15	对羟苯基乙醇醋酸酯	tyrosyl acetate
16；16a	脱酸甲基女贞苷苷元，氧化二醛式	decarboxymethyl ligstroside aglycone，oxidised dialdehyde form

峰号	中文名	英文名
17	脱酸甲基女贞苷苷元,二醛式	decarboxymethyl ligstroside aglycone,dialdehyde form
18	松脂醇,1-乙酰氧基松脂醇	pinoresinol,1-acetoxy-pinoresinol
19	桂皮酸(肉桂酸)	cinnamic acid
20	女贞苷苷元,二醛式	ligstroside aglycone,dialdehyde form
21;21a;21b	橄榄苦苷苷元,氧化醛基和羟基式	oleuropein aglycone,oxidised aldehyde and hydroxylic form
22	木犀草素(黄色素)	luteolin
23	橄榄苦苷苷元,醛式和羟基式	oleuropein aglycone,aldehyde and hydroxylic form
24;24a;24b	女贞苷苷元,氧化醛基和羟基式	ligstroside aglycone,oxidised aldehyde and hydroxylic form
25	芹菜素	apigenin
26	甲基-木犀草素	methyl-luteolin
27	女贞苷苷元,醛基和羟基式	ligstroside aglycone,aldehyde and hydroxylic form

7.1.3.3 橄榄油中角鲨烯

角鲨烯(squalene)又名鲨烯、鲨萜,分子式为$C_{30}H_{50}$,其化学名称为2,6,10,15,19,23-六甲基-2,6,10,14,18,22-二十四碳六烯,是一种高度不饱和的直链三萜烯类化合物。在常温下呈无色油状液体,具有令人愉快的气味。Tsujimoto最早在黑鲨鱼肝油中发现了角鲨烯,其为生物体内自然合成产生的一种活性物质,具有调节多种生理功能的作用,如提高超氧化物歧化酶(SOD)活性、增强机体免疫能力、改善性功能、抗衰老、抗疲劳、抗肿瘤、渗透、扩散和杀菌等。现已被广泛应用于保健食品、化妆品及医药等相关领域。

角鲨烯在植物中分布很广,但含量不高,多低于植物油中不皂化物的5%,仅少数含量较多,如橄榄油。橄榄油是所有油类中唯一可不经提炼而直接以原始液态食用的油品,据报道,高质量的特级初榨橄榄油含有大量的角鲨烯物质。表7-9是常见植物食用油中角鲨烯含量的数据对比情况,可以看出,橄榄油中角鲨烯含量远高于其他几种常见食用油脂,所以角鲨烯被认为是特级初榨橄榄油在自动氧化条件和光氧化条件下具有良好稳定性的原因,可以有效延长食用保质期和保持鲜美口味。

表 7-9　常见植物食用油中角鲨烯含量的数据对比情况

(引自王李平,等.分析检测,2015,6)

品名	角鲨烯含量/(μg/g)	品名	角鲨烯含量/(μg/g)
芝麻油	30.1	橄榄油	4927
葵花籽油	42.8	棕榈油	172.2
菜籽油	90.8	稻米油	147.8
花生油	275.9	山茶油	117.2
玉米油	148.3		

目前，人们更多地关注角鲨烯给人体健康带来的益处，功能性食品市场上跟角鲨烯有关的产品众多。但是至今为止，我国尚未有关角鲨烯测定的国家标准。国际上，官方发布的测定角鲨烯含量的方法是 AOAC 于 1996 年颁布的，该方法包含样品皂化，用大量溶剂萃取不皂化物，通过柱色谱分离以及滴定前的其他处理步骤，整个检测过程烦琐、费时费力、误差较大。文献报道较多的角鲨烯的检测方法主要是气相色谱法、液相色谱法和气质联用法，色谱法是目前角鲨烯检测的主流技术。其中气相检测方法已作为粮食行业标准发布。该方法包括样品经氢氧化钾-乙醇溶液皂化、正己烷提取后，气相色谱法分离、检测，以角鲨烷为内标法和角鲨烯为外标法定量测定角鲨烯含量。当采用内标法时，如植物油中含有与内标角鲨烷相同保留时间的峰，则在角鲨烯测定时必须在加和不加内标物情况下反复分析。

无论采用气相色谱分析还是液相色谱分析，角鲨烯检测的关键步骤在于样品预处理。采用的预处理方法除了皂化法外，还有溶剂稀释法、溶剂分步重结晶法等，每种方法各有优点和不足。其中皂化法多采用脂肪酸甲酯化反应将植物油中的脂肪酸进行甲酯化，利用角鲨烯的不能甲酯化的特性，采用有机试剂对其进行提取。在提取角鲨烯的同时，植物油中的大量甲酯化产物和不皂化物也被同时提取，对后续的检测极可能会造成干扰。值得一提的是，当采用气质分析时，角鲨烯的特征离子 m/z 69、m/z 81、m/z 137，也是大多数脂肪酸甲酯的特征离子，所以在提取角鲨烯各个特征离子时，可能会提取到脂肪酸甲酯的离子，导致脂肪酸甲酯对角鲨烯的严重干扰。同时，大量的甲酯化产物进入色谱柱，由于甲酯化产物分子量大、沸点高、易残留等特点而保留在色谱柱及质谱的整个体系中，导致色谱柱的使用寿命大打折扣，同时也增加了质谱的维护次数。若采用溶剂稀释直接进样法，方法简便易于操作，但对色谱柱易造成损害，降低仪器灵敏度，而且过多的杂质峰对角鲨烯的峰形产生干扰。当采用溶剂分步重结晶法对样品进行前处理时，该方法不但对前处理设备要求较高，同时操作烦琐，花费时间过长。

目前，已有研究报道采用固相萃取技术来实现橄榄油中的角鲨烯的提取、净化和富集，该前处理方法具有准确、快速、简便、重复性好等特点。例如，采用 Cleanert Si 固相萃取柱对植物油中大量的脂肪及色素进行吸附，利用角鲨烯不被保留的特点，将角鲨烯与脂肪及色素进行有效分离。该方法净化效果好，在消除干扰的同时降低了方法的检出限，同时有效保护了后续的色谱系统。传统的气相色谱、液相色谱、气相色谱-质谱已能较好地分析角鲨烯的检测问题，但一般分析时间都比较长，一个样品至少要 10min 以上，若采用优化过的超高效液相色谱法，样品的分析时间比传统色谱分析时间缩短一半，且灵敏度高，准确性好，所以，固相萃取-超高效液相联用技术将是一种简便、快速、准确、环保的检测方法。

7.1.3.4 橄榄油中的蜡

植物油中蜡质是一种天然物质，主要存在于植物油料的种壳和细胞壁中，随压榨和萃取工艺进入植物油中，是油脂不皂化物质的一部分。天然蜡质是由游离脂肪酸和醇类（脂肪醇、三萜烯醇、甾醇等）酯化形成，可分为普通蜡、甾醇蜡和胡萝卜素蜡。普通蜡主要为高级一元脂肪酸（$C_{16} \sim C_{24}$）和高级一元脂肪醇（$C_{23} \sim C_{37}$）形成的酯，结构式如图 7-4 所示，植物油脱蜡工艺过程中脱除的主要是普通蜡。

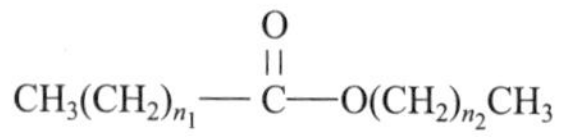

$$CH_3(CH_2)_{n_1} \!-\! \overset{\overset{\displaystyle O}{\|}}{C} \!-\! O(CH_2)_{n_2}CH_3$$

图 7-4　普通蜡结构式（$n_1 \in [16, 24]$；$n_2 \in [23, 37]$）

橄榄油中存在的一些天然蜡质，以 $C_{40} \sim C_{46}$ 偶碳数的脂肪族酯为主，其蜡含量可表示为 $C_{40} \sim C_{46}$ 酯的总和。蜡质熔点在 $70 \sim 80℃$，大于等于 $40℃$ 时蜡质表现为亲脂性，没有极性；小于 $40℃$ 时蜡质表现为结晶性和弱亲水性。蜡质随油脂的提取过程进入油中，不同制油工艺所得植物油中蜡含量不同。通常溶剂浸出植物油中蜡含量较高，冷榨植物油中蜡含量较少，所以蜡含量可作为一种品质分析参数，用于鉴别初榨橄榄油中是否掺入低品质的橄榄油或其他植物种油。例如，精炼橄榄油中常含有较多的 C_{40} 酯、C_{42} 酯、C_{44} 酯和 C_{46} 酯，而初榨橄榄油中蜡含量很少，通过测定蜡含量可有效鉴定橄榄油等级（表 7-10）。

表 7-10　橄榄油和油橄榄果渣油中蜡含量（引自 GB/T 23347—2009）

产品类别		蜡含量/(mg/kg)
特级初榨橄榄油	≤	250
中级初榨橄榄油	≤	
初榨油橄榄灯油	≤	300
精炼橄榄油	≤	350
混合橄榄油	≤	
粗提油橄榄果渣油	>	350
精炼油橄榄果渣油	>	
混合油橄榄果渣油	>	

目前国内外测定橄榄油中蜡含量的方法很多，但未建立国际统一的测定方法，给橄榄油品质监控和科研带来了诸多不便。

不溶物测定法、浊度仪测定法和色谱法是目前测定植物油中蜡含量的主要方法。其中不溶物测定法和浊度仪测定法主要针对蜡含量较高的毛油等，所以不适用于橄榄油中蜡含量的检测。色谱法具有精确度高、测定范围广等优点，可应用于测定低蜡含量的橄榄油。

色谱法测定分析前需将蜡质组分从植物油中分离出来。分离方法有柱色谱分析法（LC）、薄层色谱法（TLC）、固相萃取法（SPE）和高效液相色谱法（HPLC）等，其中柱色谱分析-气相色谱法已被 IOC 用来鉴定橄榄油等级（COI/T. 20/Doc. No 28/Rev. 1 2010）。该方法以花生酸月桂醇酯为内标物，用水合硅胶柱色谱进行分离，分离效果主要受洗脱溶剂、温度和硅胶活性的影响，洗脱溶剂为正己烷/乙醚混合液（99∶1），混合液应每天现配。洗脱过程中，蜡质流出顺序在甘三酯之前。为了有效实现分离，在样品中加入苏丹Ⅰ染料，染料的保留值处于蜡和甘三酯之间。当染料到达色谱柱的底部，应停止洗脱，因为所有的蜡已经洗脱出来，图 7-5 为橄榄油中蜡分析气相色谱图。

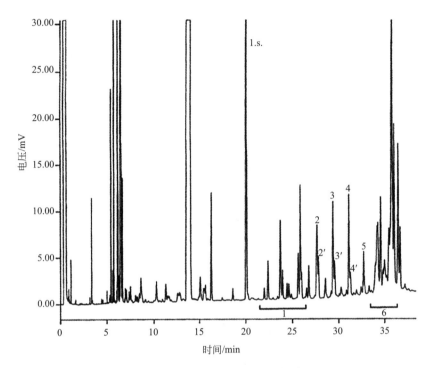

图 7-5 橄榄油中蜡分析的气相色谱图

（1 为二萜酯；2＋2′为 C_{40} 酯；3＋3′为 C_{42} 酯；4＋4′为 C_{44} 酯；5 为 C_{46} 酯；6 为甾醇酯和三萜醇）

（引自 COI/T. 20/Doc. No. 18）

7.1.4 橄榄油中色素

橄榄油是由新鲜的油橄榄果实直接冷榨而成的，因其不经过热处理和化学处理，使得大量的天然营养成分被保留下来。在油橄榄果实的压榨过程中，油橄榄果浆中的色素会根据其极性的不同，分别被保留在果渣和橄榄油中。其中具有亲脂性的色素，如叶绿素和类胡萝卜素会进入到橄榄油中，使得橄榄油呈现绿色或金黄色，而这些颜色在消费者判断橄榄油品质好坏方面起着关键作用。因此，本部分主要阐述橄榄油中的色素组成以及色素分析方法。

7.1.4.1 橄榄油色素组成

叶绿素和类胡萝卜素是橄榄油中最主要的色素，在橄榄油加工储存过程中，一部分叶绿素和类胡萝卜素会转变成相应的衍生物，如叶绿素会经过脱镁反应转变成脱镁叶绿素。研究表明，脱镁叶绿素 a 和叶黄素分别是叶绿素和类胡萝卜素的主要组成部分，在油橄榄果实收获季之初，所得橄榄油中脱镁叶绿素 a 的含量能够占到总色素含量的 42%，而成熟的油橄榄果实所榨油中叶黄素的含量达到总色素含量的 61%。

叶绿素是植物吸收光能进行光合作用的重要物质基础，直接参与光能的吸收、传递、分配和转化等过程。叶绿素是脂溶性色素，因此会从油橄榄果实中全部转移到橄榄油中，叶绿素分子由卟啉环和叶绿醇组成，卟啉环是由 4 个吡咯环的 α-碳原子所构成的复杂共轭体系与 Mg^{2+} 结合形成的，决定叶绿素的颜色，具有极性和亲水性，而叶绿醇是一个脂肪烃侧链，叶绿素通过该侧链插入到类囊体膜中，具有亲脂性。叶绿素主要包括叶绿素 a、b 等，不同叶绿素的结构如图 7-6 所示。

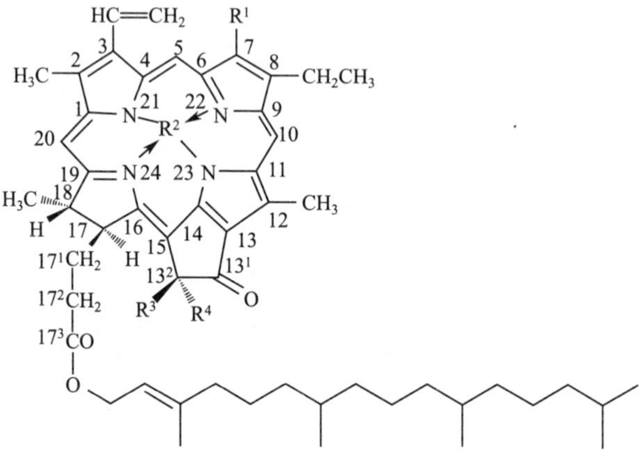

叶绿素	R^1	R^2	R^3	R^4
叶绿素 a	CH_3	Mg	H	$COOCH_3$
叶绿素 a′	CH_3	Mg	$COOCH_3$	H
脱镁叶绿素 a	CH_3	2H	H	$COOCH_3$
原焦脱镁叶绿酸 a	CH_3	2H	H	H
叶绿素 b	COH	Mg	H	$COOCH_3$
叶绿素 b′	COH	Mg	$COOCH_3$	H

图 7-6　橄榄油中常见叶绿素的结构

(引自 Gandul-Rojas B 等，Food Research International 2014，65)

类胡萝卜素也是橄榄油中重要的色素之一，其基本构成单元是异戊二烯，通过 8 个异戊二烯基本单元缩合形成萜类化合物（胡萝卜素）及其氧化衍生物（叶黄素）两大类。由异戊二烯基本单元构成的 C_{40} 基本骨架，进一步衍生成为其他各种类胡萝卜素，由于类胡萝卜素分子由异戊二烯缩合而成，故含有一系列的共轭双键，而共轭双键对紫外可见光的吸收是其成色的主要原因。随着类胡萝卜素分子中共轭双键的数目增加，其表现出的颜色由黄色向红色逐渐转变。由于类胡萝卜素的特殊结构，使得许多类胡萝卜素如叶黄素等成为良好的自由基猝灭剂，具有很强的抗氧化性，从而能够有效地阻断橄榄油中的链式自由基反应。图 7-7 为橄榄油中部分类胡萝卜素的分子结构。

α-胡萝卜素 $\qquad$ β-胡萝卜素

叶黄素 $\qquad$ 紫黄素

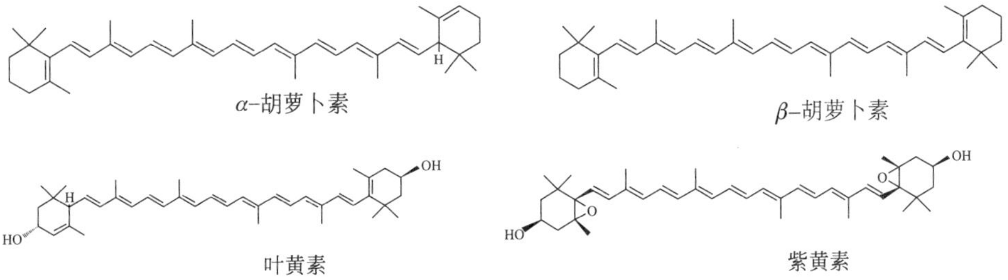

图 7-7 橄榄油中部分类胡萝卜素的分子结构

7.1.4.2 橄榄油色素分析方法

① 光谱技术 由于叶绿素和类胡萝卜素的分子结构中含有共轭双键体系，在可见（VIS）或紫外（UV）光区能够有较强的光吸收，且其在溶液中一般服从Beer-Lambert 定律，因此，通过分光光度法能够实现对橄榄油中的叶绿素和类胡萝卜素的含量进行定量分析。美国油脂化学家协会通过测定叶绿素在 630nm、670nm和 710nm 处的吸光值来确定其在橄榄油中含量，通过以下公式进行计算：

$$W = [A_{670} - (A_{630} + A_{710}) \times 0.5]/0.101L$$

式中，W 为橄榄油中叶绿素的含量，mg/kg；A 为吸光度值；L 为比色槽的厚度。

Minguez-Mosquera 采用液液萃取的方法（提取液为 N,N-二甲基甲酰胺和正己烷）提取油橄榄果组织中的叶绿素和类胡萝卜素，并用薄层色谱对其进行分离，最后采用分光光度法和红外光谱识别和测定了不同成熟度的油橄榄果中色素的组成和含量。结果表明，两种品种的油橄榄果中（分别为 Hojiblanca 和 Manzanilla 的油橄榄果）主要色素为叶绿素 a 和叶绿素 b，其次为叶黄素、β-胡萝卜素、紫黄素和新黄质，同时也测出少量的 ζ-胡萝卜素、黄体黄质和六氢番茄红素。此外，随着油橄榄果逐渐成熟，叶绿素和类胡萝卜素的含量逐渐降低。Ayuso 采用光降解技术区分橄榄油中叶绿素和类胡萝卜素的可见光谱，并通过与模拟物的可见光谱进行对比，确定橄榄油的真伪。结果表明，橄榄油中叶绿素和类胡萝卜素在 380～500nm都有最大吸收峰，单从可见光谱无法将两者区分开，而两者在汞灯照射下的降解速率不同，叶绿素的降解速率远远高于类胡萝卜素，因此，光降解技术可以有效地对两者的可见光谱进行区分。橄榄油在 455nm 和 670nm 处的可见光谱有很好的重复性，当样品和模拟物的吸光度值的线性相关系数 $R^2 < 0.995$，相对平均偏差 RMSD $>$ 0.006 时，可以判断该种油脂为橄榄油。Escolar 等采用 CIE $L^*a^*b^*$ 色彩模型定量化研究橄榄油的颜色。并通过 C 光源（标示相关色温大约为 6774K 的平均阴天日光）在 2°视场和 D65 光源（标示相关色温分别为 6500K 时的昼光）在 10°视场条件下测定了 107 个橄榄油样品中叶绿素和类胡萝卜素的含量分布。最终认为初榨橄榄油有其特有的色域，如果油样的色度坐标值在橄榄油的色域之外，该油样则不是橄榄油。

注：CIE 是 International Commission on Illumination 的简称，中文名称为"国际照明委员会"。CIE L* a* b* 色彩模型是用来描述人眼可见的所有颜色的色彩模型，L*、a* 和 b* 三个基本坐标分别标示颜色的亮度（L* ＝0 标示黑色，L* ＝100 标示白色）、在红色/品红色和绿色之间的位置（a* 为负值标示绿色，为正值标示品红）以及在黄色和蓝色之间的位置（b* 为负值标示蓝色，为正值标示黄色）。

② 色谱技术　色谱法是将物质的各个组分在相对移动的两相之间进行分离，其中两相中的一相在分离过程中处于静止状态被称为固定相，另一相则是不断运动的被称为流动相（一般是气体或液体）。

根据流动相的相态不同，色谱法常分为以气体为流动相的气相色谱、以液体为流动相的液相色谱、以超临界流体为流动相的超临界流体色谱（supercritical fluid chromatography，SFC），如表 7-11 所示。

在橄榄油色素分析中，薄层色谱主要用于色素的初步分离，然后借助于光谱技术等进行定性定量，而高效液相色谱在橄榄油色素分析方面有很大的优势，主要是因为其能够最准确、最灵敏和可重复地定量分析橄榄油中的色素组成与含量。

表 7-11　按照流动相和固定相的分子聚集状态分类

方法名称	流动相	固定相	色谱名称
气相色谱	气体	固体吸附剂	气固色谱（GSC[①]）
		液体（涂渍在载体上的固定液）	气液色谱（GLC）
液相色谱	液体	固体吸附剂	液固色谱（LSC）
		液体（键合在载体上的固定液）	液液色谱（LLC）
超临界流体色谱	超临界流体	固体吸附剂,键合相	

① GSC：Gas-Solid Chromatography。GLC：Gas-Liquid Chromatography。LSC：Liquid-Solid Chromatography。LLC：Liquid-Liquid Chromatography。

高效液相色谱是在 20 世纪 60 年代末期，在经典液相色谱的基础上发展起来的色谱技术，具有分离效果好、选择性高、检测灵敏度高以及分离速度快等优点，因此，目前成为研究橄榄油中色素组成与含量最有效的方法。Minguez-Mosquera 等采用 C_{18} 固相萃取柱对橄榄油样品进行前处理，反向高效液相色谱法测定了橄榄油中 17 种色素的组成与含量，其色谱条件为：ODS-2 色谱柱，流动相为 A［去离子水/离子对试剂/甲醇（1∶1∶8）］和 B［甲醇/丙酮（1∶1）］，其中离子对试剂为 0.05mol/L 的四丁基乙酸铵和 1mol/L 乙酸铵水溶液，梯度洗脱，流速为 2mL/min，采用二极管阵列检测器检测，检测波长为 410nm、430nm，结果表明，橄榄油中最主要的色素为叶黄素和脱镁叶绿素 a，两者在初榨橄榄油中的回收率分别为 104％和 101.1％，能够满足橄榄油中色素的测定。

Criado 等采用高效液相色谱法研究了 Arbequina 初榨橄榄油（来自西班牙的橄榄品种，世界三大最有名油橄榄果之一）中的叶绿素和类胡萝卜素的组成与含量以及储存两年后色素的组成与含量变化。采用 Minguez-Mosquera 相同的色谱条件，分离和测定了橄榄油中 16 种色素的含量，结果表明，在前 6 个月储存过程中，初榨橄榄油中有大量的叶绿素损失，尤其是叶绿素 a，而类胡萝卜素却比较稳定，即使在储存 24 个月后，仍有 80％的类胡萝卜素的存在。

Raquel Mateos 等建立了一种以二醇基固相萃取柱对橄榄油样品进行前处理，反相高效液相色谱、二极管阵列检测器测定橄榄油中的色素含量的方法，并对比了液液萃取、C_{18} 和二醇基固相萃取对橄榄油中各色素的回收率影响。结果表明，相对于二醇基固相萃取得到的橄榄油中色素的含量，用液液萃取的前处理得到 96.4％，而 C_{18} 固相萃取柱分离净化只能得到 51.3％。该方法能够使用少量的橄榄油样品和有机溶剂，快速精确地测定橄榄油中色素的含量。

Gandul-Rojas 等采用高效液相色谱法，色谱条件与 Minguez-Mosquera 相同，检测波长为 410nm、430nm、450nm 和 666nm 的条件下，对 50 个单一品种所得的橄榄油中 25 种色素进行测定，并通过橄榄油中色素的组成来确定是否为初榨橄榄油。结果表明，类胡萝卜素和叶绿素的衍生物的含量及配比可以作为判断橄榄油是否为初榨橄榄油的指标，当总叶绿素和总类胡萝卜素含量的比值为 1 左右，类胡萝卜素和叶黄素含量比值在 0.5 左右时，可以判断橄榄油为初榨橄榄油和单一品种所得的橄榄油。此外，橄榄油中叶黄素、紫黄素的百分含量，以及总的色素含量可以被用来区分不同单一品种所得的橄榄油。

7.2　橄榄油的风味分析

油橄榄果实在最佳成熟期采摘并经适当加工后，会得到具有美妙而独特的"绿色"风味的初榨橄榄油，因其只涉及机械加工过程且不需要精炼，所以它保留了天然的营养物质，并具有独特的青草芳香味道，因而获得了越来越多国家和人群的青睐。

橄榄油的风味、口感和颜色在消费者偏爱程度和橄榄油质量评价上举足轻重。通常人们不会选择具有令人讨厌的气味和口感的橄榄油产品，"没有感官缺陷"这一特征是橄榄油产品被定义为"特级初榨"的一个必要条件，反之则会被归为其他几类。根据国际橄榄理事会分类标准，将橄榄油分为两大类（初榨橄榄油和精炼橄榄油）和五个级别（特级初榨橄榄油、优质初榨橄榄油、普通初榨橄榄油、普通橄榄油和精炼油橄榄果渣油）。

橄榄油原产地为地中海沿岸国家，由于受地理气候和加工技术等条件的限制，中国境内的油橄榄种植面积和橄榄油产量有限。此外，我国的油橄榄种植和油橄榄加工技术正在发展中，一系列的油橄榄品质优化、橄榄油加工生产、行业标准、理化分析和风味感官评价，都有待于深入研究。

7.2.1 初榨橄榄油风味来源

油橄榄中的酚类物质和挥发性化合物直接影响着橄榄油的风味。酚类物质刺激人体的味觉感受器和三叉神经自由末端，引起苦味、辛辣味、涩味和金属味。挥发性化合物分子量较低，在室温下快速挥发，与嗅觉器官的上皮细胞接触，融入组织黏液，并与嗅觉器官结合而产生气味感受。

挥发性化合物主要通过酶反应形成：甘三酯和磷脂在酰基水解酶的作用下水解，释放出游离脂肪酸。当油橄榄果实细胞组织被破坏时，酶就会被释放出来。首先，脂氧合酶氧化脂肪酸形成过氧化氢，过氧化氢裂解产生醛，然后这些醛类物质在乙醇脱氢酶的作用下产生醇，在乙醇酰基转移酶的作用下产生酯。这也说明油脂萃取不仅是个物理过程，还涉及到化学和生物转换过程。脂氧合酶具体途径如图7-8所示。

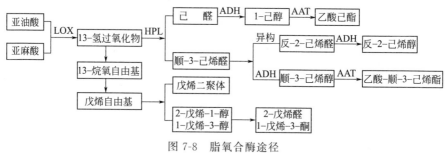

图 7-8　脂氧合酶途径

(引自钟诚，等，中国油脂 2013 年第 8 期)

注：LOX 为脂氧合酶；HPL 为氢过氧化物酶；ADH 为乙醇脱氢酶；AAT 为乙醇酰基转移酶。

目前在橄榄油中发现的大多数挥发性化合物为烃类、醇类、酯类和羟基类等，通常认为，脂氧合酶途径（LOX）的代谢产物是橄榄油风味化合物的重要来源，其中 C_6 与 C_5 化合物的含量取决于上述途径中酶的含量和活力。在高品质橄榄油中，C_6 线性不饱和及饱和醛类含量较多。另外 $C_7 \sim C_{11}$ 单不饱和醛类、$C_6 \sim C_{10}$ 正烷和 C_8 酮类等则会产生令人讨厌的气味。除了脂氧合酶途径，橄榄油的风味化合物还可能来源于发酵、氨基酸的转化、霉菌的酶代谢物及一些化学氧化过程，这些途径往往会带来不良风味物质，造成橄榄油感官品质上的缺陷，如图7-9所示。

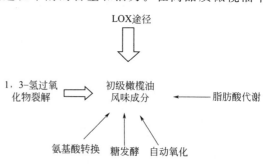

图 7-9　橄榄油挥发性化合物的生成途径

(引自孙淑敏，等，河南工业大学学报 2013 年第 5 期)

7.2.2 橄榄油风味检测技术及进展

橄榄油中的挥发性化合物都是一些微量成分,在进行成分分析之前,挥发性化合物需要从非挥发性基质中分离或浓缩,目前对橄榄油挥发性化合物的分析方法常见的有固相微萃取-气质联用技术(solid phase microextraction-gas chromatography-massspectrometry,SPME-GC/MS)、气相色谱嗅闻技术(gas chromatography-olfactometry,GC-O)和电子鼻技术(electronic nose)等。

7.2.2.1 固相微萃取-气质联用技术

固相微萃取-气质联用(SPME-GC/MS)是通过萃取纤维头的吸附/脱附,富集样品中的挥发性和半挥发性化合物,再与GC/MS联用,对橄榄油中的挥发性化合物进行定性定量分析的技术。此技术克服了以往一些传统样品处理技术的缺点,集采样、萃取、浓缩、进样于一体,具有无需有机溶剂、操作简单、检测速度快、灵敏度高等优点。常用的萃取头涂层有:65μm 聚乙二醇/二乙烯基苯(CW/DVB),100μm 聚二甲基硅氧烷(PDMS),85μm 聚丙烯酸酯(PA),75μm 碳分子筛/聚二甲基硅氧烷(CAR/PDMS),65μm 聚二甲基硅氧烷/二乙烯基苯(PDMS/DVB),50/30μm 二乙烯基苯/碳分子筛/聚二甲基硅氧烷(DVB/CAR/PDMS)等。Romero 等利用 SPME-GC/MS 技术验证了初榨橄榄油挥发性化合物的定量方法的有效性,主要通过检测其线性响应、定量限、定性限、灵敏度、准确性和分离度,将对初榨橄榄油风味贡献较大的 29 种常见挥发性物质的校准曲线进行了验证。通过化合物定量分析,鉴别出了橄榄油不同等级(特级、初级、普通、低级)。

7.2.2.2 气相色谱-嗅闻技术

气相色谱-嗅闻(GC-O)是一种感官检测技术,通过人的嗅闻对 GC 分离出的化合物进行感官评价,从中区分出对橄榄油风味有贡献的挥发性物质。与 GC-O 相比,GC-MS 是目前香味成分监测分析最常用的方法,但它是一种间接的测量方法,无法确定单个的香味活性物质对整体风味贡献的大小,而通过嗅闻技术 GC-O 能解决上述问题。GC-O 技术同样存在不足之处,如嗅闻人员的专业水平,对香味的敏感度,浓度稀释度与香味阈值的关系等,都对测试结果有一定影响。GC-O 和 GC-MS 技术各有优缺点,因此,在实际使用中,常常将二者结合来弥补相互之间的不足,从而在橄榄油风味检测中发挥更大的优势。

Songul 等用 GC-MS-O 来分析土耳其橄榄油中的挥发性化合物,结果显示,影响橄榄油风味的化合物,主要是醛类,其次是醇类。其中香气最浓郁的化合物是己醛、辛醛、乙酸叶醇酯和愈创木酚。

7.2.2.3 电子鼻技术

作为一种有效地分析油脂气味的工具,电子鼻技术可结合感官指标和理化指标对橄榄油进行质量分级、产地鉴别、掺伪判别和缺陷分析等。

电子鼻系统主要有三个组成部分:气敏传感器阵列、信号处理系统和模式识别系统。

电子鼻对气味的分析识别分为 3 个过程：①气敏传感器阵列与气味分子反应后，通过一系列物理化学变化，将样品中挥发成分的整体信息（指纹数据）转化产生电信号；②电信号经过电子线路，根据各种不同的气味测定不同的信号，将信号放大并转换成数字信号输入计算机中进行数据处理；③处理后的信号通过模式识别系统，最后定性或定量输出对气体所含成分的检测结果。

目前，商业用电子鼻所用的传感器主要有以下几种：金属氧化物传感器（MOX），金属氧化物半导体传感器（MOS），金氧半场效晶体（MOSFET），有机导电聚合物传感器（CP）和质量传感器（QCM）。最常用的信号处理方法主要有人工神经网络（ANN）和统计模式识别，如主成分分析（PCA）、判别分析（DA）、偏最小二乘回归（PLS）、因子分析（FA）等。

不同于气相色谱，电子鼻得到的不是被测样品中某种或某几种成分的定性与定量结果，而是样品中挥发物的整体信息，也称"指纹"数据，这和人与动物的鼻子是一样的，闻到的是目标的总体气息。它不仅可以根据各种不同的气味测到不同的信号，而且可以将这些信号与已建立的数据库中的信号加以比较，进行识别判断。它具有类似鼻子的功能，可用于识别气味，鉴别产品真伪，控制从原料到产品整个生产过程的工艺，保证产品质量。

Diego L. 等研究表明，电子鼻传感器对橄榄油中的醇类和醛类物质有较高的响应。Cosio 等采用产自瑞典的 Model 3320 电子鼻研究了不同储藏条件下（暗室储藏1 年；自然光线下储藏 1 年；暗室储藏 2 年），特级初榨橄榄油氧化的变化情况。结果发现，电子鼻能够区分不同储藏条件下的橄榄油样品。

7.2.3 橄榄油风味成分

7.2.3.1 橄榄油挥发性化合物组成分析

挥发性化合物影响橄榄油的风味以及它的品质，目前从橄榄油中发现的挥发性化合物超过 180 多种，它们大多数属于醛类、醇类、酯类、烃类、酮类和呋喃类。

Teresa 等对意大利马尔凯地区的特级初榨橄榄油的挥发性化合物进行研究，结果发现，橄榄油中的特征香气与 C_6 化合物有关，它在果实的粉碎和揉捏过程中通过脂肪氧合酶途径产生。其中绿色风味主要来自于顺-3-己烯-1-醇、C_6 醇类和反-2,4-己二烯醛；果味与顺-3-己烯醛和其氧化产物 5-乙基-2（5H）-呋喃酮有关；正十四烷会产生苦辣味。Faouzia 等用 SPME-GC 的方法分析了 4 种突尼斯和 7 种法国的初榨橄榄油，共检测出了 86 种化合物，占总峰面积的 97.4%～99.9%，90% 的橄榄油中检测出了反-2-己烯醛，突尼斯橄榄油中最主要的挥发性成分为 C_6 醛类化合物（己醛、反-2-己烯醛、顺-2-己醛和顺-3-己醛）和一定量的 C_5 化合物（戊烯二聚体、戊烯醇和 C_5 羟基化合物）；法国橄榄油中主要挥发性成分为反-2-己烯醛、顺-3-己烯醛、己醛、己醇和反-2-己烯醇。Cimato 等利用顶空固相微萃取方法对特级初榨橄榄油的挥发性化合物进行分析，主要检出醛类、萜烯类和醇类等化合物。醛类如己醛和壬醛，由脂肪酸氧化得到，它们的含量与油脂的酸败程度有关；醇类如乙醇能令人联想到成熟油橄榄的味道，2-戊烯-1-醇赋予橄榄油绿色的风味。萜烯类化合物如 α-蒎烯和 α-金合欢烯与辛辣味有关。

7.2.3.2 影响橄榄油的风味特征因素

油橄榄的品种、地理条件、储存环境、果实的成熟度和加工条件等都会影响风味物质的产生，进而影响它的感官品质。研究橄榄油挥发物的影响因素，可为橄榄油生产过程中避免不良风味的产生提供参考。

① 油橄榄品种和地理条件　遗传因素决定了不同品种油橄榄果实中酶的差异，从而影响橄榄油风味变化。Wissal 等对突尼斯 4 个不同品种的初榨橄榄油的挥发性化合物进行分析，发现遗传因素影响挥发性化合物的形成。另外，油橄榄的品质受环境影响较大，特别是温度和水分，前者影响油橄榄果实中的酸性成分，后者影响其所含的酚类物质。

② 初榨橄榄油的储存　初榨橄榄油的风味属性随着储存时间的变化而变化，这主要是因为脂氧合酶途径挥发性化合物同时急剧减少以及氧化形成了一些新风味物质，这些风味物质会引起常见的品质缺陷。为防止初榨橄榄油的氧化酸败所引起的感官缺陷，应将其保存在温度为 12~15℃ 的避光密封环境下。

③ 油橄榄果实的成熟度　在研究不同成熟度的油橄榄果压榨所得的初榨橄榄油的挥发性成分时，对源于突尼斯和意大利并且摘自 3 种不同的成熟期的油橄榄果所得到橄榄油进行分析，在果实成熟期（颜色从黄绿色变为紫色），C_6 醛类物质，特别是反-2-己烯醛的含量会逐渐增加，过了这段时期，这类物质含量会减少。另外，早期收割的果实因其含有较多的酚类物质，油的口感更苦涩和辛辣。

④ 油橄榄加工工艺　现代油橄榄加工工艺一般包括果实除杂、分选、破碎、果浆融合、离心分离、净化过滤、储存、装瓶等工序，每一步操作都有可能对橄榄油的风味成分产生影响。

a. 果实的除杂和分选　原料中的枝条、树叶、土块等会改变油的颜色和滋味，土块和石块还会严重磨损粉碎机。干瘪果、落地果、霉烂果、病果等是低质油的原料，这些果榨出的油酸度高，易产生不良风味的挥发性化合物，且不耐储藏，酸败很快。

b. 果实的粉碎　在粉碎过程中，油橄榄果的粉碎程度对风味化合物的释放也有一定的影响，果浆融合，随果实、果浆含水量高，温度升高时，脂肪酶活性大大增加，加速了对油的分解，会使油中的游离脂肪酸增加，香气成分损失。离心分离时间不宜过长，否则风味物质降解产生具有不良气味的挥发性化合物。离心分离得到的油含黏液、水分还有果渣，需要及时净化过滤，防止橄榄油水解酸败和氧化酸败。

7.2.3.3 橄榄油与其他植物油挥发性化合物的差异

不同食用油的挥发性化合物存在较大差别，食用植物油的挥发性化合物是一个复杂的混合体系，各混合物交织在一起共同赋予油脂特有的风味。因品种差异、加工工艺不同等，其挥发性化合物种类和含量也不同。

张喜雨等运用电子鼻技术对比分析了茶油、橄榄油和菜籽油的挥发性化合物，结果表明，由于生产工艺不同，发现橄榄油的挥发性化合物与茶油、菜籽油的挥发性化合物有很大差别，橄榄油特征气味更复杂、成分含量更高。杨春英采用固相微萃取-气质联用技术对 9 种食用植物油（茶籽油、花生油、葡萄籽油、芝麻油、大豆油、菜籽油、玉米油、葵花籽油、橄榄油）中的挥发性化合物进行了分析，结果表明，醛、酮、醇、饱和烃及杂环类物质是植物油的主体挥发性化合物，橄榄油中酯类和醇类物质含量最高，其次是葡萄籽油。花生油和芝麻油中的杂环类物质（主要是吡嗪类）含量是其他植物油的 3 倍以上。高蓓等采用气相色谱-质谱（GC-MS）对 5 种食用植物油（大豆油、芝麻油、花生油、橄榄油、葡萄籽油）中挥发性成分进行分析。结果发现 5 种食用植物油的挥发性化合物的种类和含量上有很大区别。大豆油中主要的挥发性成分有戊醛、己醛和己酸，花生油中主要的挥发性成分有己醛、2,5-二甲基吡嗪和2,3-二氢苯并呋喃；芝麻油中主要的挥发性成分为 5-甲基呋喃醛、2-吡咯甲醛、糠醇、愈创木酚、2-甲基吡嗪、2-乙基-6-甲基吡嗪等；橄榄油中主要的挥发性成分为叶醇和4-己烯-1-醇乙酸酯；葡萄籽油中主要的挥发性成分为己醛。

7.2.4 橄榄油感官特性

橄榄油的风味主要由挥发性和半挥发性化合物通过嗅觉器官被人们所感觉到。由于嗅觉是把挥发性化合物判定为气味，又是把气味物质辨别为香味、臭味的唯一标准，这决定了感官分析是橄榄油风味评价的基础，是气味鉴定的根本方法。在欧洲，有经过严格训练的专业品油师，通过感官评定橄榄油的好坏，辨别不同橄榄油的风味。

初榨橄榄油的感官评价包含令人愉悦和令人讨厌的感官属性，这些感官均可作为橄榄油分类的参考，国际橄榄理事会提供了评价橄榄油感官品质的参考标准，对初榨橄榄油的感官品质有特定的词汇进行描述，主要分为好的属性（果香气、苦味和辛辣味）和不好的属性（干仓霉味、受潮霉味、浑浊的沉淀物、酒酸味、金属味、腐臭味），如橄榄油油质变差时，C_6 和 C_5 化合物的浓度会比那些油质较好的低，甚至完全检测不出，而这时 $C_7 \sim C_{11}$ 单不饱和醛类、$C_6 \sim C_9$ 二醛类、C_5 支链醛和一些 C_8 酮类等物质产生了主要的气味，如酒精味、霉味、臭泥味等。

7.2.5 橄榄油风味分析展望

橄榄油风味是判定橄榄油感官品质的重要依据。研究与开发新的橄榄油风味分析方法数据处理技术，深入研究橄榄油风味形成机理和影响因素及其与感官性状之间的内在关系，从根源上解释橄榄油风味特征和风味裂变的原因，为橄榄油质量评价、控制和改良提供有力的手段，是今后研究的重要任务。

7.3 橄榄油掺伪分析

7.3.1 掺伪现象

国际橄榄理事会 2016 年颁布的《橄榄油和油橄榄果渣油贸易标准》规定，橄榄油可分为橄榄油和油橄榄果渣油两个大类，而我国《橄榄油、油橄榄果渣油》规定橄榄油分三类共八种，各等级的橄榄油营养价值有所差异，且价格相差很大。其中，特级初榨橄榄油具有最高的品质和营养价值，价格也约为其他食用植物油的 3～5 倍。一些不法商家为谋取暴利，往往会向橄榄油中添加低价的植物油，以次充好。国际橄榄油市场的欺骗和掺伪情况比比皆是。目前，全球橄榄油总产量约为 300 万吨/年，其中用于食用的橄榄油约占 50%，达到特级初榨橄榄油标准的不足 10%，而标有"特级初榨"进行销售的却高达 50% 以上，大多数都掺杂了精加工油或低级别的橄榄油。

意大利一些著名的品牌曾于 2011 年被曝光，多年来使用从土耳其进口的便宜的精炼榛子油勾兑橄榄油，一经曝光立刻引起了全球社会的巨大反响。瑞士、德国及意大利的一些媒体披露掺伪的橄榄油已在该国或被销往国外市场。涉案榛子油至少 1 万吨，一般橄榄油中勾兑 20% 的精炼榛子油不会被消费者察觉，同时也很难检测。

中国市场销售的绝大多数橄榄油依赖进口，据海关数据统计：2001 年中国进口橄榄油 392t，2005 年达到 4500t，2009 年飙升到 1.4 万吨，2015 年已达 4 万吨左右。国内橄榄油市场一度热闹异常并不断升温，普通消费者对橄榄油认知有限，加之目前国内市场还不完善等原因，中国的橄榄油市场比较混乱。一方面，部分从国外进口的橄榄油已被掺伪。2008 年国际橄榄理事会市场调查报告显示，当年全世界橄榄油总生产量为 282 万吨，而同期橄榄油的消费总量却为 292 万吨。另一方面，分装的橄榄油从国外进口后，被一些不法商家重新勾兑其他植物油或价格便宜的油橄榄果渣油再封装销售，以提高产量，牟取暴利。这些掺入的植物油脂不但便宜，还可能含有不良油脂、溶剂残留、杀虫剂或其他不良成分，对人体有害，而且即使采用先进的检测手段也较难发现掺入的部分油脂。

橄榄油掺伪现象将会严重影响国际及国内市场的发展前景。为保证橄榄油在油脂市场的良好发展前景，维护诚信企业和商家的权益，保护消费者的安全健康和经济利益，并为相关监管部门提供依据，橄榄油掺伪检测势在必行且迫在眉睫。

7.3.2 掺伪检测方法

目前橄榄油的掺伪模式主要分为两种：一种是在高价橄榄油中掺入其他低价植物油（如，榛子油、葵花籽油、花生油、菜籽油、大豆油等），可通过测定橄榄油特有的且其他种类的植物油没有的某些指标，或者是测定一些橄榄油与其他种类植物油含量差距较大的指标进行掺伪判定，例如，角鲨烯、甾醇烯、生育酚、脂肪酸组成等；而另一种则是将低级别的初榨橄榄油、精炼橄榄油或是油橄榄果渣油添加到特级初榨橄榄油中，可通过测定一些由于加工工艺不同而引起含量有较大差异的指标，如豆甾二烯含量、溶剂残留、过氧化值等指标进行掺伪判定。精炼橄榄油是指包括初榨橄榄灯油、油橄榄果渣油等不符合食用标准的橄榄油，经过精炼工艺制成的可食用的橄榄油，精炼过程破坏了橄榄油的口感和基本的多酚抗氧化物，其营养价值和口味与真正的初榨橄榄油相差甚远。

　　由于掺入的植物油的脂肪酸组成和橄榄油较为接近，识别困难，因此橄榄油的掺伪识别一直是国内外学术界的研究热点。橄榄油掺伪鉴别对分析工作者具有极大的挑战性。国际上针对橄榄油掺假鉴伪的研究较多，国内相关研究起步较晚，已报道的掺伪检测方法主要有色谱检测法、光谱法以及核磁共振波谱法等，下面仅介绍一些常用的掺伪检测方法。

7.3.2.1 色谱法

　　不同种类的油脂具有特定的甘油三酯组成及含量范围，可以利用这项指标进行掺伪分析，下面仅以甘油三酯为例比较各类色谱方法，以便更好地选择分析方法，具体如表7-12所示。

表7-12　甘油三酯的色谱分析方法

分析方法	种类	分离原理	可分离	优势	不足
气相色谱法	高温气相色谱(HTGC)	根据沸点不同分离；低沸点先出峰	可分离不同碳数的TAG	前处理简单，操作方便	无法分离同分异构体，不利于热不稳定的TAG分离分析；需采用高温气相色谱柱和耐高温的气相色谱仪
高效液相色谱法	非水反相色谱(NARP-HPLC)	根据等效碳数不同分离TAG	对ECN不同的TAG分离能力较强	前处理简单，饱和的TAG无需衍生化处理也有良好的信息	无法很好地分离等效碳原子数相同的TAG
	银离子色谱(Ag-HPLC)	银离子与双键之间具有弱结合力，根据双键个数、位置及构型引起的作用力强弱差异分离TAG	可分离具有不饱和差异及不同双键位置的TAG	能区分顺反异构和位置异构体	无法分离饱和甘油三酯

　　气相色谱法测定橄榄油中脂肪酸的组成及含量是最常用的方法。其中比较简便的鉴别是根据橄榄油脂肪酸特征组成和含量范围，主要是利用橄榄油在脂肪酸含量方面的三个显著的特点：一是橄榄油的C16:1含量在1.0%左右，明显高于基础大宗油脂（大豆油为0.1%、花生油0.1%、菜籽油0.3%、玉米油0.2%、芝麻油0.2%）；二是橄榄油的C18:1含量在70%以上，基础大宗油脂中只有茶籽油可与

之相近，C18∶1和C18∶2的总含量值比较稳定，在80％左右；三是品质优良的橄榄油的C18∶2与C18∶3比值达到6∶1到12∶1，橄榄油C18∶2与C18∶3的比值是判定其品质等级的重要指标，其值越小，橄榄油的品质越好。

其他种类的植物油也有各自的特征性，例如，棕榈油中含特征脂肪酸癸酸和月桂酸，且其肉豆蔻酸含量较其他植物油高。菜籽油中含特征脂肪酸芥酸，且其花生酸、花生一烯酸含量较高，与花生油接近。大豆油和菜籽油中α-亚麻酸含量较其他植物油高。花生油中山嵛酸含量较高，其次为葵花籽油。

因此，当橄榄油中加入了其他某油脂时，脂肪酸的变化虽然只有量变没有质变，但脂肪酸组成含量变化与其他油脂掺入量有明显关系。橄榄油中掺入其他油脂掺伪的判定，先是观察样品的脂肪酸组成和含量范围，若符合上述的橄榄油脂肪酸特征即推测为没有被掺伪的样品；出现新的脂肪酸组分即判断为掺伪样品。例如，掺伪菜籽油时会出现新组分C22∶1；当出现组分月桂酸（C12∶0）和肉豆蔻酸（C14∶0）可能掺入棕榈油；组分C14∶0含量较高时可能掺伪棉籽油；组分山嵛酸（C22∶0）较高时可能掺伪花生油，脂肪酸的含量范围出现明显变化即为掺伪样品。

当初榨橄榄油掺入精炼橄榄油后，仅利用上述判断方式就非常困难，因为加入精炼橄榄油后脂肪酸组成的变化不明显，其组成与含量范围依然符合国标中的特征指标。但掺伪样品油的相关脂肪酸比例会发生变化，比如C18∶2与C18∶3的比值上升，再结合其他检测方法，例如紫外光谱法进行鉴别。精炼橄榄油经过加热、加酸和加碱等精炼工序处理，其脂肪酸双键间有共轭体系形成，使紫外吸收值升高，通过观察其C18∶2与C18∶3的比值，比值若大于12，进而观察其在波长270nm时有无明显的紫外吸收，若有即可推断掺伪。

运用橄榄油脂肪酸的特征组成的改变，来判断橄榄油是否掺伪的方法虽然简便易行，但方法灵敏度较低，可靠性较差。近年来，随着化学计量学的发展，将常规分析方法与化学计量学相结合运用在橄榄油掺伪分析方面成为一种趋势。

Dourtoglou等运用主成分分析技术建立了一种橄榄油掺伪检测的方法。首先利用甲酯化气相分析方法获得每种脂肪酸的相对百分含量，再通过丁基酯化气相分析方法获得脂肪酸在甘油三酯sn-1,3的相对百分含量，运用PCA处理技术可发现同一种脂肪酸的甲酯和丁酯之前有很强的关联性。3-D扩散图可清晰地表明纯的橄榄油与混合油脂之间的差别，而且能够鉴别出橄榄油中掺入的其他种类油脂（豆油、棉籽油、玉米油等）的质量分数低至5％的水平。

通过气相色谱法测定橄榄油中脂肪酸的组成及含量，并运用化学计量学分析数据、建立数据模型的方式已经可以鉴别多种植物种子油掺杂的橄榄油，但当参入含有高油酸的红花油、菜籽油、葵籽油，特别是榛子油（脂肪酸组成和甾醇组成与橄榄油接近）时，分析结果就会变得不稳定。

7.3.2.2 光谱法

光谱分析法通常具有分析速度快、操作简便、特征性强且检测样品状态不受限制（固体、液体均可）等的特点，已被广泛地应用于掺伪检测中。最常用的有紫外-可见光谱法、红外光谱法、荧光光谱法、拉曼光谱法等。各类光谱分析法具有不同的特点。

① 紫外-可见光谱法　紫外-可见光谱法是以紫外线或者可见光照射物质引起分子内部电子能级的跃迁，是分子中电子能级相互作用所产生的吸收光谱，波长范围为 200～800nm。利用紫外-可见光谱图可以得到有关化合物的共轭体系和某些官能团的信息。根据紫外-可见光谱图不同波长段的吸收强度，可以判断橄榄油样品中是否掺杂了其他种类植物油或是其他等级的橄榄油。同时，利用吸光度的强弱可以对样品进行定量检测，以液体样品为例，根据朗伯-比尔定律：吸光度（A）＝摩尔吸光系数（ε）×溶液浓度（c）×液层厚度（L），可以实现对样品的定量分析。

例如，根据 208～210nm 和 310～320nm 处有最大紫外吸收来判断特级初榨橄榄油中是否掺有精炼油。Torrecilla 等利用紫外-可见光谱法鉴别了特级初榨橄榄油中掺入精炼橄榄油和精炼油橄榄果渣油，当掺入量低于 10％时，检测的相关系数大于 0.97 且相对标准偏差小于 1％。

② 红外光谱法　红外光谱法是波长在 0.8～1000μm 的电磁波，在此范围，吸收峰是基频或倍频吸收，不同的化合物具有不同的红外吸收光谱图。化合物及其聚集态的不同将引起谱带的位置、数目、峰形、强度等的差异，因此，根据化合物的光谱，可以准确确定该化合物的官能团，实现对样品的定性分析。

与紫外光谱相似，在一定的浓度范围内，红外光谱的谱峰强度（或面积）与被测组分的含量之间也符合朗伯-比尔定律，即在某一定波长的单色光作用下，吸光度与物质的浓度呈线性关系，因此可用于定量分析化合物。

根据波长范围不同，红外光谱通常分为近红外、中红外和远红外光谱，其对应的波长范围及能级跃迁方式如表 7-13 所示。

表 7-13　红外光谱对应的波长范围及能级跃迁方式

类别	大致波长范围	对应的能级跃迁
近红外光谱	800～2500nm	外层(价)电子和分子振动
中红外光谱	2500～25000nm	分子振动和转动
远红外光谱	25～1000μm	分子振动和转动

在仪器分析中应用最为广泛的是中红外光谱，如傅里叶变换红外光谱法（FTIR）已成功应用于橄榄油的掺伪及其新鲜度的检测。

王志嘉等研究了 10 种不同品牌橄榄油在 650～4000cm^{-1} 的中红外吸收光谱（图 7-10），可以看出不同品牌、多产地橄榄油的红外吸收光谱几乎相同，表现在 3005cm^{-1} 处有不饱和碳链的 C—H 伸缩振动峰，2923cm^{-1}、2854cm^{-1} 处有饱和碳链 C—H 伸缩振动峰，1744cm^{-1} 处有 C═O 伸缩振动峰，1461cm^{-1}、1376cm^{-1} 处有甲基的变形振动峰，1160cm^{-1} 处有甘油三酯中 C—O 伸缩振动峰，966cm^{-1} 处为烯烃反射面外伸缩振动，722cm⁻¹处有顺式烯烃弯曲振动峰。10 种不同品牌橄榄油中红外光谱出现的特征吸收峰、峰位和峰形几乎相同，说明它们的主要组成成分几乎是相同的。当橄榄油中掺入少量其他籽油后，中红外吸收光谱变化同样不明显，但 A. Rohman 等在 2010 年首次将化学计量学与中红外吸收光谱相结合，研究了特级初榨橄榄油中掺伪棕榈油（1.0%～50.0%，质量分数）的分析工作。首先优化两种多变量校准工具（偏最小二乘法和主成分回归分析）建立一种新的校准模型，再通过判别分析技术区分特级初榨橄榄油和掺入棕榈油的橄榄油。Mata 等使用全反射傅里叶变换红外光谱法对不饱和脂肪酸的光谱谱带进行分析，成功地将不同种类的橄榄油与其他食用油区分开来。

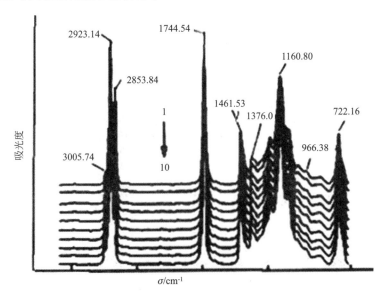

图 7-10　橄榄油中红外谱图

（650～4000cm⁻¹，共 10 种不同品牌橄榄油的中红外吸收光谱；1—莱瑞；2—品利；
3—多力；4—欧蕾；5—安达露西；6—赛瑞娜；7—嘉选；8—赛宝；9—椰露；10—欧丽薇兰）
（引自王志嘉，等，理化检验-化学分册，2012，7）

与之相比，近红外光谱的谱带灵敏度较低，其反映的是主要物质分子中氢原子和杂原子连接的基团 X—H（X＝C、N、O、S、P 等）以及羰基基团（C＝O）的倍频、合频吸收，但由于其具有分析效率高且测量简便、无损分析、无需样品前处理、成本低、经济环保、适用于现场检测和实时在线分析等诸多优点，加之相应的数据处理手段的不断发展，使得近年来近红外光谱也得到了广泛的应用。

王传现等采用近红外光谱法（NIR）对橄榄油进行掺伪鉴别，结合聚类分析和主成分分析法对橄榄油掺伪进行定性判别，均有很好的定性鉴别能力。庄小丽等基于橄榄油的近红外光谱数据（图 7-11），用判别分析（discriminant analysis）方法把 20 个橄榄油样品成功地分为特级初榨橄榄油和普通橄榄油两类，正确率为100%。同时测定了纯橄榄油中分别掺入菜籽油、玉米油、花生油、山茶油、葵花籽油、罂粟油的混合油的近红外光谱，掺杂油体积分数范围为 0～100％，选择最佳的光谱波段组合用偏最小二乘（PLS）法分别建立定量分析模型，预测相对误差范围在－5.67％～5.61％。研究结果表明，基于化学计量学方法和近红外光谱数据可为橄榄油的品质鉴定和掺杂量检测提供一种简便、快捷、准确的方法。

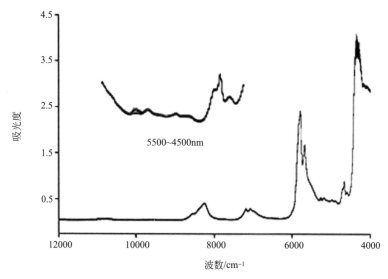

图 7-11　橄榄油近红外原始谱图
（引自庄小丽，等，光谱学与光谱分析，2010，4）

　　近红外光谱数据和化学计量学方法结合的技术不仅能很好地鉴定橄榄油的品质和掺杂情况，其与色谱分析技术的结合甚至可以用来鉴别不同产地、不同品牌的橄榄油。

　　③ 荧光光谱法　当分子或原子吸收了电磁辐射而被激发，返回基态时发出一定波长的光，该现象称为光致发光，其中最为常见的是荧光和磷光。分子荧光光谱法又称荧光光谱法，最为突出的特点是灵敏度极高，比分子吸收光谱法的灵敏度高 1～3 个数量级，对于某些化合物，使用荧光技术甚至可以实现单分子检测。不同的植物油中含有不同的荧光成分，可采用荧光光谱法对橄榄油进行掺伪鉴别。早在 20 世纪末就有相关报道表明，多种植物油在 360nm 处被激发时，其荧光光谱在 430～450nm 处有一个强荧光谱带，而特级初榨橄榄油则是在 440nm 和 455nm 处有低强度双峰，在 525nm 处有强荧光峰，同时在 681nm 处有中等强度荧光峰。

　　然而，当待测样品是未经分离的多组分复杂体系时，荧光光谱的激发-发射光谱带重叠现象非常严重。同步荧光光谱通过同步转动单色器使得激发和发射两个单色器波长同时扫描，通过选择合适的激发和发射扫描波长差 Δλ，能很好地避免谱带重叠现象。Δλ 不同，同步光谱的形状、带宽和强度都将发生变化。同步荧光光谱的谱图简单，谱带窄，减少了谱图重叠现象和散射光的干扰，提高了测定的选择性，在橄榄油掺伪检测方面得到了很好的应用。Poulli 等采用同步荧光光谱技术通过选择合适的激发波长范围和波长间隔，检出初榨橄榄油中是否掺入油橄榄果渣油、玉米油、葵花籽油、大豆油、蓖麻籽油、核桃油。结合偏最小二乘法分析，能够鉴别出初榨橄榄油中掺入 2.6%油橄榄果渣油、3.8%玉米油、4.3%葵花籽油、4.2%大豆油、3.6%蓖麻籽油和 13.8%核桃油。

④ 激光拉曼光谱法 拉曼光谱（Raman spectroscopy）是一种利用单色光照射待测介质引起介质的化学键电子云发生振动导致光散射，从而利用得到的散射光谱研究分子或物质微观结构的光谱分析技术。拉曼光谱具有测试样品非接触性、非破坏性、检测灵敏度高、时间短、样品量少以及无需制备样品等特点，在分析过程中不会对样品造成化学和物理损伤。且对于同一种物质分子，当激发光波长发生改变时，拉曼谱线的频率也将发生改变，但拉曼位移始终保持不变，因此，拉曼位移与激发光波长无关，而仅与待测分子的振动和转动能力有关。每一种物质均有特定的拉曼光谱图，可根据拉曼谱线的频率、强度和偏振度不同来研究物质的结构和性质。拉曼光谱具有尖锐的特征谱峰，谱峰的位置和强弱可以灵敏地反映出有关物质的结构及变化信息。

食用植物油的拉曼光谱信息非常丰富，油脂结构中的" —C=C— "对拉曼光谱中的分子振动有较大的贡献，不同种类的植物油中的脂肪酸主要差异表现为其数量的变化，可以通过特征谱峰的识别，将拉曼光谱应用于物质鉴别中。

不同植物油的不饱和脂肪酸含量差别较大，研究表明，各植物油的拉曼光谱差别最大的峰位于 $1650cm^{-1}$，该峰的峰高值直接反映了不饱和烯烃键（ —C=C— ）的含量，同时 $1260cm^{-1}$ 处特征峰反映了不饱和烯烃键所在碳原子碳氢键（ =C—H ）的含量，这两个峰均体现了橄榄油的不饱和程度。可以利用上述信息进行橄榄油掺伪鉴别。

⑤ 电子鼻 电子鼻是根据仿生学原理由多个性能彼此重叠的气敏传感器和模式识别方法组成的具有识别单一和复杂气味的装置，前文中已有详细介绍。橄榄油具有丰富的风味物质，通过电子鼻技术可以很好地分析不同样品含有的风味物质的差异，从而实现橄榄油的掺伪鉴别。

Concepción 等采用电子鼻结合线性判别式分析、二次判别分析、人工神经网络分析方法鉴别初榨橄榄油是否存在掺伪情况，研究结果表明，该法对鉴别初榨橄榄油中掺入油脂的类型及确定其掺伪量具有较好的效果。

但电子鼻作为一种新兴的检测技术尚不成熟。首先，传感器具有选择性和限制性，不能适应所有检测对象，若研究、制造有针对性专用的电子鼻则可能提高检测精度和使用寿命。因此，需不断研制并发展合适的传感器结构和材料。其次，检测环境的温湿度变化会使传感器响应特性有所不同，需严格控制电子鼻传感器的周围环境。

7.3.2.3 其他方法

① 核磁共振法 核磁共振（NMR）是一种基于原子核磁性的波谱技术。与其他传统检测方法相比，NMR 技术具有操作简单快速、测量精确和重复性高等优点，是分析诸如食品基质的复杂体系的最有前景的技术之一，在油脂的分析研究中越来

越受青睐。

但是，核磁共振技术因价格昂贵，且通常解谱较为困难，需要分析人员具有一定的经验，因此该项技术难以普及，多限于研究工作。目前该方法只能对掺入了一种食用油的特级初榨橄榄油进行鉴别分析，而对于掺入两种或两种以上食用油的分析并不成熟。

② 基因检测　基因检测是对 DNA 进行检测的技术，通过扩增其基因信息后，采用特定设备对 DNA 分子信息作检测。不同种类的植物油因其来源于不同的物种，基因检测具有非常好的分辨能力。

目前植物油基因检测最大的瓶颈是 DNA 的提取，以橄榄油为代表的物理压榨油在 DNA 提取上较为容易，可以进行聚合酶链式反应（PCR）、简单重复序列（SSR）、随机扩增多态性 DNA（RAPD）等后续研究；而以大豆油为代表的在化学萃取生产过程中，DNA 降解严重，残存于油中的 DNA 非常微小，提取困难较大，可能会影响掺伪鉴别。

③ 示差扫描量热法　差示扫描量热法（differential scanning calorimeter，DSC）是应用较多的热分析方法之一。油脂在加热或冷却过程中表现出服从温度函数的相转变。DSC 可以记录油脂样品随温度的变化而发生的如结晶、融化、晶型转变等相变所引起的焓值变化，用于测定油脂的成分组成、结晶动力学和氧化动力学等理化特性。Chiavaro 等根据特级初榨橄榄油与精炼榛子油具有不同的热分析曲线，利用 DSC 鉴别特级初榨橄榄油中是否掺有精炼榛子油。研究表明，当特级初榨橄榄油里掺入精炼榛子油时其热分析曲线发生极大的改变，并随着掺入的精炼榛子油含量的不同而发生不同的变化。

④ 同位素技术　稳定同位素比例分析作为一种指纹图谱技术，结合多元数据分析，通过测量 $^{13}C/^{12}C$，$^{15}N/^{14}N$，$^{18}O/^{16}O$，$^2H/^1H$ 和 $^{34}S/^{32}S$，用于植物产地归属为主的植物油掺假鉴定，是一种快速不需要样品前处理的实验方法。F. Camin 等收集了大量（$N=539$）从 2000～2005 年生产的具有 PDO 和 PGI 认证的意大利特级初榨橄榄油，采用 IRMS（同位素比值质谱仪）和 ICP-MS（电感耦合等离子体质谱）技术发现 $^{13}C/^{12}C$ 和 $^{18}O/^{16}O$ 的数值从意大利北部（Trentino）到南部（Sicily）有上升的趋势，且每一年都能将不同地域的橄榄油很好地区分开来。

7.3.3　掺伪检测技术研究进展

由于橄榄油掺伪的复杂性和掺入其他植物油指标的相似性，给鉴定带来很大的困惑。传统的掺伪鉴别只抓住橄榄油中的某个特性，导致有时鉴定判断误差较大，更有误判的可能，若是掺入较少量其他植物油时，更是难以检测。橄榄油掺伪鉴别的关键点就是寻找其"特征指标"，借助某些特征指标并综合比较多重指标才能较为准确地完成掺伪检测判定。

7.3.3.1　橄榄油中掺入其他油

橄榄油中掺入其他油种的可以通过检测橄榄油及其他油种差异性较大的特征指

标进行掺伪鉴别，例如脂肪酸组成、酸值、过氧化值、甘油三酯组成、角鲨烯含量、甾醇烯含量、生育酚含量等。

脂肪酸组成是橄榄油的一项重要的理化指标，它揭示了橄榄油的真伪和营养价值。不同种类的油脂其脂肪酸在组成和含量上存在一定的差异。根据国际橄榄理事会的标准，橄榄油的脂肪酸组成有特定的含量范围，若橄榄油掺伪，其本身的脂肪酸组成和含量必将发生改变。脂肪酸组成分析在鉴伪方面有一定的可行性，但橄榄油与榛子油的脂肪酸组成较相近，且不同品种、不同产地的橄榄油本身的脂肪酸组成差异较大，因此，采用脂肪酸组作为掺杂鉴定指标有一定的局限性。Capote 等分析了 566 个样品，包括橄榄油纯品以及分别掺有葵花籽油、玉米油、花生油和椰子油的橄榄油样品（掺入油的体积分数为 0.01%～100%），结果掺杂样品的鉴别准确率在 91%以上。Dourtoglou 等采用气相色谱法结合主成分分析，获得了橄榄油和其他植物油的全部脂肪酸和 1,3 位脂肪酸信息，通过此法不仅可对橄榄油掺伪进行定性分析，而且能够鉴别出橄榄油中掺入的其他种类油脂的质量分数低至 5%的水平。

TAG（三脂肪酸甘油酯）是食用植物油的主要成分，占油脂总量的 95%～98%，是评价油脂品质和安全的重要因素，亦可作为掺伪判别的指标。

角鲨烯作为橄榄油的一个特征指标，除了橄榄油之外，米糠油中角鲨烯含量较高（300mg/100g），其他油中含量均较低，可以作为判断橄榄油是否掺伪的重要指标。

生育酚含量也是橄榄油的一个特征指标，Dionisi 等根据棕榈油和葡萄籽油中存在的功能性成分生育三烯酚在橄榄油、榛子油、大豆油和葵花籽油中均没有的特点，将生育三烯酚应用于橄榄油中棕榈油和葡萄籽油的掺杂鉴别，判定限为 1%～2%。Chen 等采用高效液相色谱荧光检测器分析植物油中的生育酚，通过特级初榨橄榄油、葵花籽油、榛子油、花生油等 8 种食用植物油中的生育酚比值不同，可有效鉴别特级初榨橄榄油的掺伪情况。

除了利用某一或某几个"特征指标"判别是否掺伪，近年来，研究工作者们往往利用橄榄油样品的综合信息结合相应的处理技术判别样品是否掺伪。

Monfreda 等采用 GC-FID 结合 PLS、主成分分析、目标因子分析（TFA）等统计方法对橄榄油中掺入花生油、玉米油、米糠油、葡萄籽油进行鉴别，判定限为 40%～60%，准确率大于 95%。

傅里叶变换红外光谱法已成功应用于橄榄油掺伪及其新鲜度检测。Maggio 等采用 FTIR 法结合偏最小二乘法对掺有榛子油、油橄榄果渣油、蓖麻籽油、高亚油酸/高油酸葵花籽油的特级初榨橄榄油进行分析，可检出特级初榨橄榄油中混入的食用油类型并对其定量。Lerma-García 等采用 FTIR 法、线性判别分析法鉴别植物油种类，并分别对特级初榨橄榄油与葵花籽油、玉米油、大豆油和榛子油的两种混合油进行检测鉴别，可以成功检出掺入量为 5%（体积分数）以上的橄榄油油样。

Smejkalova 等建立了一种快速有效鉴别橄榄油掺伪的方法，该方法采用高功率梯度扩散核磁共振波谱法检测特级初榨橄榄油、葵花籽油、大豆油、花生油、榛子油的扩散系数，结合判别分析方法，成功实现对掺伪橄榄油的定性、定量分析，对样品油进行分类的准确性高达 98%，同时可检测到特级初榨橄榄油中掺入葵花籽油和大豆油的最低体积分数达 10%，榛子油和花生油的最低体积分数达 30%。Mavromoustakos 等采用 ^{13}C NMR 技术研究初榨橄榄油中位于 127.5～130 共振区间的 12 个烯烃峰，以吡嗪为内标，对 12 个峰进行定量，发展了一种基于 ^{13}C NMR 技术的初榨橄榄油掺伪的半定量检测方法。

García-González 等采用 ^{1}H 和 ^{13}C 谱结合人工神经网络法检测橄榄油中是否掺有榛子油（2%～20%）。Vigli 等结合 ^{1}H、^{31}P 谱与多维分析方法，鉴别希腊地区 192 个样品，涵盖希腊不同产地的初榨橄榄油以及榛子油、葵花油、玉米油等 10 种其他油种，通过测定 1,2-甘油二酯、1,3-甘油二酯、1,2-甘油二酯与甘油二酯的比例、酸度、碘值和脂肪酸组成等多个指标值建立分类模型，100% 准确区分不同种类的掺伪油，检出含量低至质量分数为 5%。

Laura 等采用毛细管电泳-串联质谱法分析油脂中非蛋白质氨基酸，指出鸟氨酸和异亮氨酸可以作为鉴别橄榄油中是否掺入大豆油、玉米油或葵花籽油的新型标记物。

为了加速实验进程，缩短时间，研究学者也将一些新兴材料引入橄榄油样品检测中。López-Feria 等将碳纳米管用于橄榄油样品的前处理，不仅提高了方法灵敏度，还节约了时间，整个前处理控制在 8min 内。Benítez-Martínez 等利用基于石墨烯量子点的光学纳米传感器，测定了橄榄油中多酚物质的含量。

7.3.3.2 高等级橄榄油中掺入低级橄榄油

相较于在橄榄油中掺入其他种类油品的掺伪检测，在高等级的橄榄油中掺入低级橄榄油的掺伪检测要困难得多。由于掺入的油品也是橄榄油，其脂肪酸和甘油三酯等的组成与特级初榨橄榄油并无太大差异。因此，对于高等级中掺入低级橄榄油的掺伪检测问题，需从其他方面入手。目前较为常用的指标有豆甾二烯、过氧化值、反式酸、聚合物等。

豆甾二烯是油脂漂白处理和水蒸气洗涤、脱臭过程中由甾醇类物质脱水形成的物质。初榨橄榄油中的豆甾二烯含量很低，而掺杂了精炼橄榄油后，豆甾二烯含量明显增高。GB/T 23347—2009 规定特级初榨橄榄油中豆甾二烯的含量应≤0.15mg/kg。依据 GB/T 25224.2—2010/ISO 15788.2 标准采用色谱法测定样本中豆甾二烯含量，可以筛查初榨橄榄油中是否存在精炼橄榄油。

过氧化值（Peroxide），指油脂中的过氧化物总含量。中国的标准通常以 mmol/kg 来表示，而国际橄榄理事会及欧盟用 meq O_2/kg 来表示。特级原生和原生的橄榄油的酸度按照国际和国内标准都应<20mmol/kg（国际），或 10m mol/kg（国内），人工干预的精炼橄榄油<5（国际、国内）。和酸度一样，若质检报告上的过氧化值过低，则该产品不属于特级原生橄榄油，或原生橄榄油。若过氧化值高于标准意味着产品存放的时间太长，橄榄油已经开始变质。

GB/T 22501—2008 规定特级初榨橄榄油的蜡含量应当≤250mg/kg，精炼橄榄油和混合橄榄油中蜡含量≤350mg/kg，而油橄榄果渣油、精炼油橄榄果渣油及混合油橄榄果渣油的蜡含量则＞350mg/kg，因此，根据橄榄油中蜡的含量多少可以鉴定初榨橄榄油和油橄榄果渣油，能够部分解决橄榄油质量分级的技术问题，为橄榄油掺伪鉴别提供依据。

特级初榨橄榄油是冷榨油，不经过高温蒸炒，仅靠清洗、倾滤、离心、过滤等机械或物理手段，不会导致油脂化学变化，使得三酰甘油氧化聚合物（oxidized triacylglycerol polymers，TGP）、反式脂肪酸等不利健康物质的产生得以控制。并且加工过程中不接触正己烷等有机溶剂，甾醇、生育酚等营养功效的油脂伴随物得到最大限度的保留，因此，通过检测以上指标含量可以有助于判断初榨橄榄油中是否掺入了精炼油。鉴于本章第一节已介绍了一些特征指标的分析，这里仅对 TGP 进行简要阐述。TGP 是油脂氧化过程中产生的一类极复杂的深度氧化产物，在油脂加工、储藏、使用过程中 TGP 总量持续递增。Caponio 等采用高效凝胶排阻色谱法分析橄榄油中的极性化合物三酰甘油低聚物（TAGP）、氧化三酰甘油（Ox-TAG）和二酰甘油（DAG），所得数据经多元统计分析，能够鉴别出特级初榨橄榄油中掺入 30% 脱臭橄榄油和所有掺入精炼橄榄油的脱臭橄榄油。

7.3.4　化学计量学在掺伪检验中的应用

随着分析化学的不断发展和仪器技术的不断推陈出新，分析仪器已经发生了巨大的变化，自 20 世纪 70 年代以来，生命科学、新材料科学等的发展以及信息时代计算机的应用使得分析方法和分析仪器得到了极大的发展。20 世纪 90 年代，分析化学进一步发展，联用仪器（如色谱-紫外联用、色谱-红外联用、色谱-质谱联用等）接连问世并得到了广泛应用，使得仪器分析方法能够分析一些复杂的体系并获得研究对象的大量化学量测数据。

本章 7.3.2 节提及的各种仪器分析方法，如色谱、光谱等技术越来越多地应用于橄榄油的掺假鉴伪中，联用仪器的使用使得分析化学工作者能够得到橄榄油更丰富的信息。由于这些方法检测得到的是高通量数据，检测结果多为图谱，而橄榄油样品是一个复杂体系，得到的量测结果往往是该样品中各物质量测结果的综合体现，不同橄榄油样品在仪器分析上的差别通常难以用肉眼直接识别，需要进行进一步的数据分析处理，才能准确提取反映橄榄油样品的各种信息。

化学计量法作为一门新兴的交叉学科，在实验设计、数据处理、信号解析、化学分类决策等方面具有很大的优势，能解决传统的研究方法难以解决的问题，是分析复杂数据的有力工具。化学计量学与分析方法的结合应用示意图如图 7-12 所示。

化学计量学能从分析量测数据中提取或挖掘有用信息，与仪器分析技术相结合，在食用植物油的掺伪和品质鉴别中得到了广泛的应用，通过分析指纹图谱等相关数据，揭示油脂中隐含的特种性质，对不同的油脂样本进行识别，具有准确度高、分析速率快等特点，已越来越受到国内外科研者们的青睐。

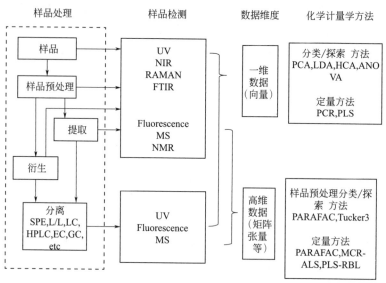

图 7-12　橄榄油样本分析过程中常用化学计量学方法
(引自 Ana MG，等，Analytica Chimica Acta 2016 年第 913 卷)

下面就掺伪和品质鉴别中常用的化学计量学方法做简要介绍。

7.3.4.1　主成分分析

主成分分析是化学计量学中的一种数据挖掘技术，PCA 方法是一种对高维变量进行降维处理的方法，同时保证尽可能多地保留数据所包含的信息，解决了多变量分析的困难。其主要目的是将相关性高的多变量转化成独立的为数不多的变量，选出能解释样本大部分信息的几个新变量作为主成分，用于描述样本的综合性指标。

主成分的计算原则为：经线性组合后得到的主成分所能表达的方差最大，代表的化学意义包含的信息量最丰富。在计算各个主成分时，按照方差最大原则计算各变量的线性组合，得到第一主成分；然后在扣除第一主成分后继续按照方差最大原则计算各变量的线性组合，得到第二主成分；依次计算之后的各个主成分。最终得到的各主成分之间两两正交，即各主成分所含的信息没有重叠，并且各主成分按照其包含的信息量从大到小进行了排序。因此，一般情况下，前几个主成分就能够包含原始量测数据的所有有用信息，其余的可以认为是误差，可以舍去。通过推导，主成分的计算问题可以化为计算量测矩阵 X 的协方差矩阵 $X^{T}X$ 的特征值和特征向量问题。非线性迭代偏最小二乘法（nonlinear iterative partial least squares，NIPALS）和奇异值分解法（singular value decomposition，SVD）都可以实现 $X^{T}X$ 的特征值和特征向量计算问题。

Lisa 等利用液相色谱-质谱联用仪从 60 种不同油脂中分离鉴别到 355 种 TAG，基于 TAG 数据结合 PCA 建立判别模型，对掺有不同质量分数水平葵花油的橄榄油与真实的橄榄油有很好的识别，最低可识别掺有 1% 葵花油的橄榄油。Park 等采用高温气相色谱得到的 TAG 指纹图谱结合主成分分析用于橄榄油掺入大豆油的研究，对 POP、OOP、OOO 3 种 TAG 进行了定量分析，其中 OOO 与 OOP 的比值是识别橄榄油中掺入大豆油非常重要的因素，能够检测出掺有不多于 5% 含量大豆油的橄榄油。

7.3.4.2 聚类分析

聚类分析（cluster analysis，CA）是按"物以类聚"的原则，基于相似性或差异性指标，定量地分析样本间的亲疏关系，并对样本进行聚类，它是一种非参数统计模式识别，也是食品类别分析中应用较广的模式识别分类方法之一。

聚类分析包括系统聚类法、k-均值聚类法、模糊 k-均值聚类方法等。

这里仅对系统聚类做一简介，其原理是先将所有样本各自看成一类，选择距离最小的两个并成一个新类，计算两者距离，再重复上述操作，每次减少一类，直至所有的样本都成为一类为止。常用的距离计算方式有：绝对值距离、欧氏距离、明科夫斯基距离、切比雪夫距离，根据不同的算法，样本间的距离可能有些微不同，聚类结果也会有所差异。在地理分区和分类研究中，往往采用几种距离进行计算对比，选择一种较为合适的距离计算方法进行聚类。

有研究者基于植物甾醇、酚类物质、脂肪酸、二酰甘油酯、TAG 等特征组分浓度，利用 CA 方法分析，结果显示地理来源相同的橄榄油聚集在一起，不同来源的距离较远，因此，CA 法可以用于判别油脂地理分区。还有学者借助脂肪酸、甾醇、TAG 浓度，通过欧氏距离的 CA 法建立橄榄油品种的系统树状图，该方法能区分不同品种的油脂。聚类分析在油脂品种和地理来源预测中有很好的应用前景，其优点是可以在没有训练集的情况下建立模型直接应用，是一种无监督的模式识别，但问题在于必须要选择合适的算法描绘树状分支图，对于分成多少类，存在的主观性比较强。

7.3.4.3 判别分析

判别分析（discriminant analysis，DA）的基本思路是采用已知类别的样本建立判别模型和判别据点，然后对未知样本进行识别分析。

判别分析有距离判别分析法、Fisher 判别分析法、Bayes 判别分析法、逐步判别分析法、线性判别函数法、K-邻域判别法、势函数判别法、人工神经网络等。

这里主要介绍一下油脂分类中最为常用的线性判别函数法（linear discriminant function，LDA），LDA 借用了方差分析和主成分分析的思想，同时最大化组间方差并最小化组内方差，利用主成分分析对原始变量做线性变换，寻找能将不同类别样品最大分离的几个基于原始变量线性组合的判别函数，建立判别模型。

LDA 是将高维模式的样本投影到最佳鉴别矢量空间，以达到抽取分类信息和压缩特征空间维数的效果，获得空间中最佳的可分离性，因此它是一种非常有效的特征抽取方法。为检测模型的判别能力，还常用识别率与预测率来分析，识别率是训练集的正确判别率，预测率是测试集的正确判别率，预测率更为重要。判别分析是有监督的模式识别，但判别函数的选择非常关键，将直接影响判别效果。

Jakab 等依据 TAG 的色谱-质谱数据建立了 3 种 LDA 的二维模型，其中最佳的模型可以将 13 种植物油分类，正确率高达 97.6%。LDA 在植物油鉴别技术中的应用包括了植物油的分类、橄榄油的来源预测、低价油脂掺入橄榄油的识别、品种鉴别等。

7.3.4.4 偏最小二乘法

Wold 作为偏最小二乘（partial least squares，PLS）法的创始人，在 20 世纪 70 年代创建了非线性迭代偏最小二乘算法，Wold 和 Albano 等在 1983 年提出了偏最小二乘回归的概念，用来解决计量化学中多因变量与多自变量问题。现已成为化学计量学中最常用的数据分析方法，在化学测量以及食品检测中得到广泛应用。

PLS 的基本思想是：通过对量测光谱矩阵 X 与浓度矩阵 Y 同时进行线性组合，计算隐变量（即主成分），然后以其作为新变量进行多元线性回归。与 PCA 方法不同的是，在计算隐变量时，除了保证其方差最大之外，还要使得隐变量与浓度达到最大相关。

偏最小二乘法是比较完善的多元分析方法，在建模过程中集中了主成分分析、相关性分析和线性回归分析方法的特点，提供更丰富、深入的信息，并可以通过交叉有效性检验来确定模型的可靠性。偏最小二乘法与主成分分析的不同之点在于分解量测矩阵的同时对响应矩阵也进行正交分解。

PLS 在橄榄油掺伪分析中的应用主要分为两类：一类是测定待测油样中的特征成分的含量来判定是否掺伪，Ruiz-Samblas 等以最小标准误差和去一交互验证（leave-one-out cross validation）为基础建立的偏最小二乘回归模型来预测掺杂橄榄油的百分含量，建立的 5 种二元混合油模型的相关系数在 0.95～0.99。另一类是偏最小二乘法结合判别分析方法（PLS-DA）对不同的油样进行识别。基于 TAG 色谱-质谱指纹图谱结合 PLS-DA 对植物油识别技术得到了广泛的应用，PLS-DA 模型成功识别橄榄油等级、橄榄油中掺入其他植物油，正确预测油脂的地理来源。基于甘油酯的偏最小二乘回归在建模的同时实现了数据结构的简化，因此，可以在二维或三维图上对多维数据的特性进行观察，这使得偏最小二乘回归分析的图形功能十分强大。同时可以对所建立的回归模型给予许多更详细深入的实际解释。

7.3.5 橄榄油掺伪分析展望

橄榄油掺伪的复杂性和掺入其他植物油指标的相似性，给鉴定带来很大的困惑，橄榄油掺伪鉴别对分析工作者具有极大的挑战性。单一或几个指标检测很难作出准确的判断，必须综合考虑各种特征指标的检测结果，方能为橄榄油掺伪鉴别提供准确可靠的依据。科学仪器和研究手段的不断更新，数据挖掘处理技术的不断发展能够为橄榄油掺伪鉴别提供良好的技术支持，为市场公平贸易，维护各方利益提供保障。

参 考 文 献

[1] 曹文明. 三酰甘油氧化聚合物的检测、评价及应用 [J]. 无锡，江南大学，2013.

[2] 程超，周志，汪兴平. 电子鼻在食品科学中的应用 [J]. 湖北民族学院学报：自然科学版，2014，32（1）：5-11.

[3] 崔丽伟，展海军，白静. 热分析技术在食品分析研究中的应用 [J]. 食品研究与开发，2013，10：126-129.

[4] 丁艳芳，谢海燕，王晓曦，邹恩坤. 食品风味检测技术发展概况 [J]. 现代面粉工业，2013，1：1674-5280.

[5] 杜一平，潘铁英，张玉兰. 化学计量学应用 [M]. 北京：化学工业出版社，2008.

[6] 动植物油脂植物油中豆甾二烯的测定　GB/T 25224.2—2010.

[7] 橄榄油、油橄榄果渣油　GB/T 23347—2009.

[8] 惠伯棣. 类胡萝卜素化学及生物化学 [M]. 北京：中国轻工业出版社，2004.

[9] 高蓓，章晴，杨悠悠，等. 食用植物油鉴伪研究进展 [J]. 食品安全质量检测学报，2015，7：2789-2794.

[10] 高蓓，章晴，杨悠悠，杨永坛. 固相微萃取-气质联用技术测定 5 种食用植物油挥发性成分 [J]. 食品安全质量检测学报，2015，6（7）：2846-2856.

[11] 华宏英，吴时敏. 纳米技术在食用油脂质量与安全检测中的应用 [J]. 粮食与油脂，2015，5：1-4.

[12] 黄秀丽，黄飞，曾宪远，等. 傅里叶变换红外光谱法在橄榄油掺假鉴别中的应用 [J]. 中国农学通报，2014，30（30）：285-289.

[13] 克力比努尔·吾守尔，田晓静，张露平，单振龙. 电子鼻技术在橄榄油分析中的应用 [J]. CHINA OILS AND FATS，2013，38（4）：94-97.

[14] 李秋庭，崔大同，赵素娥. 橄榄油加工工艺及品质控制的探讨 [J]. 食品与发酵工业，2002，28（7）：42-45.

[15] 刘优钱，刘霞，李培武，等. 化学计量学与三酰甘油酯在食用油保真中的研究进展 [J]. 食品科学，2015，3：234-239.

[16] 陆婉珍. 现代近红外光谱分析技术 [M]. 北京：中国石化出版社，2007.

[17] 王传现，褚庆华，倪昕路，等. 近红外光谱法用于橄榄油的快速无损鉴别 [J]. 食品科学，2010，31：402-404.

[18] 王李平，林晨. 凝胶色谱-气相色谱法测定 11 种动植物油脂中角鲨烯的含量 [J]. 分析检测，2015，6：69-71.

[19] 王志嘉，赵延华. 傅里叶变换红外光谱法对掺假橄榄油的快速鉴别 [J]. 理化检验-化学分册，2012，7：785-792.

[20] 谢倩. 橄榄多酚含量测定方法的比较 [J]. 食品科学，2014，8：204-207.

[21] 杨春英，刘学铭，王思远，陈智毅. SPME-GC/MS 分析植物油挥发性风味成分 [J]. 中国粮油学报，2015，30（10）：127-134.

[22] 严衍禄，陈斌，朱大洲. 近红外光谱分析的原理、技术与应用 [M]. 北京：中国轻工业出版社，2013.

[23] 张朝晖，严华，顾强，等. 便携式激光拉曼光谱法快速鉴别橄榄油掺假 [J]. 食品安全质量检测学报，2015，11：4324-4329.

[24] 张蕊，薛雅琳. 橄榄油中甾醇组成及总量测定方法的探讨 [J]. 中国油脂，2011，8：77-80.

[25] 张喜雨，周军，晁燕，孙韫理. 不同食用油气味成分电子鼻技术分析 [J]. 湖南林业科技，2015，42

（2）：76-79.

［26］ 庄小丽，相玉红．近红外光谱和化学计量学方法用于橄榄油品质分析与掺杂量检测［J］．光谱学与光谱分析，2010，4：933-936.

［27］ 张欣，杨瑞钰．豆甾二烯用于特级初榨橄榄油掺假检测的研究［J］．食品工业科技，2014，18：80-92.

［28］ 钟昌勇．橄榄油化学组成及应用综述［J］．林产化工通讯，2005，6：34-38.

［29］ 钟诚，薛雅琳，王兴国，金青哲．初榨橄榄油风味化合物研究进展［J］．中国油脂，2013，38（8）：89-92.

［30］ 钟海雁，黄永辉，龙奇志，李忠海．食用油气味的研究方法及展望［J］．食品科技，2007，9：8-11.

［31］ 周秀军．基于拉曼光谱的食用植物油定性鉴别与定量分析［J］．杭州：浙江大学，2013.

［32］ Abdi，H．Partial least squares regression and projection on latent structure regression［J］．Wiley Interdisciplinary Reviews：Computational Statistics，2010，2（1）：97-106.

［33］ Ana MG，Ruben MM，Lorenzo C．Chemometric applications to assess quality and critical parameters of virgin and extra-virgin olive oil［J］．A review．Analytica Chimica Acta，2016，913：1-12.

［34］ Angerosa F．Influence of volatile compounds on virgin olive oil quality evaluated by analytical approaches and sensor panels［J］．Eur J Lipid Sci Technol，2002，104：639-660.

［35］ Angerosa F，Servilib M，Selvagginib R，et al．Volatile compounds in virgin olive oil：occurrence and their relationship with the quality［J］．Journal of Chromatography A，2004，1054：17-31.

［36］ Ayuso J，Haro MR，Escolar D．Simulation of the visible spectra for edible virgin oils：Potential uses［J］．Applied Spectroscopy，2004，7：474-480.

［37］ Baccouri O，Bendini A，et al．Comparative study on volatile compounds from Tunisian and Sicilian monovarietal virgin olive oils［J］．Food Chemistry，2008，111：322-328.

［38］ Barreira J，Casal S，Ferrerira I，et al．Chemicalcharacterization of chestnut cultivars from three consecutive years：chemometrics and contribution for authentication［J］．Food and Chemical Toxicology，2012，50（7）：2311-2317.

［39］ BenítezM，Valcárcel M．Graphene quantum dotsas sensor for phenols in olive oil［J］．Sensors and Actuators B：Chemical，2014，197：350-357.

［40］ Bresciaa M，Alvitib G，Liuzzib V，et al．Chemometricclassification of olive cultivars based on compositional data of oils［J］．American Oil Chemists' Society，2003，80（10）：945-950.

［41］ Burns DA，Ciurczak EW．Handbook of Near-Infrared Analysis［M］．London：CRC Press，2007.

［42］ Camin F，Larcher R，Perini M，et al．Characterisation of authentic Italian extra-virgin olive oils by stable isotope ratios of C，O and H and mineral composition［J］．Food Chemistry，2010，118（4）：901-909.

［43］ Capote F，Jiménez J，Castro M．Sequential（step-by-step）detection，identification and quantitation of extra virgin olive oiladulteration by chemometric treatment of chromatographic profiles［J］．Anal Bioanal Chem，2007，388（8）：1859-1865.

［44］ CecchiT，Alfei B，et al．Volatile profiles of Italian monovarietal extra virgin olive oils via HS-SPME-GC-MS：Newly identified compounds，flavors molecular markers，and terpenic profile［J］．Food Chemistry，2013，141：2025-2035.

［45］ Cerrato O，Pérez P，García P，et al．Electronic nose based on metal oxide semiconductor sensors as a fast alternative for the detection of adulteration of virgin olive oils［J］．Analytica Chimica Acta，2002，459（2）：219-228.

［46］ Chemical-physical characteristics of olive oils．ONAOO—2003.

［47］ Chen H，Angiuli M，Ferrari C，et al. Tocopherol speciation as firstscreening for the assessment of extra virgin olive oil quality byreversed-phase high-performance liquid chromatography/fluorescencedetector ［J］. Food Chemistry，2011，125（4）：1423-1429.

［48］ Chiavaro E，Vittadini E，Rodriguez-Estrada MT，et al. Differential scanning calorimeter application to the detectionof refined hazelnut oil in extra virgin olive oil ［J］. Food Chemistry，2008，110（1）：248-256.

［49］ Cimato A，Dello Monaco D，et al. Analysis of single-cultivar extra virgin olive oils by means of an Electronic Nose and HS-SPME/GC/MS methods ［J］. Sensors and Actuators B，2006，114：674-680.

［50］ COI/T 20/DOC no. 1～30/Rev. 1～2.

［51］ Concha H，Lerma G，Herreromartinez J，et al. Classification of vegetable oils according totheir botanical origin using amino acid profiles established by highperformance liquid chromatography with UV-vis detection：a firstapproach ［J］. Food Chemistry，2010，120（1）：149-154.

［52］ COSIOMS. Evaluation of different storage conditions of extra virgin olive oils with an innovative recognition tool built by means of electronic nose and electronic tongu［J］. Food Chem，2007，101（2）：485-491.

［53］ Cramer JA，Kramer KE，Johnson KJ，et al. Automated wavelength selection for spectroscopic fuel models by symmetrically contracting repeated unmoving window partial least squares ［J］. Chemom Intell Lab Syst，2008，92（1）：12-13.

［54］ Criado MN，Romero MP，Casanovas M，Motilva MJ. Pigment profile and colour of monovarietal virgin olive oils from *Arbequina* cultivar obtained during two consecutive crop seasons ［J］. Food Chemistry，2008，110：873-880.

［55］ De la Mata P，Dominguez-Vidal A，Bosque-Sendra JM，et al. Olive oil assessment in edible oil blends by means of ATR-FTIR and chemometrics ［J］. Food Control，2012，23（2）：449-455.

［56］ Dionisi F，Prodolliet J，Tagliaferri E. Assessment of olive oil adulterationby reversed-phase high-performance liquid chromatography/amperometricdetection of tocopherols and tocotrienols ［J］. J Am Oil Chem Soc，1995，72（12）：1505-1511.

［57］ DourtoglouVG，DourtoglouTh，Antonopoulos A，Stefanou E，Lalas S，Poulos C. Detection of Olive OilAdulteration Using Principal ComponentAnalysis Applied on Total and Regio FA Content ［J］. JAOCS，2003，80（3）：203-208.

［58］ Escolar D，Haro MR，Ayuso J. The Color Space of Foods：Virgin Olive Oil ［J］. Agricultural and Food Chemistry，2007，55（6）：2085-2093.

［59］ European Communities（marketing standards for olive oil）regulations，2004.

［60］ GARCÍAG，MANNINA L，D'IMPERIO M，et al. Using 1H and 13C NMR techniques and artificial neural networks todetect the adulteration of olive oil with hazelnut oil ［J］. European FoodResearch and Technology，2004，219（5）：545-548.

［61］ Gandul-Rojas B，Cepero MRL，Minguez-Mosquera MI. Use of Chlorophyll and Carotenoid Pigment Composition to Determine Authenticity of Virgin Olive Oil ［J］. Journal of the American Oil Chemists Society，2000，77（8）：853-858.

［62］ Gandul-Rojas B，Gallardo-Guerrero L. Pigment changes during processing of green table olive specialities treated with alkali and without fermentation ［J］. Food Research International，2014，65：224-230.

［63］ Garcia-GonzálezDiego L，Aparicio R. Coupling MOS sensors and gas chromatography to interpret the sensor responses to complex food aroma：Application to virgin olive oil ［J］. Food Chemistry，2010，120：572-579.

［64］ Harwood J，Aparicio R. Handbook of Olive Oil：Analysis and Properties ［M］. New York：Springer

Science+Business Media，2000.

[65] Holčapek M，Jandera P，Fischer J，et al. Analytical monitoring of the production of biodiesel by high-performance liquid chromatography with various detection methods [J] . Journal of Chromatography A，1999，858 (1)：13-31.

[66] Inarejos-Garcia AM，Gómez-Alonso S，Fregapane G，Salvador MD. Evaluation of minor components，sensory characteristics and quality of virgin olive oilby near infrared (NIR) spectroscopy [J] . Food Research International，2013，50：250-258.

[67] International agreement on olive oil and table olives，2005.

[68] Issaoui M，Flamini G，Brahmi F，et al. Effect of the growing area conditions on differentiation between Chemlali and Chétoui olive oils [J] . Food Chemistry，2010，119 (1)：220-225.

[69] Jakab A，Heberger K，Forgacs E. Comparative analysisof different plant oils by high-performance liquid chromatographyatmosphericpressure chemical ionization mass spectrometry [J] .Journal of Chromatography A，2002，976 (1/2)：255-264.

[70] Kalua CM，AllenMS，Bedgood Jr DR，et al. Olive oil volatile compounds，flavour development and quality：A critical review [J] . Food Chemistry，2007，100：273-286.

[71] Kesen S，Kelebek H，et al. GC-MS-olfactometric characterization of the key aroma compounds inTurkish olive oils by application of the aroma extract dilution analysis [J] . Food Research International，2013，54：1987-1994.

[72] Kyriakidis NB，Skarkalis P. Fluorescence Spectra Measurement of Olive Oil and Other Vegetable Oils [J] . Journal of AOAC International，2000，83 (6)：1435-1439.

[73] Laroussi-Mezghani S，Vanloot P，Molinet J，Dupuy N，Hammami M，Grati-Kamoun N，Artaud J. Authentication of Tunisian virgin olive oils by chemometric analysis of fatty acid compositions and NIR spectra. Comparisonwith Maghrebian and French virgin olive oils [J] . Food Chemistry，2015，173：122-132.

[74] Laura S，Marina M，Crego A. A capillaryelectrophoresis-tandem mass spectrometry methodology forthe determination of non-protein amino acids in vegetableoils as novel markers for the detection of adulterations inolive oils [J] . J Chromatogr A，2011，1218 (30)：4944-4951.

[75] Lerma G，Lusardi R，Chiavaro E，et al. Use of triacylglycerol profiles established by high performance liquidchromatography with ultraviolet-visible detection to predict thebotanical origin of vegetable oils [J] . Journal of Chromatography A，2011，1218 (42)：7521-7527.

[76] Lerma G，Ramis R，Herrero M，et al. Authentication of extra virgin olive oils by Fourier-transform infrared spectroscopy [J] . Food Chem，2010，118 (1)：78-83.

[77] Lerma G，Simo A，Mendez A，et al. Classification of extra virgin olive oils according to their geneticvariety using linear discriminant analysis of sterol profiles establishedby ultraperformance liquid chromatography with mass spectrometrydetection [J] . Food Research International，2011，44 (1)：103-110.

[78] Lísa M，Holčapek M，Boháč M. Statistical Evaluation of Triacylglycerol Composition in Plant Oils Based on High-Performance Liquid Chromatography-Atmospheric Pressure Chemical Ionization Mass Spectrometry Data [J] . J of Agricultural and Food Chemistry，2009，57 (15)：6888-6898.

[79] LópezF，Cárdenas S，Valcárcel M. One step carbon nanotubes-based solid-phase extraction for the gaschromatographic-mass spectrometric multiclass pesticide controlin virgin olive oils [J] . Journal of Chromatography A，2009，1216 (43)：7346-7350.

[80] Mabood F，Boqué R，Folcarelli R，et al. The effect of thermal treatment on the enhancement of detection of adulteration in extra virgin olive oils by synchronous fluorescence spectroscopy and chemometric analysis [J] .

Spectrochimica Acta Part A: Molecular and Biomolecular Spectroscopy, 2016, 161: 83-87.

[81] Maggio R, Cerretani L, Chiavaro E, et al. Anovel chemometric strategy for the estimation of extra virginolive oil adulteration with edible oils [J] . Food Control, 2010, 21 (6): 890-895.

[82] Mahjoub Haddada F, Manai H, et al. Profiles of volatile compounds from some monovarietal Tunisian virgin olive oils. Comparison with French PDO [J] . Food Chemistry, 2007, 103: 467-476.

[83] Manai D, Krichene D, Ouni Y, et al. Chemicalprofiles of five minor olive oil varieties grown in central Tunisia [J] . Journal of Food Composition and Analysis, 2012, 27 (2): 109-119.

[84] Marco B, Erica M, Giorgia P. Reliability of the △ECN 42 limit and global method for extra virgin olive oil purity assessment using different analytical approaches [J] . Food Chemistry, 2016, 190 : 216-225.

[85] Minguez-Mosquera MI, Gandul-Rojas B, Gallardo-Guerrero ML. Rapid Method of Quantification of Chlorophylls and Carotenoids in Virgin Olive Oil by High-performance Liquid Chromatography [J] . J Agric Food Chem, 1992, 40 (1): 60-63.

[86] Minguez-Mosquera MI, Garrido-Fernandez J. Chlorophyll and Carotenoid Presence in Olive Fruit (Oleaeuropaea) [J] . Journal of Agricultural and Food Chemistry, 1989, 37 (1): 1-7.

[87] Minguez-Mosquera MI, Rejano L, Sanchez AH, Gandul-Rojas B. Color-Pigment Correlation in Virgin Olive Oil [J] . J Am Oil Chem Soc, 1991, 68: 332-336.

[88] Miyashita Y, Itozawa T, Katsumi, Het al. Comments on the NIPALS algorithm [J] . J Chemom, 1990, 4 (1): 97-100.

[89] Monfreda M, Gobbi L, Grippa A. Blends of olive oil and seeds oils: Characterisation and olive oil quantification using fatty acids compositionand chemometric tools. Part Ⅱ [J] . Food Chem, 2014, 145 (4): 584-592.

[90] Nagy K, Bongiorno D, Avellone G, et al. High performance liquidchromatography-mass spectrometry based chemometric characterization ofolive oils [J] . Journal of Chromatography A, 2005, 1078 (1/2): 90-96.

[91] Ouni Y, Flamini G, Youssef NB, et al. Sterolic compositionand triacylglycerols of Oueslati virgin olive oil: comparison amongdifferent geographic areas [J] . International Journal of Food Science &.Technology, 2011, 46: 1747-1751.

[92] PeronaJS, Canizares JFE, Montero EFJM, et al. Consumption of olive oil and specific food groups in relation to breast cancer risk in Greece [J] . Nutrition, 2004, 20 (6): 509-510.

[93] Pouliarekou E, Badeka A, et al. Characterization and classification of Western Greek olive oils according to cultivar and geographical origin based on volatile compounds [J] . Journal of Chromatography A, 2011, 1218: 7534-7542.

[94] Poulli KI, Mousdis GA, Georgiou CA. Rapid synchronous fluorescence method for virgin olive oil adulteration assessment [J] . Food Chemistry, 2007, 105 (1): 369-375.

[95] Ranalli A, Contento S, Schiavone C, et al. Malaxing temperature affects volatile and phenol composition as well as other analytical features of virgin olive oil [J] . European Journal of Lipid Science and Technology, 2001, 103 (4): 228-238.

[96] Ranalli A, Malfatti A, Lucera L, Contento S, Sotiriuo E. Effects of the processing techniques on the natural colourings and the other functional constituents in virgin olive oil [J] . Food Research International, 2005, 38: 873-878.

[97] Raquel Mateos JA, Mesa, G. Rapid and quantitative extraction method for the determination of chlorophylls and carotenoids in olive oil by high-performance liquid chromatography [J] . Anal Bioanal Chem, 2006, 385: 1247-1254.

［98］ Rohman A，Che Man YB. Fourier transform infrared（FTIR）spectroscopy for analysis of extra virgin oliveoil adulterated with palm oil ［J］. Food Research International，2010，43：886-892.

［99］ Romero I，Aparicio-Ruiz R，et al. Validation of SPME-GCMS method for the analysis of virgin olive oil volatiles responsible for sensory defects ［J］. Talanta，2015，134：394-401.

［100］ Smejkalova D，Piccolo A. High-power gradient diffusionNMR spectroscopy for the rapid assessment ofextra-virgin olive oil adulteration ［J］. Food Chem，2010，118（1）：153-158.

［101］ Torrecilla J，Rojo E，Domínguez J，et al. A Novel Method To Quantify the Adulteration of Extra Virgin Olive Oil with Low-Grade Olive Oils by UV-Vis ［J］. J of Agricultural and Food Chemistry，2010，58（3）：1679-1684.

［102］ Trichopoulou A，Katsouyanni K，Stuver S，et al. Influencing factors on time of breastfeeding initiation among a national representative sample of women in India ［J］. J Natl Cancer Inst，1995，87：110-112.

［103］ Vigli G，Philippids A，Spyros A，et al. Classifi cation of edibleoils by employing P and H NMR spectroscopy in combination withmultivariate statistical analysis. A proposal for the detection of seed oiladulteration in virgin olive oils ［J］. J Agric Food Chem，2003，51（19）：5715-5722.

［104］ Wissal D，Angerosa F，et al. Virgin olive oil aroma：Characterization of some Tunisian cultivars ［J］. Food Chemistry，2005，93：697-701.

［105］ Wold H. Causal flows with latent variables：Partings of the ways in the light of NIPALS modelling ［J］. European Economic Review，1974，5（1）：67-86.

8 橄榄油感官评价

周 兵

近年来，随着橄榄油生产在欧洲市场以及世界范围内的快速增长，消费量也在迅速增加。橄榄油作为一种具有较高营养价值的食用油，在其品质检测中，感官评价始终是非常重要的质量评价指标。一般来说，食品感官特性代表了其在消费者中的可接受程度和受欢迎程度，通过感官建立一套相应的感官评价特性。通过感官检测的品质特性包括：外观、大小、性状、颜色、黏稠度、直觉感觉（硬度、脆度、纤维度、韧度）、触觉等。橄榄油以其区别于其他食用油的突出的感官特性（滋味和风味），加之较高的营养价值（抗氧化剂、较低的低密度胆固醇含量等），成为食用油中的新宠。

为保持橄榄油品质、标签可靠性和销售的安全性，欧盟制定了两个主要条例：委员会实施条例（EC）No.29/2012，按照橄榄油的标注、原产地、包装、可选说明（比如，初次冷榨）、橄榄油是否与其他植物油调和销售，符合特定标准的橄榄油等描述信息，规范橄榄油的销售标准；委员会条例（EEC）No 2568/91，规定了橄榄油的化学与感官特性的分析方法。按照IOC（国际橄榄理事会）所开展的工作以及化学专家的建议，定期更新橄榄油特性及其分析方法，以适应橄榄油组分、橄榄品种，以及加工技术和研究进展的变化。IOC认证的65个化学实验室和57个感官检测实验室，按照上述两个条例，对初榨橄榄油的品质进行监控。

8.1 感官评价的意义

感官评价在橄榄油的检测中之所以重要，原因有二：首先，橄榄油，尤其是特级初榨橄榄油所具有的特征性的化学测试结果，能体现橄榄油的高品质，因此能否通过橄榄油的感官评价标准也决定橄榄油的品质级别。其次，橄榄油还是一个直观的感官体验过程，其中所含的化学物质使其具有特定的功效特性，而不良品质会直接破坏感官的体验过程，产生不良的气味，如发霉奶酪或腐败水果的气味等，而这些缺陷可能是由果实储存、处理、加工不当，或者虫害等引起的。人类的感觉器官在测定橄榄油特性上可比实验仪器精确100倍。复杂的芳香气味和香味可能很难采用试验仪器进行检测，人类的舌头可以检测出难以分析的组织差异性。这些决定了橄榄油进行感官评价的必要性。

人类对食品的感官评价建立在三个化学感受系统的基础之上：味觉、嗅觉和化学知觉，结合其他物理感觉，包括温度、组织、颜色以及流变特性。风味物质的识别主要为味觉和嗅觉，化学刺激在口腔的味觉感受器细胞上产生了五种主要的味觉：酸、甜、苦、咸和鲜味，而鼻腔上部的嗅觉感受器神经元产生大量气味感觉。1987 年国际橄榄油理事会开发出了橄榄油的感官评价方法，IOC 开发并使用了初榨橄榄油感官分析方法（COI/T. 20/Doc. No. 15/Rev. 8，November 2015），据此将VOO（初榨橄榄油）分为四个等级（特级初榨橄榄油 EVOO，初榨橄榄油 VOO，普通初榨橄榄油，以及灯用初榨橄榄油）。1994～1995 年，修改的版本中，采用统计分析手段将评价方式从定级方式中分离出来（COI/T. 20/Doc. 15）；2005 年，在原产地命名的基础上建立了初榨与特级初榨橄榄油感官剖面的测定方法（COI/T. 20/Doc. 22）。后经过多次修订，建立了与之相关的五个标准或指南：感官分析通用基本词汇（COI/T. 20/Doc. No 4/Rev. 1），实验室安装（COI/T. 20/Doc. No 6/Rev. 1），品评玻璃杯（COI/T. 20/Doc. No 5/Rev. 1），有经验的 VOO 品评员的筛选、培训和管理（COI/T. 20/Doc. No 14），按照 ISO/IEC 17025：2005 标准，审核 VOO 感官评价实验室指南（COI/T. 28/DOC. 1）。IOC 还建立了测定和检查特级初榨橄榄油原产地特性的感官剖面方法（COI/T. 20/ Doc No 22）。

橄榄油的感官特性的缺陷可能来源于橄榄油生产的过程中，最常见的缺陷是氧化引起的酸败。即使是最原生态的橄榄油也会产生酸败，适当的储存方式可以减慢酸败的进程，却不能避免酸败。

8.2 感官评价实验室的要求

橄榄油感官评价实验，为评价小组提供适合的、标准的实验环境，以提高检测结果的重复性和重现性。评价实验室需遵守：

① 照明舒适自然，适合营造放松的实验气氛的浅色光源。照明无论是日光或灯光，应照度均匀，便于控制。

② 实验室应该易于清理，隔离噪音，无异味，必要时，安装排气设备。如果环境温度波动较大时，应安装空调，使室温接近 20～25℃。

感官评价的实验室一般包括评审区域、样品准备区域。一般评审区域要求有 10 个隔间，根据不同的实验室的要求大小不同，不过大的实验室可以有更完善的辅助设施，比如样品处理准备区域，小组讨论以及办公区域等。隔间设施的安排见图 8-1（引自 COI 标准）。

感官评价的隔间主要是为了隔离品评员，使其有品评的独立空间，减少互相之间的影响等。所选用的材料多为木制、陶瓷板、夹层板等，且为完全无味的材质。台面上配有供样品加热的装置，以便在样品适宜的温度下品评。隔板上供呈送样品用的小窗口，可根据呈送样品的大小及其特点，采用垂直旋转式（高脚玻璃杯等）、推拉式水平打开舱门（盛放在小容器中的样品），确保盛放样品的托盘以及玻璃杯能完全通过。

橄榄油感官评价时，采用盛样的玻璃杯，具有底部大、开口窄的特点（图8-2）。底部大，使杯子稳定，同时契合加热装置的凹槽，保证加热均匀。窄口可保证气味聚拢易于品评鉴别。杯子采用深色玻璃，可避免品评员受到橄榄油色泽的影响，避免先入为主，导致产生可能影响测定客观性的测量偏差或趋势。每个杯子配有直径略大于窄口的玻璃盖，起到防止样品气味损失以及防尘的作用。杯沿平整、光滑，玻璃经过退火处理，能耐受测定过程中的温度变化。

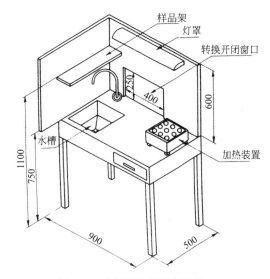

图 8-1　感官评价实验室隔间
（来源于：COI/T.20/Doc. Rev. 1）

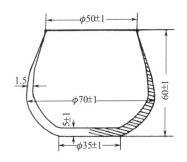

图 8-2　橄榄油品评杯规格与实物图
（来源：COI/T.20/Doc. No 5/Rev. 1 2007；
http://oleolive.com/en/product/ioc-official-glass-for-olive-oil-tasting-watch-glass/）

玻璃杯洗涤时尽量多用水清洗，减少洗涤剂残留，尽量避免使用浓酸或铬酸混合物洗涤。样品感官评价应在特定温度下进行（28℃＋2℃）。加热板的不同加热凹槽区域的温差不能超过2℃。储存时应避免外源性气味的污染。

8.3　初榨橄榄油评价的专业术语

按照橄榄油感官评价小组检验的方法，对橄榄油的感觉特性采用了描述性的词汇术语，分为令人愉悦的感官属性、缺陷属性两类，这些对感官缺陷属性的评价可用于产品的定级。

（1）令人愉悦的感官属性

① 果味（fruity）　在鼻腔后部的嗅觉感受器，直接感受到的完整、新鲜橄榄

（成熟或未成熟）所产生的嗅觉感受。

② 苦味（bitter） 在舌头 V 区域味蕾上所感受的，绿色橄榄或即将变色橄榄所产生的特征性的基本味道。

③ 辛辣味（pungent） 通过整个口腔，特别是喉部感受到的，刚收摘的、未成熟的橄榄所具有的感觉。

每一种属性又可以分为三个等级：柔和、中等、强烈。

依照感官评价实验的要求，根据各属性的强度与感知度，采用下列术语加以描述：

a. 青果味（green fruitness） 青果所产生的系列嗅觉感受特性，依橄榄的品种不同，成熟程度、完整性和新鲜程度而不同。在鼻腔的后部直接感受。

b. 成熟果味（ripe fruitness） 成熟果实产生的系列嗅觉感受特性，依橄榄的品种不同，成熟程度、完整性和新鲜程度而不同。通过鼻腔的后部直接感受。

c. 均衡良好（well balanced） 不存在平衡缺陷的橄榄油，即嗅觉-味觉以及触觉感受上，苦味和辣味属性的中值高于果味的中值。

d. 温和橄榄油（mild oil） 苦味和辣味属性的中值小于等于 2。

e. 杏仁味（almond） 新鲜、干的杏仁的淡淡的味道。

f. 苹果（apple） 苹果的果味。

g. 朝鲜蓟（artichoke） 原朝鲜蓟的味道。

h. 涩味（astringent） 由于单宁所产生的强烈刺激的感觉。

i. 青草味（green grass） 新割的青草味。

j. 干草（hay） 晾干的草的味道。

k. 辣味（spicy） 类似于淡淡的辣辣椒的触感，尤其是在喉咙后部感受到的，可引起咳嗽。

（2）令人不愉悦的感官属性

① 发霉/泥质沉积（fusty/muddy sediment） 橄榄堆积储存时，由于无氧发酵，或与在罐底或容器底发霉或泥质沉积部的沉积物接触，在橄榄油中获得的特征性风味。

② 发霉的湿土气（musty-humid earthy） 由在潮湿环境中储存时感染大量真菌和霉菌的油橄榄果，采摘时沾有泥土且未彻底清洗的橄榄果，所获取的橄榄油的特征性风味。

③ 酒醋味（winey-vinegary） 特定橄榄油中与酒或醋相似的特征性风味。

④ 酸味（acid-sour） 主要是橄榄中的有氧发酵，或残留在压榨垫上的橄榄酱，未及时清理导致形成乙酸、乙酸乙酯和乙醇，产生的风味。

⑤ 陈腐味（rancid） 由于氧化所产生的风味。

⑥ 冻伤橄榄（frostbitten olives）/湿木味 采摘前冻伤的油橄榄果所获取的橄榄油的特征性风味。

⑦ 受热或热损伤（heated or burnt）　在加工中由于过度加热或延长加热，尤其是在热混合中没有达到适合操作条件，所生产的橄榄油的特征性风味。

⑧ 草木味（hay-wood）　由干枯的橄榄所产生的油的特征性风味。

⑨ 粗糙（rough）　某些陈旧橄榄油产生的黏稠的口感。

⑩ 油腻（greasy）　与机油等相似的风味。

⑪ 蔬菜水（vegetable water）　与发酵的蔬菜水接触时间过长的橄榄油的风味。

⑫ 卤水（brine）　保存在卤水中的橄榄中提取的油的风味。

⑬ 金属味（metallic）　与金属相似的味道。是在压榨、混合、储存过程中与金属表面过长接触的特征性风味。

⑭ 茅草味（esparto）　在新茅草垫上压榨橄榄油的特征性风味。

⑮ 蛆味（grubby）　被橄榄蝇（bactrocera oleae）蛆污染的橄榄油的风味。

⑯ 黄瓜味（cucumber）　橄榄油密封包装时间过长，尤其是包装在锡容器中，由于形成 2,6-壬二烯醛所产生的风味。

有研究在上述风味类别的基础上，建立了橄榄油的风味轮，其感官特性进一步分类，把所感受到的嗅味觉分成不同的类别，见 8.10.3 和 8.10.4。附录中是两种比较有代表性的风味轮的分类方式。其中 8.10.3 的风味轮最早是在 1993 年在米兰召开的特级初榨橄榄油感官与营养品质大会上提出，将所有感官特性分为三大类，并采用 50 个不同的描述性词语说明外观、口感和嗅/味觉感受。随后，澳大利亚橄榄油协会的评价委员会的专家 Richard Gawel 提出了采用 72 个不同术语描述初榨橄榄油的风味与口感的风味轮（见 8.10.4）。这是根据在橄榄油感官评价的实践经验和品评体验，以及相关术语在橄榄油评价文献中的检索，经过整理挑选而制定的，可在橄榄油的产品特性描述与感官训练中起参考作用。

8.4　橄榄油感官评价员的人选与培训

IOC 感官分析方法与感官分析国际标准一致，按照 IOC 方法经由筛选、培训合格的感官检测小组（8 或 10 名成员）完成。

小组组长必须是经过培训的专业人士，是小组的关键核心人物，并负责小组中感官分析评价员的筛选、培训和管理，包括感官分析手段和技术的培训、谨慎处理样品、组织进行感官检测，并以科学的态度计划并执行检测工作。

橄榄油感官评价的品尝员为自愿参加，候选人员递交书面申请，经过挑选、培训，完成相似样品之间的差异性辨别技能训练。实际上品尝员感官精确度决定了实验的客观性。因此要求品尝员在安静放松的心态下，将注意力全部放在品尝的样品中，并完成感官的分析记录。

品评员的筛选需要了解候选人的个人状况，因为某些因素，比如性别、年龄、特殊习惯（吸烟）等，甚至比其他诸如健康、个人兴趣以及是否有时间等更为重要。通过面试，采用问卷调查的形式，既可以向候选人解释感官评价工作的特性、所需要的工作时间，又可以了解候选人的兴趣与动机、有多长时间可以参与评价工作等。问卷调查实例见 8.10.1，将对评价工作不感兴趣，没有足够时间参与评价，或不能清晰表达自己观念的候选人排除在外。可从 3～4 倍的候选人中筛选，以便挑出辨别力最敏感或最强的人进入感官评价小组。

为检测候选人的感觉灵敏度，选用 4 种分别代表典型感官属性的油样——霉味、酒味、陈腐味和苦味，其强度尽可能地突出与清晰，采用配对比较实验，测定小组对每一种感官属性的测定阈值。

进入培训阶段，其目的包括：使品尝员熟悉初榨橄榄油中多种嗅觉-味觉-触觉的变化；熟悉特定的感官分析方法；提高个人的感官识别，提高确认和定量技能；提高对各个属性的感受程度，使检测结果精确一致。从而获得可重复的、重现性好的数据。常用的检测品尝员表现的方法是使用参照样品，并通过方差分析判断品尝员技能的一致性和持续性。

8.5　初榨橄榄油品评程序

拿起仍盖着玻璃盖的玻璃杯（图 8-2），略微倾斜，转动杯子，使橄榄油尽量润湿内壁，然后打开玻璃盖，慢慢深呼吸，嗅闻样品，评价油样。嗅闻不要超过 30s，如果此时间内没有得出相应的结论，可以先休息下，再重复测定。

嗅闻后，进行口腔感觉评价（鼻后嗅觉、味觉和触觉感觉）。大约 3mL 橄榄油含在口中，将油送入整个口腔，从舌尖沿舌两侧到舌后部，与舌头上不同味蕾感受器接触，感受四种基本味觉：酸、甜、苦、咸，从而分辨出样品之间的细微差别。

需要说明的是还要将足够量的油样慢慢润过舌后部，直到喉咙，而品评员依次感受苦味、辛辣刺激的出现，否则，在某些油样的品尝中，会错过这两种刺激，或者辛辣刺激会阻碍苦味的感受。

品评油样时，连续短呼吸，以确保在口腔不同部位感受滋味的同时，感受鼻腔后部的挥发性芳香成分。感官评价中，还需要考虑样品的触觉感受，记录下流动性、黏稠度、辛辣或钉刺感，以及量化的程度等。

在橄榄油的感官分析时，最好每天检测三次，每次不要超过四个样品，以避免在立即对其他样品品尝时出现对比效应。减少上一个样品在口腔中的残留，建议咀嚼一小片绿苹果（约 15g），再用少量水漱口，在两次检测之间要有至少 15min 的间隔。

在品评时，采用初榨橄榄油测评表（见 8.10.2），小组中的每位品尝员根据嗅闻以及品尝的样品，按照测评表中提供的 10 级标度，将感受到的属性强度记录在表格中。如果感受到的不良属性未列出，评价小组组长可要求品尝员加以修改，或者重复试验。随后组长将每位品尝员的测定数据输入计算机程序中，根据其中值，进行统计分析。

8.6　初榨橄榄油感官评价的品质参数

按照现行的欧盟标准，橄榄油根据其四个化学参数（游离酸度、过氧化值、紫外吸光值和感官分析数据）分为三个等级（特级初榨橄榄油、初榨橄榄油和橄榄灯油）（表8-1）。其中橄榄灯油是非食用油。

表 8-1　橄榄油的分级（EU 标准 No 1989/2003 及其修订版）

类别	游离酸度 /(g/100g)	过氧化值 /(mmol/kg)	紫外光吸收值		感官分析	
			K_{232}	K_{270}	M_d①	M_f②
特级初榨橄榄油	<0.8	≤20	≤2.50	≤2.20	=0	>0
初榨橄榄油	≤2.0	≤20	≤2.60	≤0.25	>0 ≤3.5	>0
橄榄灯油	>2.0	—			>3.5	>0
					≤3.5	=0
精炼橄榄油	≤0.3	≤5	—	≤1.10		
调和橄榄油	≤1.0	≤15	—	≤0.90		
精炼橄榄灯油	≤0.3	≤5	—	≤2.00		
橄榄灯油	≤1.0	≤15	—	≤1.70		

①M_d 为负面属性的中值。
②M_f 为"果香"属性的中值。
注：其中感官分析的数据为后经修正的数据。

从上述数据可以看出，三个等级的橄榄油之间在四个指标上差别明显，尤其是在感官分析中，通过果味属性与不良的负面属性的中值也可以判断产品的风味（表8-2）。

表 8-2　橄榄油风味属性强度列表

风味属性	属性中值	风味属性	属性中值
果香	—	柔和鲜果香	≤3
成熟果香	—	中等鲜果香	3～6
鲜果香	—	强烈鲜果香	≥6
柔和果香	—	柔和苦味	≤3
中等果香	≤3	中等苦味	3～6
强烈果香	3～6	强烈苦味	≥6
柔和成熟果香	≥6	柔和刺激气味	≤3
中等成熟果香	3～6	中等刺激气味	3～6
强烈成熟果香	≥6	强烈刺激气味	≥6

在橄榄油感官评价的风味属性上按照所感受到的强度，分为：柔和、中等、强烈，并相应给出了属性的中值范围。除了上述三种风味：果香、苦味、刺激气味为愉悦的气味外，还有一些令人不愉悦的风味，影响到产品的感官评价。

8.7　初榨橄榄油感官评价分析

由评价小组进行的感官评价主要涉及两方面的测定：差异性评价和描述性分析。

差异性评价通常是在两个相似的食品样品中，判断由于产品的配方的改变或生产工艺的改变所产生的细微差别。而对于植物油的差异性评价分析，可对植物油精炼效率加以控制。另外还可以测定在储存或包装中油样的风味出现的细微变化。

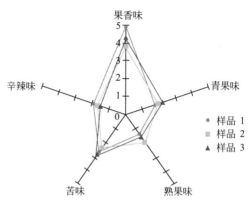

描述性分析，是精确描述并测定食品的感官属性的评价过程，只能由经过培训的专业人士完成。描述性分析的方法很多，其中之一是加州 Palo Alto 的 Tragon 公司开发使用的定量描述分析方法（QDA），参见图 8-3。评价员先检查样品，列出所有相关的感官特性，之后采用经讨论协商确定的描述性术语的使用标准，采用量化过程，评价员估计每一种感觉属性的强度，记录下原始数据，经过统计分析技术评价样品。

图 8-3　三种橄榄油的 QDA 图（雷达图）

QDA 方法的优点在于：通过取评价小组平均值的形式，克服不同评价员判断阈值不同的问题；在定义感官特征的描述性术语上，可规范词语的定义，使品尝员用相同或相似的词语，描述所感受到的不同感觉，避免了对术语歧义所造成的判断问题；确定量度并供品尝员参照，这样便于对不同品尝员以及不同组的品尝员的打分进行比较。

描述分析的使用范围包括：产品开发与分析、不能立即比较样品感官特性差别的产品（比如，新鲜初榨橄榄油与经年放置的油样）、货架期研究、仪器与感官特性的相关性、加工技术对产品感官特性、品质分析、预设品质标准证明的影响研究等。

8.8　影响橄榄油感官评价的因素

影响橄榄油成品感官特性的因素多种多样，其中对生产高品质橄榄油起主要作用的因素有：

（1）品种　不同的品种含有生产特级初榨橄榄油特定的不同感官特性。

（2）栽培技术（灌溉、施肥、植株养护等）　在影响橄榄油品质的环境因素中，温度和供水量是非常重要的因素，前者影响橄榄油的酸性成分，后者影响多酚物质的含量。

（3）油橄榄果的成熟　早摘的果实由于含有较高的多酚成分，会更苦更辣一些。

（4）油橄榄果的收获与储存　橄榄油的品质与油橄榄果的完整状态紧密相关。传统手工采摘方式比机械采摘更可以避免果实受损。储于不大的箱子中的橄榄，可避免由于过多果子堆积所造成的挤压或温度过高的情况，减少微生物的污染，以及氧化和发酵。

（5）去树叶以及油橄榄果清洗　在加工前，橄榄必须经过清洗，除去包括树叶与树枝在内的多余物质，这些都会影响到橄榄油的品质。

（6）压榨　在压榨阶段油橄榄果先被破碎，传统的石磨粉碎机多配合间歇式压榨，但也有采用连续式卧螺离心机分离制取橄榄油。通常使用锤式或盘式粉碎机粉碎油橄榄果，对油橄榄果皮的破坏更严重，会产生更多的酚类化合物，感官上体验更持久的更苦更辣的味道。

（7）揉制　持续揉制和高温处理可能增加果胶溶解酶和蛋白水解酶的活性，从而改变油的理化特性，降低油的品质。

（8）离心　通过离心脱去油水混合物中的水，不过因此也会减少酚类化合物的含量。

（9）澄清与过滤　离心之后的油因含有少量黏液、水以及小块果肉，呈浑浊不透光。澄清的目的是降低这些的含量有助于水解和氧化的物质。传统澄清方法包括沉淀，现在则被过滤替代。

（10）储存　为了保持油的物化与感官特性，需要控制储存条件，其中影响储油的主要因素如下：

① 温度（12~15℃）。

② 光照（油应储于暗处，否则多不饱和脂肪酸的光氧化作用会导致产品出现腐败缺陷）。

③ 空气中的氧（油与空气接触后会产生一系列氧化反应，改变化学组成并改变颜色、气味以及风味）。最好将特级初榨橄榄油储于密封的环境中。

橄榄油既含有风味物质，同时还含有多酚类物质，这是食用油中少见的。多不饱和脂肪酸和酚类物质，恰恰是对橄榄油的感官评价有贡献的物质。其挥发性和酚类的组成，是产品中具有香气和味道的原因。由于在感官测定中，橄榄油的苦味和辣味是对 VOO 风味起积极作用的，这两种特性与产品酚类物质的定性-定量的含量密切相关。某些酚类可刺激产生苦味的味觉，而另一些酚类物质可刺激味觉的三叉神经，以及味蕾，产生辣味、涩味以及金属味等化学感觉。苦味和辣味的强度主要与橄榄的品种以及成熟度相关。有报道 VOO 中的橄榄苦苷及其糖苷配基随着橄榄的成熟度而降低，这种酚类物质会在感官品尝中产生甜味。因此要想获得一定的苦味和辣味的口感，建议延长橄榄的收获时间。

8.9　初榨橄榄油感官评价方法

初榨橄榄油作为一种深受消费者喜欢的食用油产品，所具有的风味以及膳食营养特性是区别于其他植物油的特征。其品质与产品的风味等感官特性紧密相关，其果味、苦味、辛辣味是橄榄油感官特性的重要评价指标。采用传统的感官评价的方式（不管是由消费者、生产者、还是专家进行的感官评价），都需要借助于人体的感觉器官，这种方法的优点是能够分辨嗅觉、味觉、触觉等总体感觉，当然缺点是测定结果与这些器官的灵敏程度相关，另外整个评价过程耗时，且每天有最多评价数量的限制。

近年来，随着新技术的不断出现，在感官评价橄榄油的质量的基础上，开始采用仿生检测手段，作为感官评价的补充。采用电子鼻对 8 种不同土耳其橄榄油样品的检测结果表明，该技术能检测出不同收获年份、品种、地理产地之间的差别，说明其在细微差别检测中有优于小组评价的优势。

电化学传感器的开发、研究及其广泛应用，使电子鼻，甚至电子舌在初榨橄榄油的品质检测成为可能。而且还有结合二者的感官评价，用于产品质量水平、地理产地以及橄榄品质的鉴别检测。由于橄榄油掺伪的出现，破坏了正常橄榄油市场的产品销售和顾客体验，结合电子鼻和电子舌检测掺伪橄榄油产品也成为新的研究课题。目前对掺伪橄榄油的品质鉴别还依赖于采用气相色谱、液相色谱、串联质谱等仪器的检测方法，当然在掺入不同植物油的橄榄油的感官特性与化学特性上还存在不确定性，采用单一的鉴别方法，并不是完全有效的检测方法。因此多种鉴别手段在现阶段是一种比较好的结合点。

对于消费者来说，尤其是购买了 EVOO 产品的消费者，所关注的产品标注的感官感觉程度（强烈、中等、轻微），其等级划分主要依靠感官评价小组对于产品中积极感官特性的分析（果香、苦味、辛辣味），对感官评价人员有特定的要求。电子鼻与电子舌的应用，为感官评价提供了更广范围检测的可能性。同时，对于橄榄油中的缺陷感官特征，除了有助于对产品品质的鉴别外，还有助于研究产生不良特征的因素，从而为提高产品质量提供更多的监管措施。因此未来对橄榄油感官特征的检测会在感官评价的基础上，结合产品缺陷标准的化学检测方法，并结合仪器分析、仿生检测技术等评价感官评定中的缺陷特征。

8.10　感官评价附录表

感官评价，通常会借助一系列表格和风味轮的描述来完善。下面就感官评价人员问卷调查、初榨橄榄油测评表、感官评价的风味魔戟轮和感官评价的味道识别轮的具体内容列表介绍，作为橄榄油感官评价必要的附表说明。

8.10.1　感官评价人员问卷调查表

请用是/不是回答下列问题：

序号	问题	是	非
1	你愿意参加感官评价工作吗？		
2	你认为该工作有助于改进国内外食品的品质吗？		
3	如果是,为什么(接问题1,通过描述食品的感官分析能够获得什么？比如从橄榄油的分析中)？		

序号	问题	是	非
4	是否知悉需要品尝油脂？是否做好品尝的准备？		
5	你愿意将自己的嗅觉、味觉品评技能与其他同事相比较吗？		
6	你有时间参加品评吗？是否能独立如期合理安排日常工作？		
7	如果你需要请示主管,你认为如果需要从日常的工作中,连续几天抽出半个小时时间,能够被获准吗？		
8	由于参加感官分析,在工作中缺失的工作时间能够加以补偿吗？		
9	你认为感官评价工作应该支付薪酬吗？		
10	以何种方式？		

注:如果您愿意,对可能获得的橄榄油的任何食品感官评价进行描述。

8.10.2 初榨橄榄油测评表

缺陷感官属性强度	
发霉/泥质沉积	
发霉的湿土气	
酒醋味	
冻伤橄榄(湿木味)	
陈腐味	
其他不良属性	
描述词	受热或热损伤( ) 草木味( ) 粗糙( ) 油腻( ) 蔬菜水( ) 卤水( ) 金属味( ) 茅草味( ) 蛆味( ) 黄瓜味( )
令人愉悦属性的感受强度	
果香	青果( ) 成熟果香( )
苦味	
品尝员姓名	品尝员编号
样品标号	签名
日期	
建议	

8.10.3 橄榄油感官评价的风味魔戟轮描述（mojet wheel）

基本感觉	感觉分类	术 语
嗅味觉 （smell and taste）	苦味（bitter）	绿叶（green leaves）
		奶酪（cheese）
		金属（metallic）
	药味（medicin）	粗糙（harshy）
		咸（salty）
		油灰（putty）
		焦糖（caramel）
	橄榄味（olives）	酵母（yeast）
		绿橄榄（green olives）
		成熟黑橄榄（ripe black olives）
	朝鲜蓟味（artichoke）	苹果（apple）
	辣椒味（peppery）	西红柿（tomato）
		辣辣椒（chill peppers）
		乙酸乙酯（ethyle-acetate）
	盐水味（briny）	尖刺（prickly）
		椰子（coconut）
	发酵味（fermented）	
	腐败味（rancid）	牛脂（tallow）
		农场（farm）
		泥土（earthy）
	水果味（fruity）	橘子（orange）
		水果糖（fruit candies）
		野花（wild flowers）
	香水味（perfumy）	
	干果味（hay）	扁桃（almond）
		干果（nutty）
	草味（grassy）	树枝（twig）
		绿香蕉（green banana）
视觉	绿色（green）	黄色（yellow）
	棕色（brown）	
	透明（tranparent）	有光泽（glossy）

基本感觉	感觉分类	术　语
触觉	浓稠(thick)	黏(sticky)
	粗糙(rough)	
	辣味(pungent)	凉(cooling)
		粘喉咙(throat catching)
		刺激(astringent)

资料来源：http://www.thenibble.com/reviews/main/oils/images/OliveOilWheel-500.jpg。

8.10.4　橄榄油感官评价的味道识别轮描述（ recognose wheel ）

类型	感觉分类	感官评价
1	味觉(taste)	甜味(sweet)
		苦味(bitter)
	触觉(tactile)	金属(metallic)
		涩味(astringent)
		黏嗓子(throat catching)
		紧(tight)
		辣椒(chilli)
		胡椒(peppery)
		辛辣(pungent)
2	草木味(herbaceous)	番茄叶(tomato leaves)
		草味(grassy)
		葱味(shallot)
		三叶草(sorrel)
		色拉酱叶子(salad leaves)
		无花果树叶(fig leaf)
		朝鲜蓟(artichoke)
	绿色(green)	绿西红柿(green tomato)
		绿苹果(green apple)
		未熟香蕉(unripe banana)
		成熟西红柿(ripe tomato)
		橄榄(olives)
		绿茶(green tea)
		桉树(eucalyptus)
		薄荷(mint)

类型	感觉分类	感官评价
2	果味（fruity）	鳄梨（avocado）
		酸橙（lime）
		柠檬（lemon）
		富士苹果（fuji apple）
		西番莲果（passion fruit）
		番石榴（guava）
		水果色拉（fruit salad）
	香味（fragrant）	花香（floral）
		香水味（perfumed）
		糖果香（confectionary）
	辣味（spice）	塞浦路斯树脂（Cyprus resin）
		肉果（cinnamon）
		辣椒（pepper）
	坚果味（nutty）	杏仁（almond）
		松子（pine nut）
		坚果仁（nut meat）
		烤坚果（toasted nut）
	干味（dried）	干草（hay）
		茶叶（tea leaf）
		木质（woody）
		树枝（twiggy）
		橡子（acorn）
	无定义（unclassified）	蚁酸（formic acid）
		麦芽（malt）
		黄油（butter）
3	泥土味（muddy）	呕吐物（vomit）
		蓝奶酪（blue cheese）
		恶臭牛奶（fetid milk）
		培根（bacon）
		烟熏（smoky）
		腊肠（salami）

续表

类型	感觉分类	感官评价
3	葡萄酒味（winey）	溶剂（solvent）
		醋（vinegar）
	霉臭味（fusty）	乳酸味（lactic）
		腌橄榄（brined olives）
	陈腐味（musty）	发霉干草（moldy hay）
		霉菌孢子（mold spore）
	油脂变质（rancid）	花生（peanut）
		不新鲜核桃（stale walnut）
	其他不良气味（other faults）	焦糖（caramel）
		烹煮（cooked）
		烧焦（burnt）
		烩水果（stewed fruit）
		黄瓜（cucumber）
		脏（grubby）
		芦苇草（esparto grass）

参 考 文 献

［1］ 周瑞宝. 特种植物油料加工工艺［M］. 北京：化学工业出版社，2010.

［2］ COI/T. 20/Doc. No 15/Rev. 8 November 2015. SENSORY ANALYSIS OF OLIVE OIL. METHOD FOR THE ORGANOLEPTIC ASSESSMENT OF VIRGIN OLIVE OIL COI 初榨橄榄油的感官分析方法.

［3］ COI/T. 20/Doc. No 4/Rev. 1 September 2007. SENSORY ANALYSIS OF OLIVE OIL STANDARD SENSORY ANALYSIS：GENERAL BASIC VOCABULARY COI 橄榄油标准——感官分析：一般基本词汇.

［4］ COI/T. 20/Doc. Rev. 1 September 2007. Sensory Analysis of Olive Oil Standard Guide for a Installation of a Test Room.

［5］ COI/T. 20/Doc. No5/Rev. 1 September 2007. Sensory Analysis of Olive Oil Guide Glass for oil tasting.

［6］ Sensory Analysis of Olive Oil Standard Guide for a Installation of a Test Room.

［7］ Angerosa，F. Influence of Volatile Compounds on Virgin Olive Oil Quality Evaluated by Analytical Approaches and Sensor Panels［J］. European Journal of Lipid Science and Technology，2002：104，639-660.

［8］ Commission Regulation（EEC）No 2568/91 of 11 July 1991 on the characteristics of olive oil and olive residue oil and on the relevant methods of analysis. OJ L 248，5. 9. 1991：1.

［9］ Vossen P. Olive Oil：History，Production，and Characteristics of the World's Classic Oils［J］. HORTSCIENCE，2007，42（5）：1093-1100.

［10］ De Santis，Frangipane D，M T. Sensory Perceptions of Virgin Olive Oil：New Panel Evaluation Method and the Chemical Compounds Responsible [J]. Natural Science, 2015, 3: 132-142

[11] Escuderos M E, Uceda M, Sánchez S, Jiménez A. Olive oil sensory analysis techniques evolution [J]. Eur J Lipid Sci Technol, 2007, 109: 536-546.

[12] Monteleone E, Langstaff S. Olive Oil Sensory Science. John Wiley & Sons, Ltd Oxford, 2014.

[13] Muzzalupo I. Olive Germplasm- The Olive Cultivation, Table Olive and Olive Oil Industry in Italy [J]. Intech, Rijeka, 2012: 224-238.

[14] Stone H, Sidel J, Oliver S, Singleton R C. Sensory evaluation by quantitative descriptive analysis [J]. Food Technology, 1974, 28: 24-34.

[15] Bendini A, Cerretani L, Carrasco-Pancorbo A, GómezCaravaca A M, Segura-Carretero A, Fernández-Gutiérrez A, Lercker G. Phenolic Molecules in Virgin Olive Oils: a Survey of Their Sensory Properties, Health Effects, Antioxidant Activity and Analytical Methods. An Overview of the Last Decade [J]. Molecules, 2007, 12: 1679-1719.

[16] Clodoveo M L, Hbaieb R H, Kotti F, Mugnozza G S, Gargouri M. Mechanical Strategies to Increase Nutritional and Sensory Quality of Virgin Olive Oil by Modulating the Endogenous Enzyme Activities [J]. Comprehensive review on food science and food safety, 2014, 13 (2): 135-154.

[17] Caponio F, Gomes T, Pasqualone A. Phenolic compounds in virgin olive oils: influence of the degree of olive ripeness on organoleptic characteristics and shelf-life [J]. Eur Food Res Technol, 2001, 212: 329-333.

[18] Aparicio R, Morales M T. Sensory wheels: a statistical technique for comparing QDA Panels. Application to virgin olive oil [J]. J Sci Food Agric, 1995, 67 : 247-257.

[19] Gawel R Rogers D. The relationship between total phenol concentration and the perceived style of extra virgin olive oil [J]. GRASAS Y ACEITES, 2009, 60 (2): 134-138.

[20] Noble A C, Arnold R A, Buechsenstein J, Leach E J, Schmidt J O, Stern P M. Modification of a standardized system of wine aroma terminology [J]. Am J Enol Vitic, 1987, 38: 143-146.

[21] Garcıa J M, Yousfi K, Mateos R, Olmo M, Cert A. Reduction of oil bitterness by heating of olive (Olea europea) [J]. Journal of Agricultural Food Chemistry, 2001, 49: 4231-4235.

[22] Angerosa F. Influence of volatile compounds on virgin olive oil quality evaluated by analytical approaches and sensor panels. Eur [J]. J Lipid Sci Technol, 2002, 104: 639−660.

[23] Mojet J, Jong S. The sensory wheel of virgin olive oil [J]. Grasas y Aceites, 1994, 45: 42-47.

[24] Kadiroglu P, Korel F, Tokatli F. Classification of Turkish Extra Virgin Olive Oils by a SAW Detector Electronic Nose [J]. J the American Oil Chemists' Society, 2011, 88 (5): 639-645.

[25] Mignani A G, Ciaccheri L, Mencaglia A A, Paolesse R, Natale C D, Noble A D, Bendetto A, Mentana A. Quality monitoring of extra-virgin Olive Oil using optical sensor. Proc. SPIE 6189. Optical Sensing II, 61892F, doi: 10.1117/12.666909.

[26] Veloso A C A, Dias L G, Rodrigue NMM, Pereira J A, Peres A M. Sensory intensity assessment of olive oids using an electronic tongue [J]. Talanta, 2016, 146 : 585-593.

9 橄榄油实验室认证

王 蕾 周盛敏 王 勇 张余权

橄榄油的生产原料和加工方式，有别于其他植物油。橄榄油具有的主要天然营养成分和特征风味，其他植物油无法相比。特级初榨橄榄油的原料选择、加工工艺，以及包装、储存和商业流通条件要求严格，除了油品品质优良之外，附加生产成本也高，油品在商业流通中费用也高。合格的特级初榨橄榄油价格，高于普通橄榄油和其他植物油。因此，不法商贩为了商业利润，以次充好、以假乱真的行销行为，扰乱了公平竞争，更重要的是损害了广大消费者的利益。为了维护橄榄油贸易市场，需要建立评判橄榄油等级的评价体系，而橄榄油的评价体系主要是由评价实验室来实现的。这个实验室，用来鉴定橄榄油的理化指标和感官风味，是否达到商品等级标准。目前，有一些权威的行业协会，也有一些政府组织的机构对这些具有橄榄油理化分析和感官评价的实验室进行考核和认证，考核和认证不是终身制而是需要进行年度更新。目前公认的对实验室具有考核和签发认证合格证书的国际性机构，主要是国际橄榄理事会（IOC）和美国油脂化学家协会（AOCS）。此外，一些国家性的机构，如西班牙、意大利等国家也有本国内比较知名的机构，并不在本书的讨论范围之内。

下面对 IOC 和 AOCS 机构实验室认证的主要内容，以及认证机构和认证的详细内容逐一阐述和比较。

9.1 国际橄榄理事会（IOC）

9.1.1 IOC 简介

国际橄榄理事会（International Olive Council，IOC），是唯一的一个橄榄油和油橄榄果的非盈利性世界政府组织，负责《国际橄榄油和食用橄榄协定》的执行和管理。《国际橄榄油协定》（International Olive Oil Agreement）于 1955 年 10 月在日内瓦举行的联合国国际橄榄油会议上经过谈判通过，但协定未生效。1959年，《国际橄榄油协定》经修改生效，同年，IOC 在联合国赞助下成立，总部设在西班牙首府马德里。2006 年，国际橄榄油理事会 IOOC 更名为国际橄榄理事会

IOC。现在 IOC 负责管理 2015 年商讨达成的最新《国际橄榄油和食用橄榄协定》。IOC 下设成员国理事会，经济、技术、财务、推广和顾问理事会，主席和执行秘书处。

IOC 的主要宗旨是：①促进橄榄油技术研发项目的国际交流、合作；②促进国际橄榄油和油橄榄果贸易，并制定和实施贸易标准，以提高橄榄油和油橄榄果的质量；③促进橄榄种植和产业的可持续性发展；④推广世界橄榄油和油橄榄果的消费；⑤提供世界橄榄油和油橄榄果的市场监控信息；⑥邀请政府代表和专家参加各类会议，磋商相关问题。目前，IOC 的成员贡献了 98% 的世界橄榄油生产量，包括阿尔及利亚、阿根廷、欧盟、伊朗、以色列、约旦、黎巴嫩、利比亚、黑山共和国、摩洛哥、突尼斯、土耳其和乌拉圭在内的 13 个成员。中国目前还不是其成员。具体的 IOC 成员见表 9-1 和表 9-2（2017 年 1 月更新）。

表 9-1　国际橄榄理事会（IOC）成员列表

序号	国家或者地区	加入时间
1	Algeria(阿尔及利亚)	1963 年 6 月 29 日
2	Argentina(阿根廷)	2009 年 5 月 8 日
3	European Union(欧盟)	
4	Iran(伊朗)	2004 年 1 月 6 日
5	Israel(以色列)	1958 年 9 月 10 日(创始成员国)
6	Jordan(约旦)	2002 年 12 月 2 日
7	Lebanon(黎巴嫩)	1973 年 11 月 10 日
8	Libya(利比亚)	1956 年 2 月 14 日(创始成员国),在 2003 年 1 月 28 日又重新加入
9	Montenegro(黑山共和国)	2007 年 11 月 13 日
10	Morocco(摩洛哥)	1958 年 8 月 11 日(创始成员国)
11	Tunisia(突尼斯)	1956 年 2 月 14 日(创始成员国)
12	Turkey(土耳其)	2010 年 2 月 21 日
13	Uruguay(乌拉圭)	2013 年 7 月 30 日

表 9-2　国际橄榄理事会（IOC）成员中欧盟国家列表

奥地利	比利时	保加利亚	克罗地亚	塞浦路斯	捷克共和国
丹麦	爱沙尼亚	芬兰	法国	德国	希腊
匈牙利	爱尔兰	意大利	拉脱维亚	立陶宛	卢森堡
马耳他	荷兰	波兰	葡萄牙	罗马尼亚	斯洛伐克
斯洛文尼亚	西班牙	瑞典	英国		

其中 IOC 的创始成员包括：比利时（1959 年 4 月 21 日）；法国（1956 年 2 月 14 日）；希腊（1958 年 8 月 1 日）；意大利（1956 年 6 月 5 日）；葡萄牙（1956 年 2 月 15 日）；西班牙（1956 年 7 月 29 日）；英国（1958 年 7 月 31 日）。IOC 的组织架构非常明晰，由理事会成员及委员会，主席和行政秘书处组成，参见图 9-1。

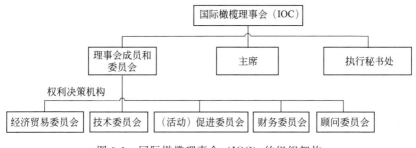

图 9-1　国际橄榄理事会（IOC）的组织架构

IOC 日常事务由理事会成员自主支配。理事会成员由各个成员国委任一个代表组成，成员国的代表会由候补和顾问进行协助。IOC 理事会成员每年至少开一次评审会，会议上将总结工作，并且讨论下一年的活动、计划和预算。评审会议通常会在 IOC 总部西班牙马德里举行。理事会的决定一般是通过达成共识从而通过。如果没有达成共识，则会有另一个决策机制，也就是由几个（少数）高资质的成员国来讨论决定。IOC 的官方语言是阿拉伯语、英语、法语、意大利语和西班牙语。

理事会成员可以按需要成立多个委员会或委员会分会。理事会需要做很多重要的工作，比如先行讨论和提出议题，规划三年行动纲要，然后提交给理事会的成员。IOC 目前有五个委员会：经济贸易委员会（Economic Committee）、技术委员会（Technical Committee）、（活动）促进委员会（Promotion Committee）、财务委员会（Financial Committee）和咨询委员会（Advisor Committee），如图 9-2 所示。所有的委员会由候选委员、顾问以及每个成员国委任的一个代表组成。①经济贸易委员会：经济贸易委员会的主要工作就是讨论并批准由执行秘书处整理的关于橄榄油和食用橄榄果的生产、消费、进口、出口和存储的统计数据。跟踪橄榄行业的市场发展，追踪国家制订橄榄相关的政策和规定，促使橄榄市场达到供求平衡。②技术委员会：技术委员会主要负责审阅和讨论执行秘书处提出的有关橄榄油化学和标准、研发方向、技术转化，为成员国提供培训和定向的技术援助等活动或者项目。③（活动）促进委员会：（活动）促进理事会是负责当前和未来的橄榄油的宣传推广和消费促进活动。同时，这个委员会还负责明确 IOC 的宣传政策的方向。④财务委员会：财务委员会的职责是确保 IOC 的财务正常运行。它负责对 IOC 财务账户进行年度审计和分析评估执行秘书处提出的预算草案。IOC 的活动预算主要分为三个方面，行政管理预算、技术合作预算和推广预算。⑤顾问委员会：橄榄油和食用橄榄果的顾问、建议工作，对 IOC 非常重要。IOC 会收集来自不同方面的意见和建议，比如生产商、加工商、营销者和消费者。那么，顾问委员会主要是负责收集来自各方面的声音，并且利用他们的实践知识来帮助执行秘书处，找到有效的解决问题的方法，从而保证对橄榄行业有效的推动能力。

理事会成员每年会选举一位主席，任期为一年，主席的任命在 IOC 成员国之间轮换。IOC 主席在 IOC 组织结构中举足轻重，其中最重要的职责是主持各种 IOC 的会议，以及合法地代表 IOC 出席各种活动。除了 IOC 主席之外，IOC 也会选出一个副主席，副主席的选举每年一次，并且将于第二年继任主席。

执行秘书处服务于 IOC，它是由执行总监负责的 IOC 行政机构，包括副总监（目前两个副总监，一个是从 2011 年起一直任职副总监）和金融代表以及其他人员。执行秘书处是 IOC 的执行部门，负责按照 IOC 的战略和决策进行实施，以服务其下属成员的需要。除了执行总监办公室，它还由四个部门组成：调查与评估部门、技术部门、促进部门和行政和财务部门。

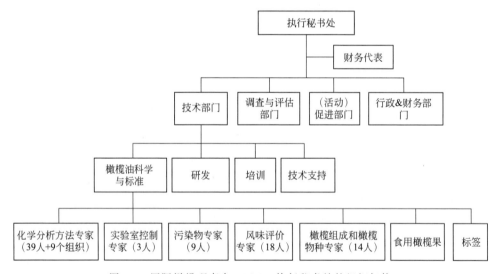

图 9-2　国际橄榄理事会（IOC）执行秘书处的组织架构

9.1.2　IOC 实验室认证

IOC 实验室认证包括两类：其一是化学检测实验室的认证，其二是感官分析实验室的认证。理事会成立伊始，就制定了化学检测实验室认证的相关规则，只要实验室能够在定期的测试中完成 IOC 推荐的检测方法的相关分析，并且具有国家有关认证机构的认证（如，ISO 17025），满足了这两个条件，就可以获得 IOC 实验室认证的荣誉。其中，2012～2015 年获得 IOC 认证的理化实验室统计如表 9-3 所示，可以看出，西班牙在历年的实验室认证中均占有很高的比例，随后是意大利和希腊，这三个国家都是具有代表性的地中海橄榄油消费大国。

表 9-3　2012～2015 年获得 IOC 认证的理化检测实验室统计

国家	2015 年		2014 年		2013 年		2012 年	
	公共	私人	公共	私人	公共	私人	公共	私人
阿根廷	—	1	—	1		1		1
澳大利亚	1	1	1	1	1	1	1	1
中国	—	1	—	1		1		1
加拿大	1	—	1	—	1	—	1	—
西班牙	7	11	8	9	9	11	7	9
法国	2		2		2		2	
希腊	5	6	5	5	5	3	4	3
意大利	5	5	5	5	3	5	3	5
摩洛哥	1		2		2		2	
葡萄牙	2	1	2		2		2	
斯洛文尼亚	1		1		1		1	
突尼斯	3	2	3	2	3	2	3	1
土耳其	1	8	1	8	1	5	1	4
美国	—			1		1		1
德国	—			1				
合计	65		65		59		52	

如前所述，IOC 的认证证书的有限期是一年，因为 IOC 每年都会组织橄榄油理化检测指标的环比，每年获得认证的实验室也可能是不同的。从图 9-3 的统计结果可以看出，IOC 认证的理化检测实验室基本上处于增长趋势，私人实验室比公共实验室上升得要快一点。

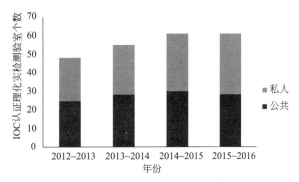

图 9-3　全球 IOC 认证理化检测实验室数量统计

除了橄榄油的物理化学性质之外，橄榄油的感官属性（有时也被称为风味性质）也非常重要。考虑到橄榄油感官特性的科学性和严谨性，IOC 在 1981 年决定设计一种方法对橄榄油的感官特性进行评估。为了达到这一目的，IOC 参考了众多感官分析的研究进展和相关标准，特别是 ISO 的标准。1982 年，IOC 开始与其成员国的实验室、研究机构进行合作，这种合作对起草分析方法、分析方法附带的标准（包括感官评价的术语、物理条件、所需材料、评价程序）有很大的帮助。每年都有一批优秀的实验室获得 IOC 的认证，认证的有效期是从 11 月 1 日到次年 10 月 31 日，认证名单在 11 月份的 IOC 会议上被提交给组委会，得到组委会的同意后再公布于众。其中，2012～2015 年获得 IOC 风味检测认证的实验室统计如表 9-4 所示，西班牙和意大利这两个国家在认证名录中遥遥领先，南半球的澳大利亚也有一家实验室获得 IOC 的年度认证。

表 9-4 2012～2015 年获得 IOC 认证的风味检测实验室统计

国家	2012 年	2013 年	2014 年	2015 年
阿根廷	3	3	2	2
澳大利亚	1	1	1	1
智利	1	1	1	1
塞浦路斯	1	1	1	1
克罗地亚	—	—	1	1
西班牙	13	14	13	13
法国	3	3	3	3
希腊	3	1	1	1
意大利	10	11	11	11
以色列	2	2	1	1
葡萄牙	3	3	3	3
约旦	4	4	4	4
拉脱维亚	1	1	—	—
摩洛哥	5	5	4	4
捷克	1	1	1	1
斯洛文尼亚	1	1	1	1
瑞士	—	1	1	1
突尼斯	1	1	2	2
土耳其	2	3	3	3
乌拉圭	1	1	1	1
德国	1	2	2	2
总计	57	60	57	57

与理化检测实验室类似，风味检测的认证有效期也是一年。最近几年来，获得风味认证的实验室总数基本上变化不大（图 9-4），此外，风味认证没有公共实验室与私人实验室之区分。

所有获得 IOC 认证的实验室不仅享有 IOC 的荣誉，也需要履行相应的义务。比如，IOC 可以要求获得认证的实验室进行关于仲裁、认证、调查或检查的样品检测。

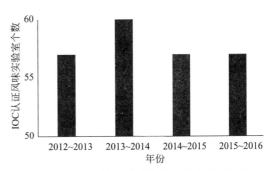

图 9-4　全球 IOC 认证风味检测实验室数量统计

9.1.3　首次获得认证的中国实验室

丰益（上海）生物技术研发中心有限公司的分析测试中心是中国第一个，且是国内唯一的一个经国际橄榄理事会认证通过的，具备橄榄油理化指标全面检测能力的专业实验室，主要致力于全面检测、监控和分析国内橄榄油的品质，并可为公众的橄榄油消费提供符合国际标准的检测技术和安全保障。IOC 认证实验室的数据代表国际橄榄油行业的最高技术水平。

在全世界申请 IOC 实验室的各个机构中，只有满足一定条件的橄榄油检测实验室才可获得 IOC 的年度认证。在欧洲有千家橄榄油生产商实验室，但截止到 2016 年，全球通过 IOC 认证的化学检测实验室不到 70 家。丰益（上海）生物技术研发中心有限公司的分析测试中心已经连续 4 年（2013 年、2014 年、2015 年、2016 年）获得 IOC 认证（表 9-3）。

为了促进消费者对橄榄油的科学认识，倡导健康的膳食营养理念，IOC 认证实验室携手中国疾病预防控制中心营养与食品安全所，启动了《中国市场橄榄油与消费者健康及使用需求》（详见第 1 章），依托 IOC 认证实验室的专业技术平台，整合国际专家资源，运用先进的科研技术、分析检测能力，系统分析和研究了橄榄油的消费趋势及其为健康带来的益处，研究结果表明：橄榄油中富含的单不饱和脂肪酸，一方面有利于植物油消费多样化，有助于控制饱和脂肪酸的摄入和适量减少其他多不饱和脂肪酸的摄入，促进膳食脂肪酸摄入平衡；另一方面有益于增加橄榄多酚等活性物质的摄入，减少过度氧化应激带来的损伤。其专家顾问理事会成员包括：①中国科学院外籍院士蔡南海教授；②全国粮油标准化技术理事会油料及油脂技术工作组组长何东平教授；③丰益全球研发中心总经理徐学兵教授；④国际橄榄理事会实验室认证理事会代表 Lanfranco Conte 教授；⑤北京大学公共卫生学院营养与食品卫生系教授马冠生博士；⑥西班牙巴塞罗那医学院心脑血管与营养科 Montserrat Fitó 博士；⑦淮扬菜非物质文化传承人、中国中央电视台热播《舌尖上的中国 2》大师周晓燕教授。

对此，商务部也指出，丰益（上海）生物技术研发中心有限公司 IOC 认证实验室的成功创立，推动了橄榄油产业的健康发展和食品安全的极大进步，为接轨国际贸易标准提供了技术支持，并为百姓带来健康、安全、优质的消费体验。此外，IOC 认证实验室还可为出口产品提供检测分析，为企业提供检测标准和质量验收依据。

IOC 认证实验室申请工作需要按照一定的流程开展，并需提交一系列系统性文件。一般情况下，申请周期为半年时间。按照时间顺序，简单的申请流程所示如下：①4 月份，以公司或者个人名义申请参加年度的 IOC 实验室认证（认证全程都是免费的，不需要向 IOC 支付任何费用，即使是 IOC 寄送的检测样品也不需要参与人员/机构支付任何费用）；②5 月份，接收到 IOC 从西班牙马德里总部寄送的 4 个检测样品，每个样品都单独存放于 250mL 的棕色避光容器当中；③6 月份，安排进行样品检测，分析检测结果并撰写检测报告，同时准备不确定性报告；④7 月份，网上上传 4 个样品的检测结果，包括强制性的检测结果和自愿性的检测结果，其中，自愿性的检测结果不计入认证成绩，只是帮助 IOC 进行方法验证或者结果测试；⑤7 月份，邮寄检测报告等书面材料到西班牙马德里；⑥12 月份，通知认证结果（包括邮件通知、信件通知，也可以自行在 IOC 官方网站上进行查询）并免费向参与认证的实验室提供 2 份专业分析报告。

值得注意的是，在向 IOC 正式提出认证的参加申请之后，IOC 首先会评估此实验室有无资质参加其组织的认证，具体包括：是否检测橄榄油的相关指标，每年的检测数量有多少，有何种仪器设备用于橄榄油的分析检测，以及是否获得了 ISO 17025 证书。如果尚没有获得 ISO 17025，一般不能参加 IOC 的认证，即使最终的检测结果都很好，也只能拿到 IOC 的临时认证。

ISO 17025（英文全称 Accreditation Criteria for the Competence of Testing and Calibration Laboratories）是实验室认可服务的国际标准，目前最新版本是 2005 年 5 月发布的，全称是 ISO/IEC17025：2005-5-15《检测和校准实验室能力的通用要求》。ISO 17025 标准是由国际标准化组织 ISO/CASCO（国际标准化组织/合格评定委员会）制定的实验室管理标准，该标准的前身是 ISO/IEC 导则 25：1990《校准和检测实验室能力的要求》。国际上对实验室认可进行管理的组织是"国际实验室认可合作组织（ILAC）"，由包括中国实验室国家认可委员会在内的 44 个实验室认可机构参加。

ISO 17025 标准，主要包括：定义、组织和管理、质量体系、审核和评审、人员、设施和环境、设备和标准物质、量值溯源和校准、校准和检测方法、样品管理、记录、证书和报告、校准或检测的分包、外部协助和供给、投诉等内容。该标准中核心内容为设备和标准物质、量值溯源和校准、校准和检测方法、样品管理，这些内容是评价实验室校准或检测能力是否达到预期要求的重点。

中国实验室国家认可委员会（CNAS）是我国唯一的实验室认可机构，承担全国所有实验室的 ISO 17025 标准认可。所有的校准和检测实验室均可采用和实施 ISO 17025 标准，按照国际惯例，凡是通过 ISO 17025 标准的实验室提供的数据均具备法律效应，得到国际认可。目前国内已有千余家实验室通过了 ISO 17025 标准认证，通过标准的贯彻，提高了实验数据和结果的精确性，扩大了实验室的知名度，从而大大提高了经济和社会效益。

ISO 17025 的收费项目与标准介绍如下。认可收费项目包括：申请费（初次评审、复评审、扩项评审等申请时收取）、评审费（对申请人进行文件审查、现场评审费（包括初次评审、复评审、监督评审、扩项评审、纠正措施验证评审等现场见证时收取）、审定与注册费（初次评审、复评审、扩项评审等时收取）、年金。此外还包括工本费、CNAS 印制文件资料实际支出的成本费。评审人员的交通费、食宿费由申请人或已认可机构承担。

在向 IOC 邮寄的纸质材料中，具体材料文档见表 9-5（以 2012 年要求为例）。

表 9-5　IOC 认证理化检测实验室申请材料

材料	原文
环比结果的打印版，由实验室负责人签字	A print copy of the results entered online. These should be signed and dated by the laboratory supervisor and are designed to certify the data entered in the G. S. C. website
申请书	The application for recognition for the period 2012～2013 (section 1. 1. 1. of the Decision)
实验室的详细介绍	Full details on the characteristics of the laboratory, its installations, equipment, olive oil testing staff and activities, its involvement, if applicable, in any inter-comparison olive oil schemes and any accreditations held and the dates on which they were issued (section 1. 1. 2. of the Decision) or, if applicable, the declaration to the effect that steps are being taken to obtain accreditation (section 3 of the Decision)
不确定度报告	Details on whether or not the uncertainty of the measurements is estimated, either systematically or occasionally, and, if it is, specification of the method used
陈述/声明	The undertaking of the laboratory to abide by the duties cited in section 1. 2. of the Decision

其中的实验室的详细介绍部分，可以参考 IOC 提供的一份问卷调查进行准备。一般情况下，此问卷是一个 8 页的文档，问卷内容包括：①申请认证的实验室基本情况，实验室全名、全名的缩写、联系地址、联系人、联系邮箱、电话，以及负责人签字；②实验室简单介绍，成立时间、实验室的形式（公共、私人）、独立实验室还是公司附属实验室；③实验室能力，是否获得了 ISO/IEC 17025 证书，是否开始了 ISO/IEC 17025 的申请以及进展，是否具有其他证书；④人员资质，实验室人员总数和人员组成，进行橄榄油工作的人员情况；⑤仪器设备，实验室占地面积，房间数目，是否有天平以及个数，是否有紫外分析仪以及个数，是否有气相色谱以及个数和检测器，是否有液相色谱以及个数和检测器等；⑥橄榄油检测经验，检测

时间、每年检测的样品数目，以及是否可以进行所有 IOC 要求的橄榄油检测项目；
⑦相关文档，是否拿到 IOC 的贸易标准文档，以及各种指标的标准检测方法文档；
⑧是否参加了其他类似的质量测试项目。

9.2 美国油脂化学家协会（AOCS）

9.2.1 AOCS 简介

AOCS 于 1909 年成立。100 多年以来，AOCS 都一直致力于促进油脂的科学技术的进步，主要包括更新分析方法、组织环比测试、发布同行评议的论文、组织学术教育讨论会等等。

AOCS 的使命是通过促进油、脂、表面活性剂及相关材料的科技进步，从而全方位地丰富人们的生活。为了达到这样的目标，作为国际专业组织开展了一系列活动，如：①提供当前最新的油脂、脂质、蛋白质、表面活性剂及相关材料的信息并将研究成果进行传播，主要是通过会议、出版刊物和网络媒体；②开发和维护用于全球贸易和研究的分析方法，组织能力测试，提供参考资料，并与其他开发人员包括 ISO 和食品法典标准的开发人员进行沟通；③促进和加强专业人员之间的沟通交流，具体方式有学术会议、兴趣小组和其他可能的网络机会；④与其他学术理事会和相关组织进行合作，共同促进科学发展。

在过去的几十年中，AOCS 是建立在数百名志愿者的贡献之上取得的成功。最初，AOCS 只是由 9 个敬业的人组建的棉花产品分析家协会，这九个特许成员努力找寻棉籽产品的可靠的分析方法，这种需求现在仍然是 AOCS 的立身之本。这 9 个具有奉献精神的志愿者将 AOCS 从一个小型区域组织慢慢扩大成为具有世界影响力的国际组织。AOCS 历经大萧条时期，又经过了 20 世纪 40 年代的快速扩张和 20 世纪 70 年代的国际扩张，AOCS 已经获得全世界成员的认可，成为了"全球油脂行业的权威"。AOCS 历史发展大事记：

1909 年：化学，特别是油脂化学在 20 世纪初属于起步阶段纪。AOCS 于 1909 年 5 月成立（最初命名为棉花产品分析家协会）。

1910～1919 年：协会成立后 9 年的 1918 年，出版了第一本书籍，叫做《AOCS 官方方法和惯例推荐》。

1921 年：David Wesson 在 1927 年 10 月 28 日的协会年中会议上发布"因为有几个训练有素的化学家会员，所以协会采用棉籽产品分析师这个名字。但是随着工业的发展，化学的重要性越来越大，这个国家的许多领先的化学家在 1921 年加入了协会，因此协会的名字改为美国油脂化学家协会。"

1920～1929 年：1927 年《油脂行业杂志》改名为《油脂工业》，1932 年《油脂和肥皂》首次出版，这些在 1947 年变成了《美国石油化学家协会杂志》（JAOCS），AOCS 的肥皂化学 1928 年才形成。

1930～1939 年：1937 年 10 月的《油脂与肥皂杂质》中描述"棉籽油引发了人造黄油的生产。这是历史上第一次，棉籽油人造黄油的生产中占据第一位，也是自 1919 年以来的第一次，椰子油不再是第一位了。这一年的棉籽油在人造黄油行业的消费总计达到 1.37 亿英镑，相当于 43％的油"。

1940～1949 年：1941 年 A. J. P. Martin 和 R. L. M. Synge 开创了分配色谱法并在 1952 年赢得诺贝尔化学奖。到 1945 年为止，AOCS 扩张到将拥有 1000 个会员。

1950～1959 年：在现在一个为人所知的经典实验中，9％的亚麻酸被酯化成"不可逆"的非亚麻酸甘油酯的结构，这种结构也就是棉籽油的结构。风味评价后确认棉籽油和亚麻酸酯化后可以得到大豆油。

1960～1969 年：为了弥补学术刊物的缺失，AOCS 在 1966 年 1 月发布了其第一本期刊《LIPIDS》。

1970～1979 年：1972 年 AOCS 的第一个专著发表，名称是《肿瘤脂类：生物化学和代谢》，是由 Randall Wood 撰写的。1976 年 AOCS 在阿姆斯特丹举办了第一次油籽和植物油加工技术世界会议。

1980～1989 年：1985 年 AOCS 在加拿大成立了第一个国际分会。

1990～1999 年：1990 年，AOCS 出版了杂志《INFORM》，同年《JAOCS》成为了同行评议的杂志，也是在 1990 年 AOCS 开始有了专题部门；次年划分出了 8 个部门（目前已经有 12 个部门）；在 1995 年 AOCS 的会员激增至 5000 人；在 1998 年 AOCS 的清洁剂部门发布了《表面活性剂和洗涤剂杂志 JSD》。

2009 年：庆祝成立 100 周年。

2000～2010 年：在 2001 年发布了 2 本杂志的在线版本，即《JAOCS》和《LIPIDS》；在 2002 年《INFORM》也可以被广大会员在线阅读了；2006 年 AOCS 开始让作者在网络上发布博客，从而网络扩张持续进行。

在 AOCS 这个平台上面，可以与 90 多个国家的 4300 名油脂、表面活性剂和相关材料的专家学者进行沟通和交流。AOCS 的主要工作内容包括：《INFORM》杂志、《JAOCS》杂志、《JSD》杂志、《LIPIDS》学术杂志、AOCS 脂质图书馆、书籍和其他出版物、组织开展 AOCS 年度学术会议。AOCS 的年度学术会议的内容将涵盖油脂在农业显微镜、分析化学、生物技术、可食用应用、工业油料产品、营养与健康、油脂的氧化与质量、磷脂、油脂产品处理、蛋白质及相关产品、表面活性剂和洗涤剂等相关领域的研究。另外还有年度的新技术（emerging technology）、年度大奖和美国关于油脂产品相关政策法规的相关报告。

AOCS 的技术服务中心，提供一系列的技术支持服务，包括：考试理事会、实验室能力测试项目（实验室认证）和统一检测方法。AOCS 通过不断的努力，创造机会让更多的人了解和享受 AOCS 的专业的技术服务。

9.2.2 AOCS 实验室能力项目（LPP 实验室认证）

AOCS 的 LPP（laboratory proficiency program）项目在业界有很高的声誉，定期参加 AOCS 的 LPP 是保证实验室检测能力一直处于领先水平的有效手段，同时也能够帮助实验室获得较好的质量监控的准确性。AOCS 的 LPP 结果可以作为其他国际国内专业认证的条件之一。AOCS 的 LPP 最初的名字是"斯莫利样品检测项目"，现在 AOCS 的 LPP 已经发展成了全球规模最大、最具有影响力的油脂相关产品、油料种子残渣、食用油脂方面的实验室协作能力检测项目。大约有超过 500 个化学家参加了 AOCS 的 LPP 检测其实验室的质量控制能力。LPP 的具体操作是：不同实验室将样品用 AOCS 的方法或者其他相似的方法进行检测，然后将结果与更大范围的其他实验室的检测结果进行比对，当然，其他实验室也必须使用相同的检测方法和相同的样品。目前 AOCS 组织实施的 LPP 项目包括以下 43 项，具体条目请参见表 9-6。在所有的 LPP 项目当中，涵盖了牛奶、坚果、油脂、粕、油料种子、海洋生物油脂、标签等方面的分析检测；在橄榄油相关的检测中，共计有两项检测，其中一项是橄榄油的化学分析，另外一项是橄榄油的感官分析。

表 9-6　AOCS 的 LPP 项目列表

序号	项目
1	aflatoxin - corn meal（黄曲霉毒素-玉米粕）
2	aflatoxin - cottonseed meal（黄曲霉毒素-棉籽油粕）
3	aflatoxin - milk（黄曲霉毒素-牛奶）
4	aflatoxin - peanut paste［黄曲霉毒素-花生糊（酱）］
5	aflatoxin - pistachio and almond（黄曲霉毒素-开心果和扁桃仁）
6	aflatoxin - peanut butter（黄曲霉毒素-花生酱）
7	aflatoxin in peanut paste test kit（黄曲霉毒素-花生糊检测试剂盒）
8	aflatoxin in corn meal test kit（黄曲霉毒素-玉米粉检测试剂盒）
9	cholesterol（胆固醇）
10	cottonseed（棉籽）
11	cottonseed oil（棉籽油）
12	DAG in oil（油中的甘二酯）
13	DDGS from corn meal（发酵玉米酒糟及可溶物）
14	edible fat（食用脂肪）
15	feed microscopy（饲料显微分析）
16	fish meal（鱼粉）
17	fumonisin（伏马菌素）

序号	项目
18	gas chromatography(气相色谱)
19	genetically modified organism（GMO）(转基因作物)
20	GOED^① nutraceutical oils(GOED 保健品油)
21	marine oil(海洋生物油)
22	marine oil fatty acid profile(海洋生物油脂肪酸组成)
23	mixed seed（canola，sunflower，safflower）[混合油料（种子）（菜籽、葵花籽和红花籽）]
24	moisture in almonds(扁桃仁中的水分)
25	NIOP fats and oils(NIOP 美国油料产品协会油脂)
26	NIR soybean(近红外光谱大豆)
27	NIR soybean meal(近红外光谱大豆豆粕)
28	nutritional labeling(营养标签)
29	oilseed meal(油料粕)
30	olive oil chemistry(橄榄油化学分析)
31	olive oil sensory panel(橄榄油感官分析)
32	palm oil(棕榈油)
33	peanut(花生)
34	phosphorus in oil(油中的含磷量)
35	solid fat content by NMR(核磁共振测固体脂肪含量)
36	soybean(大豆)
37	soybean oil(大豆油)
38	specialty oils(特征油脂)
39	tallow and grease(牛油和润滑脂)
40	trace metals in oil(油脂中的金属)
41	trans fatty acid content(反式脂肪酸含量)
42	unground soybean meal(未粉碎的大豆豆粕)
43	vegetable oil(植物油)

① GOED 是全球 EPA 和 DHA 欧米茄-3 组织（The Global Organization for EPA and DHA Omega-3s）。

9.2.3 AOCS-LPP 橄榄油化学分析环比

在橄榄油的 LPP 化学检测分析中，参加环比的实验室需要对同样的样品、按照相同的检测方法（或者是 AOCS 的标准检测方法）实施分析检测。最新的 AOCS 的 LPP 对橄榄油有共计 12 项的指标检测要求，具体包括：脂肪酸组成、甾醇、生育酚、蜡含量、甘二酯等等。详细要求参见表 9-7。

表 9-7　AOCS 橄榄油化学检测要求

样品	测试方法	测定指标
橄榄油	COI/T. 20/DOC. 17	脂肪酸组成
	和 24-2001；ISO 5508	
	AOCS Ch 2-91	
	AOCS Ce 2-66	
	Ca 5a-40	游离脂肪酸
	Cd 8b-90	过氧化值
	COI/T. 20/Doc. 16-2001	甾烯
	COI/T. 20/Doc. 30-2013	甾醇
	ISO 12228；2；1999	
	AOCS Ch 6-91	
	COI/T. 20/Doc. 11-2001	豆甾二烯
	AOCS Cd 26-96	
	COI/T. 20/Doc. 20-2010	甘油三酯（ECN 42）
	AOCS Ch 1-91	
	COI/T. 20/Doc. 19-Rev. 3	UV extinction
	AOCS Ch 5-91	
	COI/T. 20/Doc. 18-2003	蜡
	AOCS Ch 8-02	
	ISO 29822	甘二酯
	ISO 29841	原焦脱镁叶绿素
	COI/T. 20/Doc. 29-2009	生育酚

9.2.4　AOCS-LPP 橄榄油风味评价环比

2015 年度 AOCS 橄榄油感官评价评测标准包括如下的评价体系。

（1）在年度的风味测试中，每个参与测试的风味评价团队都会测评四轮评样，每轮均由四个样品组成，所以每个团队一共要上报 16 个风味测评样品的结果。

（2）每个团队成员的风味评价的结果也是需要提交的。关于主要和次要风味缺陷，如果被测评的油只有正面属性（果味、苦味和辛辣味），那么需要提交三个正面属性的评价分数；如果被测评的油同时具有正面属性和风味缺陷，鼓励参与测评的团队将各个项目的测评分数进行提交；当然，也有一种情况可能会发生，就是风味缺陷特别强烈的时候，测评的团队将不再对正面属性进行打分，此时不提交正面属性的评分也是可以的；也就是说，当风味缺陷特别强烈的时候，可以只提交风味缺陷的测评分数，这种提交方式不影响团队的结果。

（3）对参加测评的风味评价团队的评分规则（如何获得 AOCS 的风味认证）

① 样品结果的缺失将无法获得 AOCS 的年度风味认证（M）。

② 缺少风味评价团队成员的评价结果无法获得 AOCS 的年度风味认证（D）。

③ 特殊的异常值会被考虑，但是不会计入到正态分布的 Z 值计算当中（S）。

④ 参加测评的风味评价团队的得分将通过下面的方式进行计算：

a. 如果被测评的油只有正面属性，所有的样品评分都将会被统计（P）；

b. 如果被测评的油既有正面属性也有风味缺陷，所有样品的主要错误值将会被统计（主要错误值是通过与大多数风味评价团队测评出来的平均结果的偏差值进行计算得到的）（N）。

（4）所有参加测评的风味评价团队将按照 S ＋ P ＋ N 之和的大小顺序进行排名，同时也会考虑到 M 和 D 的结果。通常情况下，SPN 值越低，排名也好，也就是说低 SPN 值的评价团队将会获得 AOCS 的认证。每年，AOCS 一般会评出一个"第一名"和几个"提名奖"，提名奖的获奖个数是由参加测评的团队总数来决定的，因此，如果只有 2 个团队获得了提名奖是正常的（10％的比例）；但是，由于在 2015 年 AOCS 更新了评分体统，SPN 得分小于 5 的风味评价团队都获得了 AOCS 的风味认证。

① 除了要获得较低的 SPN 值以外，AOCS 认证的风味实验室还要求评价团队满足下面的条件：

a. 目前是 AOCS 的会员（可以是以公司的形式成为 AOCS 的会员，也可以是个人会员，或者评价团队当中的一个/多个队员是 AOCS 的会员）；

b. 签署协议保证满足如下标准：COI/T.20/DOC.15/Rev. 6（2013 年 11 月版本）初榨橄榄油的感官评定方法和 COI/T.28/Doc. No 1（2007 年 9 月版本）针对初榨橄榄油的感官评价实验室的指导方针，这些都是 ISO/IEC 17025：2005 所要求的。当然，AOCS 可以随时派遣专家进行实地考察，并进行确认是否合规。

② 值得一提的是，符合上述所有标准和要求的风味评价团队可以获得的"AOCS 认证实验室"资格的有效期只有一年，也就是说，当此资格的有效期到期之后，评价团队需要再次申请参加测评才能获得下一年度的 AOCS 实验室认证。并且，上面所述的相关规则只是适用于当年年份的 AOCS 认证，AOCS 橄榄油专家组会在下一轮的评审之前进行修改、完善和更新。

9.3　IOC 与 AOCS 认证的对比分析

关于 IOC 与 AOCS 认证的对比分析见表 9-8。

表 9-8 IOC 与 AOCS 认证的对比分析

编号	项目	IOC 国际橄榄理事会	AOCS 美国油脂化学家协会
1	机构背景	国际橄榄理事会是唯一一个橄榄油和橄榄果的非盈利性国际政府组织；1959 年 IOC 在联合国赞助下成立。首府设在西班牙马德里；目前，IOC 的成员国覆盖了 98% 的世界橄榄油生产地区，包括阿尔及利亚、阿尔巴尼亚、克罗地亚、埃及、伊朗、欧盟、伊拉克、以色列、约旦、黎巴嫩、利比亚、蒙特纳哥、摩洛哥、叙利亚和土耳其在内的 17 个成员国	AOCS 已经获得全世界成员的认可成为"全球脂肪和油连接板纽（your global oils and fats connection）"；AOCS 的历史是从 1909 年开始的；AOCS 年度学术会议涵盖油脂农业显微镜技术，分析化学，生物技术，可食用品，工业油料产品，营养与健康，油脂的氧化与质量，磷脂，油脂产品处理，蛋白活性质和洗涤剂等相关领域的研究；还组织出版杂志《Inform》《JAOCS》《JSD》和《LIPIDS》
2	认证项目	橄榄油理化检测 橄榄油风味分析 其他橄榄相关检测项目	橄榄油理化检测 橄榄油风味分析 其他油脂相关检测项目
3	影响力	专门针对橄榄油和橄榄果的组织机构，在欧洲、地中海地区有很大的影响力，其中，橄榄油的主要生产国——西班牙、意大利和希腊都是 IOC 的主要成员。在橄榄油的分析认证上是资深深刻，影响力很广	在全球的油脂领域有很大的影响力，但是不是专门针对橄榄油所设立的组织机构，具体囊括了所有的植物油脂以及植物油相关的产业。
4	起始时间	橄榄油理化检测：1982 年 橄榄油风味分析：1987 年	橄榄油理化检测： 橄榄油风味分析：2012 年
5	范围	橄榄油理化检测：公共和私人实验室 橄榄油风味分析：公共实验室	橄榄油理化检测：公共和私人实验室 橄榄油风味分析：公共和私人实验
6	规模	橄榄油理化检测：83 个实验室参加认证，其中 57 个实验室获得认证	橄榄油理化检测交结果，57 个实验室交结果，其中 80 个实验

编号	项目	IOC 国际橄榄油理事会	AOCS 美国油脂化学家协会
7	评判标准	橄榄油理化检测：错误值大于中间值的1.5倍即失败。其中未提供检测结果和油样敏质值"questionable"（乙的绝对值大于2小于3）均是1个错误值，结果敏质值是0.5个错误值。如果计算出的中间值是4.1，1.5倍的中间值就是6.2，那么错误值大于等于7的实验室即失败	橄榄油风味检测：4轮共计16个样品评价结果提交不完全即失败。特殊的异常值（正面属性）的错误值记为S。积极属性（正面属性）的错误值记为P，负面属性的错误值记为N。通常情况下，SPN值越低，排名越好。AOCS一般会评出一个"第一名"和几个"提名奖"，是由参加评价的团队总数来决定的。因此，如果只有2个团队获得了提名奖可提名奖是正常的（10%）；但是，由于在2015年AOCS更新了评分体系，SPN得分小于5的风味评价团队都获得了AOCS的风味认证
8	认证有效期	橄榄油理化检测：一年 橄榄油风味分析：一年	橄榄油理化检测：一年 橄榄油风味分析：一年
9	认证费用	橄榄油理化检测：免费。具体包括：免费组织参加认证，免费寄送测试样品，免费提供分析报告，获得认证后在有效期内免费使用IOC logo	橄榄油理化检测：付费，费用为360美金 橄榄油风味分析：付费。付费后可以得到的服务包括组织参加认证，提供橄榄油测试样品，提供认证结果
10	联系	IOC的各项标准都是与时俱进，随时更新的，特别是当相关的科学技术快速发展的时候，IOC技术标准更是会随之更新。IOC的技术标准可以令其检测方法更准确，从而促进技术换代和油渣果油的标准更新。这其中就决定采用AOCS的代表，此外还有：食品法典委员会（Codex Alimentarius Commission，CAC），加拿大食品检验局（Canadian Food Inspection Agency），美国农业部（United States Department of Agriculture），澳大利亚橄榄协会（Australian Olive Association），北美橄榄油协会（North American Olive Oil Association，NAOOA）和国际标准组织（the International Organization for Standardization，ISO）	IOC的相关的科学技术标准更是会随之更新。IOC标准的技术标准随之更新。IOC成员国所指派的化学分析检测专家会一起研究探讨各种油和商业发展。IOC成员国内部探讨研究之外，IOC也广泛听取外部的意见，比如各种非IOC成员。加州橄榄协会（California Food Inspection Agency），加拿大食品检验局（Canadian Food Inspection Agency），美国农业部（United States Department of Agriculture），澳大利亚橄榄协会（Australian Olive Association），北美橄榄油协会（North American Olive Oil Association，NAOOA）和国际标准化组织（the International Organization for Standardization，ISO）

参 考 文 献

［1］　American Oil Chemists' Society［OL］.［2017-02-22］. https：//www. aocs. org/.

［2］　International Olive Council［OL］.［2017-02-22］. http：//www. internationaloliveoil. org/.

附录

附录 1

国际橄榄油理事会 IOC
橄榄油行业质量管理指南
橄榄油生产操作规范
T. 33/Doc. No. 2-4 2006
INTERNATIONAL OLIVE COUNCIL
QUALITY MANAGEMENT GUIDE FOR THE OLIVE OIL INDUSTRY: OLIVE OIL MILLS

周 兵 编译

1 范围

本指南适用于初榨橄榄油加工企业，不分规模或法律地位。提供的相关建议，适用于从橄榄进入工厂，到初榨橄榄油包装至销售前的储存过程。

2 目的

该指南规定橄榄油厂应遵循的规则包括：卫生要求、职业安全、环境保护、危害识别、关键控制点评估、可追溯性和质量保证，以确保买家和消费者购买的初榨橄榄油的安全性及质量保证。

3 术语

食品卫生——为确保加工阶段的食品安全与适宜性所提供的所有条件和采取的措施。

良好卫生规范——为确保加工阶段的食品安全与适宜性，推荐遵循的在厂房周围需要采取的健康条件和措施规则。

良好生产规范——为确保加工阶段的食品安全与适宜性，在所有加工过程推荐遵循的规则。

果实清洁——采用气流和水流除杂，清除橄榄果的植物碎片、泥土、食物残渣、污垢、油脂或其他有害物质。

污染物——非有意添加到食品中，可能影响该食品使用的安全性和适宜性的生物、化学物质、异物或其他物质等。

污染——在食品、建筑物或食品环境引入污染物或导致污染发生。

消毒——通过化学试剂或者物理方法，将存在于环境、加工场所以及设备中微生物数量减少到不会影响食品安全或适宜性的水平。

危害——能引起食品不良健康作用的生物、化学或物理试剂。

风险——危害发生的概率。

HACCP——对食品安全有重要影响的危害的识别、评估和控制体系。

危害分析——收集和评估导致危害存在的条件，以判断对食品安全的重要性，并标注在 HACCP 计划中的过程。

HACCP 计划——符合 HACCP 原则，并确保对食品产业链中对食品安全有重要影响的危害加以控制的文件。

关键控制点（CCP）——所采取的必要预防或减少食品安全危害过程，或者将危害降低到可接受水平的控制步骤。

关键限值——从不可接受性中分出可接受性的标准。

控制（动词）——为确保遵守 HACCP 计划建立的标准，所采取的所有必要措施。

控制（名词）——遵循正确规程，满足标准的状态。

控制措施——能用于预防或消除食品安全危害或将危害降低到可接受水平的行为或活动。

纠偏措施——当在关键控制点的监控结果表明失去控制时所采取的任何活动。

质量——能满足明确和隐含需求能力的实体（可单独加以描述和考量——产品、工艺、管理）特性的总称。

质量体系——实施质量管理所需组织结构、程序、工艺和资源。

质量保证——在质量体系内实施，根据需要，能够使实体足以满足质量要求，并符合标准所进行的所有有计划、系统的活动。

质量控制——被用于满足质量要求的操作技能和活动。

质量管理——决定质量方针、目标、责任，以及在质量体系中采取各种手段确保质量、计划、控制、保证以及改进措施实施的所有活动。

质量计划——一份列出了与特定产品、项目或者合同相关的，具体的质量措施、资源和活动顺序的文件。

可追溯性——通过记录标识的方式跟踪一个实体的历史、应用或位置的能力。

审核——用于判断活动和相应结果是否符合计划目标的一项系统及功能独立的检查。

认证——官方的认证机构和官方认可的机构提供书面或同等保证的食品或食品管理系统符合要求的过程。食品认证可酌情基于一系列的检查活动，可包括连续在线检测、质量保证系统的审核和成品检验。

4　工厂生产产品的定义

从橄榄树果实中生产的初榨橄榄油，只通过机械或其他物理的方法提取，同时所采用的热条件不能导致油品变质，且只能用洗涤、倾析、离心和过滤的处理方式所生产的产品。

初榨橄榄油根据在国际橄榄油协会贸易标准所给的物理化学和感官特征，分为橄榄油和橄榄渣油两类。

4.1　适于食用的初榨橄榄油

特级初榨橄榄油：以油酸表示的游离酸度，含量不超过 0.8g/100g，符合标准中初榨橄榄油规格。

初榨橄榄油：以油酸表示的游离酸度，含量不超过 2g/100g，符合标准中初榨橄榄油规格。

普通初榨橄榄油：以油酸表示的游离酸度，含量不超过 3.3g/100g，符合标准中初榨橄榄油规格。

4.2　不适于食用的初榨橄榄油

定名为初榨橄榄油灯油，以油酸表示的游离酸度，其含量不超过 3.3g/100g，感官特性以及其他特性符合标准中的分类，可进行精炼或其他技术用途。

4.3　加工初榨橄榄油过程中得到的副产品

果渣，加工之后残留的橄榄残渣，根据加工中所采用的压榨、两相离心或三相离心工艺不同，仍含有一定量的水和油。果渣一般用于浸提工艺，生产粗橄榄渣油，或者用于其他用途。

废水，包括橄榄中的水分以及加工中加入的水。根据所用的加工方法不同，压榨或者离心，其中还含有一定量的固体物质。废水中少量的水溶性物质可按照国内外的标准提取。

残渣，除去的叶子，果实洗涤后的叶子、根、石子、尘土。

液液离心中加入的洗油的水。

5　食品卫生通则：实践操作和控制

5.1　工厂的位置

① 应远离环境污染区域或在生产活动中对橄榄以及橄榄油有严重污染隐患的区域。

② 应远离洪水泛滥区域，除非能提供足够的防范措施。

③ 应远离蚊虫横行区域。

④ 厂区应足够大，并确保有适当的废水和果渣储存或处理区域，以避免渗入土壤以及将副产品排入河道。

5.2　建筑物和设施

① 建筑物应该采用耐久材料建造，并建筑坚固，以防止由气候、土壤，或其

他条件引起的恶化。

② 应确保在车间生产时，白天有足够的自然光，在每个操作区域都有足够的通风。

③ 内部区域分配应明确划分每个操作区域。

a. 传送区：该区域应适当通风，覆盖并保持干燥，且能直接与除叶、洗涤、称重和果实取样系统和料斗相连。

b. 加工区或压榨区（破碎机-混合-压榨机，卧式离心机和立式离心机）：该区域应有良好的照明，通风，无外来异味和烟雾；应该配备有强制空气出口系统。如果可能的话，破碎机应安装在传送区域和处理区域之间的单独的区域，以减少噪音和污垢。

c. 储油和处理区：此区应保持在一个稳定的环境温度下（12～22℃），并应具有最小的照明和通风要求。

d. 锅炉区：本区应分开，以消除气味和烟雾。

e. 样品传送和果实品质、理化检测实验室，橄榄油感官分析实验室应在统一的检测区域，且要从生产区域完全独立，照明通风良好。

f. 授权辅助产品的存储区域：该区域应与车间完全分离，保持干燥、正常关闭，并易于保持和清理。

④ 设备，应适于操作，运行正常有效。运输设备应为食品级，且处于无损状态。

⑤ 机械运动部件应安装安全装置加以保护。

⑥ 建筑安装消防系统。

⑦ 工厂应该有充足的饮用水供应，以及相应的存储、配送和温度控制设备。饮用水应符合生活饮用水的质量，符合世界卫生组织 WHO 规定，或符合更高的标准。非饮用水（用于消防和用于生产加热混合器的热水）应具有一个单独的系统。非饮用水系统应确定，不应与饮用水系统连接，或允许回流到饮用水系统。

⑧ 卫生设施，应独立于操作区域，并可确保个人卫生，有卫生洗涤和烘手（有冷热水供应的洗手池）装置，应设计可供淋浴的卫生间，且具有可供足够的工作人员使用的更衣设施。

5.3 房屋

① 墙壁和隔板应由防水材料制成便于清洗和消毒的光滑表面；边角为圆角。

② 地面由耐用、防渗、防滑材料制成。具有圆角，易于清洗和消毒，确保排水良好。

③ 窗户配有纱窗，以防止昆虫和啮齿动物进入，且要易于清洗。

④ 门应具有光滑、不吸水的表面，并便于清洗和消毒。外门向外开启或滑动，易于从内侧打开。与门框密合，以防止害虫或任何其他小动物进入。

⑤ 因管线打开的地板，应加以充分保护，以防止任何污染。

⑥ 授权，无污染的系统应安装昆虫、鼠类和其他动物的控制设备。

⑦ 在设备之间预留充足的空间，确保工作人员无风险移动。

⑧ 天花板的最小高度应该足以满足要求，并确保适当的通风。

⑨ 每个工人应该有 $2m^2$ 以上的空间。

⑩ 人工照明应适应处理区。灯泡应防护，以防止在泄露中的污染。

5.4 员工个人卫生

① 任何人已知或疑似患有可能通过食物传播的疾病，或者为疾病携带者，有任何污染油的可能性，不允许进入生产车间。

② 任何人已知或疑似患有可能通过食物传播的疾病，或者为疾病携带者，不应授权进入任何生产区域。

③ 车间生产人员应保持高标准的个人清洁。上完厕所后，处理橄榄油渣或油之前要立即洗手。

④ 车间生产人员应避免导致橄榄浆（又称酱，编者注）或油污染的行为，如在附近吸烟，随地吐痰，咀嚼或进食，打喷嚏或咳嗽。

⑤ 车间生产人员应穿着适合工作岗位且不带来风险的服装。

⑥ 在连续高噪音环境中工作的人员应佩戴合适的防护耳塞。

⑦ 处理人员应经过食物处理培训。

5.5 工作职责-检查记录

企业的管理层应负责执行和监督卫生制度的实施。

6 初榨橄榄油生产中涉及的工艺说明

6.1 原料的输送

① 油橄榄输送：批量输送，或者以塑料或其他许可的食用级材料制成的、不同容量的坚固或通风料箱输送。

② 操作：检查油橄榄到车间的运送方式，记录集装箱的清洁程度，注明在散装运输情况下，以往负载及其清洁系统。

③ 分析与记录：运送日期、种植户、品种、批次、重量、果实完整程度及类型、是否存在污染物和寄生虫、果实油含量。

6.2 其他产品的运送

在加工和清理不同阶段所使用的水，以及卫生设施和实验室使用的水。

洗涤剂、润滑剂、加工助剂以及油包装箱，记录运送日期、供应商、数量、交付符合订货规格和适用性证书在食品工业中的使用。

6.3 车间内油橄榄输送系统

输送带（皮带类型以及使用状态）、螺旋钻（生产材料）、离心水泵。

6.3.1 油橄榄储存和摆布

将油橄榄尽快卸入合适的集装箱中或者储存准备破碎。

将油橄榄置于确保有足够通风的浅层货架上、置于牢固或通风箱中，或置于光滑、可冲洗地面上。

6.3.2 清理树叶和清洗橄榄果

使用配有旋风、震动、筛选设施的设备，清除树叶、树枝、其他植物杂质以及矿物质，如沙、土、鹅卵石和石子。

采用可增压循环的清洁可饮用水系统，清洗橄榄果，清除水溶性物质、泥浆、土和石块。

6.3.3 破碎橄榄果

该工艺的目的在于打破橄榄的植物结构，将油滴从液泡中释放出来。

通过花岗石研磨机，或通过配有显示屏的金属破碎机，调节橄榄糊的颗粒度或者除去橄榄石。

6.3.4 混合橄榄浆

该工艺目的是将分散在破碎的橄榄浆中的油滴加以混合，并将其与其他固相和含水液相相分离。

通过混合器，也称为揉合机，配有一套能够在设定时间慢速、连续揉浆时，适当控制橄榄浆的加热系统。

6.3.5 固-液相分离：油、果渣以及水相

该工艺通过下列系统进行：

① 渗滤：在不锈钢刀片或筛网上由于油的界面张力作用，将油与橄榄浆分离的工艺。

② 压榨：在预先采用手动或者机械搅拌的混合橄榄浆上的加压垫施加液压作用，导致含油汁（油以及植被水）与固体组分分离的工艺。

③ 离心：通过水平离心机（卧式离心机）所产生的离心力作用，按照橄榄浆中组分的密度大小加以分离的工艺。卧式离心机按照在离心时的卸料方式不同分为两类：三相或三通离心机，此时为间歇式分离，有三个组分分出：油、果渣和废水。当分离出三个组分，而仅放出两个产品——油和含有植被水的果渣，这种离心机为两相或双通离心机。

6.3.6 液液分离：油相和水相

① 自然沉降：油汁中的组分——油、水和固体成分，由于不相容性以及密度的不同，在离心桶中分离。

② 离心：采用立式离心分离机的离心作用力，将油与水相组分分离的工艺。

6.3.7 仓储前的离心与分级

在一段时间内生产的油（批次、班次、日期）应离心均质，以减少离心组分中含有的空气，油温升至合适温度并确保除去上清液的泡沫和渣滓；之后还应按照其理化和感官特性分级。

6.3.8 车间内存储与初榨橄榄油的处理

储油区应与加工区分开。采用衰减到最大的建筑材料，消除温度和光的波动影

响，且保存在良好的卫生条件下。

分级后的储油罐应采用惰化、不吸水材料制成，具有圆锥形或者有坡度的底部。罐体气密良好，配有注罐和底部抽罐辅助系统，以及分压器和采样阀；如果允许，还应配有充足的内部惰化和清洗系统。

6.3.9 可选输油

将油从一个罐转到另一个罐中，以避免由于在底部沉积的浑浊发酵，引起感官变化风险的操作过程。

6.3.10 包装销售前的油过滤

操作过程：从固体或液体颗粒中分离油的仪器设备；用于指定目的（硅藻土与纤维素）的过滤器（金属、纸或纤维筛网）。

7 健康危害识别，分析和控制

7.1 供应橄榄以及其他原料

① 危害

a. 生物：存在微生物或寄生虫。

b. 化学：植物检疫产品、肥料、除草剂、以前运输卸货存在的污染物、洗涤剂和水中卤代化合物等的残留物。

② 预防措施：培训橄榄种植户、编制原料规格、培训检验人员。

③ 关键控制点（CCP）

a. 目检并分析油橄榄中微生物和寄生虫存在的风险。

b. 分析植物检疫产品与其他污染物残留的含量。

c. 分析水质。

④ 关键限值

a. 植物检疫产品残留最高含量。

b. 微生物与水中卤代化合物的最高含量。

⑤ 关键控制点的控制系统：检测植物检疫产品和污染物残留的方法。

⑥ 纠偏措施

a. 按照品质、清洁度、完整度将油橄榄分类，分别用于加工。

b. 根据果实品质和完整度进行适当的储存。

7.2 果实输送和处理

若是在油脂加工过程中保持良好卫生规范，应识别不出危害。

7.3 去除橄榄叶和清洗橄榄果

① 危害：生物和化学危害，污染物，尤其要注意接触过废水或污水的碰伤橄榄果。

② 预防措施：控制水质和清洁度。

③ 关键控制点（CCP）：分析水的污染物含量。

④ 关键限值：饮用水符合法规标准限值。

⑤ 每个 CCP 的控制系统：水可饮用性的控制。

纠偏措施：用清水重新洗涤橄榄果

7.4 橄榄破碎

如果在油脂加工过程中遵守良好卫生规范，应该识别不出危害。

7.5 混合橄榄浆

如果在油脂加工过程中遵守良好卫生规范，应该识别不出危害。

7.6 固-液分离：油、果渣，水相

① 危害：化学危害，水中含有卤化试剂。

② 预防措施

a. 控制设备和设施的正确清洗。

b. 控制水品质。

③ 关键控制点（CCP）：分析卤化溶剂含量。

④ 关键限值：水的关键限值。

⑤ 每个关键控制点的控制系统：可饮用水的控制。

⑥ 纠偏措施：确保饮用水供应的措施。

7.7 液液分离

化学危害，水中存在卤化溶剂。

7.8 油的储存和处理

① 危害：化学杂质和洗涤剂的残留物。

② 预防措施：用饮用水充分冲洗油罐。

③ 关键控制点（CCP）：检查油罐的气密性，截圆锥形状，易于清洁。

④ 关键限值：规定油罐的标准。

⑤ CCP 控制系统：按照这种标准加以控制。

⑥ 纠偏措施：实施控制系统中确定的行动。

7.9 输油

无危害，在油脂加工过程中以及使用核检的料斗和泵中，如果实施良好卫生规范，应识别不出危害。

7.10 可选油过滤工艺

无危害，在油脂加工过程中，如果实施良好卫生规范，应识别不出危害。

8 初榨橄榄油的加工质量控制点

表1 初榨橄榄油在加工中的质控点及其描述

原料运送	
油橄榄	
质控点	良好的操作措施、预防或纠偏
油橄榄输送到工厂清洁方式	控制和记录清洁情况，以及之前卸货的核准记录

原料运送	
油橄榄	
橄榄果的清洗	油橄榄分离工艺的控制与记录
外来物比例:树枝,树叶,石头,泥土	记录油橄榄外源物的百分比,以确定在油橄榄储存前后,除去树叶和洗涤强度
受损油橄榄的比例(寄生虫叮咬或碰伤)	记录分离工艺
含油量	分析和记录实验室测定的含量
油中的游离酸度	分析和记录实验室测定的含量
其他原料	
控制点	良好的操作措施、预防或纠偏
水	控制卫生标准
助剂	供应商认证
清洁和保养产品	供应商认证
润滑油	
橄榄果储藏和分布	
控制点	良好的操作措施、预防或纠偏
储藏	
集装箱和地点	符合卫生标准
持续时间	确保尽可能短的存储
分布	
集装箱和地点	符合卫生标准
油橄榄质量变化"发酵"的控制	避免果实储藏
霉菌存在	分析游离酸度
去除树叶和清洗油橄榄果	
控制点	良好的操作措施、预防或纠偏
树叶和树枝比例	<(%)
其他矿物质	连续去除树叶,直到完全除去
洗涤水的洁净度	尽可能经常换水(至少一天一次),至少最后一次使用干净的饮用水清洗
油橄榄破碎	
控制点	良好的操作措施、预防或纠偏
橄榄浆颗粒大小	根据品种,果实成熟度和处理方法调整大小
破碎速度	
混合持续时间	

	原料运送	
	浆的混合	
控制点	良好的操作措施、预防或纠偏	
油橄榄浆的温度	检查是否是正确温度	
混合速度	按橄榄浆种类调整速度	
混合持续时间	确保混合时间达到橄榄浆、品种、果实成熟度所需的时间	
加工助剂	仅在难以提取橄榄浆时加入助剂,且符合国内法规	
	相分离	
控制点	良好的操作措施、预防或纠偏	
渗滤:	检查渗滤工艺是否得当	
持续时间		
压榨:	检查压榨工艺是否得当	
压榨负载控制	压制垫的洁净度 橄榄浆的厚度 压垫数	
压力调正	根据加工性能,且压力不超过 400atm(1atm＝1.01325×10⁵Pa)	
水的用量和温度	不超过 30℃ 的温度,最小用水量	
	三相卧螺离心分离机	
加水温度	不超过 35℃	
加水量	＜1L/kg 物料	
离心机的速度	根据离心机设备特性	
	两相卧螺离心分离机	
离心速度	根据离心机设备特性	
	自然沉降	
罐中保持时间	确保良好分离同时避免油脂进入离心水表面的最短时间	
	油的离心分离	
离心特性速度	根据离心参数	
洗涤加水量	根据水分和杂质含量而定	
	橄榄油储存	
控制点	良好的操作措施、预防或纠偏	
注罐和密封	避免接触空气以及外来物的进入	
油的分布 根据理化和感官质量	感官分析 游离酸度和过氧化值分析	
罐中橄榄油量的识别	记录罐中原始数值以及分析特性和注罐日期的记录	
罐内温度	12～22℃	

压力不超过 $400atm(1atm＝1.01325×10^5Pa)$

原料运送	
可选油过滤工艺	
控制点	良好的操作措施、预防或纠偏
滤布类型:棉、纸张	认证供应商

9 培训

① 食品处理和检验课程。

② 环境与职业安全。

③ HCCP 和关键控制点。

参 考 文 献

[1] CAC / RPC 1-1969,第 3 版(1997 年). 推荐的国际行为守则-食品卫生通则.

[2] 附录 CAC / RCP 1-1969,第 3 版(1997 年). 危害分析与关键控制点(HACCP)系统应用指南.

[3] HACCP 在小型和/或欠发达企业实施的讨论文件.

[4] 满足食品相关要求的质量保证体系使用和推广的初步指南草案,CX / FICS 00/5,1999 年 12 月.

[5] ISO 8402-质量管理和质量保证-词汇.

[6] ISO 9001-质量体系-设计、开发、生产、安装和服务的质量保证范例.

[7] ISO 9002-质量体系-生产、安装和服务的质量范例.

[8] ISO 9003-质量体系-最终检验和试验的质量保证范例.

[9] ISO 9000-2000-质量管理体系(替代 ISO 8402,9001,9002 和 9003,ISO 采用).

[10] ISO / DIS 15161-食品工业 ISO 9001 和 ISO 9002 应用指南.

[11] Les bonnes pratiques d'hygiène pour la fabrication d'huile d'olive,Version indice 4,le 22 novembre 2000,Comité Économique Agricole de l'Olivier,Aix-enProvence.

[12] Código de boas práticas para o processamento tecnológico dos azeites virgens,José Gouveia,Instituto Superior de Agronomía,Lisbon.

附录 2

国际橄榄油理事会 IOC
橄榄油行业质量管理指南
橄榄油精炼操作规范
T. 33/Doc. No. 2-2 2006
INTERNATIONAL OLIVE COUNCIL
QUALITY MANAGEMENT GUIDE FOR THE OLIVE OIL INDUSTRY: REFINERIES

周 兵 编译

1 范围

本指南适用于初榨橄榄油、灯油以及粗橄榄油-果渣油企业，不分规模或法律地位。提供的相关建议，包括原料进入精炼车间到精炼产品储存，准备配送等过程的质量管理。

2 目的

该指南规定精炼工厂应遵循的规则包括：卫生、危害分析、关键控制点评估和全程质量保证，以确保成品——所生产的精炼橄榄油和精炼橄榄-果渣油的安全性（适合），并提供质量保证。

3 术语

食品卫生——为确保加工阶段的食品安全与适宜性所提供的所有条件和采取的措施。

良好卫生规范——为确保加工阶段的食品安全与适宜性，推荐企业遵循的满足条件与采取的措施。

良好生产规范——为确保加工阶段的食品安全与适宜性，推荐企业遵循的生产措施。

清洁——除去土块、食物残渣、泥、油脂或其他令人不快的物质。

污染物——非有意添加到食品中，可能影响该食品使用的安全性和适宜性的生物、化学物质、异物或其他物质等。

污染——在食品或食品环境引入污染物或导致污染物发生。

消毒——通过化学试剂或者物理方法，将存在于环境中的微生物数量减少到不会影响食品安全或适宜性的水平。

危害——能引起食品不良健康作用的生物、化学或物理试剂。

风险——不良健康作用以及严重到导致食品产生危害的作用概率。

控制措施——用于防止或减少食品安全危害，或将其降到一个可接受水平的行为活动。

HACCP——对食品安全有重要影响的危害的识别、评估和控制体系。

危害分析——收集和评估导致危害存在的条件，以判断对食品安全的重要性，并标注在 HACCP 计划中的过程。

HACCP 计划——符合 HACCP 原则起草的，以确保食品产业链中对食品安全有重要影响的危害加以控制的文件。

关键控制点（CCP）——所采取的必要的预防或减少食品安全危害，或者将危害减低到可接受水平的控制步骤。

关键限值——从不可接受性中分出可接受性的标准。

控制（动词）——为确保和保持 HACCP 计划建立的标准，采取的所有必要措施。

控制（名词）——遵循正确规程，满足标准的状态。

纠偏措施——在关键控制点的监控结果表明失去控制时，所实施的任何活动。

质量——能满足明确和隐含需求能力的实体（可单独加以描述和考量——产品、工艺、管理）特性的总称。

质量体系——实施质量管理所需的组织结构、程序、工艺和资源。

质量保证——在质量体系内实施，根据要求宣称的，使实体足以满足质量要求的有计划、系统的各项活动。

质量控制——用于满足质量要求的操作技能和活动。

质量管理——决定质量方针、目标和责任，以及在质量体系中采取各种手段确保质量计划、控制、保证以及改进措施实施的所有活动。

质量计划——一份列出了与特定产品、项目或者合同相关的具体的质量措施、资源和活动顺序的文件。

可追溯性——通过记录标识的方式跟踪一个实体的历史、应用或位置的能力。

审核——用于判断活动和相应结果是否符合计划目标的一项系统性及功能独立的检查。

认证——官方认证机构和官方认可机构提供书面或同等保证，证明食品或食品管理系统符合要求的过程。食品认证可酌情基于一系列的检查活动，可包括连续在线检测，质量保证系统的审核和成品检验。

4 精炼企业生产产品的定义

为改善或均化油脂的特性，在油脂精炼过程中会导致游离酸值、色泽、气味和口味产生不期望的缺陷。在精炼橄榄果渣油时，其目的是为了使油达到 IOC 贸易标准所符合的使用要求。

精炼橄榄油是由初榨橄榄油灯油精炼而成；也可以由其他的初榨橄榄油精炼而来。初榨橄榄油灯油是从橄榄树果实（*Olea europaea L.*）中，在加热条件下（未引起油脂变质），通过机械或其他物理方式生产的产品，且所采取的处理方式仅为冲洗、倾滤、离心和过滤。其理化和感官特性符合食用标准。

精炼橄榄-果渣油，以粗橄榄果渣油为原料，精炼方式不会导致初始甘油酯结构的改变。

精炼橄榄油和精炼橄榄-果渣油，都应符合贸易标准（IOC）中所划定的橄榄油和橄榄-果渣油的纯度和质量标准。

精炼橄榄油和精炼橄榄-果渣油可用于食品企业和包装工厂，与初榨橄榄油（特级初榨橄榄油、初榨橄榄油、普通初榨橄榄油）混合食用，可将混合产品按照下列标准分为：

① 橄榄油：将精炼橄榄油与任何可食用的初榨橄榄油混合产品。

② 橄榄-果渣油：将精炼橄榄-果渣油与食用初榨橄榄油混合产品。

5 工业化精炼工艺说明

5.1 原料提供

① 提供初榨橄榄灯油，以及初榨橄榄油、粗橄榄果渣油，以罐装、桶装，或其他容器包装。

② 提供加工助剂：水、脱色土、活性炭、白炭黑、土过滤器、纸过滤器、纤维素、苏打、磷酸、硫酸、盐酸、盐、柠檬酸、氮气、己烷（或其他溶剂）及其他助剂。所有在精炼厂使用的产品都为食品级。

5.2 采样与检测

① 按照 ISO 555 标准收集并保存密封的油样用于检测，在使用前检查样品是否符合合同和计划精炼条件的要求。

② 确定取样数量和储存条件。

5.3 卸货和存储

① 通过配有滤网（防止外来物的进入）的泵，从油罐、油桶或其他存储的容器中，卸油到存储罐桶。

② 在桶或罐中暂储。

5.4 纯化和脱胶

① 初榨橄榄灯油、食用初榨橄榄油、粗橄榄-果渣油的纯化。初榨橄榄灯油或食用初榨橄榄油，如果在碱炼过程中使用了中和工艺，可无需除粒；如果油脂用于物理精炼，就有必要除去磷脂和外来物。可加磷酸或其他允许使用的酸随后用水冲洗完成。

② 必要时，脱胶除去粗橄榄-果渣油中的杂质。

5.5 化学精炼的中和工艺

① 采用离心或沉降分离中和油与皂化物，除去由于加入苏打中和以皂化物形式存在的游离脂肪酸。

② 用 90℃ 热水冲洗油脂（可加入助剂），并采用离心或沉降分离，除去碱性物质（皂化物以及多余的苏打）、残留的微量金属、磷脂和其他杂质。

③ 真空条件下，压力喷雾干燥油脂。

5.6 脱色

① 除去由于中和只能部分破坏的色素物质，以及过氧化物（初级氧化产物）、次级氧化产物、微量皂化物、金属和磷脂。采用脱色土或活性炭吸附——这对降低多环芳烃必不可少，或者在约100℃温度下加入其他助剂，在略酸性介质中，真空条件下搅拌，尤其是针对橄榄-果渣油的脱色。

② 混合油过滤分离。

5.7 冬化

① 用于精炼粗橄榄-果渣油，除去具有高熔点且可能在室温下酸化和沉淀的蜡（含有长链醇的脂肪酸酯）。

② 冬化工艺包括油的冷却，然后离心或过滤。

5.8 物理精炼中的中和蒸馏

直接高真空度蒸汽蒸馏脱除游离脂肪酸，压力0.5～2mbar，温度240～250℃。

5.9 脱臭

直接真空蒸汽蒸馏除去气味，残压约2mbar，温度低于220℃。建议不要使用热流体，尤其是以直接重新加热的形式（及中和蒸馏）。

5.10 成品油过滤

使用安全的纸过滤器或其他合适材料制成的过滤器，过滤油脂，除去可能存在的微量脱色土或其他杂质。

5.11 储存

储于不锈钢罐，或其他材质适于食品罐中；应避免使用塑料（PVC）。推荐充氮储存以延长存储时间。

6 食品卫生通则：操作使用与控制

6.1 精炼车间位置

① 精炼车间应远离环境污染区域，或生产活动中对橄榄以及橄榄油有严重污染隐患的区域。

② 精炼车间应远离可能洪水泛滥区域，除非提供足够的安全防护。

③ 精炼车间应远离蚊虫横行区域。

6.2 建筑与设备

① 建筑物应采用耐久材料建造，且建筑坚固，以防止有气候、土壤，或其他条件引起的恶化。

② 建筑物的设计应确保精炼车间白天有足够自然光照，并确保处理区有充足通风。

③ 内部区域分配应明确划分每个操作区域。

④ 设备应为每步操作定制，工作正常，状态良好。

⑤ 机械运动部件应安装安全装置加以保护。

⑥ 建筑物应配有消防系统。

⑦ 精炼车间应配有充足的饮用水以及合适的储水、配送以及温控设备。饮用水应符合 WHO 颁布的有关饮用水质量指南，或应高于此标准。非饮用水（消防用水）应有单独系统。非饮用水系统应明显标示，且不能接入，或禁止排入饮用水系统。

⑧ 卫生设施，应与操作区域分开，且应该确保足够的个人卫生设施：洗手和干手设施（提供冷热水的洗手池），有符合卫生设计要求的卫生间和足够的人员更衣设施。

6.3 房屋

① 墙壁和隔板应由防水材料制成光滑表面，便于清洗和消毒。

② 地面应由耐用、防渗、防滑材料制成。易于清扫和消毒，并确保下水通畅。

③ 窗户应配有纱窗，以防止昆虫和啮齿动物的进入，且要易于清洗。

④ 门应具有光滑、不吸水的表面，应便于清洗和消毒。外门应向外开启，应易于从内侧打开。与门框密合，以防止害虫或任何其他小动物进入。

⑤ 因管线打开的地板，应加以充分保护，以防止任何污染。

⑥ 在设备之间预留充足的空间，确保工作人员操作没有风险。

⑦ 天花板应高于 3m。

⑧ 每个工人应该有 2m² 以上的空间。

⑨ 人工照明应适合操作区。灯泡应防护，以防止在泄露中的污染。

6.4 员工卫生

① 任何人已知或疑似患有可能通过食物传播的疾病，或者疾病携带者，只要该人有任何污染油的可能性，就不允许进入生产车间。

② 任何人已知或疑似患有可能通过食物传播的疾病，或者疾病携带者，不应授权进入任何生产区域。

③ 精炼车间生产人员应保持高标准的个人清洁。上完厕所后，处理橄榄油渣或油之前要立即洗手。

④ 精炼车间生产人员应避免导致橄榄浆或油污染的行为，如在附近吸烟，随地吐痰，咀嚼或进食，打喷嚏或咳嗽。

⑤ 精炼车间生产人员应穿着适合工作岗位且不带来风险的服装。

⑥ 在连续高噪音环境中工作的人员应佩戴合适的保护耳塞。

⑦ 员工应配有单独的防护设施。

6.5 清洁品

① 清洁品和保养品应保存在不同的房间。

② 在精炼车间使用的所有产品都应该是食品级的。

6.6 职责-检验记录

企业的管理层应负责执行和监督卫生制度的实施。

7 风险识别、分析与控制

7.1 原料的提供与存储

（1）供油：包括从油罐车进入精炼车间开始所进行的操作。

① 风险，供应商在操作与处理过程存在的缺陷，或运输中存在的缺陷。风险可能有：

a. 物理性：油中存在异物，如，小动物、昆虫；

b. 化学性：之前装运中的污染。

这些风险影响可通过精炼工艺减少；但由于精炼工艺只精炼某一个产品，将不同步骤的风险无法掌控，被称为关键控制点。

② 预防措施：

a. 检查承运商和供应商的认证书。

b. 当货运费用是由精炼厂支付时，按照卫生标准给承运商核发许可证书。

c. 界定购货规格。

d. 若有疑问，要求承运商出具装货或清洁证书。

e. 检查装货文件。

f. 确保严格履行适当的法规。

g. 确保油罐车标注清晰，并只能用于食品目的。

③ 关键控制点（CCP）：是。

④ 监控和参数：

a. 检查每次运货或产油批次文件，确保符合规定的质量规格。

b. 检查油罐车密封。

⑤ 纠偏措施

a. 拒收不符合质量规格的货物。

b. 收回承运商的许可证书。

⑥ 控制记录

a. 承运商转运或清洁证书。

b. 油品检测报告。

c. 由于健康和卫生原因拒收货物记录。

d. 供应商和承运商记录。

（2）卸油和储油：从橄榄油分级到将油储于罐中、仓库或适合的容器中，不改变其特性。油的运送采用机械方式、泵和软管等。

① 风险：油中出现杂质或泥土。

由于精炼工艺设计，可减少风险影响。

风险产生的原因可能是处理不当，管道或罐子进灰或老化。

② 预防措施：

a. 确保罐子和储存区域表面是由防腐材料制成的，能防止物质进入到内部（不锈钢、环氧树脂、陶瓷材料等）。

b. 要求库管人员具有食品的处理能力或相应的技能。

c. 提供良好的处理规范现场培训。

d. 根据使用和所存储的油的种类，定期维护保养油罐。

e. 实施清洁程序。

f. 实施蚊虫控制程序。

③ 关键控制点（CCP）　否，是控制点。

④ 监控与参数：检查定期维护、清洁和蚊虫控制程序的情况。

⑤ 纠偏措施：

a. 维修设备。

b. 如果在操作中检测出失误，应复审保养、清洁和蚊虫控制程序。

c. 如果需要，复审员工培训计划。

⑥ 控制记录：记录保养、清洁和蚊虫控制程序实施的情况。

（3）辅助材料的提供：检查从辅助材料进入厂区，到授权卸货的情况。

① 风险：提交的辅助材料为达到食品级的使用规格。该影响不严重，出现原因可能是由于供应商提供的产品有缺陷或者未达到要求。

② 预防措施

a. 规定辅助材料的购买规格。

b. 核准供应商并要求其保留相应的卫生认可证书。

③ 关键控制点（CCP）：否，是控制点。

④ 监控与参数：检查所有交货文件。

⑤ 纠偏措施

a. 拒收未达到食品级要求的辅助材料。

b. 在未达到要求的情况下，收回供应商的合格证书。

⑥ 控制记录

a. 记录符合食品级要求的合格供应商。

b. 记录由于健康和卫生原因拒收的辅助材料。

辅助材料的卸货与储存：从同意卸货到辅助材料的适当存储。

① 风险：在存储期间，由于处理不当或储存不当造成的辅助材料的物理变质。

② 预防措施

a. 实施存储的清洁程序。

b. 实施蚊虫控制程序。

c. 实施保养程序。

d. 提供良好处理规范的现场培训。

③ 关键控制点（CCP）：否，对于一般操作是控制点，对于特定的管理

是 CCP。

④ 监控与参数：常规检查仓库。

⑤ 纠偏措施

a. 拒收损坏的辅助材料。

b. 复审维修、清洁和蚊虫控制程序，如果在实际操作中检测出失误。

⑥ 控制记录

a. 记录保养、清洁和蚊虫控制程序的实施情况。

b. 记录拒收的材料情况。

7.2 物理精炼

7.2.1 冲洗：加入水，均质并离心，除去油中杂质。食品企业中涉及的使用水的行为，水应适于使用且符合相应的规定。

① 风险：使用不合适的非自来水。风险产生的原因可能是由于自来水故障，要求企业寻找可替代的紧急解决方案。

② 预防措施：确保自来水正常供应。

③ 关键控制点（CCP）：否，是控制点。

④ 监控与参数：监控游离氯的存在。

⑤ 纠偏措施：水中加氯。

⑥ 控制记录

a. 记录发生的事件。

b. 记录氯含量的检查结果。

7.2.2 脱色，过滤：在油中加入少量的脱色土，除去色素（惰性环境中），随后过滤混合物。

① 风险：过滤不良，脱色土进入油中。会增加脱臭工艺的难度。是过滤器破损或者是操作人员操作失误造成的。

② 预防措施

a. 经常检查过滤器。

b. 提供良好处理规范的现场培训。

c. 在脱臭工艺前装安全过滤器。

③ 关键控制点（CCP）：否，是控制点。

④ 监控与参数：在操作过程中肉眼检查。

⑤ 纠偏措施

a. 修理过滤器。

b. 再加工过滤油。

⑥ 控制记录：记录保养程序的实施情况。

7.2.3 中和脱臭工艺：高真空直接蒸汽蒸馏，除去游离脂肪酸和臭味成分，压力为 0.5～2mbar，温度 240～250℃。

该工艺的处理存在三种可能风险。

（1）风险 1

油的热化学变质以及可能出现降解产物。原因是加工操作失误、真空度不足或温度过高。

中和不当，油中游离酸度要求达不到现有规定中的结果。原因是使用温度、接触时间、均质度不够造成的脱除不良。

① 预防措施：根据生产特性与油的种类，规定工艺参数（真空度、温度和时间）。

② 关键控制点（CCP）：否，是控制点。

③ 监控和参数

a. 检查真空度和温度工艺参数。

b. 测定精炼后油的指标。

④ 纠偏措施

a. 纠正工艺参数。

b. 再加工批次油。

⑤ 控制记录

a. 记录变质和中和参数检查情况。

b. 批次检验报告。

（2）风险 2

物理污染，通过热导流体进入，导致健康风险。可由加热系统中与油直接接触的加热软管渗漏或破裂而产生。

① 预防措施

a. 监控蒸发器中的热导流体的液位。

b. 经常检查系统的气密性。

c. 实施维修程序。

② 关键控制点（CCP）：是。

③ 监控和参数

a. 检验精炼油。

b. 监控蒸发器中的油的液位。

④ 纠偏措施

a. 收回污染产品。

b. 污染案例分析。

⑤ 控制记录

a. 包括拒收产品登记报告。

b. 检验报告。

（3）风险 3

化学物质通过蒸汽进入到油中的物理污染。是由蒸汽系统的渗漏或破裂，或者保护冷凝系统的产品使用不当造成的。

① 预防措施

a. 只能使用食品级产品。

b. 设置最高剂量。

c. 实施维修程序。

② 关键控制点（CCP）：是。

③ 监控和参数

a. 检验蒸汽质量。

b. 检查化学品使用情况。

④ 纠偏措施

a. 收回污染产品。

b. 污染案例分析。

⑤ 控制记录

a. 包括拒收产品记录的生产报告。

b. 检验报告。

7.2.4　解吸：用氮气除去空气并惰化油产品。这不是精炼工艺的强制性步骤。风险，未检测出特别需要注意的风险。

7.2.5　过滤：目的是改进油的品质，减少在加工工艺中引入颗粒物。可使用不同过滤方法（滤土等）。不是精炼工艺的强制步骤。

风险，未检测出需要特别注意的风险。

7.3　化学精炼

7.3.1　纯化：减少油中出现不期望的物质，尤其是磷酸。使用磷酸和水。

① 风险：油中出现游离磷酸。在中和工艺中减少该风险的影响。产生原因是由于加入了过量的磷酸。

② 预防措施：规定磷酸的剂量。

③ 关键控制点（CCP）：否，是控制点。

④ 监控和参数：无需。

⑤ 纠偏措施：由于在后续的工艺中减少，无需纠偏。

⑥ 控制记录：无需。

7.3.2　中和：该工艺目的是除去油中由于游离脂肪酸引起的酸度，通常加碱反应，比如苏打，形成皂化物，在之后的离心中除去。

① 风险

a. 出现游离碱，导致后续问题。

b. 中和不足，导致油中达不到规定酸度指标（还未造成食用危害）。

这两种风险都是碱量称量不当，接触时间以及均质不良造成的混合不当所产生的。

② 预防措施

a. 规定加碱量。

b. 按照生产特性和油的种类,规定工艺参数(温度和时间)。

③ 关键控制点(CCP):否,是一个控制点。

④ 监控和参数

a. 分析浆的酸度。

b. 分析中和后的油的酸度。

⑤ 纠偏措施:由于在其他工艺中或再加工过程中减少,无需纠偏。

⑥ 控制记录

a. 记录浆的酸度检验。

b. 记录生产报告中油的酸度。

7.3.3 冬化:冷却油,将蜡沉淀分离,并阻止浑浊的产生。仅适用于橄榄-果渣油。

风险,未检测出需特别注意的风险。

7.3.4 冲洗:类似于物理精炼过程中的冲洗,目的是除去皂化物和苏打杂质。涉及食品企业中使用水的各种行为,水质应为食用级并符合相关标准。

① 风险:使用不合适的,非饮用水。

如有自来水故障,企业需备用的紧急解决方案。如果未能正确冲洗,油中残留有碱或皂化物,不过在后续的脱色工艺中会降低该风险的不良影响。

② 预防措施:确保自来水供应正常。

③ 关键控制点(CCP):否,是控制点。

④ 监控和参数:监控游离氯的存在。

⑤ 纠偏措施:水中加氯。

⑥ 控制记录

a. 记录发生的事件。

b. 记录氯含量的检查。

7.3.5 脱色、过滤:加入脱色土,在无空气环境中保持混合物特定时间,随后过滤除去色素物质。

① 风险:过滤不良以及脱色土进入油中。

不良影响是在脱臭中由过滤器老化破裂或者操作人员处理不当造成的。

② 预防措施

a. 经常检查过滤器。

b. 提供良好处理规范的现场培训。

c. 在脱臭工艺前安装安全过滤器。

③ 关键控制点(CCP):否,一般为控制点,在特定的生产中可能是 CCP。

④ 监控和参数：在操作中进行肉眼检查。

⑤ 纠偏措施

a. 维修过滤器。

b. 再加工批次油。

⑥ 控制记录：记录维护程序的实施。

7.3.6　脱臭：应用工艺参数（真空度、蒸汽压和温度），除去臭味。

该工艺中不同的处理有两种可能的风险产生。

（1）风险 1

油的物理污染，热导流体的进入会产生健康风险。这是加热系统中与油直接接触的加热盘管渗漏或故障，造成污染。

① 预防措施

a. 监控蒸发器中热导流体的液位。

b. 经常检查系统的气密性。

c. 实施维护程序。

② 关键控制点（CCP）：是。

③ 监控与参数

a. 检验精炼油。

b. 监控蒸发器的油位。

④ 控制记录

a. 包括拒收产品记录的生产报告。

b. 检验报告。

（2）风险 2

油的物理污染：通过蒸汽进入化学物质。产生原因是蒸汽系统的泄漏或故障，或保护冷凝系统产品的使用不当。

① 预防措施

a. 仅使用食品级产品。

b. 设置最高剂量。

c. 实施维护程序。

② 关键控制点（CCP）：是。

③ 监控和参数

a. 检验蒸汽质量。

b. 检查化学品的使用。

④ 纠偏措施

a. 收回污染产品。

b. 污染案例分析。

⑤ 控制记录

a. 包括拒收产品记录的生产报告。

b. 检验报告。

7.3.7 解吸：用氮气减少空气并惰化油。精炼工艺中的非强制步骤。

风险，未检测出有需要注意的风险。

7.3.8 过滤：目的是改进油的质量，减少工艺中引入的颗粒物，使用不同过滤方法（过滤土等）。精炼工艺的非强制步骤。

风险，未检测出有需要注意的风险。

7.4 储存与发送

7.4.1 中间存储器与批量生产：精炼油经过管道进入相应的油罐中。批量加工就是将油按批次混合均匀，分级后准备销售。

该工艺中需要分别对待的两类风险如下：

（1）风险1：油的化学降解（形成过氧化物），因而可能达不到品质要求。

原因是油罐和管道维护不良或长期储存或接触空气。

① 纠偏措施

a. 确保库存循环。

b. 确保仓库适当准备或者用氮气惰化油罐。

c. 实施维护程序。

d. 确保油罐采用适合材质。

② 关键控制点（CCP）：否，一般为控制点，在特定的生产中可能是CCP。

③ 监控和参数

a. 在准备批次油或发货前，检验油的过氧化值和K_{270}值（高度推荐）。

b. 确保油满足IOC贸易标准中的参数指标。

④ 纠偏措施：再加工批次油。

⑤ 控制记录

a. 批次准备或发货前的油罐检验报告。

b. 记录发生的事件以及再加工产品。

（2）风险2：油的物理污染，寄生虫、外源物的污染，使油不适于食用。

原因是油罐、管道及设施维护不善，清洁条件不佳，或工作人员错误操作。

① 纠偏措施

a. 实施维护程序。

b. 实施清洁程序。

c. 实施蚊虫控制程序。

d. 要求库管人员具有食品处理能力或相关技能。

e. 确保仓库油罐关闭正常。

② 关键控制点（CCP）：是。

③ 监控与参数：定期检查油罐和泵的维护和清洁状态。

④ 纠偏措施

a. 再加工批次油。

b. 如果检测出失误，复审泵维护、清洁以及蚊虫控制程序。

⑤ 控制记录

a. 记录泵维护，实施清洁以及蚊虫控制程序。

b. 记录事件的发生以及再加工产品。

7.4.2　批量调度：将精炼油装上发往客户的油罐车。目的是发送的产品符合规格要求。

① 风险：油中进入杂质或者泥土，导致不适合食用。原因是油罐车的条件较差，或者操作不当。

② 预防措施

a. 当精炼厂负担运费时，按照卫生标准发给承运商合格证。

b. 若有疑问，要求承运商提供装货或清洁证明。

c. 清洁油罐车。

d. 在装货管道中加装过滤器。

e. 灌装后密封油罐车。

f. 无论运输是否是合同约定，确保严格符合标准。特别确保油罐车明确标注且仅用于食品。

③ 关键控制点（CCP）：是。

④ 监控与参数

a. 用肉眼检验油罐车以及灌装操作。

b. 取样并感官检验装入油罐车中的油，并存档样品。

⑤ 纠偏措施

a. 若质量不符合要求，收回承运商的合格证。

b. 拒收或再加工产品。

⑥ 控制记录

a. 记录油罐车的清洁度。

b. 记录油样的标示、封条以及承运商的详细信息。

c. 记录再加工或拒收产品。

8　质量记录控制、质量审核

HACCP系统中定义的所有阶段都应该记录在册，如流程图、原料和产品信息卡、每阶段的危害分析与识别等。该参照文献已明确规定了HACCP体系。另外，体系已开始实施，比如所有的控制、关键控制点的预防措施、监控与纠偏措施是开始实施，为此需要资源规划和任务分配。

一旦控制到位，需要保持记录证明计划措施。

同时还需要记录检测出的事故，以便这些信息可用于事故发生的纠偏以及避免事故的重新发生。

记录管理体系的目的是确保正确控制，使用和记录在案是为了后续的分析和系统控制的复审。

9 培训

精炼厂经理应确保所有员工都意识到并被提醒，与生产有关的风险的发生程度与属性。应理解对操作负责的意义，并且了解正确操作的方式。

员工培训项目需定期组织，并充分保留培训活动的存档文件，包括参加者全名以及签名。

10 自查计划起草指南

每个精炼厂应任命一名负责管理自查系统的官员，由一组训练有素的员工协助其组成团队，草拟公司良好卫生规范计划。团队按照生产程序中的良好卫生规范手册的有效性和一致性，检查针对精炼计划的自查计划。

如果发现不一致之处，则进行必要的调整。

拟定监控过程，规定在每个风险阶段监控的方法及频率，并检查程序，以改进精炼系统和产品。

11 不适合产品的管理

在精炼过程中应采取相应程序管理不适合产品。根据不适合的程度，从市场上撤回包装产品也应该计算在内。在精炼周期中特定控制点进行再加工的油产品，应按照特定程序管理。

12 文献资料的管理

与自查系统和员工培训有关的资料应整理成册，标明：

① 具有真正污染风险的事件。
② 减少该风险采取的措施。
③ 有关新员工或生产工艺修改。

13 系统中的发展

上述控制点应视为通用型精炼油厂的普遍操作规范。

在特定操作以及物流条件下，可能会有不同于本指南中的风险量值。管理者有责任根据实施的工艺以及获得的经验来分析风险。

本指南是目前为止最新的理论和经验的总结。因此，根据编录工作以及相关文献发表的技术/科学文献，需要定期更新。

参 考 文 献

[1] CAC / RPC 1-1969，第 3 版，1997 年 . 推荐的国际规范守则-食品卫生通则.

[2] 附录 CAC / RCP 1-1969，第 3 版，1997 年 . 危害分析与关键控制点（HACCP）系统应用指南.

[3] HACCP 在小型和/或欠发达企业实施的讨论文件.

[4] 使用和促进质量保证体系的初步草案指南 CX/FICS 00/5，1999 年 12 月.

[5] ISO 8402-质量管理和质量保证-词汇.

［6］ ISO 9001-质量体系-设计、开发、生产、安装和服务的质量保证范例.

［7］ ISO 9002-质量体系-生产、安装和服务的质量范例.

［8］ ISO 9003-质量体系-最终检验和试验的质量保证范例.

［9］ ISO 9000-2000-质量管理体系（替代 ISO 8402，9001，9002 和 9003，ISO 采用）.

［10］ ISO 5555-采样.